普通高等教育“十一五”国家级规划教材

水利水电工程施工组织与管理

(第三版)

刘能胜　钟汉华　冷涛　陈向阳　何祖朋　编著

中国水利水电出版社
www.waterpub.com.cn

内 容 提 要

本书按照高等职业教育水利类专业的教学要求，以国家现行水利工程建设标准、规范和规程为依据，根据编者多年工作经验和教学实践，在前两版教材基础上修改、补充编纂而成。本书对水利工程施工组织与管理的理论、程序、方法等作了详细的阐述，坚持以就业为导向，突出实用性、实践性；吸取了水利工程施工组织与管理的新技术、新方法，其内容的深度和难度按照高等职业教育的特点，重点讲授理论知识在工程实践中的应用，培养高等职业学校学生的职业能力；内容通俗易懂，叙述规范、简练。全书共分为10个项目，内容包括施工组织与管理知识准备、网络计划技术、水利工程施工组织设计编制、水利工程施工进度管理、水利工程施工质量管理、水利工程施工成本管理、水利工程施工合同管理、水利工程施工安全管理、水利工程施工环境管理、水利工程施工信息管理。

本书具有较强的针对性、实用性和通用性，既可作为高等职业教育水利类专业的教学用书，也可供水利工程建设管理单位、建筑安装施工企业工程技术人员学习参考。

图书在版编目（CIP）数据

水利水电工程施工组织与管理 / 刘能胜等编著. -- 3版. -- 北京 : 中国水利水电出版社, 2015.8(2023.1重印)
普通高等教育“十一五”国家级规划教材
ISBN 978-7-5170-3572-5

Ⅰ. ①水… Ⅱ. ①刘… Ⅲ. ①水利水电工程－施工组织－高等职业教育－教材②水利水电工程－施工管理－高等职业教育－教材 Ⅳ. ①TV512

中国版本图书馆CIP数据核字(2015)第206646号

书 名	普通高等教育“十一五”国家级规划教材 **水利水电工程施工组织与管理（第三版）**
作 者	刘能胜 钟汉华 冷涛 陈向阳 何祖朋 编著
出版发行	中国水利水电出版社 （北京市海淀区玉渊潭南路1号D座 100038） 网址：www.waterpub.com.cn E-mail：sales@mwr.gov.cn 电话：(010) 68545888（营销中心）
经 售	北京科水图书销售有限公司 电话：(010) 68545874、63202643 全国各地新华书店和相关出版物销售网点
排 版	中国水利水电出版社微机排版中心
印 刷	清淞永业（天津）印刷有限公司
规 格	184mm×260mm 16开本 24印张 569千字
版 次	2005年8月第1版 2010年1月第2版 2015年8月第3版 2023年1月第6次印刷
印 数	10501—13500册
定 价	**69.00**元

第三版前言

本书根据高等职业教育水利类专业人才培养目标，遵循高等职业院校学生的认知规律，以专业知识和职业技能、自主学习能力及综合素质培养为课程目标，紧密结合职业资格证书中相关考核要求，在前两版使用的基础上确定本书的内容。

水利工程施工组织与管理是一门实践性很强的课程。为此，本书始终坚持“素质为本、能力为主、需要为准、够用为度”的原则进行编写。本书对施工组织与管理知识准备、网络计划技术、水利工程施工组织设计编制、水利工程施工进度管理、水利工程施工质量管理、水利工程施工成本管理、水利工程施工合同管理、水利工程施工安全管理、水利工程施工环境管理、水利工程施工信息管理作了详细阐述。本书结合我国水利工程施工组织与管理的实际精选内容，力求理论联系实际，注重实践能力的培养，突出针对性和实用性，以满足学生学习的需要。本书建议安排60～80学时进行教学。

参加本书编写的有湖北水利水电职业技术学院刘能胜、钟汉华编写项目5、龙立华编写项目2任务2.1和任务2.2、廖琼瑶编写项目6和项目8、毛羽飞编写项目9、三峡电力职业学院陈向阳编写项目1、胡秉香编写项目7、黄荣编写项目10、湖北大禹水利水电建设有限责任公司王华和湖北水利水电职业技术学院冷涛编写项目4、杨凌职业技术学院何祖朋、郭庆编写项目3、山东水利职业学院张云清编写项目2任务2.3和任务2.4。湖北水利水电职业技术学院钟汉华、刘能胜负责全书的统稿工作。全书由刘能胜、钟汉华、冷涛、陈向阳、何祖朋编著，龙立华、胡秉香、廖琼瑶、张云清、郭庆、黄荣、毛羽飞、张四明参加了编写工作，湖北水利水电职业技术学院郑玲为主审。

本书大量引用了有关专业文献和资料，未在书中一一注明出处，在此对有关文献的作者表示感谢。由于编者水平有限，加之时间仓促，难免存在错误和不足之处，诚恳地希望读者批评指正。

编 者

2015年5月

第三版前言

第二版前言

本书是根据教育部《关于加强高职高专人才培养工作意见》和《面向21世纪教育振兴行动计划》等文件精神，根据高职水利水电类专业指导性教学计划及教学大纲组织编写的。

本书内容包括水利水电工程建设概述、网络计划技术、施工组织设计、施工项目管理概述、施工合同管理、施工成本管理、职业健康安全与环境管理、施工进度管理、施工质量管理、工程项目资源管理、工程项目信息管理等内容。本书体现了高等职业技术教育教学特点，并结合现行水利水电工程施工组织管理特点精选内容，以贯彻理论联系实际，注重实践能力的整体要求，突出针对性和实用性，便于学生学习。同时，还适当兼顾了不同地区的特点和要求，力求反映施工组织与管理的先进经验和技术手段。

参加本书编写的有湖北水利水电职业技术学院钟汉华、甘齐顺（第10章、第11章）、郑玲（第3章）、山西水利职业技术学院王启亮（绪论）、黄河水利职业技术学院薛建荣（第1章、第2章）、中国葛洲坝集团公司朱明政（第4章、第5章）、福建水利电力职业技术学院章春宁（第6章）、林辉（第7章）、长江工程职业技术学院汤能见（第8章）、胡育（第9章）。全书由钟汉华、薛建荣主编，甘齐顺、林辉、汤能见、王启亮、章春宁、胡育任副主编，武汉大学佘诚学、长江勘测规划设计研究院工程监理公司王仲何主审。

本书大量引用了有关专业文献和资料，未在书中一一注明出处，在此对有关文献的作者表示感谢。由于编者水平有限，加之时间仓促，难免存在错误和不足之处，诚恳地希望读者批评指正。

编者

2009年5月

第一版前言

本书是根据教育部《关于加强高职高专人才培养工作意见》和《面向21世纪教育振兴行动计划》等文件精神，根据高职水利水电类专业指导性教学计划及教学大纲组织编写的。

本书内容包括水利水电工程建设概述、网络计划技术、施工组织设计、施工项目管理基本知识、施工项目合同管理、施工项目成本管理、施工项目安全管理、施工项目进度管理、施工项目质量管理等内容。在编写过程中，我们努力体现高等职业技术教育教学特点，并结合现行水利水电工程施工组织管理特点精选内容，以贯彻理论联系实际，注重实践能力的整体要求，突出针对性和实用性，便于学生学习。同时，我们还适当照顾了不同地区的特点和要求，力求反映施工组织与管理的先进经验和技术手段。

参加本书编写的有湖北水利水电职业技术学院钟汉华（绪论）、郑玲（第4章）、余燕君（第7章）、黄河水利职业技术学院薛建荣（第1章、第2章、第8章）、中水北方勘测设计研究有限责任公司王晓全（第3章）、福建水利电力职业技术学院章春宁（第5章、第6章）、长江工程职业技术学院胡育（第9章）。全书由钟汉华、薛建荣主编，胡育、章春宁为副主编，湖北水利水电职业技术学院王忠平主审。

本书大量引用了有关专业文献和资料，未在书中一一注明出处，在此对有关文献的作者表示感谢。由于编者水平有限，加上时间仓促，难免存在不足之处，望读者批评指正。

编 者

2005年6月

目　录

项目1　施工组织与管理知识准备

【项目目标】

掌握施工组织与管理的含义和任务；掌握水利工程建设的基本程序；掌握水利工程项目划分；掌握施工组织与管理的模式；掌握水利工程施工准备工作。

【项目要求】

知识要点	能力要求	所占分值（100分）	自评分数
施工组织与管理的含义和任务	理解施工组织与管理的含义；掌握施工组织与管理的任务	20	
水利工程建设程序与项目划分	理解水利工程建设程序基本内容；能对具体水利工程进行项目划分	30	
施工组织与管理模式	理解施工项目组织的形式；掌握施工项目管理的基本模式	30	
水利工程施工准备工作	掌握施工管理组织的建立；熟悉施工原始资料收集；掌握施工技术准备及现场施工准备的内容	20	

任务1.1　施工组织与管理的含义和任务

水利水电工程建设是国家基本建设的一个组成部分，组织工程施工是实现水利水电建设的重要环节。工程项目的施工是一项多工种、多专业的复杂的系统工程，要使施工全过程顺利进行，以期达到预定的目标，就必须用科学的方法进行施工管理。

1.1.1　施工组织与管理的含义

施工组织是指由业主委托或指定的负责水利工程施工的承包商的施工项目管理组织。该组织以项目经理部为核心，以施工项目为对象，进行质量、进度、成本、合同、安全等管理工作。施工组织是施工管理的重要组成部分，它可以推动工程建设进展，提高工程建设效益。它对提高工程质量、合理安排工期、降低工程成本、实现安全文明施工，起到核心作用，同时也可以推进施工企业的进步，提高施工企业在市场条件下的竞争力。

1.1.2　施工组织与管理的任务

施工组织与管理的基本任务是研究以下几个方面的问题：

（1）研究施工条件，解决施工方案的选择问题，确定施工布置、施工程序和施工安排。

(2) 解决施工质量问题，确保工程高效优质的施工。

(3) 解决安全技术问题，制定有效的安全保障措施。

(4) 解决文明施工问题，创造良好的施工现场和施工环境。

【知识技能点小结】

施工组织是指由业主委托或指定的负责水利工程施工的承包商的施工项目管理组织，该组织以项目经理部为核心，以施工项目为对象，进行质量、进度、成本、合同、安全等管理工作。其基本任务是选择施工方案，解决工程施工过程中的质量、安全等问题。

任务1.2 水利工程建设程序与项目划分

1.2.1 水利工程建设程序

1.2.1.1 水利工程建设程序的含义

工程建设基本程序是指基本建设项目从决策、设计、施工到竣工验收整个工作进行过程中各阶段及其工作所必须遵循的先后次序与步骤。它所反映的是在基本建设过程中各有关部门之间一环扣一环的紧密联系和工作中相互协调、相互配合的工作关系。它是工程建设活动客观规律（包括自然规律和经济规律）的反映，也是人们在长期工程建设实践过程中的技术和管理活动经验的理性总结。科学的建设程序是在坚持“先勘察、后设计、再施工”原则的基础上，突出优化决策、竞争择优、科学管理的原则。

1.2.1.2 水利工程建设程序的过程

根据我国基本建设实践，水利工程基本建设程序归纳起来可以分为四大阶段八个环节，如图1-1所示。

第一阶段是建设项目投资决策阶段。它包括根据资源条件和国民经济长远发展规划，进行流域或河段规划，提出项目建议书；进行可行性研究和项目评估，编制可行性研究报告两个环节。

第二阶段是项目勘察设计阶段。它是对拟建项目在技术和经济上进行全面的设计，是工程建设计划的具体化，是组织施工的依据，勘察设计直接关系到工程的投资、工程质量和使用效果，是工程建设的决定性环节。

第三阶段是项目建设施工阶段。它包括建设前期施工准备、全面建设施工和生产（投产）准备工作（工业项目）三个主要环节。

第四阶段是项目竣工验收和交付使用。生产运行一定时间后，对建设项目进行后评价。

水利工程基本建设程序具体工作内容如下：

(1) 进行流域或河段规划，提出项目建议书。流域规划就是根据该流域的水资源条件和国家长远计划，按照该地区水利水电工程建设发展的要求，提出该流域水资源的梯级开发和综合利用的最优方案。要对该流域的自然地理、经济状况等进行全面、系统的调查研究，初步确定流域内可能的建设位置，分析各个坝址的建设条件，拟订梯级布置方案、工程规模、工程效益等，进行多方案分析比较，选定合理梯级开发方案，并推荐近期开发的工程项目。

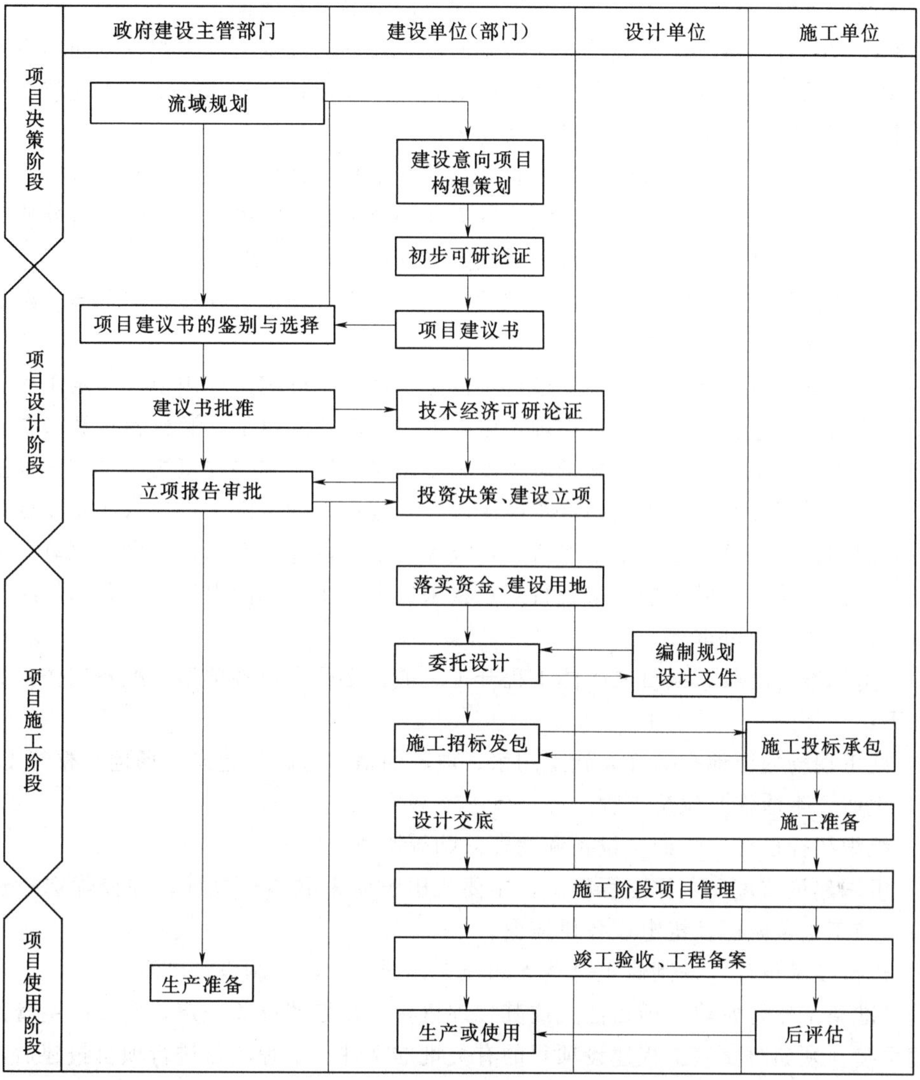

图 1-1 水利工程基本建设程序

项目建议书是在流域规划的基础上，由主管部门提出建设项目的轮廓设想，从宏观上衡量分析项目建设的必要性和可能性，分析建设条件是否具备、是否值得投入资金，进行可行性研究工作。

项目建议书编制一般由政府委托有相应资质的设计咨询单位承担，并按国家现行规定权限向主管部门申报审批。项目建议书被批准后，由政府向社会公布，若有投资建设意向，则组建项目法人筹备机构，进行可行性研究工作。

(2) 可行性研究。可行性研究是项目能否成立的基础，这个阶段的成果是可行性研究报告。它是运用现代技术科学、经济科学和管理工程学等，对项目进行技术经济分析的综合性工作。其任务是研究兴建某个建设项目在技术上是否可行、经济效益是否显著、财务上是否能够赢利；建设中要动用多少人力、物力和资金；建设工期多长，如何筹集建设资金等重大问题。因此可行性研究是进行建设项目决策的主要依据。

水利工程项目的可行性研究是在流域（河段）规划的基础上，组织各方面的专家、学者对拟建项目的建设条件进行全方位多方面的综合论证比较。例如三峡工程就涉及许多部门和专业，甚至整个流域的生态环境、文物古迹、军事等学科。

按规定，可行性研究报告由项目主管部门委托工程咨询单位或组织专家进行评估，并综合行业归口部门、投资机构、项目法人等方面的意见进行审批。项目的可行性研究报告批准后，应正式成立项目法人，并按项目法人责任制实行项目管理。

(3) 勘察设计。可行性研究报告批准后，项目法人应择优选择有相应资质的勘察设计单位承担工程的勘测设计工作。

初步设计是在可行性研究基础上进行，其主要任务是确定工程规模；确定工程总体布置、主要建筑物的结构型式及布置；确定电站或泵站的机组机型、装机容量和布置；选定对外交通方案、施工导流方式、施工总进度和施工总布置、主要建筑物施工方法及主要施工设备、资源需用量及其来源；确定水库淹没、工程占地的范围，提出水库淹没处理、移民安置规划和投资概算；提出水土保持、环境保护措施设计；编制初步设计概算；复核经济评价等。初步设计完成后按国家现行规定权限向上级主管部门申报，主管部门组织专家进行审查，合格后即可审批。

(4) 施工准备阶段。项目在主体工程开工之前，必须完成各项施工准备工作，其主要内容如下：

1) 施工现场的征地、拆迁，施工用水、电、通信、道路的建设和场地平整等工程。

2) 生产、生活临时建筑工程。

3) 组织招标设计、咨询、设备和物资采购等服务。

4) 组织建设监理和主体工程施工、主要机电设备采购招标投标，并择优选择建设监理单位、施工承包队伍及机电设备供应商。

5) 进行技术设计，编制修正总概算和施工详图设计，编制设计预算。

施工准备工作开始前，项目法人或其代理机构，须依照有关规定，向政府主管部门办理报建手续，须同时交验工程建设项目的有关批准文件。工程项目进行项目报建后，方可组织施工准备工作。

(5) 建设实施阶段。建设实施阶段是指主体工程的建设实施，项目法人按照批准的建设文件，组织工程建设，保证项目建设目标的实现。

项目法人或其代理机构，必须按审批权限，向主管部门提出主体工程开工申请报告，经批准后，主体工程方可正式开工。主体工程开工须具备以下条件：

1) 项目法人或者建设单位已经设立。

2) 初步设计已经批准，施工详图设计满足主体工程施工需要。

3) 建设资金已落实。

4) 主体工程施工单位和监理单位已经确定，并分别订立合同。

5) 质量安全监督单位已经确定，并已办理了质量安全监督手续。

6) 主要设备和材料已落实来源。

7) 施工准备和征地移民等工作能够满足主体工程开工需要。

（6）生产准备阶段。生产准备是项目投产前所要进行的一项重要工作，是建设阶段转入生产经营的必要条件。项目法人应按照建管结合和项目法人责任制的要求，适时做好有关生产准备工作，其主要内容一般包括如下：

1）生产组织准备。建立生产经营的管理机构及其相应管理制度。

2）招收和培训人员。按照生产运营的要求，配备生产管理人员，并通过多种形式的培训，提高人员素质，使之能满足运营要求。

3）生产技术准备。主要包括技术资料的汇总、运行技术方案的制定、岗位操作规程制定和新技术准备。

4）生产物资准备。主要是落实投产运营所需要的原材料、协作产品、工器具、备品备件和其他协作配合条件的准备。

5）正常的生活福利设施准备。

（7）竣工验收。竣工验收是工程完成建设目标的标志，是全面考核基本建设成果、检验设计和工程质量的重要步骤。竣工验收合格的项目即从基本建设转入生产或使用。

当建设项目的建设内容全部完成，并经过单位工程验收，符合设计要求并按水利基本建设项目档案管理的有关规定，完成了档案资料的整理工作；完成竣工报告、竣工决算等必需文件的编制后，项目法人按照有关规定，向主管部门提出申请，根据国家和部颁验收规程，组织验收。

竣工决算编制完成后，须由审计机关组织竣工审计，其审计报告作为竣工验收基本资料。

对工程规模较大、技术较复杂的建设项目可先进行初步验收。不合格的工程不予验收；有遗留问题必须有具体处理意见，且有限期处理的明确要求并落实责任人。

（8）后评价。建设项目竣工投产后，一般经过 1～2 年生产运营后要进行一次系统的项目后评价。主要内容如下：

1）影响评价。项目投产后对各方面的影响所进行的评价。

2）经济效益评价。对项目投资、国民经济效益、财务效益、技术进步和规模效益、可行性研究深度等方面进行的评价。

3）过程评价。对项目立项、设计、施工、建设管理、竣工投产、生产运营等全过程进行的评价。

项目后评价工作一般按三个层次组织实施，即项目法人的自我评价、项目行业的评价、计划部门（或主要投资方）的评价。

建设项目后评价工作必须遵循客观、公正、科学的原则，做到分析合理、评价公正。

【应用实例 1-1】 某流域上国家投资建设的大型水利工程，工程总投资 4 亿元。工程建设过程如下：

2002 年 3 月 15 日项目建议书经国家发改委批准。2002 年 3 月 20 日由法人委托设计公司进行可行性研究。2002 年 5 月 10 日“四通一平”采用邀请招标。2003 年 8 月 6 日将导流洞邀请招标，同时监理招标。2003 年 10 月 1 日监理进入施工现场，施工单位也随后进入工地。2009 年 9 月 2 日 、10 月 21 日、12 月 1 日，大坝、隧洞、溢洪道三个标段分别完工并办理移交证书。2009 年 11 月 1 日工程进行竣工验收。2010 年 11 月 1 日进行后评价。试根据以上工程情况回答以下问题。

1. 水利基本建设程序（ ）步骤是正确的。

① 建议书 ②初设 ③生产准备 ④后评价 ⑤竣工验收 ⑥施工准备 ⑦建设实施 ⑧可研

A①②③④⑤⑥⑦⑧ B①②⑥⑦③④⑤⑧

C①⑧②⑥⑦③⑤④ D①⑧③④②⑤⑥⑦

2. （ ）阶段进行招标设计。

A 初步设计 B 施工准备 C 建设实施 D 招标

3. 本工程项目建议书由（ ）委托相应设计单位编制。

A 咨询公司 B. 业主 C 政府 D 投资方

4. 可行性研究批准后（ ）。

A 可以变更，但应报原审批机关审批 B 不能随意更改

C 主要内容能变动，但应报原审批机关审批

D 次要内容可以变动，但应报原审批机关审批

5. 项目法人正式于（ ）批复后成立。

A 项目建议书 B 可研 C 初设 D 招标设计

6. 施工准备阶段包括（ ）。

A 四通一平 B 招标设计 C 技术设计 D 选择招标代理

E 选择经理

7. 后评价是在建设项目竣工投产后，经过（ ）生产运营后进行的一次系统的评价。

A1 年 B1～2 年 C2 年 D2～3 年

8. 项目后评价应遵循（ ）

A 主次 B 公正 C 公平 D 科学

E 亲信

9. 项目后评价层次有 1 企业、2 法人、3 投资方（业主），正确顺序为（ ）。

A123 B213 C321 D231

10. 以下属于后评价内容有（ ）。

A 影响评价 B 过程评价 C 投资评价 D 可持续发展评价

E 竣工验收

1.2.2 水利工程项目划分

1.2.2.1 基本建设项目划分

基本建设项目是指按照一个总体设计进行施工，由一个或若干个单项工程组成，经济上实行统一核算，行政上实行统一管理的基本建设工程实体，如一座独立的工业厂房、一所学校，或水利枢纽工程项目等。

一个基本建设项目往往规模大、建设周期长、影响因素复杂，尤其是大中型水利水电工程。因此为了便于编制基本建设计划和编制工程造价，组织招投标与施工，进行质量、工期和投资控制，拨付工程款项，实行经济核算和考核工程成本，需对一个基本建设项目

系统地逐级划分为若干个各级工程项目。基本建设工程通常按项目本身的内部组成，将其划分为单位工程、分部工程和单元工程。

1. 单位工程

单位工程是指具有独立发挥作用或独立施工条件的建筑物。单位工程通常可以是一项独立的工程，也可以是独立工程的一部分，一般按设计及施工部署划分，一般应遵循如下原则：

(1) 枢纽工程，一般以每座独立的建筑物为一个单位工程。当工程规模大时，可将一个建筑物中具有独立施工条件的一部分划分为一个单位工程。

(2) 堤防工程，按招标标段或工程结构划分单位工程。规模较大的交叉联结建筑物及管理设施以每座独立的建筑物为一个单位工程。

(3) 引水（渠道）工程，按招标标段或工程结构划分单位工程。大、中型引水（渠道）建筑物以每座独立的建筑物为一个单位工程。

(4) 除险加固工程，按招标标段或加固内容，并结合工程量划分单位工程。

2. 分部工程

分部工程是单位工程的组成部分。一般指在一个建筑物内能组合发挥一种功能的建筑安装工程。对单位工程安全性、使用功能或效益起决定性作用的分部工程称为主要分部工程。分部工程项目的划分应按下列原则确定：

(1) 枢纽工程，土建部分按设计的主要组成部分划分；金属结构及启闭机安装工程和机电设备安装工程按组合功能划分。

(2) 堤防工程，按长度或功能划分。

(3) 引水（渠道）工程中的河（渠）道按施工部署或长度划分。大中型建筑物按工程结构主要组成部分划分。

(4) 除险加固工程，按加固内容或部位划分。

(5) 同一单位工程中，各个分部工程的工程量（或投资）不宜相差太大，每个单位工程中的分部工程数目不宜少于5个。

3. 单元工程

单元工程是分部工程的组成部分，指在分部工程中由几个工序（或工种）施工完成的最小综合体。如土方工程可分为人工挖地槽、挖地坑、回填土等。分项工程可以用适当计量单位计算工程数量，而且完成同一种分项工程单位工程量所需的劳动力、材料、机械设备消耗量大体相同，所以单元工程是预算定额最基本的计算单位。单元工程项目的划分应按下列原则确定：

(1) 按《水利水电工程单元工程施工质量验收评定标准——土石方工程》(SL 631—2012)、《水利水电工程单元工程施工质量验收评定标准——混凝土工程》(SL 632—2012)、《水利水电工程单元工程施工质量验收评定标准——地基处理工程》(SL 633—2012)、《水利水电工程单元工程施工质量验收评定标准——堤防工程》(SL 634—2012)、《水利水电工程单元工程施工质量验收评定标准——金属结构安装工程》(SL 635—2012)、《水利水电工程单元工程施工质量验收评定标准——水轮发电机组安装工程》(SL 636—2012)、《水利水电工程单元工程施工质量验收评定标准——水力机械辅助设备系统安装工程》(SL 637—2012)等规定进行划分。

(2)河(渠)道开挖、填筑及衬砌单元工程划分界限宜设在变形缝或结构缝处，长度一般不大于100m。同一分部工程中各单元工程的工程量(或投资)不宜相差太大。

(3)《水利水电工程单元工程施工质量验收评定标准》中未涉及的单元工程可依据工程结构、施工部署或质量考核要求，按层、块、段进行划分。

建设项目划分如图1-2所示。

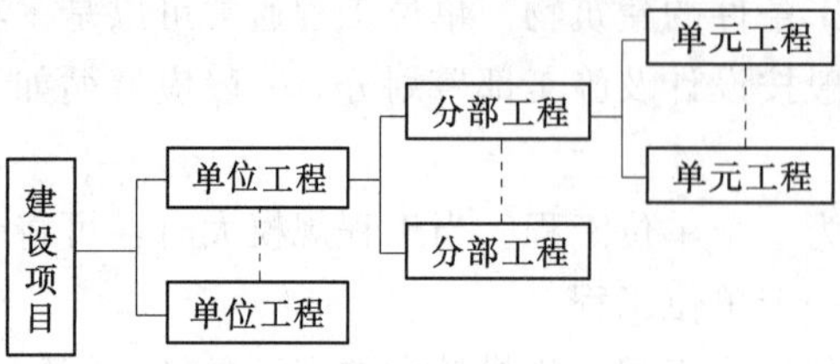

图1-2　项目划分示意图

1.2.2.2　水利工程项目划分

由于水利工程项目是由多种性质水工建筑物构成的复杂建筑综合体，同其他工程相比，包含建筑种类多、涉及面广。例如大中型水利工程除拦河大坝、主副厂房外，还有变电站、开关站、输变电线路、引水系统、泄洪设施、公路、桥涵、给排水系统、供风系统、通讯系统、辅助企业、文化福利建筑等，难以严格按单项工程、单位工程等确切划分。

1. 三大类型

水利工程项目按《水利工程设计概(估)算编制规定》(水总〔2014〕429号)(简称《2014编规》)规定，水利工程按工程性质划分为三大类，具体划分如图1-3所示。

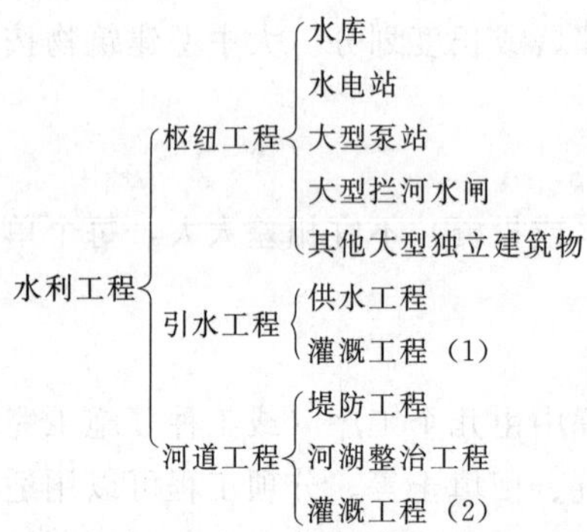

图1-3　水利工程项目划分示意图

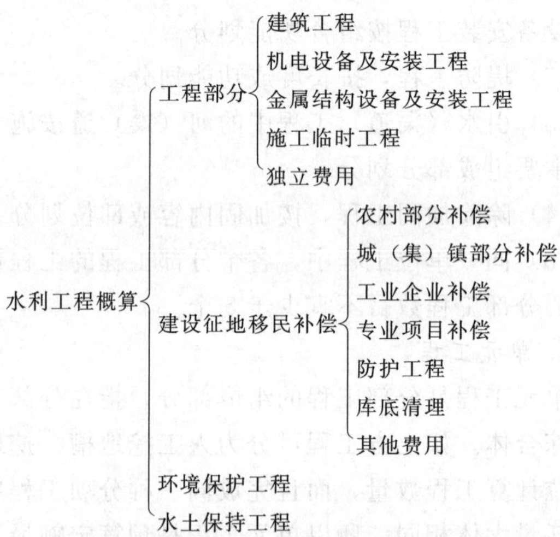

图1-4　水利工程概算项目划分示意图

灌溉工程(1)指设计流量不小于$5m^3/s$的灌溉工程，灌溉工程(2)指设计流量小于$5m^3/s$的灌溉工程和田间工程。

2. 四大部分

水利工程概算项目划分为工程部分、建设征地移民补偿、环境保护工程、水土保持四大部分。具体划分如图1-4所示。

3. 三级项目

根据设计概算要求每部分从大到小又划分为一级项目、二级项目、三级项目。

【知识技能点小结】

水利水电工程建设基本程序分为建设项目投资决策阶段、项目勘察设计阶段、项目建设施工阶段、项目竣工验收和交付使用四个阶段，又可分为项目建议书、可行性研究、设计阶段、施工准备阶段、建设实施阶段、生产准备阶段、竣工验收及后评价八个环节。水利工程项目按工程性质分为枢纽工程、引水工程及河道工程；水利工程概算项目划分为工程部分、建设征地移民补偿、环境保护工程、水土保持四大部分，一、二、三三级项目；水利水电工程质量评定项目按级划分为单位工程、分部工程、单元（工序）工程三级。

【知识技能训练】

一、简答题

1. 简述水利工程项目划分的具体内容。

2. 简述水利工程基本建设程序具体内容。

二、单项选择题

1. 编制可行性研究报告属于建设工程全寿命周期的（　　）的工作

A 使用阶段　　B 决策阶段　　C 设计阶段　　D 实施阶段

2. 水利工程建设前期工作一般分为（　　）。

A 可行性研究报告

B 可行性研究报告、初步设计

C 项目建议书、可行性研究报告

D 项目建议书、可行性研究报告和初步设计

任务 1.3 施工组织与管理模式

1.3.1 施工项目组织

“组织”的含义比较广泛，人们通常所说的“组织”一般有两个意义：其一是为了使项目系统达到他的特定目标，使全体参加者经分工与协作，按照某种规则设置不同层次的权利和责任制度而构成的人的一种组合体，这里的“组织”是名词；其二是指组织活动，表示对组织行为的筹划、安排、协调、控制和检查，如策划、开展一个新产品的销售活动中的全部工作，这里的“组织”是动词。本节讨论的“组织”是指前者。

对于工程项目组织，项目管理人员一般是指通过组织取得项目所需的资源，并通过行使项目组织的职能管理这些资源实现项目的目标。工程项目组织的定义为：为完成特定的任务而建立起来的，从事工程项目具体工作的组织。该组织是在工程项目生命周期内临时组建的，是暂时的，当项目目标实现后，项目组织解散。

1.3.1.1 施工项目组织的职能

施工项目组织职能是项目管理的基本职能，具体包括计划职能、组织职能、控制职能、指挥职能、协调职能等几个方面。

计划职能是指为了实现项目的目标，对所要做的工作进行安排，并对资源进行配置。

组织职能是指为实现项目的目标，建立必要的权力机构、组织层次，进行职能划分，并规划职责范围和协作关系。

控制职能是指采取一定的方法、手段使组织活动按照项目的目标和要求进行。

指挥职能是指项目组织的上级对下级的领导、监督和激励。

协调职能是指为了实现项目目标，项目组织中各层次、各职能部门团结协作，步调一致地共同实现项目目标。

1.3.1.2　项目组织的形式

一般的，项目组织的组织形式有三种，如图1-5所示。

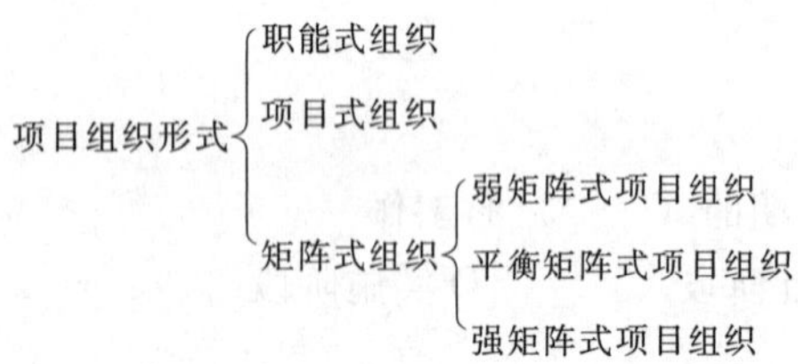

图1-5　项目组织形式

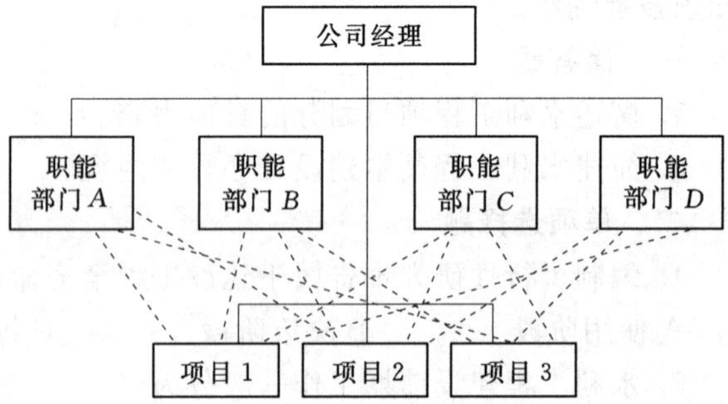

图1-6　职能式项目组织结构图

1. 职能式组织

职能式组织是在同一个组织单位里，把具有相同职业特点的专业人员组织在一起，为项目服务，如图1-6所示。

职能式组织最突出的特点是专业分工强，其工作的注意力集中于本部门。职能部门的技术人员的作用可以得到充分的发挥，同一部门的技术人员易于交流知识和经验，使得项目获得部门内所有知识和技术的支持，对创造性地解决项目的技术问题很有帮助；技术人员可以同时服务于多个项目；职能部门为保持项目的连续性发挥了重要作用。但职能部门工作的注意力集中在本部门的利益上，项目的利益往往得不到优先考虑；项目团体中的职能部门往往只关心本部门的利益而忽略了项目的总目标，造成部门之间协调困难。

职能式组织经常用于企业为某些专门问题，如开发新产品、设计公司信息系统、进行技术革新等。可以认为这是寄生于企业中的项目组织，对各参加部门，项目领导仅作为一个联络小组的领导，从事收集、处理和传递信息，而与项目相关的决策主要由企业领导做出，所以项目经理对项目目标不承担责任。

2. 项目式组织

项目式组织经常被称为直线式组织，在项目组织中，所有人员都按项目要求划分，由项目经理管理一个特定的项目团体，在没有项目职能部门经理的参与情况下，项目经理可以全面地控制项目，并对项目目标负责，其机构形式如图1-7所示。

项目式组织的项目经理对项目全权负责，享有最大限度的自主权，可以调配整个项目组织内外资源；项目目标单一，决策迅速，能够对用户的需求或上级的意图做出最快的响应；项目式组织结构简单，易于操作，在进度、质量、成本等方面控制也较为灵活。但项目式组织对项目经理的要求较高，需要具备各方面知识和技术的全能式人物；由于项目各

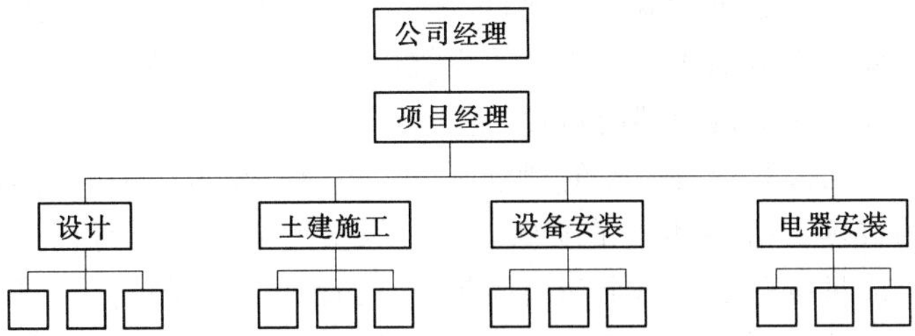

图 1-7 项目式组织结构

阶段的工作中心不同，会使项目团队各个成员的工作闲忙不一，一方面影响了组织成员的积极性，另一方面也造成了人才的浪费；项目组织中各部门之间有比较明确的界限，不利于各部门的沟通。

项目式组织常用于中小型项目，也常见于一些涉外及大型项目的公司，如建筑业项目，这类项目成本高、时间跨度大，项目组织成员长时间合作，沟通容易，而且项目组成员具备较高的知识结构。

3. 矩阵式组织

矩阵式组织可以克服上述两种形式的不足，它基本由职能式和项目式组织重叠而成，如图 1-8 所示。

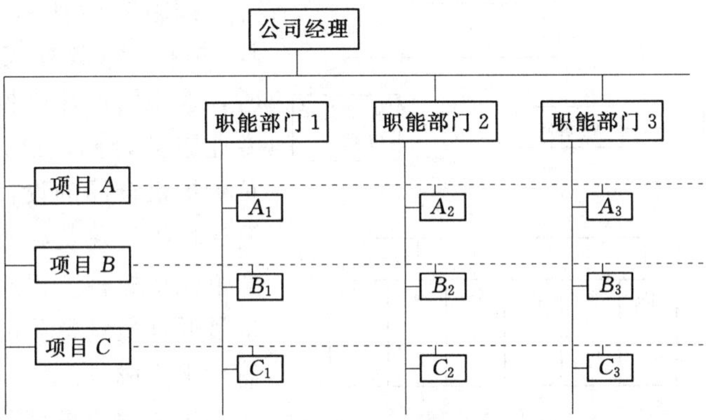

图 1-8 矩阵式组织结构

根据矩阵式组织中项目经理和职能部门经理权责的大小，矩阵式组织可分为弱矩阵式、平衡矩阵式和强矩阵式。

（1）弱矩阵式组织。由一个项目经理来协调项目中的各项工作，项目成员在各职能部门经理的领导下为项目服务，项目经理无权分配职能部门的资源。

（2）强矩阵式组织。项目经理主要负责项目，职能部门经理负责分配人员。项目经理对项目可以实施更有效的控制，但职能部门对项目的影响却在减小。强矩阵式组织类似于项目式组织，项目经理决定什么时候做什么，职能部门经理决定派那些人、使用那些技术。

（3）平衡矩阵组织。项目经理负责监督项目的执行，各职能部门对本部门的工作负责。项目经理负责项目的时间和成本，职能部门的经理负责项目的界定和质量。一般来说平衡矩阵很难维持，因为它主要取决于项目经理和职能部门经理的相对力度。平衡不好，要么变成弱矩阵，要么变成强矩阵。矩阵式组织中，许多员工同时属于两个部门——职能部门和项目部门，要同时对两个部门负责。

矩阵式组织建立与公司保持一致的规章制度，可以平衡组织中的资源需求，以保证各个项目完成各自的进度、费用和质量要求，减少人员冗余，职能部门的作用得到充分发挥。但组织中每个成员接受来自两个部门的领导，当两个领导的指令有分歧时，常会令人左右为难，无所适从；权利的均衡导致没有明确的负责者，使工作受到影响；项目经理与职能部门经理的职责不同，项目经理必须与部门经理进行资源、技术、进度、费用等方面协调和权衡。

矩阵式组织常用于大型综合项目中，或有多个项目同时开展的企业。

1.3.2　施工项目管理基本模式

在工程项目建设的实践中应用的工程项目管理方式有多种类型。每一种方式都有不同的优势和相应的局限性，适应于不同种类工程项目。业主可根据其工程项目的特点选择合适的工程项目管理方式。目前，在各国工程项目建设中广泛使用的工程项目管理方式，既包括历史悠久的传统方式，也有新发展起来的工程项目管理方式，包括建筑工程管理方式、设计-建造方式以及BOT方式等。

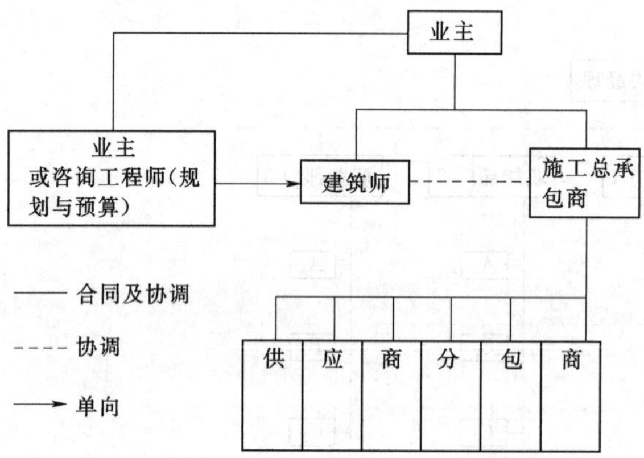

图1－9　传统的工程项目管理模式

1.3.2.1　传统项目管理模式

如图1－9所示，传统方式又称设计-招标-建造方式。采用这种方法时，业主与设计机构（建筑师）签订专业服务合同，设计机构（建筑师）负责提供合同的设计和施工文件，在设计机构（建筑师）的协助下，通过竞争性招标将工程施工的任务交给报价最低且最具资质的投标人（总承包商）来完成。

传统方式最显著的特点是，工程项目的实施只能按顺序方式进行，即只有一个阶段结束后另一个阶段才能开始，传统方式的工程项目建设程序清晰明了。传统方式是历史悠久，并得到广泛认同的工程项目管理方式。

1.3.2.2　CM管理方式

CM（Construction Management Approach）管理方式是针对传统方式的不足而产生的，采用CM管理方式，其核心就是从项目开始阶段就雇佣具有施工经验的CM经理参与到项目过程中来，一边向设计专业人员提供施工方面的建议并随后负责施工过程。

CM管理方式主要适用于：设计可能经常变更的项目；项目工期比较紧，而不能等待编制出完整的招标文件（阶段性施工）；由于工作范围和规模不确定而无法准确定价的项目。

CM管理方式主要有两种（图1－10）。第一种称为代理型建筑工程管理方式。这是一种较为传统的形式，或称为纯粹的 CM 管理方式。采用这种形式时，CM 经理是业主的咨询人员或代理，提供 CM 服务，主要不足之处是 CM 经理对进度和成本控制不作出保证。第二种形式称为风险型建筑工程管理方式，实际上是纯粹的 CM 方式与传统方式的结合。采用这种形式，CM 经理同时担任施工总承包的角色，这种方式在英国称为管理承包，以区别于第一种方式。

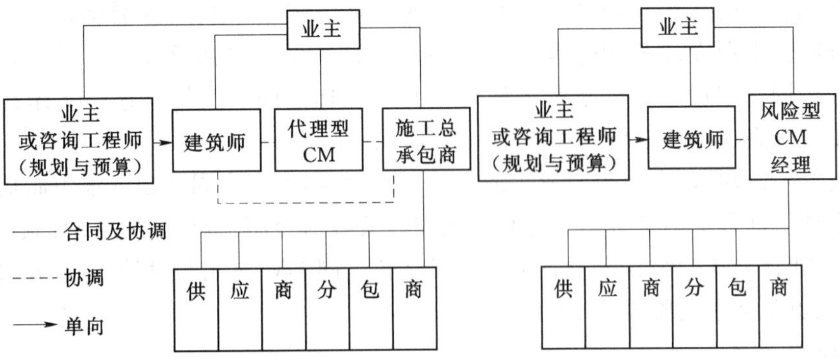

(a) 形式一　代理型 CM 管理方式　　(b) 形式二　风险型 CM 管理方式

图 1-10　CM 管理模式的两种实现形式

CM 方式的使用代表工程项目管理方式中的一种新概念的出现。在传统方式中，项目实施过程涉及的各方关系通常依靠合同来调解，可称为合同方式，而在采用建筑工程管理方式时，业主在建筑初期就选择了建筑师、CM 经理及承包商。各方面以务实合作的态度组成项目组，共同完成项目的预算及成本控制、进度安排及项目的设计。与合同方法相对应，这种方式称为项目组方法。

1.3.2.3　设计-建造方式

设计-建造方式是一种简练的工程管理方式，如图 1-11 所示。在项目原则明确以后，业主只需选定唯一的实体负责项目的设计与施工。近年来，设计-建造方式在建筑业的应用越来越广泛，原因主要是设计-建造方式便于采用阶段施工法。设计-建造方式的基本特点是在项目实施过程中保持单一的合同责任。选定设计-建造承包商的过程比较复杂。如果是政府投资项目，业主必须采用竞争性招标的方式选择承包商。为了确保承包商的质

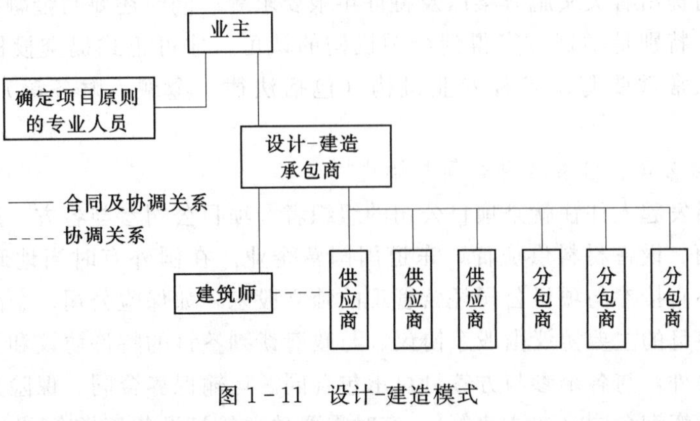

图 1-11　设计-建造模式

量，还可确定正式的资格预审原则。

经常提到的“交钥匙”方式是一种特殊的设计－建造方式，即承包商为业主提供包括项目融资、土地购买、设计与施工直至竣工移交的全套服务。

1.3.2.4 设计-管理方式

设计-管理方式通常是指一种类似CM方式，但更为复杂，由同一实体向业主提供设计和施工管理服务的工程管理方式。在通常的CM方式中，业主分别就设计和专业施工过程签订合同。采用设计-管理合同时，业主只签订一份既包括设计也包括CM服务在内的管理服务合同。在这种情况下，设计师与CM经理是同一实体。这一实体常常是设计机构与施工管理企业的联合体，如图1-10所示。

采用设计-管理时，由多个与业主或设计-管理公司签订合同的独立承包商负责具体工程施工。设计管理人员则负责施工过程的规划、管理与控制。可以将这种方式看作是CM方式与设计-建造方式的结合产物，可取二者之长。同CM方式和设计-建造方式一样，设计-管理方式也常常采用阶段施工法。

1.3.2.5 BOT方式

BOT（Build-Operate-Transfer）即建造-运营-移交方式，其典型结构框架如图1-12所示。它是指东道国政府开放本国基础设施建设和运营市场，吸收国外资金，授权项目公司特许权，由该公司负责融资和组织建设，建成后负责运营及偿还贷款，在特许期满将工程移交东道国政府。

BOT方式的运作程序如下：

1. 项目的提出与招标

拟采用BOT方式建设的基础设施项目一般均由当地政府提出，大型项目则由中央政府部门提出，往往委托一家咨询公司对项目进行初步的可行性研究，随后，颁布特许意向，准备招标文件，公开招标。

2. 项目发起人组织投标

发起人往往是强有力的咨询顾问公司与财团或是大型的工程公司，他们申请资格预审，并在通过资格预审以后购买招标文件进行投标。BOT项目的投标显然要比一般工程项目的投标负责得多，需要进行对BOT项目进行深入的技术分析和财务的可行性分析，才有可能向政府提出有关实施方案以及特许年限要求等。同时还要与金融机构接洽，使自己的实施方案，特别是融资方案得到金融机构的认可，才可正式提交投标书。这个过程中，项目发起人常常要聘用各种专业机构（包括法律、金融、财务等）协助编制投标文件。

3. 成立项目公司、签署各种合同与协议

中标的项目发起人往往就是项目公司的组织者。项目公司参与各方一般包括项目发起人、大型承包商、设备材料供应商、东道国国营企业。在国外有时当地政府也入股，此外，还有一些不直接参与项目公司经营管理的独立股东，如保险公司、金融机构等。

项目公司签订的主要协议由股东协议、与政府谈判签订的特许协议和与金融机构签署的融资协议。另外，与各个参与方签订总承包合同、运输保养合同、保险合同、工程进度合同和各类专业咨询合同（如法律等），有时需要独立签订设备订货合同。

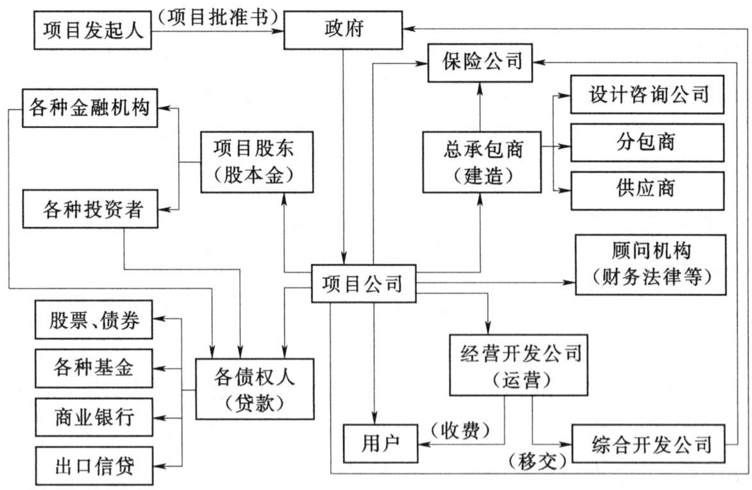

图 1-12 BOT 方式结构

4. 项目建设和运营

这一阶段项目公司主要任务是委托咨询监理公司对总承包商的工作进行监理，保证项目的顺利实施和资金支付。有的工程可以完成一部分之后即开始运营，以早日回收资金。同时，还要组织综合性开发建设公司进行综合项目开发服务，以便多方面盈利。

5. 项目移交

在特许期满之前，应做好必要的维护以及资产评估等工作，以便随时将 BOT 项目移交政府运行。政府可以仍旧聘用原有运营公司来运行项目。

1.3.2.6 PPP 方式

PPP 是 Public - Private - Partnership 的简称（政府和社会资本合作模式），是指政府为增强公共产品和服务供给能力、提高供给效率，通过特许经营、购买服务、股权合作等方式，与社会资本建立的利益共享、风险分担及长期合作关系。开展政府和社会资本合作，有利于创新投融资机制，拓宽社会资本投资渠道，增强经济增长内生动力；有利于推动各类资本相互融合、优势互补，促进投资主体多元化，发展混合所有制经济；有利于理顺政府与市场关系，加快政府职能转变，充分发挥市场配置资源的决定性作用。

1. 项目适用范围

PPP 模式主要适用于政府负有提供责任又适宜市场化运作的公共服务、基础设施类项目。燃气、供电、供水、供热、污水及垃圾处理等市政设施，公路、铁路、机场、城市轨道交通等交通设施，医疗、旅游、教育培训、健康养老等公共服务项目，以及水利、资源环境和生态保护等项目均可推行 PPP 模式。各地的新建市政工程以及新型城镇化试点项目，应优先考虑采用 PPP 模式建设。

2. 操作模式选择

(1) 经营性项目。对于具有明确的收费基础，并且经营收费能够完全覆盖投资成本的项目，可通过政府授予特许经营权，采用建设—运营—移交（BOT）、建设—拥有—运营—移交（BOOT）等模式推进。要依法放开相关项目的建设、运营市场，积极推动自然垄断行业逐步实行特许经营。

(2) 准经营性项目。对于经营收费不足以覆盖投资成本、需政府补贴部分资金或资源的项目，可通过政府授予特许经营权附加部分补贴或直接投资参股等措施，采用建设—运营—移交（BOT)、建设—拥有—运营（BOO）等模式推进。要建立投资、补贴与价格的协同机制，为投资者获得合理回报积极创造条件。

(3) 非经营性项目。对于缺乏“使用者付费”基础、主要依靠“政府付费”回收投资成本的项目，可通过政府购买服务，采用建设—拥有—运营（BOO)、委托运营等市场化模式推进。要合理确定购买内容，把有限的资金用在刀刃上，切实提高资金使用效益。

3. 建立健全政府和社会资本合作的工作机制

(1) 健全协调机制。按照部门联动、分工明确、协同推进等要求，与有关部门建立协调推进机制，推动规划、投资、价格、土地、金融等部门密切配合、形成合力，保障政府和社会资本合作积极稳妥推进。

(2) 明确实施主体。按照地方政府的相关要求，明确相应的行业管理部门、事业单位、行业运营公司或其他相关机构，作为政府授权的项目实施机构，在授权范围内负责PPP项目的前期评估论证、实施方案编制、合作伙伴选择、项目合同签订、项目组织实施以及合作期满移交等工作。

(3) 建立联审机制。为提高工作效率，可会同相关部门建立PPP项目的联审机制，从项目建设的必要性及合规性、PPP模式的适用性、财政承受能力以及价格的合理性等方面，对项目实施方案进行可行性评估，确保“物有所值”。审查结果作为项目决策的重要依据。

(4) 规范价格管理。按照补偿成本、合理收益、节约资源以及社会可承受的原则，加强投资成本和服务成本监测，加快理顺价格水平。加强价格行为监管，既要防止项目法人随意提价损害公共利益、不合理获利，又要规范政府价格行为，提高政府定价、调价的科学性和透明度。

(5) 提升专业能力。加强引导，积极发挥各类专业中介机构在PPP项目的资产评估、成本核算、经济补偿、决策论证、合同管理、项目融资等方面的积极作用，提高项目决策的科学性、项目管理的专业性以及项目实施效率。加强PPP相关业务培训，培养专业队伍和人才。

【知识技能点小结】

一般情况下，项目组织的组织形式有职能式、项目式和矩阵式三种形式，施工项目管理模式可分为传统项目管理模式、CM管理方式、设计—建造方式、设计—管理方式、BOT方式以及PPP方式。对组织形式要从优缺点和适应条件把握，而对于施工项目管理模式要注意互相之间的区别。

【知识技能训练】

一、简答题

1. 工程项目组织的组织形式有哪几类？各有什么特点？

2. 施工项目管理有哪些基本的模式？

二、单项选择题

1. 某建设工程项目的管理按照职能组织结构模式运行，这个组织系统的特点是(　　)。

A 没有相互矛盾的指令源　　　　B 有纵向和横向的指令源

C 可能有多个矛盾的指令源　　　D 指令源唯一

2. 某建设工程项目的总承包商在该项目组织结构设计中采用了线性组织结构模式，这种组织结构的特点是（　　）。

A 每个工作部门只接受一个上级的直接领导

B 可能有多个矛盾的指令源

C 有横向和纵向两个指令源

D 促进了管理专业化分工

3. 某公司承揽了一个大型建设项目的项目管理任务，为了提高该项目组织的运行效率，决定减少项目组织结构层次，那么该项目宜选用的组织结构模式是（　　）。

A 线性组织结构　　　　B 矩阵组织结构

C 职能组织结构　　　　D 项目组织结构

任务 1.4　水利工程施工准备工作

1.4.1　施工管理组织建立

随着社会主义市场经济的建立，施工项目管理已在各类工程建设施工中全面推行，而在施工项目管理中，项目经理部是施工项目管理的工作班子，是施工项目管理的组织保证。因此，只有组建一个好的施工项目经理部，才能有效地实现施工项目管理目标，完成施工项目管理任务。

1.4.1.1　建立施工项目经理部的基本原则

（1）根据所设计的项目组织形式设置经理部。不同的组织形式对项目经理部的管理力量和管理职责提出了不同的要求，同时也提供了不同的管理环境。

（2）根据工程项目的规模、复杂程度和专业特点设置项目经理部。规模大小不同，职能部门的设置也不同。

（3）项目经理部是一个具有弹性的、一次性的施工管理组织，可以随工程任务的变化而调整。在工程项目施工开始前建立，在工程竣工交付使用后，项目管理任务全面完成，项目经理部解体。

1.4.1.2　施工项目经理部的部门设置和人员配置

施工项目经理部的部门和人员设置应满足施工全过程项目管理的需要，既要尽量地减少其规模，又要保证能够高效率运转，所确定的各层次的管理跨度要科学合理。

一般情况下，项目经理部下设的部门如下：

（1）经营核算部门：主要负责预算、合同、索赔、资金收支、成本核算、劳动配置及劳动分配等工作。

（2）工程技术部门：主要负责生产调度、文明施工、技术管理、施工组织设计、计划统计等工作。

(3) 物资设备部门：主要负责材料的询价、采购、计划供应、管理、运输、工具管理、机械设备的租赁配套使用等工作。

(4) 监控管理部门：主要负责工作质量、安全管理、消防保卫、环境保护等工作。

(5) 测试计量部门：主要负责计量、测量、试验等工作。

施工项目经理部的人员配置可根据具体工程项目情况而定，除设置经理、副经理外，还要设置总工程师、总经济师和总会计师以及按职能部门配置的其他专业人员。技术业务管理人员的数量根据工程项目的规模大小而定，一般情况下不少于现场施工人员的5%。

1.4.1.3　施工项目经理部构成

【应用实例1-2】 某工程项目经理部的构成

项目经理部决策领导层由项目经理、项目副经理和项目总工组成。项目经理部设工程科、质检科、财务科、机械科、办公室、安保科，组成现场控制的管理层。

1. 现场施工组织机构设置

现场施工组织机构设置如图1-13所示。

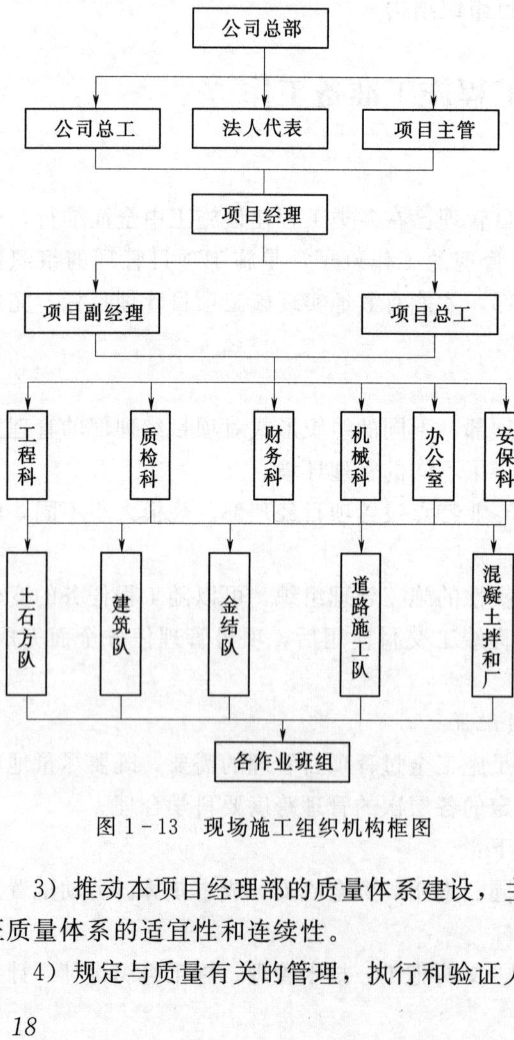

图1-13　现场施工组织机构框图

2. 组织机构的人员配备

项目经理部配备人员如下：

项目经理1人。

项目副经理1人。

项目技术负责人1人。

工程科科长1人，施工员7人。

质检科科长1人，质检员2人。

财务科科长1人，出纳员1人，预算员1人。

机械科科长1人，机械师2人。

办公室主任1人，材料员1人，办事员1人。

安保科科长1人，安全员1人。

技工38人。

3. 主要管理人员职责

(1) 项目经理职责。

1) 组织贯彻国家和上级政策、法规和法令，本公司的质量方针，负责本项目经理部的全面工作。

2) 执行本公司质量方针、目标，并采取措施贯彻实施。

3) 推动本项目经理部的质量体系建设，主持质量管理领导小组会议及管理评审，保证质量体系的适宜性和连续性。

4) 规定与质量有关的管理，执行和验证人员的职责、权限和相互关系，对质量体系各部门人员有权调整和任免权。

5）主持本项目经理部一般质量事故和一般质量问题的分析、处理，领导质量改进工作，审批重大奖惩办法，行使质量否决权，对最终产品负第一责任。

6）负责领导本项目经理部的质量教育工作，在本公司职工中树立“质量第一”的思想，对本项目部干部职工质量意识进行考核。

（2）项目副经理职责。

1）贯彻执行公司质量方针、目标，明确本项目部门人员岗位、质量职责，保证质量体系在本部门的有效运行。

2）负责本项目部生产工作，领导本项目部技术系统推行质量管理，领导“质量体系”文件和资料控制“纠正和预防措施”“质量记录的控制”“内部质量审核”“合同评审”“服务”等要素及所属程序的实施管理。

3）负责本项目部技术领导工作，贯彻工程施工技术规范、规程、规定、标准领导工作，审定本项目部制定的主要质量技术文件、质量标准、操作规程、施工工艺以及施工组织设计等。

4）组织开展质量大检查和安全大检查，并督促检查施工过程中的各种施工记录。

5）搞好材料、设备系统的管理，确保材料设备的质量，满足工程施工、生产的需要。

6）对工程质量负领导责任，对质量实施优秀者，有权提出奖励的建议，对发生质量事故，造成损失的人员，责成有关部门进行调查处理，并有权按规定处置。

7）负责对本项目部质量奖的审报领导工作。

（3）项目总工职责。

1）协助项目经理部组织质量管理领导小组会议。

2）贯彻执行本项目部质量方针、目标，在分管范围和部门内保证质量体系的有效运行。

3）负责领导项目部技术工作，主持贯彻实施施工生产中重大技术质量问题会议并做出决定。

4）参加本项目部竣工产品的内部竣工验收，对本项目部的工程产品质量负技术责任。

5）主持本项目部质量事故分析，提出处理意见。

6）组织领导新技术、新工艺、新材料、新机具在本项目部推广应用。

7）有权提出质量奖惩建议。

（4）质检科科长职责。

1）负责项目经理部工程质量及安全生产监督检查。在主管生产副经理及总工程师领导下，把好质量、安全关。有权制止违章作业，并要求作出整改。

2）组织质量、安全大检查。组织质量和安全事故分析、鉴定，提出处理意见。

3）组织竣工工程的初验；督促检查工程竣工质量资料的搜集整理。

4）负责贯彻并组织实施项目经理部颁发的有关安全生产、劳动保护的法规，做好劳动防护工作。

5）组织对不合格品的分级评审，建立不合格评审记录，跟踪验证合格品处置结果。

（5）工程技术科科长。

1）在主管生产副经理及总工程师领导下，负责施工准备，施工组织和施工过程中的工序质量控制。

2）负责工程施工的组织协调。包括指导和协助组建项目经理部，施工的技术及现场准备，安排和协调工程进度，资源的平衡调度以及分承包方的管理等。

3）督促检查施工过程中的各种记录，保证工程的可追溯性，以及施工过程中纠正和预防措施的制定、实施和验证。

4）负责组织标准化文明工地的申报、创建和检查。

5）负责检查施工中特殊过程及关键过程的控制；组织工艺评定。

6）督促检查工程成品保护，组织工程交工验收，参加回访和交工后的服务。

7）在施工组织和工序质量控制中组织推广应用统计技术。

8）负责组织领导检验、测量和试验设备的周期校正，保证其精度和量值传递的准确。

9）负责领导中心试验室工作。

（6）财务科科长。

1）贯彻执行公司质量方针目标，明确部门人员的岗位质量职责，保证质量体系在本部门有效运行。

2）开展质量成本管理工作，控制和减少返工、返修、赔偿等质量损失费用。

3）参与标书和合同的评审及合同纠纷的处理，体好项目经费管理及所属单位的财务监督，为实施质量保证提供资金，组织实施成本管理。

4）会同有关部门制定奖励办法，加强基础工作，推动质量活动的开展。

5）对资金的合理使用提出调整、调配意见。

6）对质量实施成本控制，有权调查公司各单位的质量损失。

7）按规定要求公司各单位提供有关财务资料及报表；对管理不善、给企业造成损失的责任人提出处理意见。

1.4.1.4 项目经理

项目经理在工程施工的过程中起着重要作用，是施工项目实施过程中所有工作的总负责人，在工程建设过程中起着协调各方面关系、沟通技术、信息等方面的纽带作用，在工程施工的全过程中处于十分重要的地位。

1. 项目经理的职责

施工项目经理在承担工程项目施工管理过程中，应履行以下职责：

（1）贯彻执行国家和工程所在地政府有关工程建设和建筑管理的法律、法规和政策，执行企业的各项管理制度，维护企业整体利益和经济权益。

（2）严格财经制度，加强财务管理，积极组织工程款回收，正确处理国家、企业和项目及其单位个人的利益关系。

（3）组织制定项目经理部各类管理人员的职责和权限、各项管理规章制度，并认真贯彻执行。

（4）组织编制施工管理规划及目标实施措施，编制施工组织设计并组织实施。

（5）科学地组织施工和加强各项管理。并做好建设单位、监理和各分包单位之间的协调工作，及时解决施工中出现的问题。

(6) 执行经济责任书中由项目经理负责履行的各项条款。

(7) 对工程项目施工进行有效控制，执行有关技术规范和标准，积极推广应用新技术、新工艺、新材料和项目管理软件集成系统，确保工程质量和工期，实现安全、文明生产，努力提高经济效益。

2. 现代工程项目对项目经理的要求

项目经理部是项目组织的核心，而项目经理领导着项目经理部的工作，所以居于工程项目的核心地位，对整个项目经理部以及对整个项目起着举足轻重的作用。现代工程项目对项目经理的要求越来越高，人们对项目经理的知识结构、工作能力和个人素质也提出了更高的要求。

(1) 项目经理的素质要求。对于专职的项目经理，不仅应具备一般领导者的素质条件，还应当符合项目管理的特殊要求。

1) 项目经理必须具有良好的职业道德。他要有相当的敬业精神，对工作积极、热情，勇于挑战，勇于承担责任，努力完成自己的职责。不能因为管理工作的效果无法定量评价而怠于自己的工作职责。

2) 项目经理应具有创新精神和不断开拓发展的进取精神。由于每个工程项目都是一次性的，都有自己的特点，管理工作也不是一成不变的，这就要求项目经理不能墨守成规，要不断开拓创新，勇于承担责任和风险作出决策，并努力追求更高目标，确保工作的完美。

3) 项目经理要讲究信用，为人诚实可靠。要有敢于承担错误的勇气，为人正直，办事公平、公正，实事求是。不能因为受到业主的误解或批评而放弃自己的职责，项目经理应以项目的总目标和整体利益为出发点开展工作。

4) 项目经理要忠于职守，任劳任怨。在实际工作中，项目管理工作很少能够使各方面都满意，甚至可能都不满意，都不能理解，有时还会吃力不讨好。所以项目经理不仅要化解矛盾，而且要使大家理解自己，同时还要经得住批评指责，有一定的胸怀和容忍性。

5) 项目经理要具有很高的社会责任感和道德观念，具有高瞻远瞩、全局性的观念。

(2) 项目经理的能力要求。

1) 具有长期的工程管理工作经历和丰富的工程管理经验，特别是同类项目成功的经历。项目经理要有很强的专业技术技能，但又不能是纯技术专家。他应当具有较强的综合能力，能够对项目管理过程和工程技术系统有较成熟的理解，对整个工程项目作出全面细致的观察，能预见到可能出现的各种问题并制定可行的防范措施。

2) 具有处理人事关系的能力。项目经理对下属的领导应当主要依靠自身的影响力和说服力，而不是依靠职位权力和上级命令。项目经理要充分利用合同和项目管理规范赋予的权力进行工程管理和组织运作；采取有效的措施激励项目组成员，调动大家的积极性，提高工作效率。项目经理在项目中要充当教练、活跃气氛者、激励管理者和矛盾调解员等多种角色，因此要有较强的人际关系能力。

3) 具有较强的组织管理能力。项目经理作为领导者，要能胜任项目领导工作，积极研究领导的艺术，知人善用，敢于授权；要协调好项目管理中各个方面的关系，善于人际交往，能够与外界积极交往，与上层积极沟通与交流。项目经理在工作中要善于处理矛盾与冲突，具有追寻目标和跟踪目标的能力。

4）具有较强的谈判能力。项目经理要有较强的语言表达和逻辑思维能力，讲究谈判技巧，具有较强的说服能力和个人魅力。

5）项目经理的个人领导风格和管理方式应具有可变性和灵活性，能够适应不同的项目和不同的组织。具备领导才能是成为一个好的施工项目经理的重要条件，团结友爱、知人善任、用其所长、避其所短，善于抓住最佳时机，并能当机立断，坚决果断地处理将要发生或正在发生的问题，避免矛盾或更大矛盾的产生。具有了这些能力就能更好地领导项目经理部的全体员工，唤起大家的积极性和创造性，齐心协力完成施工项目的建设。

(3) 项目经理的知识要求。项目经理必须具有专业知识，一般来自工程的主要专业，否则很难在项目中被人们接受和真正介入项目。项目经理不仅要有专业知识，还要接受过项目管理的专门培训或再教育，具有广博的知识，能够对所从事的项目迅速设计解决问题的方法、程序，进行有效的管理。

掌握熟练的专业技术知识是成为优秀项目经理的必要条件。按照目前国家规定，注册建造师资格是担任大中型工程项目的项目经理的必要条件。如果没有扎实的专业知识作后盾，在项目的实施过程中遇到难题或模棱两可的问题就无从下手、手忙脚乱，最终导致人力物力上的浪费，甚至造成更大的错误。作为一个好项目经理的同时更要精通本专业各方面的技术知识。在精于本专业各项技术的同时应该有更广泛的知识面，要了解多学科、多个专业的知识，也就是说什么都知道、什么都懂，形成T形的知识结构。这样就可以在施工中轻松自如地领导各方面的工作，化解来自各方面的矛盾，顺利完成项目施工任务。

项目经理具有良好的素质和熟练的项目施工管理、经营技巧，可以为企业创造丰厚的利润。我国是发展中国家，相对于发达国家还有很大差距，基础设施建设还有很长的路要走，所以我们要积极努力学习，在实践中锻炼自己，成长为一名优秀的项目经理，更多地为国家和社会做出自己的贡献，实现自身的人生价值和社会价值。

1.4.2 施工原始资料收集

原始资料收集是施工准备的一项重要内容，它主要是对工程条件、工程环境特点和施工条件等施工技术与组织的基础资料进行调查。原始资料调查工作应有计划、有目的地进行，事先要拟订明确的、详细的调查提纲，明确调查范围、内容、要求等，调查提纲应根据拟建工程的规模、性质、复杂程度、工程及对工程当地熟悉了解程度而定。

1.4.2.1 建设场地勘察

水利工程建设场地勘察主要是了解建设地点的地形、地貌、地质、水文、气象以及场址周围环境和妨碍物的情况等，勘察结果一般可作为确定施工方法和技术措施的依据。

1. 地形地貌勘察

地形地貌勘察要求提供水利工程的规划图、区域地形图（1：10000～1：25000）、工程位置地形图（1：1000～1：2000）、水准点及控制桩的位置、现场地形地貌特征、勘察高程及高差等。对于地形简单的施工现场，一般采用目测和步测；对于地形复杂的施工现场，可用测量仪器进行观测，也可向规划部门、建设单位、勘察单位等进行调查。这些资料可作为选择施工用地、布置施工总平面图、场地平整、土方量计算、了解障碍物及其数量的依据。

2. 工程地质勘察

工程地质勘察的目的是为了查明建设地区的工程地质条件和特征，包括地层构造、土层的类别及厚度、土的性质、承载力及地震级别等。应提供的资料有钻孔布置图，工程地质剖面图，土层的类别、厚度，土壤物理力学指标（包括天然含水量、孔隙比、塑性指数、渗透系数、压缩试验及地基土强度等），地层的稳定性（包括断层滑块、流沙），地基土的处理方法以及基础施工方法等。

3. 水文地质勘察

水文地质勘察所提供的资料主要有以下两方面：

（1）地下水资料。地下水最高水位、最低水位及时间，水的流速、流向、流量，地下水的水质分析及化学成分分析，地下水对基础有无冲刷、侵蚀影响等。所提供资料有助于选择基础施工方案、选择降水方法以及拟定防止侵蚀性介质的措施。

（2）地面水资料。临近江河湖泊至工地的距离，洪水期、平水期、枯水期的水位、流量及航道深度，水质，最大、最小冻结深度及冻结时间等。调查目的在于为确定临时给水方案、施工运输方式提供依据。

4. 气象资料调查

气象资料一般可向当地气象部门进行调查，调查资料作为确定冬、雨季施工措施的依据。气象资料包括以下几个方面：

（1）降水资料。全年降雨量、降雪量，一日最大降雨量，雨季起止日期，年雷雹日数等。

（2）气温资料。年平均气温、最高气温、最低气温，最冷月、最热月及逐月的平均温度。

（3）气象资料。主导风向、风速、风的频率，全年不小于 8 级风的天数，并应将风向玫瑰图附上。

5. 周围环境及障碍物调查

周围环境及障碍物调查包括施工区域现有建筑物、构筑物、沟渠、水井、树木、土堆、电力架空线路等。这些资料要通过实地踏勘，并向建设单位、设计单位等调查取得，可作为现场施工平面布置的依据。

1.4.2.2　技术经济资料调查

技术经济资料调查目的是为了查明建设地区工业、资源、交通运输、动力资源、生活福利设施等地区经济因素，获得建设地区技术经济条件资料，以便在施工组织中尽可能利用地方资源为工程建设服务，同时也可作为选择施工方法和确定费用的依据。

1. 建设地区能源调查

能源一般指水源、电源、气源等。能源资料可向当地城建、电力、燃气供应部门及建设单位等进行调查，主要用做选择施工用临时供水、供电和供气的方式，提供经济分析比较的依据。调查内容有：施工现场用水与当地水源连接的可能性、供水距离、接管距离、地点、水压、水质及消费等资料；利用当地排水设施排水的可能性、距离、去向等；可供施工使用的电源位置、引入工地的路径和条件，可满足的容量、电压及电费；建设单位、施工单位自有的发变电设备、供电能力；冬季施工时附近蒸汽的供应量、接管条件和价格；建设单位自有的供热能力；当地或建筑单位可以提供煤气、压缩空气、氧气的能力和其至工地的距离等。

2. 建设地区交通调查

建设地区的交通运输方式一般有铁路、公路、水路、航空等交通资料，可向当地交通运输部门进行调查。收集交通运输资料包括调查主要材料及构件运输通道的情况，包括道路，街巷，途经桥涵的宽度、高度，允许载重量和转弯半径限制等资料。当有超长、超高、超宽或超重的大型构件、大型起重机械和生产工艺设备需整体运输时，还要调查沿途架空电线、天桥的高度，并与有关部门商议避免大件运输业务、选择运输方式、提供经济分析比较的依据。

3. 主要材料及地方资源情况调查

该项调查的内容包括三大材料（钢材、木材和水泥）的供应能力、质量、价格、运费情况。地方资源如石灰石、石膏石、碎石、卵石、废弃矿渣、粉煤灰等能否满足水利工程建筑施工的要求，开采、运输和利用的可能性及经济合理性。这些资料可向当地计划、经济等部门进行调查，作为确定材料供应计划、加工方式、储存和堆放场地及建造临时设施的依据。

4. 建设地区情况调查

该项主要调查建设地区附近有无建筑机械化基地、机械租赁站及修配厂，有无金属结构及配件加工厂，有无商品混凝土搅拌站和预制构件厂等。这些资料可用作确定预制件、半成品及成品等货源的加工供应方式、运输计划和规划临时设施。

5. 社会劳动力和生活设施情况调查

该项调查的内容包括当地能提供的劳动力人数、技术水平、来源和生活安排，建设地区已有的可供施工期间使用的房屋情况，当地主副食、日用品供应，文化教育、消防治安、医疗单位的基本情况以及能为施工提供的支援能力。这些资料是制订劳动力安排计划、建立职工生活基地、确定临时生活设施的依据。

1.4.3 施工技术准备

技术资料的准备是施工准备工作的核心，是现场施工准备工作的基础。由于任何技术的差错或隐患都可能引起人身安全和质量事故，造成生命、财产和经济的巨大损失，所以必须认真地做好技术准备工作。

1. 熟悉与会审图纸

(1) 熟悉与会审图纸的目的。

1) 能够在工程开工之前，使工程技术人员充分了解和掌握设计图纸的设计意图、结构与构造特点和技术要求。

2) 通过审查发现图纸中存在的问题和错误并加以改正，为工程施工提供一份准确、齐全的设计图纸。

3) 保证能按设计图纸的要求顺利施工，生产出符合设计要求的最终建筑产品。

(2) 审查图纸及其他设计技术资料内容。

1) 设计图纸是否符合国家有关规划及技术规范的要求。

2）核对设计图纸及说明书是否完整、明确，设计图纸与说明等其他各组成部分之间有无矛盾和错误，内容是否一致，有无遗漏。

3）总图的建筑物坐标位置与单位工程建筑平面图是否一致。

4）核对主要轴线、几何尺寸、坐标、标高、说明等是否一致，有无错误和遗漏。

5）基础设计与实际地质情况是否相符，建筑物与地下构筑物及管线之间有无矛盾。

6）主体建筑材料在各部分有无变化，各部分的构造做法。

7）建筑施工与安装在配合上存在哪些技术问题，能否合理解决。

8）设计中所选用的各种材料、配件、构件等能否满足设计规划的需要。

9）工程中采用的新工艺、新结构、新材料的施工技术要求及技术措施。

10）对设计技术资料的合理化建议及其他问题。

(3) 审查图纸程序。审查图纸的程序通常分为自审、会审和现场签证三个阶段。

1）自审。指施工企业组织技术人员熟悉和审查图纸。自审记录包括对设计图纸的疑问和有关建议。

2）会审。由建筑单位支持，设计单位和施工单位参加。先由设计单位进行图纸技术交底，各方面提出意见，经充分协商后，统一认识，形成图纸会审纪要，由设计单位正式发文，参加单位共同会签、盖章，作为设计图纸的修改文件。

3）现场签证。指在工程施工过程中，发现施工条件与设计图纸的条件不符，或图纸仍有错误，或因材料的规格、质量不能满足设计要求等原因，需要对设计图纸进行及时修改，应遵循设计变更的签证制度，进行图纸的施工现场签证。对于一般问题，经设计单位同意，即可办理手续进行修改；对于重大问题，须经建设单位、设计单位和施工单位协商，由设计单位修改，向施工单位签发设计变更单方可有效。

(4) 熟悉技术规范、规程和有关技术规定。技术规范、规程是国家制定的建设法规，是实践经验的总结，在技术管理上具有法律效用。建筑施工中常用的技术规范、规程主要如下：

1）建筑安装工程质量检验评定标准。

2）施工操作规程。

3）建筑工程施工及验收规范。

4）设备维修及维修规程。

5）安全技术规程。

6）上级技术部门颁发的其他技术规范和规定。

2. 编制施工组织设计

施工组织设计是指导施工现场全部生产活动的技术经济文件。它既是施工准备工作的重要组成部分，又是做好其他施工准备工作的依据。它既要体现建设计划和设计的要求，又要符合施工活动的客观规律，对建设项目的全过程起到战略部署和战术安排的双重作用。

水利水电工程施工的特点决定工程施工复杂、施工方法多变，没有一个通用的、一成不变的施工方法。每个建筑工程项目都需要分别确定施工组织方法，作为组织和指导施工的重要依据。

1.4.4　现场施工准备

1. 施工场地准备工作

施工现场的准备又称室外准备，主要为工程施工创造有利的施工条件。施工现场的准备工作按施工组织设计的要求和安排进行，其主要内容为"四通一平"、测量放线、临时设施的搭设等。

(1) 四通一平。"四通一平"是建筑工程用地范围内，实现水通、电通、路通、通信通和平整场地。

1) 平整施工场地。首先，通过测量，按建筑总平面图中确定的标高计算出挖土及填土的数量，设计土方调配方案，组织人力或机械进行平整工作。若拟建场内有旧建筑物，则须拆迁房屋。其次，清理地面上的各种障碍物，对地下管道、电缆等要采取可靠的拆除或保护措施。

2) 通路。施工现场的道路是组织大量物质进场的运输动脉。为了保证各种建筑材料、施工机械、生产设备和构件按计划到场，必须按施工总平面图要求修通道路。为了节省工程费用，应尽可能利用已有道路或结合正式工程的永久性道路。在利用正式工程的永久性道路时，为使施工时不损坏路面，可先做路基，施工完毕后再做路面。

3) 通水。施工现场的通水包括给水与排水。施工用水包括生产、生活和消防用水，其布置应按施工总平面图的规划进行安排。施工用水设施应尽量利用永久性给水线路。临时管线的铺设既要满足用水点的需要和使用方便，又要尽量缩短管线。施工现场要做好有组织的排水系统，否则会影响施工的顺利进行。

4) 通电。施工现场的通电包括生产用电和生活用电。根据生产、生活用电的电量选择配电变压器，与供电部门或建设单位联系，按施工组织要求布设线路和通电设备。当供电系统供电不足时，应考虑在现场建立发电系统以保证施工的顺利进行。

5) 通信通。在开工前，必须形成完整畅通的通信网络，为施工进场提供条件。

(2) 测量放线。施工现场测量放线的任务是把图纸上所设计好的建筑物、构建物及管线等测到地面或实物上，并用各种标志表现出来，作为施工的依据。在土方开挖前，按设计单位提供的总平面图及给定的永久性经、纬坐标控制网和水准控制基桩进行场区施工测量，设置场区永久性坐标、水准基桩和建立场区工程测量控制网。在进行测量放线前，应做好以下几项准备工作：

1) 了解设计意图，熟悉并校核施工图纸。

2) 对测量仪器进行检验和校正。

3) 校核红线桩与水准点。

4) 制定测量放线方案。测量放线方案主要包括平面控制、标高控制、±0.00以下施测、±0.00以上施测、沉降观测和竣工测量等项目，依据设计图纸要求和施工方案来确定。

建筑物定位放线是确定整个工程平面图位置的关键环节，在施测中必须保证精度、杜绝错误，否则其后果将难以处理。建筑物的定位放线一般通过设计图中平面控制轴线来确定建筑物的轮廓位置，经自检合格后，提交有关部门和甲方（监理人员）验线，以保证定位的准确性。沿红线的建筑物，还要由规划部门验线，以防止建筑物超、压红线。

(3) 临时设施搭设。现场需要的临时设施应报请规划、市政、消防、交通、环保等有关部门审查批准，按施工组织设计和审查情况来实施。

对于指定的施工用地周围应用围墙（栏）围挡起来。围挡的形式和材料应符合市容管理的有关规定和要求，并在主要出入口设置标牌，标明工程名称、施工单位、工地负责人、监理单位等。

各种生产（仓库、混凝土搅拌站、预制构件场、机修站、生产作业棚等）、生活（办公室、宿舍、食堂等）用的临时设施，严格按批准的施工组织设计规定的数量、标准、面积、位置等来组织实施，不得乱搭乱建，并尽可能做到以下几点：

1) 利用原有建筑物减少临时设施的数量，以节约投资。

2) 适用、经济、就地取材，尽量采用移动式、装配式临时建。

3) 节约用地，少占农田。

2. 生产资料准备

生产资料准备工作是指对工程施工中必需的劳动手段（施工机械、机具等）和劳动对象（材料、构件、配件等）的准备。该项工作应根据施工组织设计的各种资源需要量计划，分别落实货源、组织运输和安排储备。

生产资料的准备工作是工程连续施工的基本保证，主要内容有以下三方面。

(1) 建筑材料准备。建筑材料的准备包括对“三材”（钢材、木材、水泥）、地方材料（砖、瓦、石灰、砂、石等）、装饰材料（面砖、地砖等）、特殊材料（防腐、防射线、防爆材料等）的准备。为保证工程顺利施工，材料准备有如下要求：

1) 编制材料需要量计划，签订供货合同。根据预算的工料分析，按施工进度计划的使用要求、材料储备定额和消耗定额及材料名称、规定、使用时间进行汇总，编制材料需要量计划。同时，根据不同材料的供应情况，随时注意市场行情，及时组织货源，签订定货合同，保证采购供应计划的准确可靠。

2) 材料的储备和运输。材料的储备和运输要按工程进度分期、分批进场。现场储备过多会增加保管费用、占用流动资金，过少则难以保证施工的连续进行。对于使用量少的材料，尽可能一次进场。

3) 材料的堆放和保管。现场材料的堆放应按施工平面布置图的位置及材料的性质、种类，选取不同的堆放方式进行合理堆放，避免材料的混淆及二次搬运。进场后的材料要依据材料的性质妥善保管，避免材料变质或损坏，以保持材料的原有数量和原有的使用价值。

(2) 施工机具和周转材料准备。施工机具包括在施工中确定选用的各种土方机械、木工机械、钢筋加工机械、混凝土机械、砂浆机械、垂直与水平运输机械、吊装机械等。在进行施工机具的准备工作时，应根据采用的施工方案和施工进度计划，确定施工机械的数量和进场时间，确定施工机具的供应方法和进场后的存放地点及方式，并提出施工机具需要量计划，以便企业内平衡或对外签约租借机械。

周转材料主要指模板和脚手架。此类材料施工现场使用量大、堆放场地面积大、规格多、对堆放场地的要求高，应按施工组织设计的要求分规格、型号整齐码放，以便使用和维修。

(3) 预制构件和配件加工准备。在工程施工中需要大量的钢筋混凝土构件、木构件、金属构件、水泥制品、卫生洁具等，应在图纸会审后提出预制加工单，确定加工方案、供应渠道及进场后的储备地点和方式。现场预制的大型构件，应依据施工组织设计做好规划，提前加工预制。

此外，对于采用商品混凝土的现浇工程，要依施工进度计划要求确定需要量计划，主要内容有商品混凝土的品种、规格、数量、需要时间、送货方式、交货地点，并提前与生产单位签订供货合同，以保证施工顺利进行。

3. 冬、雨季施工准备工作

(1) 冬季施工准备工作。

1) 合理安排冬季施工项目。建筑产品的生产周期长，且多为露天作业，冬季施工条件差、技术要求高。因此，在施工组织设计中就应合理安排冬季施工项目，尽可能保证工程连续施工。一般情况下，尽量安排费用增加少、易保证质量、对施工条件要求低的项目在冬季施工，如吊装、打桩、室内装修等；而如土方、基础、外装修、屋面防水等则不宜在冬季施工。

2) 落实各种热源供应工作。提前落实供热渠道，准备热源设备，储备和供应冬季施工用的保暖材料，做好供暖培训工作。

3) 做好保温防冻工作。

a. 临时设施的保暖防冻。包括给水管道的保温，防止管道冻裂，防止道路积水、积雪成冻，保证运输顺利进行。

b. 工程已成部分的保温保护。如基础完成后及时回填至基础面同一高度，砌完一层墙后及时将楼板安装到位等。

c. 冬季要施工部分的保温防冻。如凝结硬化尚未达到强度要求的砂浆、混凝土要及时测温，加强保温，防止遭受冻结；将要进行的室内施工项目，先完成供热系统，安装好门、窗、玻璃等。

d. 加强安全教育。要有冬季施工的防火、安全措施，加强安全教育，做好职工培训工作，避免火灾、安全事故的发生。

(2) 雨季施工准备工作。

1) 合理安排雨季施工项目。在施工组织设计中要充分考虑雨季对施工的影响。一般情况下，雨季到来之前，多安排土方、基础、室外及屋面等不宜在雨季施工的项目，多留一些室内工作在雨季进行，以避免雨季窝工。

2) 做好现场的排水工作。雨季来临前，在施工现场做好排水沟，准备好抽水设备，防止场地积水，最大限度地减少因泡水而造成的损失。

3) 做好运输道路的维护和物质储备。雨季前检查道路边坡排水情况，适当提高路面，防止路面凹陷，保证运输道路的畅通。多储备一些物质，减少雨季运输量，节约施工费用。

4) 做好机具设备等的保护。对现场各种机具、电器、工棚都要加强检查，特别是脚手架、塔吊、井架等，要采取防倒塌、防雷击、防漏电等一系列技术措施。

5) 加强施工管理。认真编制雨季施工的安全措施，加强对职工的教育，防止各种事故发生。

【知识技能点小结】

施工项目准备工作包括建立项目施工管理组织，收集施工原始资料，准备施工技术，准备施工现场等几个方面。现场施工主要做好“四通一平”、测量放线、临时设施搭设，建筑材料、施工机具、周转材料、预制构配件准备以及冬季和雨季的施工准备工作。

【知识技能训练】

一、简答题

1. 施工项目经理需具备哪些素质和要求？

2. 施工现场准备要做哪些内容？

二、单选选择题

1. 施工企业项目经理是一个（　　）的名称。

A 工作岗位　　B 技术职称

C 管理人士　　D 专业人士

2. 施工企业项目经理往往是一个施工项目施工方的总组织者、总协调者和总指挥者，项目经理不仅要考虑项目的利益，还应服从（　　）的整体利益。

A 业主　　B 总承包单位　　C 本企业　　D 本项目各参与方

3. 通常所说的“四通一平”工程是指（　　）。

A 施工需要的通风、通水、通电、通讯和道路平整

B 施工需要的通风、通水、通信、通路和场地平整

C 施工需要的通信、通水、通电、通路和场地平整

D 施工需要的通信、通水、通电、通气和道路平整

项目2 网络计划技术

【项目目标】

了解网络计划技术的发展历史、基本原理和类型；掌握双代号网络图绘制、参数计算及工期优化；掌握双代号时标网络图的绘制方法和工作参数计算；了解单代号网络图的基本概念、绘制及时间参数的计算；了解网络图的优化。

【项目要求】

知识要点	能力要求	所占分值（100分）	自评分数
网络计划技术基础知识	知晓网络计划技术发展历史及类型	10	
双代号网络计划	能进行双代号网络图的绘制及工作参数计算	40	
双代号时标网络计划	能进行双代号时标网络图的绘制及工作参数计算	30	
单代号网络计划	熟悉单代号网络图基本概念，能绘制单代号网络图	10	
网络计划的优化	能对网络图进行工期优化	10	

任务2.1 网络计划技术基础知识

2.1.1 网络计划技术的基本原理

网络计划技术的基本原理是：应用网络图形来表示一项计划中各项工作的开展顺序及其相互之间的关系；通过网络图进行时间参数的计算，找出计划中的关键工作和关键线路通过不断改进网络计划，寻求最优方案，以最小的消耗取得最大的经济效果。

网络计划技术的基本模型是网络图。网络图是指由箭线和节点组成的，用来表示工作流程的有限、有向、有序的网络图形。网络计划是用网络图表达任务构成，工作顺序，并加注工作时间参数的进度计划。

由于网络计划具有各项目之间关系清楚、便于进度计划的优化调整和计算机的应用等优点，所以在水利水电工程编制的各种进度计划中，常采用网络计划技术。

采用网络计划技术编制施工进度计划的一般步骤是：搜集原始资料，绘制网络图；分析各施工过程或工序在网络图中的地位，计算网络参数；找出关键作业和关键线路，根据决策要求，对网络计划进行优化控制，选择最优方案；计划实施的过程中进行定期检查，调整修订。

2.1.2 网络计划技术的类型

根据分类依据的不同，网络计划技术常见的类型如下。

1. 按工作持续时间的特点划分

（1）肯定型问题的网络计划。各工作之间的逻辑关系以及工作持续时间都是肯定的网络计划，称为肯定型网络计划。肯定型网络计划包括关键线路法网络计划和搭接网络计划。本项目仅涉及关键路线法网络计划。

（2）非肯定型问题的网络计划。各工作之间的逻辑关系和工作持续时间两者中任一项或多项不肯定的网络计划，称为非肯定型网络计划。

（3）随机网络计划等。

2. 按工作和事件在网络图中的表示方法划分

（1）事件网络。节点表示事件的网络计划。

（2）工作网络。分为双代号网络计划和单代号网络计划两种。

3. 按有无时间坐标划分

（1）时标网络计划。时标网络计划指以时间坐标为尺度绘制的网络计划。在网络图中，工作箭线的水平投影长度与工作的持续时间长度成正比。

（2）非时标网络计划。非时标网络计划指不以时间坐标为尺度绘制的网络计划。在网络图中，工作箭线的长度与其持续时间的长度无关，可按需要绘制。

4. 按网络计划包含范围划分

（1）局部网络计划。局部网络计划指以一个建筑物或构筑物中的一部分，或以一个施工段为对象编制的网络计划。

（2）单位工程网络计划。单位工程网络计划指以一个单位工程为对象编制的网络计划。

（3）综合网络计划。综合网络计划指以一个单项工程或一个建设项目为对象编制的网络计划。

5. 工程网络计划按目标划分

（1）单目标网络计划。单目标网络计划指只有一个终点节点的网络计划，即网络计划只有一个最终目标。

（2）多目标网络计划。多目标网络计划指终点节点不只一个，即网络计划有多个独立的最终目标。

2.1.3 网络计划技术的特点

网络计划技术与横道图都是进度计划表示最常用的方法，但各有利弊，表 2-1 反映了这两种方法的优缺点。从表 2-1 中可以看出，横道图与网络计划技术优缺点有互补的特点。

表 2-1　　网络计划技术与横道图优缺点对比图

优缺点	横道图	网络计划技术
优点	画图简便，表达形象直观	全面明确反映工作之间的逻辑关系
	便于统计资源需求量	通过计算网络时间参数，明确各工作的开始、结束时间和关键工作，明确重点，确保工期
	流水作业排列整齐有序，表达清楚	利用计算出的时间参数对计划进行调整

续表

优缺点	横道图	网络计划技术
缺点	各项工作之间关系表达不清	流水作业表示不清
	不能明确指出关键工作	画图较复杂
	表示不出机动时间无法利用微机计算时间参数	阅图难，看资源需要量更难

【知识技能点小结】

网络计划技术是20世纪50年代发展起来的一种计划管理技术，它的原理是应用网络图形来表示一项计划中各项工作的开展顺序及其相互之间的关系；通过网络图进行时间参数的计算，找出计划中的关键工作和关键线路通过不断改进网络计划，寻求最优方案，以最小的消耗取得最大的经济效果。本项目主要学习双代号网络图、双代号时标网络图及单代号网络图三种类型的网络计划技术。横道图与网络计划技术优缺点有互补的特点。

【知识技能训练】

一、填空题

1.（　　）是指“由箭线和节点组成的，用来表示工作流程的有限、有向、有序的网络图形”。

2. 按工作和事件在网络图中的表示方法不同工作网络可以分为（　　）和（　　）两类。

二、多项选择题

1. 下列说法正确的是（　　）。

A 横道图所能表达的信息量较少，不能表示活动的重要性

B 横道图不能确定计划的关键工作、关键线路与时差

C 横道图简单、明了

D 横道图能清楚表达工序（工作之间）的逻辑关系

E 横道图不便于工作的实际进度与计划进度的比较

2. 按有无时间坐标网络计划可以分为（　　）。

A 时标网络计划

B 双代号网络图

C 非时标网络计划

D 单代号网络图

E 单目标网络计划

3. 用网络图表示工程项目进度计划，优点有（　　）。

A 能明确表达各项工作之间的逻辑关系

B 比横道图简单、明了

C 可以利用计算机计算、优化和调整进度计划

D 通过时间参数计算，可以找到关键工作和关键线路

E 通过时间参数计算，可以明确各项工作的机动时间

任务 2.2　双代号网络计划

2.2.1　双代号网络图的三要素

双代号网络图由若干表示工作或工序（或施工过程）的箭线和节点组成，每一个工作或工序（或施工过程）都由一根箭线和两个节点表示，根据施工顺序和相互关系，将一项计划用上述符号从左向右绘制而成的网状图形，称为双代号网络图，如图 2-1 和图 2-2 所示。

双代号网络图由箭线、节点、线路三个要素组成，其含义和特点介绍如下。

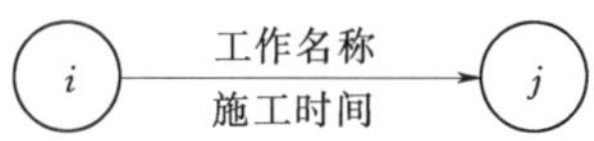

图 2-1　双代号表示法

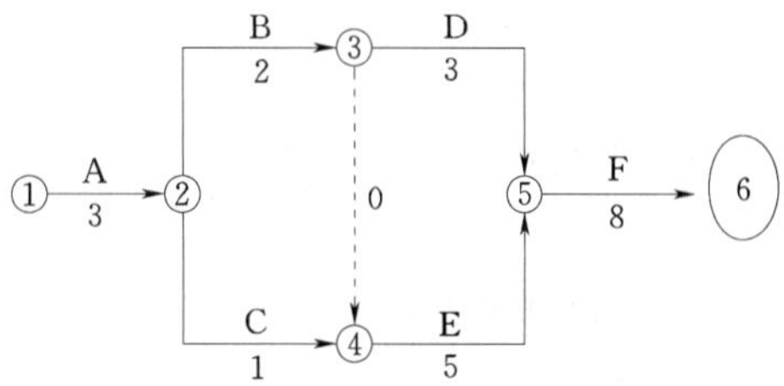

图 2-2　双代号网络图

1. 箭线

（1）在双代号网络图中，一根箭线表示一项工作。工作是指把计划任务根据实际需要按粗细程度划分而成子项目，是一项要消耗一定时间，而且大多数情况下也要消耗人力、材料等的活动，是网络计划构成的最基本单元（也可称活动、工序或过程）。工作根据一项计划（或工程）的规模不同，其划分的粗细程度、大小范围也不同。如对于一个规模较大的建设项目来讲，一项工作可能代表一个单位工程或一个构筑物；如对于一个单位工程，一项工作可能只代表一个分部或分项工作。如预制混凝土构件由支模板、绑钢筋、浇筑混凝土等工作组成。

工作通常可以分为三种：需要消耗时间和资源的工作（如混合结构中的砌筑砖外墙）；只消耗时间而不消耗资源的工作（如混凝土的养护）；既不消耗时间，也不消耗资源的工作。前两种是实际存在的工作，称为“实工作”。后一种是人为的虚设工作，只表示相邻前后工作之间的逻辑关系，通常称其为“虚工作”。

虚工作在双代号网络计划中起施工过程之间区分、逻辑连接或逻辑间断的作用。双代号网络图中用两个代号代表一个工作，若两个工作用同一个代号，则不能明确表示出该代号表示的那项工作，就用虚工作加以区分。双代号网络图借助虚工作正确表达工作之间的工艺关系和组织关系两种逻辑关系。虚工作逻辑间断作用指的是当网络图中间节点有逻辑错误时，在出现逻辑错误节点间改变箭头方向或增设新节点，用虚工作断路，切断无关系的工作。

（2）实工作用实箭线表示。工作的名称写在箭线的上面，完成工作所需要的时间写在箭线的下面。箭尾表示工作的开始，箭头表示工作的结束。圆圈中的两个号码代表这项工作的名称，由于是两个号表示一项工作，故称为双代号表示法，由双代号表示法构成的网络图称为双代号网络。

(3) 虚工作用虚箭线表示，如图 2-2 中的③→④。这种虚箭线没有工作名称，不占用时间，不消耗资源，只解决工作之间的连接问题。

(4) 箭线的长短不按比例绘制。即其长短不表示工作持续时间的长短。箭线的方向在原则上是任意的，但为使图形整齐、醒目，一般应画成水平直线或垂直折线。

(5) 双代号网络图中，就某一工作而言，紧靠其前面的工作称紧前工作，紧靠其后面的工作叫紧后工作，该工作本身则称为本工作，与之平行的工作称为平行工作，如图 2-3 所示。

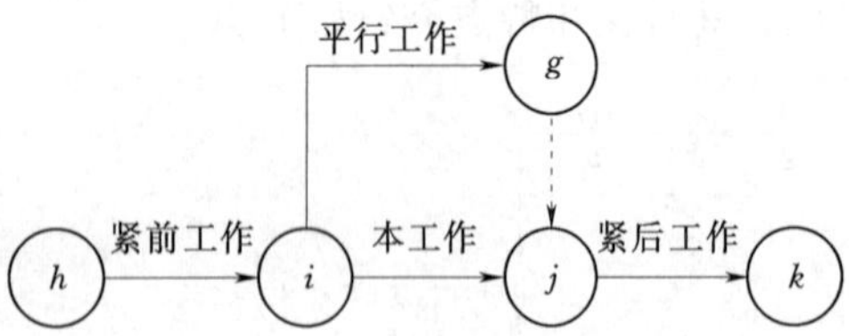

图 2-3 工作间的关系表示图

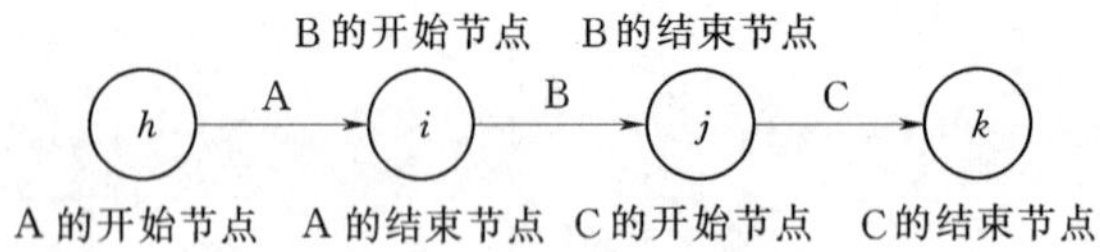

图 2-4 节点示意图

2. 节点

(1) 网络图中表示工作或工序开始、结束或连接关系的圆圈称为节点。节点表示前道工序的结束和后道工序的开始。一项计划的网络图中的节点有开始节点、中间节点、结束节点三类。网络图的第一个节点为开始节点，表示一项计划的开始；网络图的最后一个节点称为结束节点，表示一项计划的结束；其余都称为中间节点，任何一个中间节点既是其紧前工作的结束节点，又是紧后工作的开始节点，如图 2-4 所示。

(2) 节点只是一个“瞬间”，它既不消耗时间，也不消耗资源。

(3) 网络图中的每个节点都要编号。编号方法是：从开始点开始，从小到大，自左向右，从上到下，用阿拉伯数字表示。编号原则是：每一个箭尾节点的号码 i 必须小于箭头节点的号码 j (即 $i<j$)，编号可连续，也可隔号不连续，但所有节点的编号不能重复。

3. 线路

网络图中从起点节点开始，沿箭线方向连续通过一系列箭线与节点，最后到达终点节点的通路称为线路。每一条线路都有自己确定的完成时间，它等于该线路上各项工作持续时间的总和，也是完成这条线路上所有工作的计划工期。工期最长的线路称为关键线路(或主要矛盾线)。位于关键线路上的工作称为关键工作。

如图 2-5 中从开始①至结束⑥共有三条线路：①→②→④→⑤→⑥、①→②→③→⑤→⑥和①→②→③→④→⑤→⑥。其中时间之和最大的线路为①→②→③→④→⑤→⑥，工期为 15d，是关键线路。关键线路用粗箭线或双箭线标出，以区别于其他非关键线路。在一项网络计划中，至少有一条关键线路，有时会出现几条关键线路。关键线路在一定条件下会发生变化，关键线路可能会转变成为非关键线路，而非关键线路也可能转化为关键线路。

2.2.2 双代号网络图的绘制

网络计划必须通过网络图来反映，网络图的绘制是网络计划技术的基础。要正确绘制网络图，就必须正确地反映网络图的逻辑关系，遵守绘图的基本规则。

1. 网络图各种逻辑关系

网络图的逻辑关系是指工作中客观存在的一种先后顺序关系和施工组织要求的相互制约、相互依赖的关系。在表示水利工程施工计划的网络图中，这种顺序可分为两大类：一类是反映施工工艺的关系，称工艺逻辑；另一类是反映施工组织上的关系，称为组织逻辑。工艺逻辑是由施工工艺所决定的各个施工过程之间客观存在的先后顺序关系，其顺序一般是固定的，有的是绝对不能颠倒的。组织逻辑是在施工组织安排中，综合考虑各种因素，在各施工过程之间主观安排的先后顺序关系。这种关系不受施工工艺的限制，不由工程性质本身决定，在保证施工质量、安全和工期等前提下，可以人为安排。

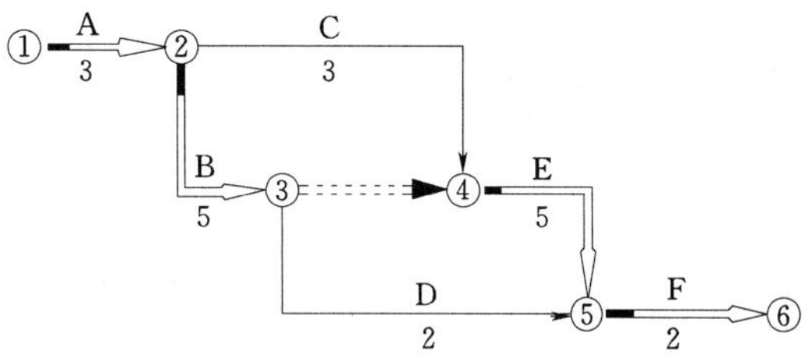

图2-5　某工程双代号网络计划

在网络图中，各工序之间在逻辑关系上的关系是变化多端的。表2-2中所列的是双代号网络图与单代号网络图中常见的一些逻辑关系及其表示方法，工序名称均以字母来表示。

表2-2　双、单代号网络图中常见的各种工序逻辑关系及表示方法

序号	双代号表示法	工序之间的逻辑关系	单代号表示法
1	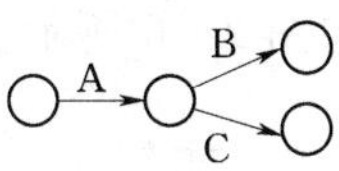	A完成后同时进行B和C	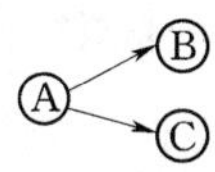
2	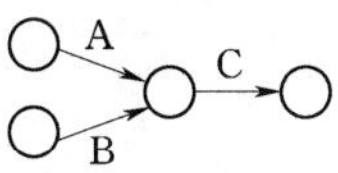	A、B均完成后进行C	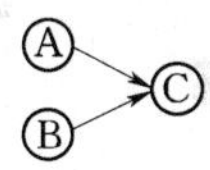
3	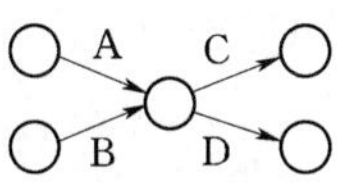	A、B均完成后同时进行C和D	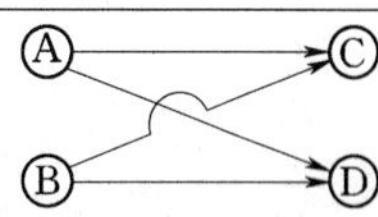
4	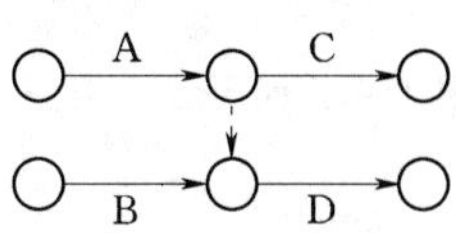	A完成后进行C；A、B均完成后进行D	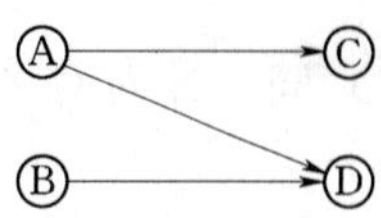
5	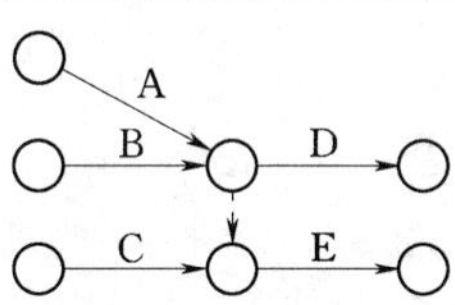	A、B均完成后进行D；A、B、C均完成后进行E	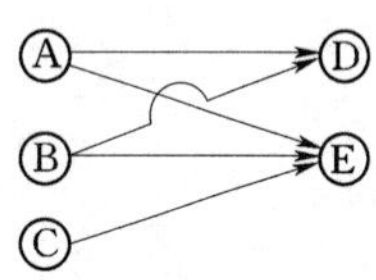
6	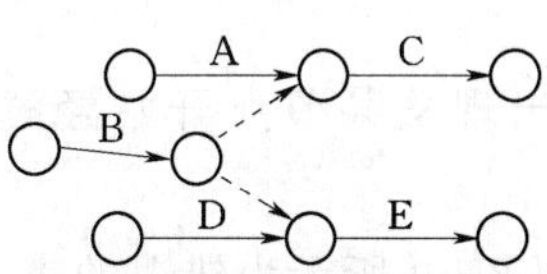	A、B均完成后进行C；B、D均完成后进行E	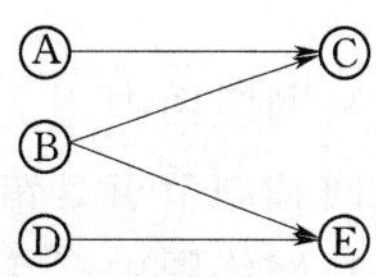

续表

序号	双代号表示法	工序之间的逻辑关系	单代号表示法
7	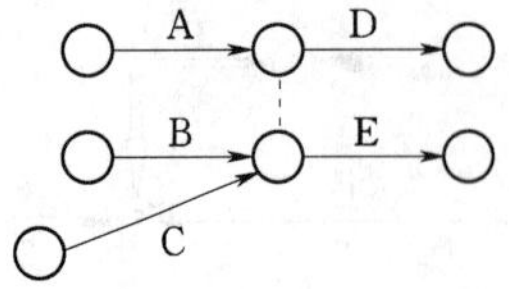	A、B、C 均完成后进行 D；B、C 均完成后进行 E	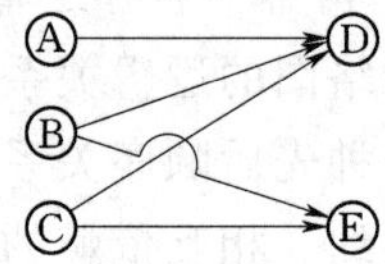
8	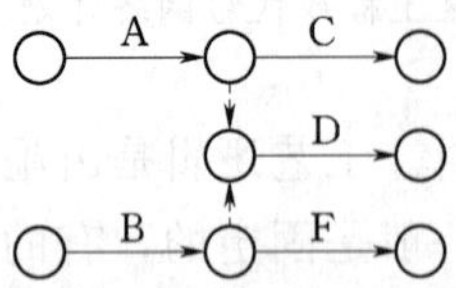	A 完成后进行 C；A、B 均完成后进行 D；B 完成后进行 E	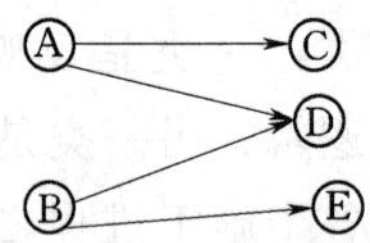
9	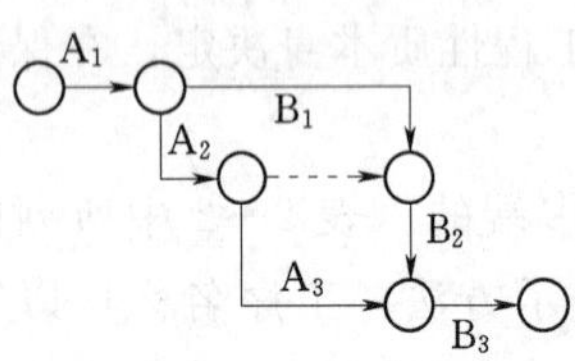	A、B 两道工序分 3 个施工段施工； A_1 完成后进行 A_2、B_1；A_2 完成后进行 A_3；A_2、B_1 均完成后进行 B_2；A_3、B_2 均完成后进行 B_3	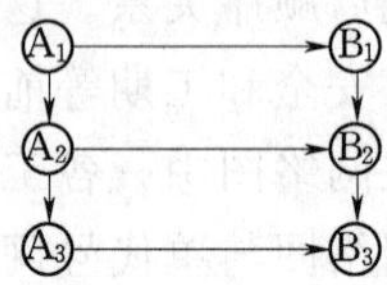

2. 双代号网络图绘制原则

(1) 网络图必须能正确表示各工序的逻辑关系。

(2) 一张网络图只允许有一个起点节点和一个终点节点，如图 2-6 所示。

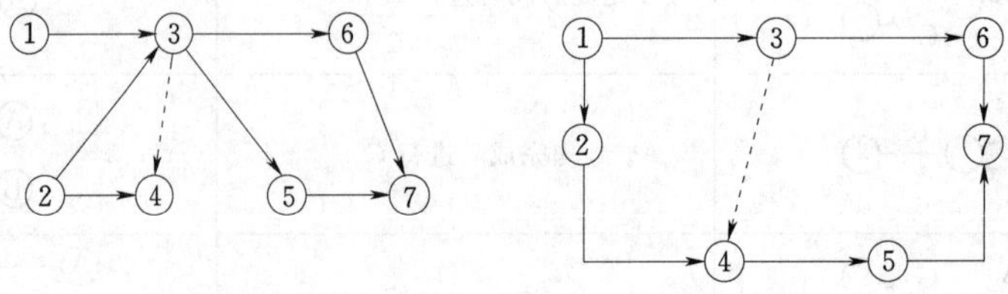

(a) 错误　　(b) 正确

图 2-6　节点绘制规则示意图

(3) 同一计划网络图中不允许出现编号相同的箭线，如图 2-7 所示。

(a) 错误　　(b) 正确

图 2-7　箭线绘制规则示意图

(4) 网络图中不允许出现闭合回路。如图 2-8 (a) 出现从某节点开始经过其他节点、又回到原节点是错误的，正确的是图 2-8 (b)。

(5) 网络图中严禁出现双向箭头和无箭头的连线。如图 2-9 所示为错误的表示方法。

(a) 错误　　(b) 正确

图 2-8　线路绘制规则示意图

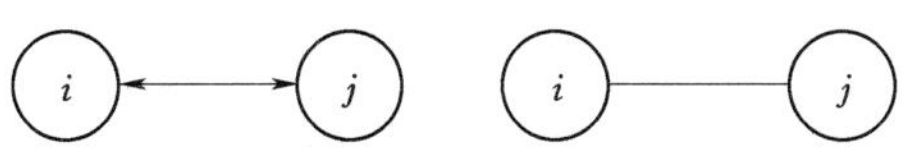

(a) 双向箭头连接　　(b) 无箭头的连接

图 2-9　箭头绘制规则示意图

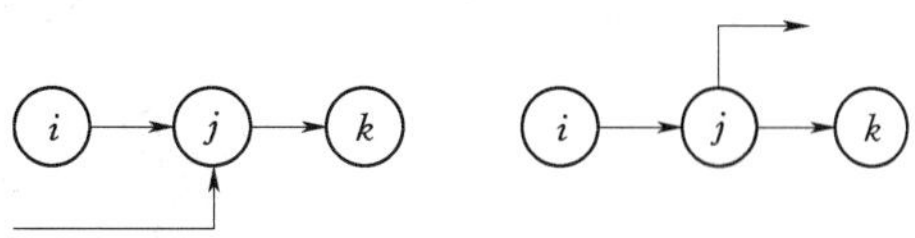

(a)　　(b)

图 2-10　没有箭尾和箭头节点的箭线

(6) 网络图中严禁出现没有箭尾节点或箭头节点的箭线，如图 2-10 所示。

(7) 当网络图中不可避免出现箭线交叉时，应采用“过桥”法或“断线”法来表示。过桥法及断线法的表示，如图 2-11 所示。

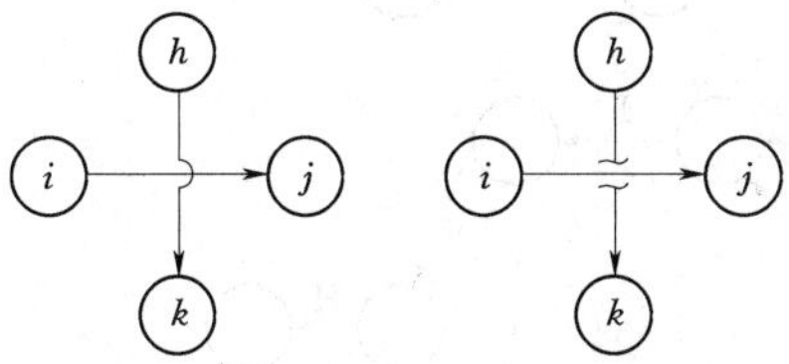

(a) 过桥法　　(b) 断线法

图 2-11　箭线交叉的表示方法

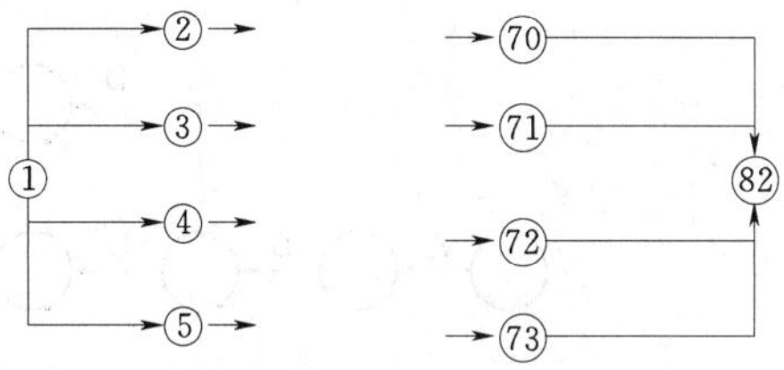

图 2-12　母线法

(8) 当网络图的开始节点有多条外向箭线或结束节点有多条向内箭线时，为使图形简洁，可用母线法表示，如图 2-12 所示。

3. 双代号网络图绘制步骤

(1) 根据各项工作之间的逻辑关系，从左到右充分利用虚工作正确绘制网络计划草图。

(2) 检查各项工作之间的逻辑关系是否正确，网络图的绘制是否符合绘图规则要求。

(3) 整理网络图，使网络图条理清楚、层次分明。

【应用实例 2-1】 根据表 2-3 中各施工过程的逻辑关系，绘制其双代号网络图，并进行节点编号。

表 2-3　　某分部工程各施工过程逻辑关系

施工过程	A	B	C	D	E	F	G	H
紧前过程	无	A	B	B	B	C，D	C，E	F，G
紧后过程	B	C，D，E	F，C	F	G	H	H	无
持续时间	3	5	8	2	4	4	2	5

【实例解答】

(1) 绘制草图，注意合理充分利用虚箭线。绘制过程如图 2-13 所示。

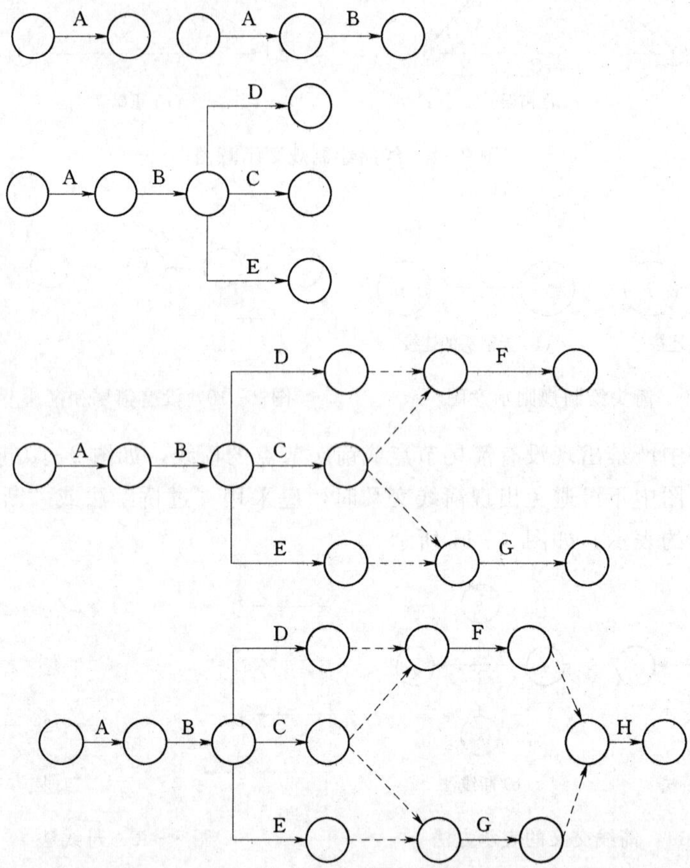

图 2-13 双代号网络图绘制过程图 (a)

(2) 去掉多余虚箭线和节点，如图 2-14 所示。

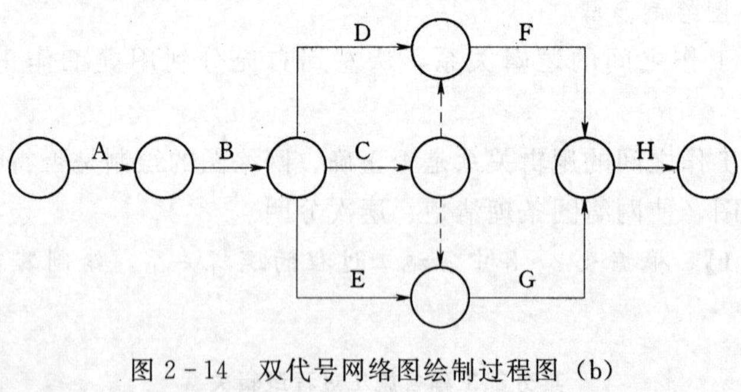

图 2-14 双代号网络图绘制过程图 (b)

(3) 检查与整理编号，如图 2-15 所示。

2.2.3 双代号网络图时间参数计算

计算网络图时间参数的目的是找出关键线路，使得在工作中能抓住主要矛盾，向关键线路要时间；计算非关键线路上的富余时间，明确其存在多少机动时间，向非关键线路要

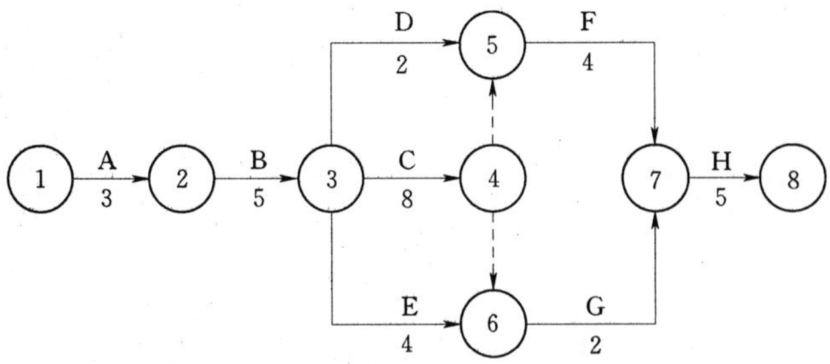

图 2-15 双代号网络图绘制过程图（c）

劳力、要资源；确定总工期，对工程进度做到心中有数。

1. 网络计划中各项作业持续时间的确定

一般网络计划中作业时间的确定有两种方法：

（1）肯定型：查劳动定额确定。

（2）非肯定型：在实际工作中，每项作业的持续时间往往发生变化，难以确定，故按非肯定型考虑比较合理。

非肯定型确定作业时间时，设法估计三种时间（三时估计法）：

最乐观的时间 a：安排计划时，认为最理想的工期。

最可能的时间 b：就是实现的机会相对较大的工期。

最悲观的时间 c：就是安排计划时，认为施工不顺利、条件不理想时所需的工期。

然后计算期望平均值 M，即为作业持续时间：

$$M=(a+4b+c)/6$$

求出 M 后，就可以将非肯定型问题转化成肯定型问题进行计算。

2. 网络图时间参数的内容和表示法

常用的网络图时间参数有 9 个，其内容及表示符号如下：

（1）TE_i——i 节点的最早时间。

（2）TL_i——i 节点的最迟时间。

（3）ES_{i-j}——$i-j$ 工作的最早开始时间。

（4）EF_{i-j}——$i-j$ 工作的最早完成时间。

（5）LS_{i-j}——$i-j$ 工作的最迟开始时间。

（6）LF_{i-j}——$i-j$ 工作的最迟完成时间。

（7）FF_{i-j}——$i-j$ 工作的自由时差。

（8）TF_{i-j}——$i-j$ 工作的总时差。

（9）D_{i-j}——$i-j$ 工作的持续时间。

计算双代号网络图的时间参数的方法有分析计算法、图上计算法、表上计算法、矩阵计算法、电算法等。在此仅介绍图上计算法，该法适用于工作较少的网络图。图上计算法标注的方法如图 2-16 所示。

3. 图上计算法计算双代号网络图时间参数的方法、步骤

（1）节点最早时间（TE）。节点时间是指某个瞬时或时点，最早时间的含义是该节点

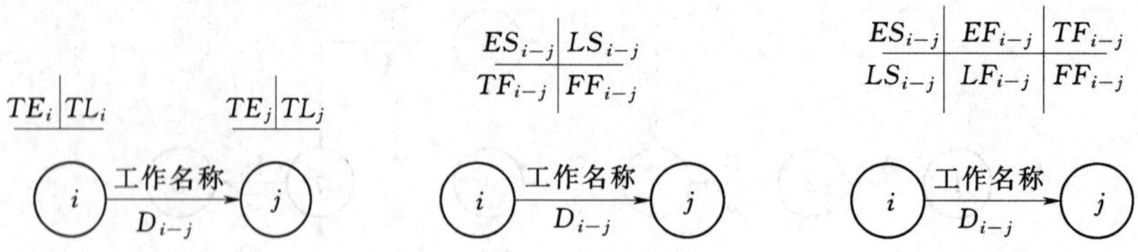

(a) 节点标注　　(b) 四时标注　　(c) 六时标注

图 2-16　时间参数标注法

前面工作全部完成后其工作最早此时才可能开始。其计算规则是从网络图的起始节点开始，沿箭头方向逐点向后计算，直至结束节点。方法是“顺着箭头方向相加，逢箭头相碰的节点取最大值”。

计算公式如下：

1）起始节点的最早时间 $TE_i=0$。

2）中间节点的最早时间 $TE_j=\max\left[TE_i+D_{i\text{-}j}\right]$。

（2）节点最迟时间（TL）。

节点最迟时间的含义是其前各工序最迟此时必须完成。其计算规则是从网络图终点节点开始，逆箭头方向逐点向前计算直至起始节点。方法是“逆着箭线方向相减，逢箭尾相碰的节点取最小值”。

计算公式如下：

1）终点节点的最迟时间：$TL_n=TE_n$（或规定工期）。

2）中间节点的最迟时间：$TL_i=\min\left[TL_j-D_{i\text{-}j}\right]$。

（3）工作最早开始时间（ES）。工作最早可能开始时间的含义是该工作最早此时才能开始。它受该工作开始节点最早时间控制，即等于该工作起始节点最早时间。

计算公式如下：

$$ES_{i\text{-}j}=0(i=1)$$

$$ES_{i\text{-}j}=TE_i=\max\left[ES_{h\text{-}i}+D_{h\text{-}i}\right]$$

（4）工作最早完成时间（EF）。其含义是该工作最早此时才能结束，它受该工作开始节点最早时间控制，即等于该工作起点最早时间加上该项工作的持续时间。

计算公式如下：

$$EF_{i\text{-}j}=TE_i+D_{i\text{-}j}=ES_{i\text{-}j}+D_{i\text{-}j}$$

（5）工作最迟完成时间（LF）。其含义是该工作此时必须完成。它受工作结束节点最迟时间控制，即等于该项工作结束节点的最迟时间。

计算公式如下：

$$LF_{i\text{-}j}=TL_j=\min\left[LF_{j\text{-}k}-D_{j\text{-}k}\right]$$

以终点节点（$j=n$）为箭头节点的工作的 $LF_{i\text{-}j}$ 应按网络计划的计划工期（T_p）确定。计算公式如下：

$$LF_{i-n}=T_p=\max[EF_{i-n}]$$

（6）工作最迟开始时间（LS）。其含义是该工作最迟此时必须开始。它受该工作结束节点最迟时间控制，即等于该工作结束节点的最迟时间减去该工作持续时间。

计算公式如下：

$$LS_{i-j}=TL_i-D_{i-j}=LF_{i-j}-D_{i-j}$$

（7）工作总时差（TF）。其含义是该工作可能利用的最大机动时间。在这个时间范围内若延长或推迟本工作时间，不会影响总工期。求出节点或工作的开始和完成时间参数后，即可计算该工作总时差。其数值等于该工作结束节点的最迟时间减去该工作开始节点的最早时间，再减去该工作的持续时间。

计算公式如下：

$$TF_{i-j}=TL_i-TE_i-D_{i-j}=LF_{i-j}-EF_{i-j}=LS_{i-j}-ES_{i-j}$$

总时差主要用于控制计划总工期和判断关键工作。凡是总时差为最小的工作就是关键工作，其余工作就是非关键工作。

（8）工作自由时差（FF）。其含义是在不影响后续工作按最早可能开始时间开始的前提下，该工作能够自由支配的机动时间。其数值等于紧后工作最早开始时间减去本工作最早完成时间差值的最小值。

计算公式如下：

$$FF_{i-j}=\min[ES_{j-k}-EF_{i-j}]$$

4. 确定关键线路

计算上述时间参数的最终目的是找出关键线路。关键线路表示工程施工中的主要矛盾。要合理调配人力、物力，集中力量保证关键工作的按时完工，以防延误工程进度。关键工作一般用双箭线或粗黑箭线表示。关键线路的确定方法对于简单的网络图可由所有线路中历时最长的线路来确定。也可以根据时间参数的计算由总时差来确定关键工作，将关键工作依次连接起来组成的线路即为关键线路。对于稍复杂的网络图，可采用标号法确定关键线路，具体方法如下：

（1）设网络计划始点节点①的标号值为零：

$$b_1=0$$

（2）其他节点的标号值等于以该节点为完成节点的各个工作的开始节点标号值加其持续时间之和的最大值，即

$$b_j=\max[b_i+D_{i-j}]$$

从网络计划的始点节点顺着箭线方向按节点编号从小到大的顺序逐次算出标号值，并标注在节点上方。宜用双标号法进行标注，即用源节点（得出标号值的节点）作为第一标号，用标号值作为第二标号。

（3）将节点都标号后，从网络计划终点节点开始，从右向左按源节点寻求出关键线路。网络计划终点节点的标号值即为计算工期。

【应用实例 2-2】 已知网络计划如图 2-17 所示，试用标号法确定其关键线路。

【实例解答】 对网络计划进行标号。各节点的标号值计算如下，并标注在图 2-18。

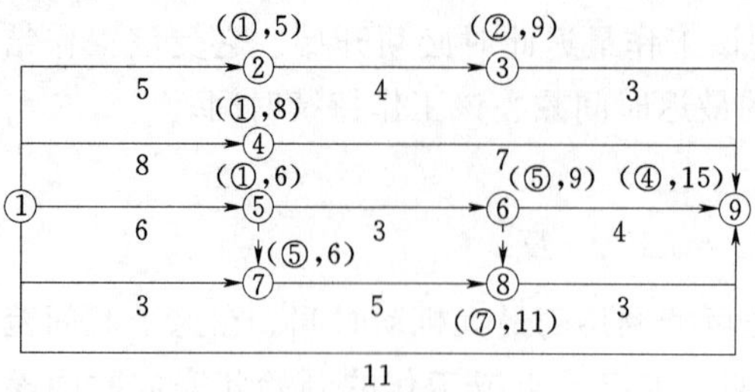

图 2-17 双代号网络图

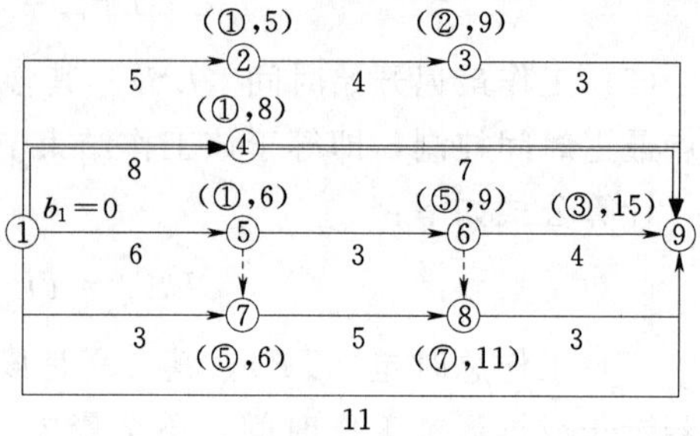

图 2-18 对节点进行标号

$$b_1=0$$
$$b_2=b_1+D_{1-2}=0+5=5$$
$$b_3=b_2+D_{2-3}=5+4=9$$
$$b_4=b_1+D_{1-4}=0+8=8$$
$$b_5=b_1+D_{1-5}=0+6=6$$
$$b_6=b_5+D_{5-6}=6+3=9$$
$$b_7=\max[(b_1+D_{1-7}),(b_5+D_{5-7})]=\max[(0+3),(6+0)]=6$$
$$b_8=\max[(b_7+D_{7-8}),(b_6+D_{6-8})]=\max[(6+5),(9+0)]=11$$
$$b_9=\max[(b_3+D_{3-9}),(b_4+D_{4-9}),(b_6+D_{6-9}),(b_8+D_{8-9}),(b_1+D_{1-9})]$$
$$=\max[(9+3),(8+7),(9+4),(11+3),(0+11)]=15$$

根据源节点（即节点的第一个标号）从右向左寻求出关键线路为①→④→⑨。画出用双线箭线标示出关键线路的标时网络计划，如图 2-18 所示。

5. 双代号网络图时间参数计算示例

【应用实例 2-3】 根据图 2-19 所示网络图，用图上计算法计算其节点的时间参数 TE 和 TF，计算工作的时间参数 ES、EF、LS、LF、TF、FF，并用双箭线表示关键线路，计算总工期 T。

【实例解答】 (1) 计算节点最早时间参数 TE。

$TE_1=0, TE_2=TE_1+D_{1-2}=0+3=3, TE_3=TE_2+D_{2-3}=3+5=8, TE_4=TE_3+D_{3-4}=16$

$$TE_3=\max\begin{bmatrix}TE_3+D_{3-5}\\TE_4+D_{4-5}\end{bmatrix}=\max\begin{bmatrix}8+2\\16+0\end{bmatrix}=16$$

$$TE_6=\max\begin{bmatrix}TE_3+D_{3-6}\\TE_4+D_{4-6}\end{bmatrix}=\max\begin{bmatrix}8+4\\16+0\end{bmatrix}=16$$

$$TE_6=\max\begin{bmatrix}TE_5+D_{5-7}\\TE_6+D_{6-7}\end{bmatrix}=\max\begin{bmatrix}16+4\\16+2\end{bmatrix}=20$$

$$TE_8=TE_7+D_{7-8}=20+5=25$$

(2) 计算节点最迟时间参数 TL。

$TL_8=TE_8=25, TL_7=TL_8-D_{7-8}=20, TL_6=TL_7-D_{6-7}=18, TL_5=TL_7-D_{5-7}=16$

$$TL_4=\min\begin{bmatrix}TL_5-D_{4-5}\\TL_6-D_{4-6}\end{bmatrix}=\min\begin{bmatrix}16-0\\18-0\end{bmatrix}=16$$

$$TL_3=\min\begin{bmatrix}TL_4-D_{3-4}\\TL_5-D_{3-5}\\TL_6-D_{3-6}\end{bmatrix}=\min\begin{bmatrix}16-8\\16-2\\18-4\end{bmatrix}=8$$

$$TL_2=TL_3-D_{2-3}=3,TL_1=TL_2-D_{1-2}=0$$

(3) 工作最早可能开始时间 ES。

$$ES_{1-2}=TE_1=0,ES_{2-3}=TE_2=3,ES_{3-4}=TE_3=8$$

同理，可得各工作 ES，填于图上相应位置。

(4) 工作最早完成时间 EF。

$$EF_{1-2}=ES_{1-2}+D_{1-2}=0+3=3,EF_{2-3}=ES_{2-3}+D_{2-3}=8$$

同理，可得各工作 EF，计算结果填于图上相应位置。

(5) 工作最迟完成时间 LF。

$$LF_{1-2}=TL_2=3,LF_{2-3}=TL_3=8$$

同理，可得各工作 LF，将结果填于图上相应位置。

(6) 工作最迟开始时间 LS。

$$LS_{1-2}=LF_{1-2}-D_{1-2}=3-3=0,LS_{3-6}=TL_6-D_{3-6}=18-4=14$$

同理，可得各工作 LS，将结果填于图上相应位置。

(7) 计算工作总时差 TF。

$$TF_{1-2}=LS_{1-2}-ES_{1-2}=0,TF_{3-6}=LS_{3-6}-ES_{3-6}=6$$

同理，可得各工作 TF，将结果标于图上。

(8) 计算工作自由时差 FF。

$$FF_{1-2}=ES_{2-3}-EF_{1-2}=3-3=0$$

$$FF_{3-6}=ES_{6-7}-EF_{3-6}=16-12=4$$

$$FF_{3-5}=ES_{5-7}-EF_{3-5}=16-10=6$$

同理，可得其他参数，将结果标于图上。

(9) 确定关键线路和总工期 T。

凡总时差为最小的工作均为关键工作，用双箭线或粗黑箭线表示。由关键工作组成的线路即为关键线路。本题的关键线路为

$$①\xrightarrow[3]{A}②\xrightarrow[5]{B}③\xrightarrow[8]{C}④\longrightarrow⑤\xrightarrow[4]{F}⑦\xrightarrow[5]{H}⑧$$

关键线路上各工作的时间和即为总工期，如图 2-19 所示。

【知识技能点小结】

双代号网络图由箭线、节点、线路三个要素组成，虚工作在双代号网络计划中起施工过程之间工作区分、逻辑连接或逻辑间断的作用。关键线路是网络图中持续时间之和最长的线路。双代号网络的绘制要求能正确表示各工序的逻辑关系。双代号网络图工作的时间参数包括工作最早开始时间、最早完成时间、最迟开始时间、最迟完成时间、总时差及自由时差。凡总时差为最小的工作均为关键工作，由关键工作组成的线路即为关键线路。

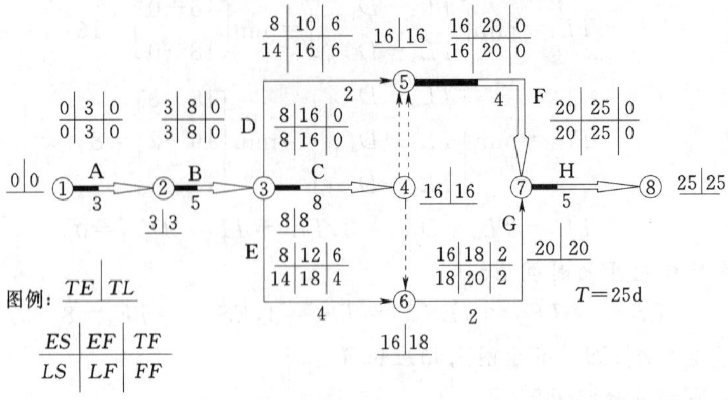

图 2-19 双代号网络图时间参数计算示例

【知识技能训练】

一、单项选择题

1. 双代号网络计划中的虚工作（ ）。

A 既消耗时间，又消耗资源　　B 消耗时间，不消耗资源

C 只表达相邻工作间的逻辑关系　　D 表示工艺等待

2. 下列不属于组织关系的是（ ）

A 劳动力调配要求　　B 工艺技术过程要求

C 施工用材料调配要求　　D 施工用施工机械设备调配要求

3. 网络计划中，最迟完成时间指在不影响（ ）的前提下，一项工作必须完成的最迟时间。

A 紧前工作　　B 紧后工作最早开始时间

C 紧后工作最早完成时间　　D 计划工期

4. 网络进度计划中，总时差是指在不影响（ ）的前提下，该工作所具有的机动时间。

A 紧前工作　　B 工程计划工期

C 其紧前工作最早完成　　D 紧后工作最早开始

5. 在关键线路法中，关键工作是指（ ）。

A 工作历时最长的一项工作　　B 工作历时最短的一项工作

C 工作总时差最小的工作　　D 工作总时差最大的工作

6. 在网络计划中，若某工作的（ ）最小，则该工作必为关键工作。

A 自由时差　　B 持续时间

C 总时差　　D 时间间隔

二、多项选择题

1. 在双代号网络图中，节点的编号应该（ ）

A 箭头节点编号大于箭尾节点编号　　B 箭尾节点编号大于箭头节点编号

C 同一张网络图中节点编号不能重复　　D 节点编号必须连续

E 可以重复编号

2. 在双代号网络图中，节点（ ）

A 不消耗时间　　B 不消耗资源

C 是一项工作　　D 表示某工作开始或结束的瞬间

E 表示工作之间的逻辑连接

3. 通过网络计划时间参数的计算，可以确定（ ）

A 计算工期　　B 关键线路

C 关键工作　　D 资源消耗量

E 最小费用

三、根据表 2-4 给定的逻辑关系绘制双代号网络图，计算其工作的时间参数，并指出其关键线路。

表 2-4　　某工程逻辑关系

工作名称	A_1	A_2	A_3	B_1	B_2	B_3
紧前工作	无	A_1	A_2	A_1	A_2、B_1	B_2、A_3
持续时间	1	2	3	2	2	2

四、根据以下双代号网络图，指出其关键线路及总工期。

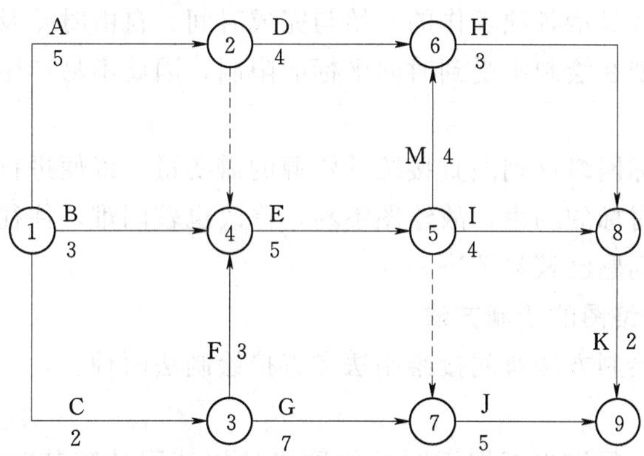

图 2-20　某工程双代号网络图

任务 2.3　双代号时标网络计划

2.3.1　双代号时标网络图的基本概念

双代号时标网络计划（简称时标网络计划）是以时间为坐标尺度绘制的网络计划。时标的时间单位应根据需要在编制网络计划之前确定，可为小时、天、周、旬、月或季等。时标网络计划的坐标体系可以采用计算坐标体系、工作日坐标体系和日历坐标体系，如图 2-21 所示。

在时标网络计划中，以实箭线表示工作，实箭线的水平投影长度表示该工作的持续时

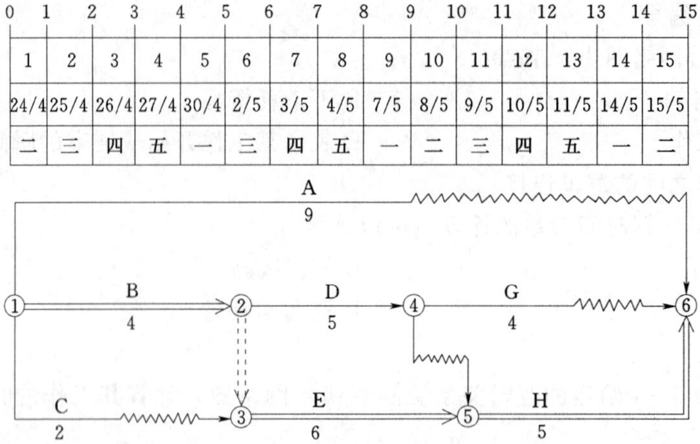

图 2-21 具有三种坐标体系的时标网络图

间；以虚箭线表示虚工作，由于虚工作的持续时间为零，故虚箭线只能垂直画；以波形线表示工作与其紧后工作之间的时间间隔。双代号时标网络图可以用最早开始时间绘制，也可以用最迟完成时间绘制，工程实践中宜按各项工作的最早开始时间编制。

时标网络计划具有以下特点：

(1) 兼有网络计划与横道图优点，能够清楚地表明计划的时间进程。

(2) 能在图上直接显示各项工作的开始与完成时间、自由时差及关键线路。

(3) 时标网络计划在绘制中受到时间坐标的限制，因此不易产生循环回路之类的逻辑错误。

(4) 可以利用时标网络计划图直接统计资源的需要量，以便进行资源优化和调整。

(5) 因为箭线受时标的约束，故绘图不易，修改也较困难，往往要重新绘图。现在使用计算机以后，这一问题已较易解决。

2.3.2 双代号时标网络图的绘制方法

时标网络计划的绘制方法有间接绘制法和直接绘制法两种。

1. 间接绘制法

所谓间接绘制法，是指先根据无时标的网络计划草图计算其时间参数并确定关键线路，然后在时标网络计划表中进行绘制。在绘制时应先将所有节点按其最早时间定位在时标网络计划表中的相应位置，然后再用规定线型（实箭线和虚箭线）按比例绘出工作和虚工作。当某些工作箭线的长度不足以到达该工作的完成节点时，须用波形线补足，箭头应画在与该工作完成节点的连接处。

【应用实例 2-4】 已知网络计划的有关资料见表 2-5，试用间接绘制法绘制时标网络计划。

表 2-5 某网络计划的有关资料

工作	A	B	C	D	E	G	H
持续时间	9	4	2	5	6	4	5
紧前工作	无	无	无	B	B、C	D	D、E

【实例解答】（1）绘出双代号网络计划，并用标号法确定出关键线路，如图 2－22 所示。

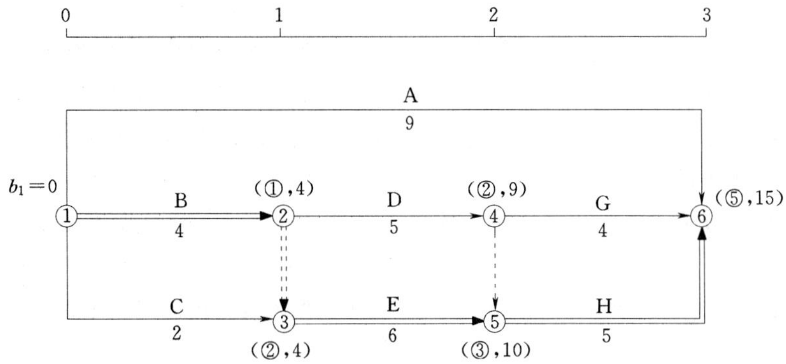

图 2－22 时标网络计划

（2）按时间坐标绘出关键线路，如图 2－23 所示。

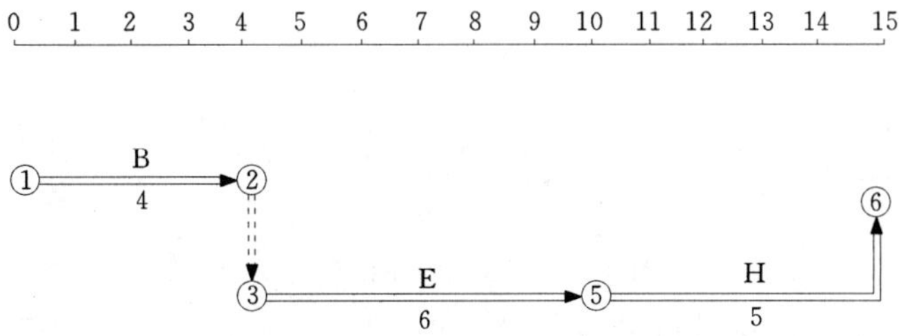

图 2－23 画出时标网络计划的关键线路

（3）绘出非关键工作，如图 2－24 所示。

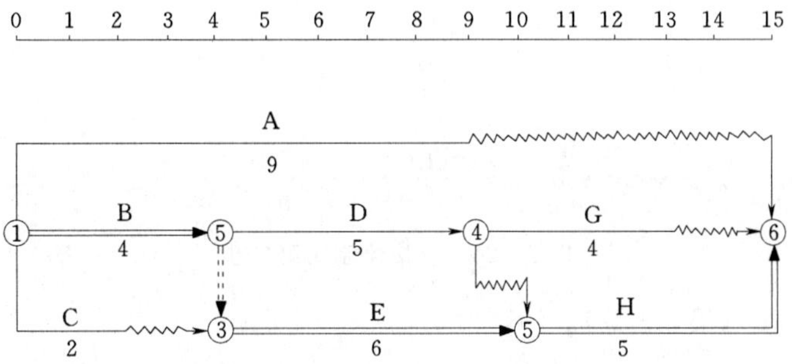

图 2－24 双代号时标网络计划

2. 直接绘制法

直接绘制法不需绘出标时网络计划而直接绘制时标网络计划。

绘制步骤如下：

（1）将始点节点定位在时标表的起始刻度线上。

（2）按工作持续时间在时标表上绘制以网络计划始点节点为开始节点的工作的箭线。

（3）其他工作的开始节点必须在该工作的全部紧前工作都绘出后，定位在这些紧前工作最晚完成的时间刻度上。

某些工作的箭线长度不足以达到该节点时，用波形线补足，箭头画在波形线与节点连接处。

(4) 用上述方法自左至右依次确定其他节点位置，直至网络计划终点节点定位绘完。网络计划的终点节点是在无紧后工作的工作全部绘出后，定位在最晚完成的时间刻度上。

时标网络计划的关键线路可由终点节点逆箭线方向朝始点节点逐次进行判定：自终至始都不出现波形线的线路即为关键线路。

【应用实例 2-5】 已知网络计划的资料，见表 2-5，试用直接绘制法绘制时标网络计划。

【实例解答】 (1) 将网络计划始点节点定位在时标表的起始刻度线"0"的位置上，始点节点的编号为1（图 2-25）。

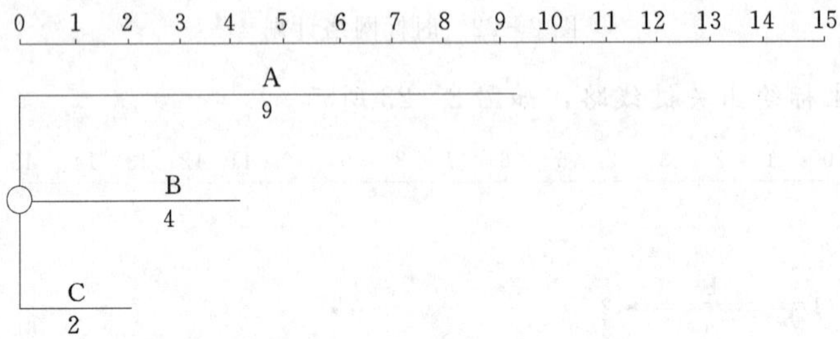

图 2-25 直接绘制法第一步

(2) 绘出工作 A、B、C（图 2-26）。

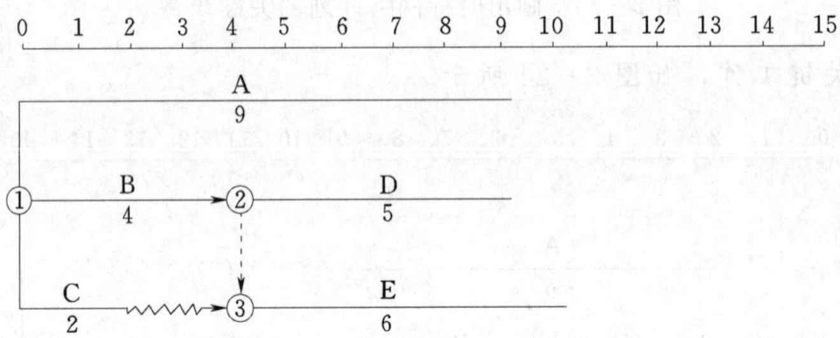

图 2-26 直接绘制法第二步

(3) 绘出 D、E（图 2-27）。

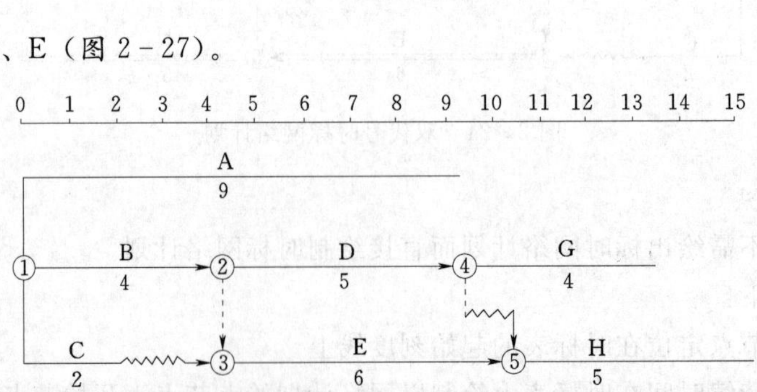

图 2-27 直接绘制法第三步

(4) 绘出 G、H 和网络计划终点节点⑥（图 2-28），网络计划绘制完成。

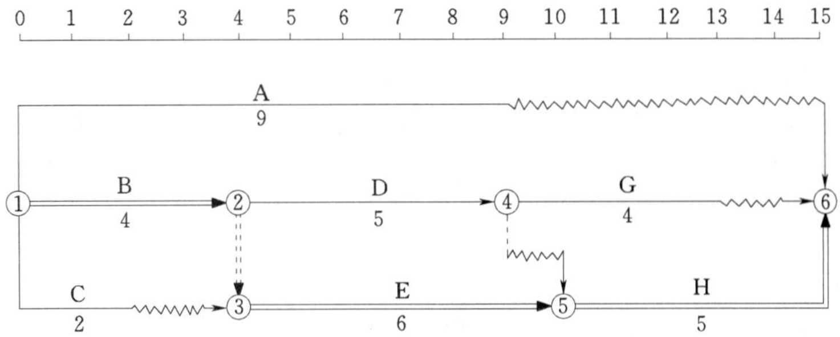

图 2-28　直接绘制法第四步

(5) 在图上用双线箭线标注出关键线路。

2.3.3　双代号时标网络图时间参数的确定

时标网络计划六个主要时间参数确定的步骤如下：

(1) 从图上直接确定出最早开始时间、最早完成时间和时间间隔。

最早开始时间：工作箭线左端节点中心所对应的时标值为该工作的最早开始时间。如图 2-28 所示，A、B、C 的最早开始时间为 0；D、E 的最早开始时间为 4；G 的最早开始时间为 9；H 的最早开始时间为 10。

最早完成时间：工作结束时刻对应的时标值为该工作的最早完成时间（波纹线为时间间隔，未执行该工作）。如图 2-28 所示，B 的最早完成时间为 4，D 的最早完成时间为 9，E 的最早完成时间为 10，H 的最早完成时间为 15，A 的最早完成时间为 9，C 的最早完成时间为 2，G 的最早完成时间为 13。

时间间隔：时标网络计划上波形线的长度即为时间间隔。如图 2-28 所示，A 与终点节点之间的间隔为 6，G 与终点节点之间的时间间隔为 2，C 与 E 之间的时间间隔为 2，D 与 H 之间的时间间隔为 1，D 与 G 之间的时间间隔为 0，其他工作与相邻工作之间的时间间隔均为 0。

(2) 其他时间参数确定。

最迟开始时间：将每项工作箭线最大可能地向后推移之后（波纹线理解为其长度可压缩为 0 的理想弹簧），该工作箭线的开始时刻对应的时标值即为该工作的最迟开始时间。如图 2-28 所示，A 工作向后推移，工作最迟开始时间为 6。

最迟完成时间：将每项工作箭线最大可能地向后推移之后，该工作结束节点中心对应的时标值即为该工作的最迟完成时间。如图 2-28 所示，D 工作向后推移，只能推移 1，则最迟完成时间为 10。

自由时差：每根箭线后的波形线长度即为该工作自由时差。如图 2-28 所示，D 工作自由时差为 0，A 工作自由时差为 6。

总时差：工作后所有线路波纹线长度之和的最小值为该工作的总时差。如图 2-28 所示，D 工作总时差为 1，A 工作总时差为 6。

(3) 关键线路的确定。

关键线路：凡自始至终不出现波形线的线路即为关键线路。如图 2-28 所示，关键线路为 B→E→H。

【知识技能点小结】

双代号时标网络图是以时间为坐标尺度绘制的网络计划，由于时标的存在，决定了工作箭线的不可逆性和长度。双代号时标网络图中的波纹线表示工作与工作之间的时间间隔。绘制时标网络图的方法有间接绘制和直接绘制两种方法。双代号网络图时间参数借助于时标及波纹线推算。

【知识技能训练】

一、根据下列给定的逻辑关系绘制双代号时标网络图。

表2-6　某工程逻辑关系

工作名称	A_1	A_2	A_3	B_1	B_2	B_3
紧前工作	无	A_1	A_2	A_1	A_2、B_1	B_2、A_3
持续时间	1	2	3	2	2	2

二、根据上题双代号时标网络图，推算其工作的时间参数，并指出其关键线路。

任务2.4 单代号网络计划

2.4.1 单代号网络计划的基本概念

单代号网络图是网络计划的另一种表示方法。单代号网络图的一个节点代表一项工作（节点代号、工作名称、作业时间都标注在节点圆圈或方框内，如图2-29所示），而箭线仅表示各项工作之间的逻辑关系。因此，箭线既不占用时间，也不消耗资源。箭线仅用来表示工作之间的顺序关系。用这种表示方法把一项计划中所有工作按先后顺序和其相互之间的逻辑关系，从左至右绘制而成的图形，称为单代号网络图（图2-30）。用这种网络图表示的计划叫作单代号网络计划。

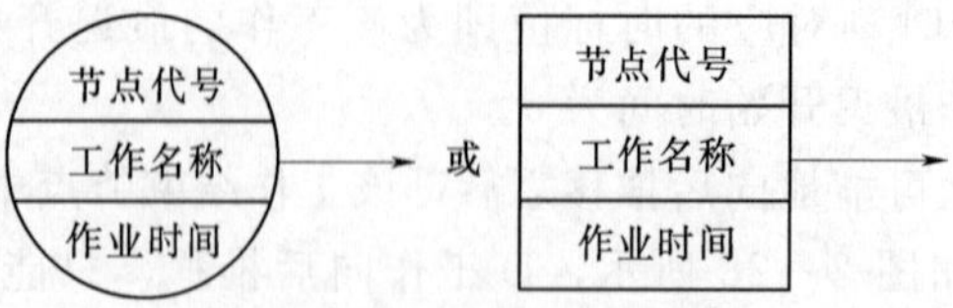

图2-29　单代号表示法

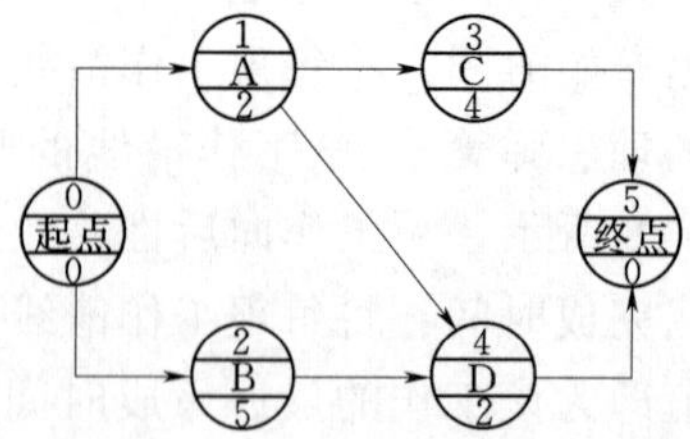

图2-30　单代号网络图

单代号网络图与双代号网络图相比，具有以下特点：

(1) 工作之间的逻辑关系容易表达，且不用虚箭线，故绘图较简单。

(2) 网络图便于检查和修改。

(3) 由于工作的持续时间表示在节点之中，没有长度，故形象不够直观。

(4) 表示工作之间逻辑关系的箭线可能产生较多的纵横交叉现象。

2.4.2 单代号网络图的绘制

单代号网络图和双代号网络图所表达的计划内容是一致的，两者的区别仅在于绘图的符号不同。单代号网络图箭线的含义表示顺序关系，节点表示一项工作；而双代号网络图的箭线表示的是一项工作，节点表示联系。在双代号网络图中出现较多的虚工作，而单代号网络图没有虚工作。

1. 单代号网络图的绘图规则

(1) 单代号网络图必须正确表达已定的逻辑关系。常见的各种逻辑关系的表示方法见表2-1。

(2) 单代号网络图中，严禁出现循环回路。

(3) 单代号网络图中，严禁出现双向箭头或无箭头的连线。

(4) 单代号网络图中，严禁出现没有箭尾节点的箭线和没有箭头节点的箭线。

(5) 绘制网络图时，箭线不宜交叉，当交叉不可避免时，可采用过桥法或指向法绘制。

(6) 单代号网络图只应有一个起点节点和一个终点节点。当网络图中有多项起点节点或多项终点节点时，应在网络图两端分别设置一项虚拟工作，作为该网络图的起点节点和终点节点。如图2.31所示。

2. 绘制单代号网络图的方法和步骤

绘制单代号网络图的方法和步骤如下：

(1) 根据已知的紧前工作确定出其紧后工作。

(2) 确定出各工作的节点位置号。可令无紧前工作的工作节点位置号为零，其他工作的节点位置号等于其紧前工作的节点位置号的最大值加1。

(3) 根据节点位置号和逻辑关系绘出网络图。

【应用实例2-6】 表2-7为已知单代号网络图的资料，试绘制其单代号网络图。

【实例解答】 (1) 列出关系表，理清工作之间的逻辑关系，见表2-7。

表2-7 **关系表**

工作	A	B	C	D	E	F	G
紧前工作	无	无	无	B	B	C，D	F
紧后工作	无	D，E	F	F	无	G	无

(2) 根据逻辑关系绘出单代号网络图，如图2-31所示。

注意，图中S和W节点为网络图中虚拟的起点节点和终点节点。

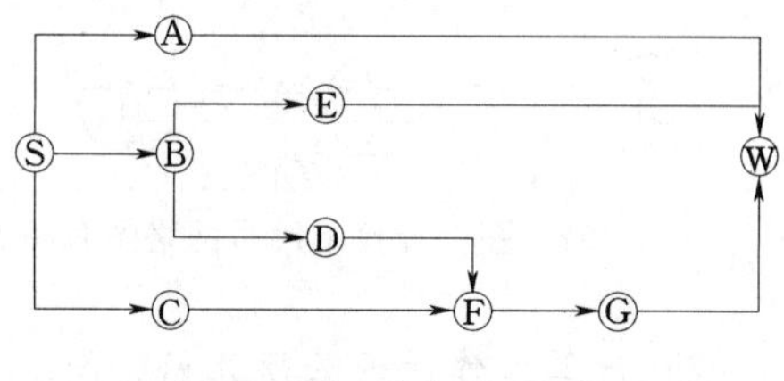

图2-31 单代号网络图

2.4.3 单代号网络图时间参数的计算

单代号网络图时间参数*ES*、*LS*、*EF*、*LF*、*TF*、*FF*的计算与双代号网络图基本相同，只需把双代号改为单代号即可。由于单代号网络图中紧后工作的最早开始时间可能不相等，因而在计算自由时差时，需用紧后工作的最小值为被减数。

单代号网络计划的时间参数的计算可按下式进行：

$$ES_1=0$$

$$ES_j=\max\{(ES_i+D_i),1\leqslant i<j\leqslant n\}=\max EF_i$$

$$LS_i=\min LS_j-D_i=LF_i-D_i$$

$$TF_i=LF_i-ES_i-D_i=LS_i-ES_i$$

$$FF_i=\min ES_j-(ES_i+D_i)=\min ES_j-EF_i$$

式中 D_i——工作的延续时间；

ES_j——工作的最早开始时间；

EF_i——工作的最早完成时间；

LS_i——工作的最迟开始时间；

LF_i——工作的最迟完成时间；

TF_i——工作 i 的总时差；

FF_i——工作 i 的自由时差。

网络计划结束节点所代表的工作的最迟完成时间应等于计划工期，即 $LF=T$；工作最迟完成时间等于该工作的紧后工作的最迟开始时间的最小值，即

$$LF_i=\min LS_j=\min\{LF_j-D_j\}\quad (i<j)$$

【应用实例2-7】 已知单代号网络图如图2-32所示，试计算其时间参数。

【实例解答】 (1) 计算工作最早可能开始时间。

图2-32所示的网络计划中有虚拟的起点节点和终点节点，其工作延续时间均为零。起点节点的 $ES_0=0$，其余工作最早可能开始时间计算如下（顺箭线方向）：

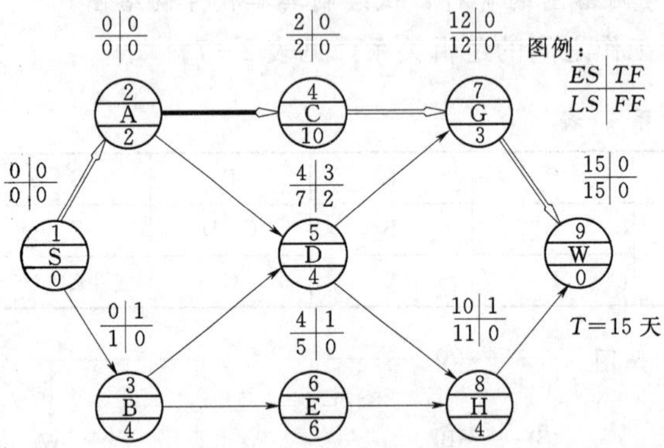

图2-32 图上计算单代号网络图时间参数

$$ES_2=ES_3=ES_1+D_1=0+0=0$$

$$ES_4=ES_2+D_2=0+2=2$$

$$ES_5=\max\{ES_2+D_2,ES_3+D_3\}=4$$

$$ES_6=ES_3+D_3=0+4=4$$

$$ES_7=\max\{ES_4+D_4,ES_5+D_5\}=12$$

$$ES_8=\max\{ES_5+D_5,ES_6+D_6\}=10$$

$$ES_9=\max\{ES_7+D_7,ES_8+D_8\}=15$$

计划总工期等于终点节点的最早开始时间与其延续时间之和，即 $T=ES_9+D_9=15+0=15$。

(2) 计算工作最迟必须开始时间。

终点节点（最后工作）的最迟必须开始时间，是用总工期减本工作的延续时间之差。即 $LS=T-D_9=15-0=15$，其余工作的最迟必须开始时间计算如下（逆箭线方向）：

$$LS_8=LS_9-D_8=15-4=11$$

$$LS_7 = LS_9 - D_7 = 15 - 3 = 12$$
$$LS_6 = LS_8 - D_6 = 11 - 6 = 5$$
$$LS_5 = \min\{LS_8, LS_7\} - D_5 = 11 - 4 = 7$$
$$LS_4 = LS_7 - D_4 = 12 - 10 = 2$$
$$LS_3 = \min\{LS_6, LS_5\} - D_3 = 5 - 4 = 1$$
$$LS_2 = \min\{LS_4, LS_5\} - D_2 = 2 - 2 = 0$$
$$LS_1 = \min\{LS_2, LS_3\} - D_l = 0 - 0 = 0$$

（3）计算工作总时差。

$$TF_1 = LS_1 - ES_1 = 0 - 0 = 0$$
$$TF_2 = 0, TF_3 = 1 - 0 = 1$$
$$TF_4 = 2 - 2 = 0, TF_5 = 7 - 4 = 3$$
$$TF_6 = 5 - 4 = 1, TF_7 = 12 - 12 = 0$$
$$TF_8 = 11 - 10 = 1, TF_9 = 15 - 15 = 0$$

对总时差最小的工作用双箭线或粗黑箭线连接起来，即为关键线路。本例关键线路为①→②→④→⑦→⑨。

（4）计算工作自由时差。

$$FF_1 = \min\{ES_2, ES_3\} - ES_1 - D_1 = 0$$
$$FF_2 = \min\{ES_4, ES_5\} - ES_2 - D_2 = 0$$
$$FF_3 = 4 - 4 - 0 = 0$$
$$FF_4 = 12 - 2 - 10 = 0$$
$$FF_5 = \min\{ES_8, ES_7\} - ES_5 - D_5 = 10 - 4 - 4 = 2$$
$$FF_6 = 10 - 4 - 6 = 0$$
$$FF_7 = 10 - 4 - 6 = 0$$
$$FF_8 = 10 - 4 - 6 = 0$$
$$FF_9 = T - ES_9 - D_9 = 15 - 15 - 0 = 0$$

以上计算结果分别记入节点边图例所示位置处，如图 2-32 所示。

【知识技能点小结】

单代号网络图是通过一个节点表示一项工作，通过箭线表达工作之间逻辑关系的网络图。与双代号网络图绘图规则相同，单代号网络图绘制只需注意，有多个起点节点和终点节点时增设一个虚拟起点节点和一个终点节点即可。其时间参数计算也与双代号网络图基本相同。

【知识技能训练】

一、单项选择题

1. 单代号网络图中，节点表示（　　）。

A 工作　　B 逻辑关系　　C 工作间衔接关系　　D 时间消耗

2. 以下不是单代号网络图构成要素的是（　　）。

A 节点　　B 波纹线　　C 箭线　　D 线路

二、根据表 2-8 给定的逻辑关系绘制单代号网络图

表 2-8　　某工程逻辑关系表

工作名称	A_1	A_2	A_3	B_1	B_2	B_3
紧前工作	无	A_1	A_2	A_1	A_2、B_1	B_2、A_3
持续时间	1	2	3	2	2	2

三、根据上题单代号网络图，计算其工作的时间参数，并指出其关键线路

任务 2.5　网络计划的优化

在绘制好网络计划图，并计算完时间参数后，可得出该计划的最初方案。此方案是一种可行的方案。但并不一定是符合规定要求的或是最优方案。因此，必须进行网络计划的优化。

所谓网络计划的优化，是指在满足既定约束的条件下，按某一目标，通过不断改进网络计划来寻求满意方案。网络计划的优化目标应按计划任务的需要和条件选定，包括工期目标、费用目标和资源目标。根据优化目标的不同，网络计划的优化可分为工期优化、费用优化和资源优化三种。

2.5.1　工期优化

工期优化的目的是使网络计划满足要求工期，保证按期完成工程任务。

网络计划工期优化的基本方法是在不改变网络计划中各项工作之间逻辑关系的前提下，通过压缩关键工作的持续时间来达到优化目标。在工期优化过程中，按照经济合理的原则，不能将关键工作压缩成非关键工作。此外，当工期优化过程中出现多条关键线路时，必须将各条关键线路的总持续时间压缩相同数值；否则，不能有效地缩短工期。

网络计划的工期优化可按下列步骤进行：

（1）确定初始网络计划的计算工期和关键线路。

（2）按要求工期计算应缩短的时间。

（3）选择应缩短持续时间的关键工作。选择压缩对象时宜在关键工作中考虑下列因素：

1）缩短持续时间对质量和安全影响不大的工作。

2）有充足备用资源的工作。

3）缩短持续时间所需增加的费用最少的工作。

（4）将所选定的关键工作的持续时间压缩至最短，并重新确定计算工期和关键线路。若被压缩的工作变成非关键工作，则应延长其持续时间，使之仍为关键工作。

注意：一般情况下，双代号网络计划图中箭线下方括号外数字为工作的正常持续时间，括号内数字为最短持续时间；箭线上方括号内数字为优选系数，该系数综合考虑质量、安全和费用增加情况而确定。选择关键工作压缩其持续时间时，应选择优选系数最小的关键工作。若需要同时压缩多个关键工作的持续时间时，则它们的优选系数之和（组合优选系数）最小者应优先作为压缩对象。

（5）当计算工期仍超过要求工期时，则重复上述（2）～（4），直至计算工期满足要求工期或计算工期已不能再缩短为止。

（6）当所有关键工作的持续时间都已达到其能缩短的极限而寻求不到继续缩短工期的方案，但网络计划的计算工期仍不能满足要求工期时，应对网络计划的原技术方案、组织方案进行调整，或对要求工期重新审定。

在网络计划中，关键线路控制着任务的总工期，因此缩短工期的着眼点应是关键线路。但是采用硬性压缩关键工作的持续时间的方法并不是好方法。在网络计划的时间优化中，缩短工期主要是通过调整工作组织措施来实现。具体可以采用的方法包括：①将串联工作调整为平行工作；②将串联工作调整为交叉工作；③相应地推迟非关键工作的开始时间；④相应地延长非关键线路中工作的工作时间；⑤从计划外增加资源。

【应用实例2-8】 某工程网络计划如图2-33所示，假定上级指令工期为100天，试优化。图中括号内数据为工作最短持续时间。

【实例解答】

（1）计算并找出网络计划的关键线路及关键工作。关键线路为①→③→④→⑥。计算工期为160天。

（2）计算需要缩短的工期。根据指令性工期要求需要缩短60天。

（3）确定各关键工作能缩短的持续时间。根据图2-33中数据，关键工作①→③可以缩短20天，③→④可以缩短30天，④-⑥可以缩短25天，共计可以缩短75天。

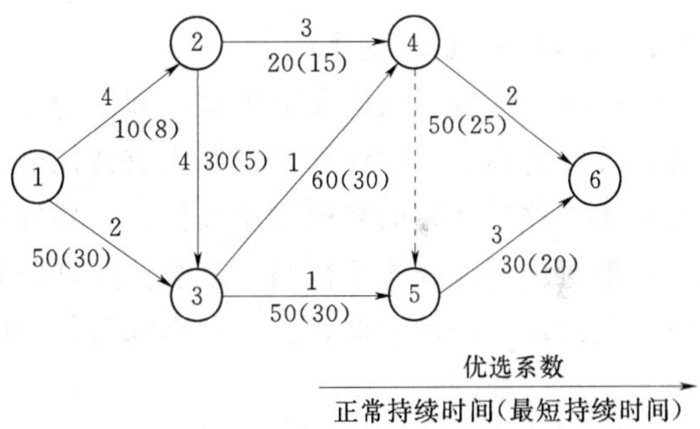

图2-33　某项目网络计划

（4）选择关键工作（应选择缩短持续时间对质量和安全影响不大，有充足备用资源和缩短持续时间所需增加费用最少的工作）。调整其持续时间，并重新计算网络计划的计算工期。根据给定的优选系数③→④工作最小，故先压缩关键工作③→④，压缩30天，重新绘制网络计划如图2-34所示。

（5）按图2-34，关键线路①→③→④→⑥和①→③→⑤→⑥，计算工期130天，不满足工期要求，继续压缩。图2-34所示计划工期与上级下达的指令性工期相比尚需压缩30天。此时网络图由两条关键线路，需同时压缩相同数值，可考虑的压缩方案有①→③，③→⑤和④→⑥，⑤→⑥和④→⑥三种方案，其优选系数分别为2、3、5，选择优选系数最小的①→③作为压缩对象，因①→③工作为关键工作，考虑到关键工作不能压缩成非关键工作，故只能压缩10天，重新计算网络计划，如图2-35所示。

（6）若计算工期仍超过要求工期，则重复以上步骤，直到满足工期要求或已不能再压缩为止。图2-35有①→②→③→④→⑥、①→③→④→⑥、①→③→⑤→⑥三条关键线路，按第（5）步的方法确定压缩方案压缩后，压缩④→⑥和③→⑤各20天。图2-36便是满足规定工期要求的网络计划。当所有关键工作的持续时间都已经达到其能缩短的极限而工期仍不能满足要求时，应对计划的原技术、组织方案进行调整或对要求重新审定。

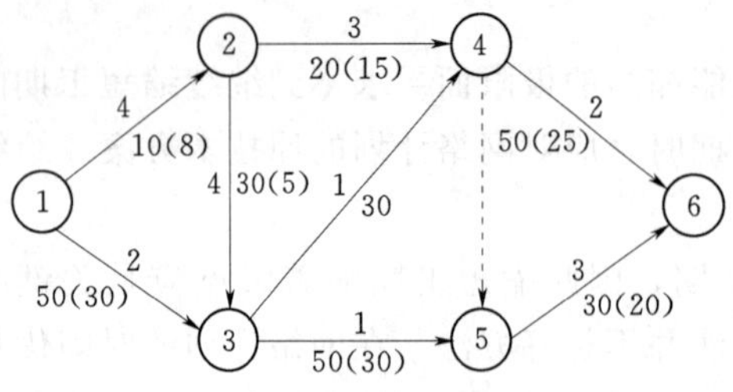

图 2-34　某项目网络计划

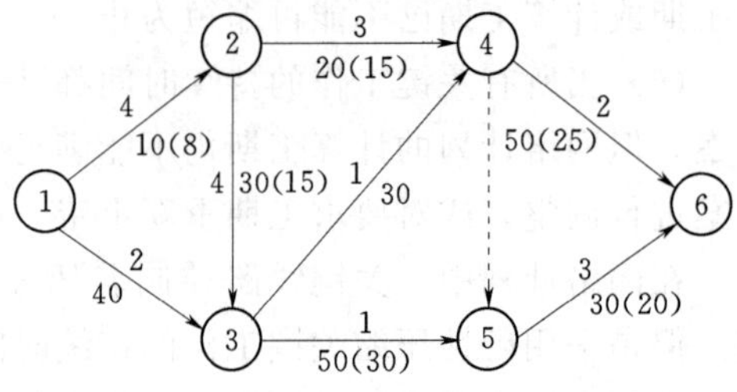

图 2-35　第二次调整后网络计划

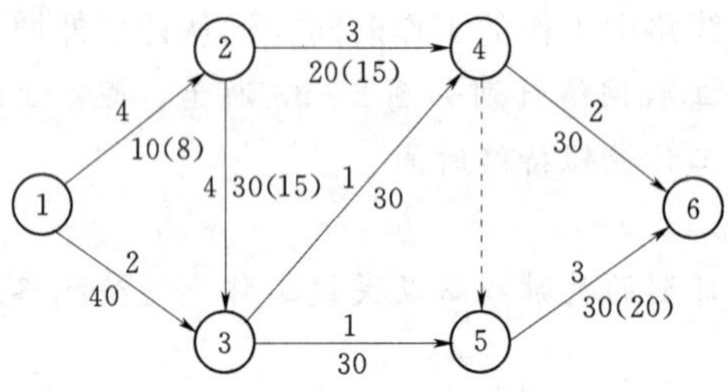

图 2-36　第二次调整后网络计划

2.5.2　工期——资源优化

这里所说的资源从广义上理解，即是为了完成某项作业所需的人力、材料、机械设备和资金等的统称。一项计划要按期完成往往会受到资源的限制，在实际任务计划中，还需要考虑实现这项计划的客观物质条件。一项好的工程计划安排，一定要合理使用现有的资源。如果工作进度安排不得当，就会使计划的某些阶段出现对资源需求的高峰，而在另一些阶段则出现资源需求低谷。这种高峰与低谷的存在是一种资源没有得到很好利用的浪费现象。

资源所需的总量与计划项目内容相关，而资源强度（单位时间内的资源需用量）却与工期的安排有关。在一定条件下，增加资源强度，就会加快施工进度，缩短工期；反之，延缓进度，拉长工期，尤其是资源无保证的情况下，网络计划会被打乱而失效。因此，要保证资源的强度和及时供应。

在通常情况下，网络计划的资源优化分为两种，即“资源有限，工期最短”的优化和“工期固定，资源均衡”的优化。前者是通过调整计划安排，在满足资源限制条件下，使工期延长最少的过程；而后者是通过调整计划安排，在工期保持不变的条件下，使资源需用量尽可能均衡的过程。

资源优化前提条件如下：

(1) 在优化过程中，不改变网络计划中各项工作之间的逻辑关系。

(2) 在优化过程中，不改变网络计划中各项工作的持续时间。

(3) 网络计划中各项工作的资源强度（单位时间所需资源数量）为常数，而且是合理的。

(4) 除规定可中断的工作外，一般不允许中断工作，应保持其连续性。

资源优化调整的途径一般是利用时差，延迟某些作业的开始时间；在一些条件允许的情况下，令某些作业在资源紧张的时段停止工作，以减少资源消耗量；改变某些作业的持续时间，降低资源消耗强度。

2.5.3　工期——费用优化

在建设工程施工过程中，完成一项工作通常可以采用多种施工方法和组织方法，而不同的施工方法和组织方法，又会有不同的持续时间和费用。由于一项建设工程往往包含许多工作，所以在安排建设工程进度计划时，就会出现许多方案。进度方案不同，所对应的总工期和总费用也就不同。为了能从多种方案中找出总成本最低的方案，必须首先分析费用和时间之间的关系。

工程总费用由直接费和间接费组成。直接费由人工费、材料费、机械使用费、其他直接费及现场经费等组成。施工方案不同，直接费也就不同；如果施工方案一定，工期不同，直接费也不同。直接费会随着工期的缩短而增加。间接费包括企业经营管理的全部费用，它一般会随着工期的缩短而减少。在考虑工程总费用时，还应考虑工期变化带来的其他损益，包括效益增量和资金的时间价值等。工程费用与工期的关系如图 2－37 所示。

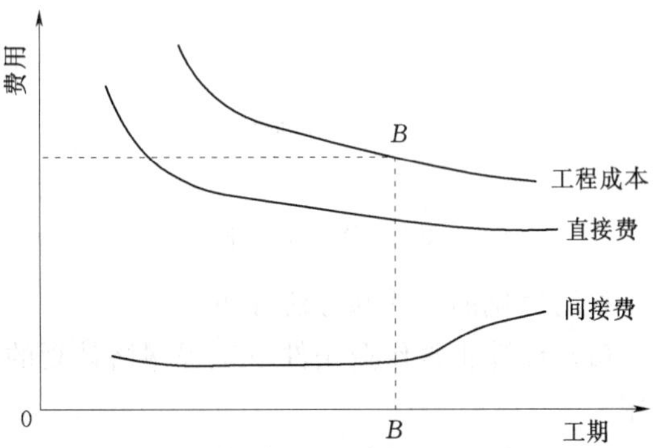

图 2－37　工期-费用关系

对于一个施工项目而言，工期的长短与该项目的工程量、施工方案条件有关，并取决于关键线路上各项作业持续时间之和，关键线路又是由许多持续时间和费用各不相同的作业所组成。一般来说，一项作业的直接费用是随着持续时间的变化而改变的。如果要求缩短工期，即加快关键作业的施工速度（增加人力、材料和机械设备等），显然费用（直接费用）会不断增加。当缩短工期到某一级限时，无论费用增加多少，工期都不能再缩短，那么这个极限对应的时间就称为强化工期，强化工期对应的进度称为强化进度，强化工期对应的费用称为极限费用，而此时的费用较高。反之，若延长工期，则直接费用减少，但将时间延长至某一极限时，无论怎样增加工期，直接费也不会减少，此时的极限对应的时间叫作正常工期，正常工期对应的进度称为正常进度，正常工期对应的费用称为正常费用。此时的费用较低。如果将正常工期对应的费用和强化工期对应的费用连成一条曲线，那么此曲线就称为费用曲线或 ATC 曲线，如图 2－38 所示。事实上该曲线是图中的实线，但考虑到计算方便，故近似取成直线。若将进度安排和对应的工程费用绘成曲线，则该曲线就称为 PTC 曲线，如图 2－39 所示。

工作的持续时间每缩短单位时间而增加的直接费称为直接费用率。工作的直接费用率越大，说明将该工作的持续时间缩短一个时间单位，所需增加的直接费就越多；反之，将该工作的持续时间缩短一个时间单位，所需增加的直接费就越少。因此，在压缩关键工作的持续时间以达到缩短工期的目的时，应将直接费用率最小的关键工作作为压缩对象。当有多条关键线路出现而需要同时压缩多个关键工作的持续时间时，应将它们的直接费用率之和（组合直接费用率）最小者作为压缩对象。

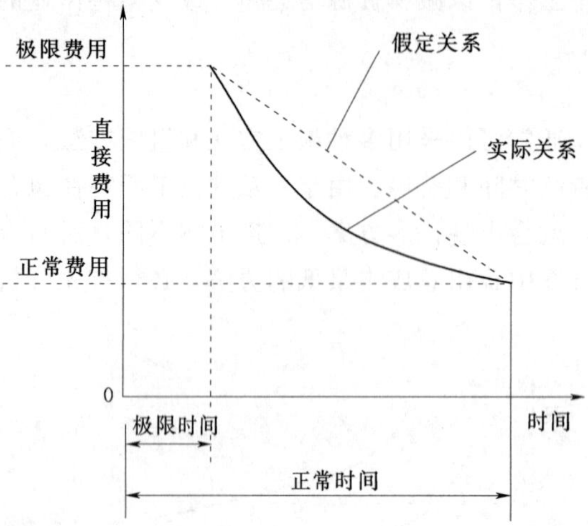

图2-38　ATC曲线

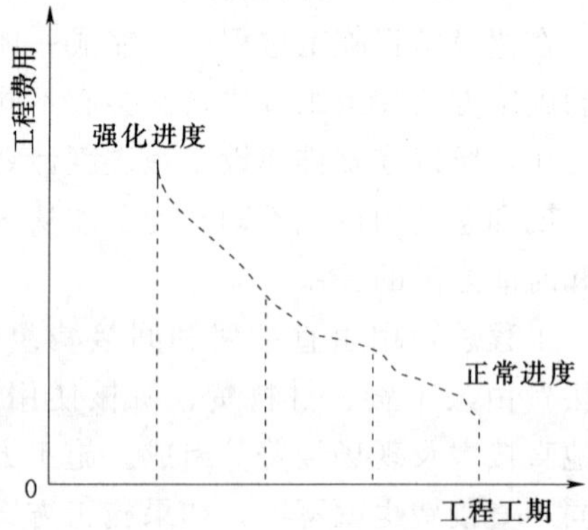

图2-39　PTC曲线

费用优化的步骤和方法如下：

（1）计算正常作业条件下工程网络计划的工期、关键线路和总直接费、总间接费及总费用。

（2）计算各项工作的直接费率。

（3）在关键线路上，选择直接费率（或组合直接费率）最小并且不超过工程间接费率的工作作为被压缩对象。

（4）将被压缩对象压缩至最短，当被压缩对象为一组工作时，将该组工作压缩同一数值，并找出关键线路，如果被压缩对象变成了非关键工作，则需适当延长其持续时间，使其刚好恢复为关键工作为止。

【知识技能点小结】

网络计划的优化是在满足既定约束条件时，按某一目标，通过不断改进网络计划来寻求满意方案。根据优化目标的不同，可以分为工期优化、费用优化和资源优化三种。工期优化的目的是使网络计划满足要求工期，保证按期完成工程任务。资源优化的目的是资源有限、工期最短或工期固定、资源均衡。费用优化的目的是寻求总成本最低时最优工期。

【知识技能训练】

一、单项选择题

1. 施工网络计划的优化不包括（　　）。

A 工期优化　　B 资源优化　　C 组织优化　　D 费用优化

2. 工期优化过程中，在缩短工作持续时间对质量和安全影响不大的情况下，应选择（　　）的关键工作为压缩对象。

A 缩短持续时间所需增加费用最少　　B 持续时间最长

C 资源需要量最少　　D 直接费用最少

3. 在网络计划中，缩短计算工期的措施包括（　　）。

A 缩短关键工作的历时　　B 在关键线路上组织平行作业或交叉作业

C 增大非关键作业的自由时差　　D 可以采用 A、B 两项措施

二、多项选择题

1. 在施工过程中，为缩短关键工作持续时间，从技术上采取的措施包括（　　）。

A 改进施工工艺和施工技术　　B 采用更先进的施工机械

C 增加施工人数和工作班次　　D 增加工作面

E 增加施工设备

2. 工期优化时，为了缩短计算工期以满足要求的工期可以采用的方法是（　　）。

A 压缩非关键线路的长度　　B 组织串联顺序施工

C 调整工作间的组织关系　　D 压缩某些非关键工作的持续时间

E 压缩关键线路上某些工作的持续时间

项目3　水利工程施工组织设计编制

【项目目标】

能够利用水利工程设计图纸资料确定水利工程主体工程的施工方案；编制水利工程主体工程进度方案；编制并确定水利工程临时工程方案；能够编写和绘制水利工程施工平面总布置图。

【项目要求】

知识要点	能力要求	所占分值（100分）	自评分数
施工组织设计基础知识	理解施工组织设计的概念	10	
施工组织设计的编制程序	能掌握水利工程施工组织设计编制程序	10	
施工方案的确定	能确定各种水利工程施工方案	20	
施工总进度计划的编制	能制定水利工程施工总进度	20	
施工总布置	能制定水利工程现场布置方案	20	
资源使用计划	能制定各种资源使用计划	20	

任务3.1　施工组织设计基础知识

3.1.1　施工组织设计的概念与作用

施工组织设计是指针对拟建的工程项目，在开工前针对工程本身特点和工地具体情况，按照工程的要求，对所需的施工劳动力、施工材料、施工机具和施工临时设施，经过科学计算、精心对比及合理的安排后编制出的一套在时间和空间上进行合理施工的战略部署文件。

施工组织设计文件通常由一份施工组织设计说明书、一张工程计划进度表、一套施工现场平面布置图组成。施工组织设计是工程施工的组织方案，是指导施工准备和组织施工的全面性技术经济文件，是现场施工的指导性文件。

施工组织设计在每项建设工程中都具有重要的规划作用、组织作用和指导作用，具体表现在以下几个方面：

（1）施工组织设计是施工准备工作的一项重要内容，同时又是指导各项施工准备工作的依据。

（2）施工组织设计可体现实现基本建设计划和设计的要求，可进一步验证设计方案的合理性与可行性。

(3) 施工组织设计为拟建工程确定施工方案、施工进度和施工顺序等，是指导开展紧凑、有秩序施工活动的技术依据。

(4) 施工组织设计所提出的各项资源需要量计划，直接为物质供应工作提供依据。

(5) 施工组织设计对现场所做的规划与布置，为现场的文明施工创造了条件，并为现场平面管理提供了依据。

(6) 施工组织设计对施工企业的施工计划起决定和控制性的作用。施工计划是根据施工企业对建筑市场所进行科学预测和中标的结果，结合本企业的具体情况，制定出的企业不同时期应完成的生产计划和各项技术经济指标。而施工组织设计是按具体的拟建工程的开竣工时间编制的指导施工的文件。因此，施工组织设计与施工企业的施工计划两者之间有着极为密切、不可分割的关系。施工组织设计是编制施工企业施工计划的基础；反过来，制定施工组织设计又应服从企业的施工计划，两者是相辅相成、互为依据的。

(7) 施工组织设计是统筹安排施工企业生产的投入与产出过程的关键和依据。建筑企业从承担工程任务开始到竣工验收交付使用为止的全部施工过程的计划、组织和控制的基础就是施工组织设计。

(8) 通过编制施工组织设计，可以充分考虑施工中可能遇到的困难与障碍，主动调整施工中的薄弱环节，事先予以解决或排除，从而提高了施工的预见性，减少了盲目性，使管理者和生产者做到心中有数，为实现建设目标提供了技术保证。

总之，一个科学的施工组织设计，如能够在工程施工中得到贯彻实施，必然能够统筹安排施工的各个环节，协调好各方面的关系，使复杂的建筑施工过程有序合理地按科学程序顺利进行，从而保证建设项目的各项指标得以实现。

3.1.2 施工组织设计的分类与任务

施工组织设计是一个总的概念，根据基本建设各个不同阶段、建设工程的规模、建设项目的类别、工程特点及工程的技术复杂程度等因素，可相应地编制各种类型与不同深度的施工组织设计。施工组织设计的类型，通常按施工组织设计编制的时间和编制的对象来划分。

1. 按项目实施阶段分类

按项目实施阶段，施工组织设计的类型划分见表 3-1。

表 3-1　　项目实施各阶段施工组织设计类型

项目实施阶段		施工组织设计类型
设计阶段	初步设计阶段	施工组织规划设计
	技术设计阶段	施工组织总设计
	施工图设计阶段	单位工程施工组织设计
投标阶段		综合指导性施工组织设计
施工阶段		实施性施工组织设计

2. 按编制对象范围的分类

施工组织设计按编制对象的不同分为施工组织总设计、单位工程施工组织设计和分部分项工程施工组织设计三类。

(1) 施工组织总设计。

施工组织总设计是以一个建设项目为编制对象，规划施工全过程中各项活动的技术、经济的全局性、控制性文件。它是整个建设项目施工的战略部署，涉及范围较广，内容比较概括。它一般是在初步设计或扩大初步设计批准后，由总承包单位的总工程师负责，会同建设、设计和分包单位的工程师共同编制的。它也是施工单位编制年度施工计划和单位工程施工组织设计的依据。

施工组织总设计的主要内容包括工程概况、施工部署与施工方案、施工进度计划、施工准备工作及各项资源需要量计划、施工平面图、主要技术组织措施及各项主要技术指标等。

(2) 单位工程施工组织设计。

单位工程施工组织设计是以单位工程为编制对象，用来指导施工全过程中各项活动的技术、经济的局部性、指导性文件。它是拟建工程施工的战术安排，是施工单位年度施工计划和施工组织总设计的具体化，内容应详细。它是在施工图设计完成后，由工程项目主管工程师负责编制的，可作为编制季度、月度计划和分部分项工程施工组织设计的依据。

单位工程施工组织设计的主要内容包括工程概况与施工条件、施工方案与施工方法、施工进度计划、施工准备工作及各项资源需要量计划、施工平面图、主要技术（如质量、安全、降低施工费用及冬雨季施工等）组织措施及各项主要技术指标等。

(3) 分部分项工程施工组织设计。

分部分项工程施工组织设计是以分部分项工程为编制对象，用来指导施工活动的技术、经济文件。它结合施工单位的月、旬作业计划，把单位工程施工组织设计进一步具体化，是专业工程的具体施工设计。一般在单位工程施工组织设计确定了施工方案后，由施工队技术队长负责编制。

分部分项工程施工组织设计，既是单位工程施工组织设计中某个分部分项工程更深、更细的施工设计，又是单独一个分部分项工程的施工设计。

分部分项工程施工组织设计的主要内容包括工程概况、施工方案和施工方法、施工机械的选择、施工准备、施工进度表、劳动力及材料和机具设备等的需求量计划、施工平面图及技术（如质量、安全等）组织措施等。

施工组织总设计、单位工程施工组织设计和分部分项工程施工组织设计，是同一建设项目的不同广度、深度和作用的三个层次，其三者之间的关系如图3-1所示。

3.1.3　施工组织设计的编制原则和依据

1. 施工组织设计的编制原则

编制施工组织设计，应遵循国家关于发展国民经济的总方针和水利水电建设的方针政策，结合工程的实际条件，参照国内外的实践经验，吸取国内外先进技术，通过科学的分析论证，使设计既切合实际又能优化，体现多快好省的要求。根据工程实践证明，编好施工组织设计，应遵循以下基本原则：

(1) 遵守和贯彻国家工程建设的有关法律、法规和规章。必须严格遵守国家制定的施工许可制度、从业资格管理制度、招标投标制度、总承包制度、工程监理制度、建筑安全

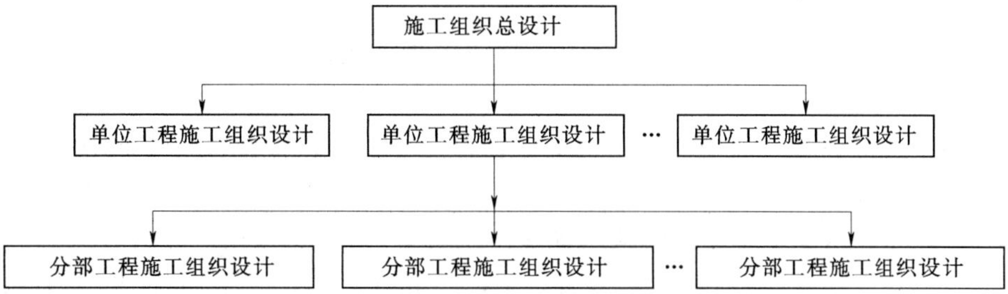

图 3-1　三种施工组织设计间的关系

生产管理制度、工程质量责任制度，竣工验收制度等。保证工程施工过程高效、有序、保质量地顺利实施。

(2) 对项目工程的特点、性质、工程量、工作量以及施工企业的特点进行综合分析，确定本工程施工组织设计的指导方针和主要原则。

(3) 符合施工合同约定建设期限和各项技术经济指标的要求。

(4) 遵守基本建设程序，切实抓紧时间做好施工准备，合理安排施工顺序，及时形成工程完整的投产能力。

(5) 在加强综合平衡，调整好各年的施工密度，改善劳动组织的前提下，努力降低劳动力的高峰系数，做到连续均衡施工。

(6) 运用科学的管理方法和先进的施工技术，努力推广应用新技术、新工艺、新材料、新设备，不断提高机械利用率和机械化施工的综合水平，不断降低施工成本，提高劳动生产率。

(7) 在经济合理的基础上，充分发挥基地作用，提高工厂化施工程度，减少现场作业，压缩现场施工场地及施工人员数量。

(8) 施工现场布置应紧凑合理，便于施工，符合安全、防火、环保和文明施工的要求，提高场地利用率，减少施工用地。

(9) 加强质量管理，明确质量目标，消灭质量通病，保证施工质量，不断提高施工工艺水平。

(10) 加强职业安全健康和环境保护管理，保证施工安全，实现文明施工。

(11) 现场组织机构的设置，管理人员的配备，应力求精简、高效并能满足项目工程施工的需要。

(12) 研究冬季、夏季和雨季施工问题，力争全年施工，增加有效工作日。

(13) 积极推行计算机信息网络技术在施工管理中的应用，不断提高现代化施工管理水平。

2. 施工组织设计的编制依据

为了保证施工组织总设计的编制工作顺利进行和提高其编制水平及质量，使施工组织总设计更能结合实际、切实可行，并能更好发挥其指导施工安排、控制施工进度的作用，应以下面资料作为编制依据：

(1)《水利水电工程初步设计报告编制规程》(SL 619—2013)。

(2) 可行性研究报告及审批意见、上级单位对本工程建设的要求或批件。

(3) 工程所在地区有关基本建设的法规或条例，地方政府、业主对本工程建设的要求。

(4) 国民经济各有关部门（铁道、交通、林业、灌溉、旅游、环境保护、城镇供水等）对本工程建设期间有关要求及协议。

(5) 当前水利水电工程建设的施工装备、管理水平和技术特点。

(6) 工程所在地区和河流的自然条件（地形、地质、水文、气象特征和当地建材情况等）、施工电源、水源及水质、交通、环境保护、旅游、防洪、灌溉、航运、供水等现状和近期发展规划。

(7) 当地城镇现有修配、加工能力，生活、生产物资和劳动力供应条件，居民生活、卫生习惯等。

(8) 施工导流及通航等水工模型试验、各种原材料试验、混凝土配合比试验、重要结构模型试验、岩土物理力学试验等成果。

(9) 工程有关工艺试验或生产性试验成果。

(10) 勘测、设计各专业有关成果。

3.1.4 施工组织设计的编制程序

施工组织总设计是整个工程项目全面性和全局性的指导施工准备和组织施工的技术文件，通常应遵循一定的编制程序进行。

图3-2为施工组织总设计中最常用的组织设计的编制程序。

水利水电工程施工组织设计可按以下程序编制：

(1) 分析原始资料（拟建工程地区的地形、地址、水文、气象、当地材料、交通运输等）及工地临时给水、动力供应等施工条件。

(2) 确定施工场地和道路、堆场、附属企业、仓库以及其他临时建筑物可能的布置情况。

(3) 考虑自然条件对施工可能带来的影响和必须采取的技术措施。

(4) 确定各工种每月可以施工的有效工日和冬、夏季及雨期施工技术措施的各项参数。

(5) 确定各种主要建材的供应方式、运输方式及可供应的施工机具设备数量与性能，临时给水和动力供应设施的条件等。

(6) 根据工程规模和等级，以及对工程所在地区地形、地质、水文等条件的分析研究，初步拟定施工导流方案。

(7) 研究主体工程施工方案，确定施工顺序，初步编制整个工程的进度计划。

(8) 初步确定了工程总的进度计划以后，即可对主要工程的施工方案做出详细的规划计算，进行施工方案的优化，最后确定选用的施工方案及有关的技术经济指标，并用来平衡调整修正进度计划。

(9) 根据修正后的进度计划，即可确定各种材料、物件、劳动力及机具的需要量，以此来编制技术与生活供应计划，确定仓库和附属企业的数量、规模及工地临时房屋需要量，工地临时供水、供电、供风（压缩空气）设施的规模与布置。

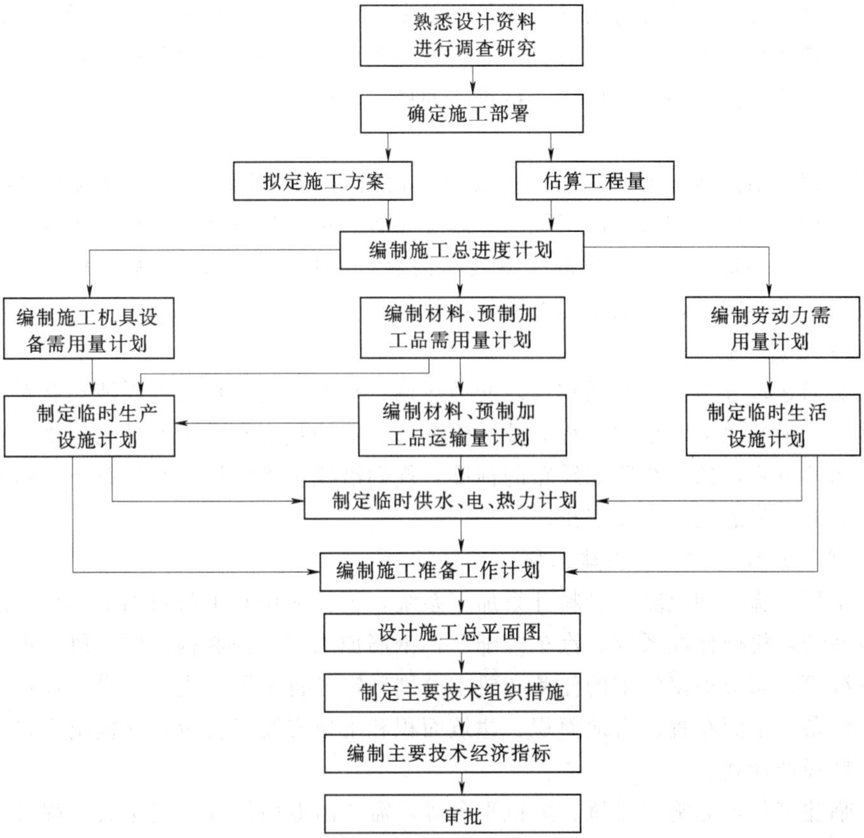

图 3-2　施工组织总设计编制程序

(10) 确定施工现场的总平面布置，绘制施工总平面布置图。

3.1.5　施工组织设计的内容

在进行水利水电工程初步设计时，要配合选坝工作，从施工导流、场内交通、当地建筑材料、施工场地布置、主体工程施工方案、施工总进度安排等方面，对不同坝址、不同坝型的枢纽方案进行技术经济论证，提出工程总量、施工期限、施工强度、工程费用、劳动力、主要建筑材料、主要施工机械设备、施工动力等估算指标。坝址选定以后，要研究枢纽主要建筑物的施工方案，提出合理方案的推荐意见。由此所构成的施工组织设计，是整个设计文件的一个组成部分。

根据初步设计编制规程和施工组织设计规范，初步设计的施工组织设计应包含以下内容。

1. 施工条件分析

施工条件包括工程条件、自然条件、物质资源供应条件以及社会经济条件等，主要包括工程所在地点，对外交通运输，枢纽建筑物及其特性，地形、地质、水文、气象条件，主要建筑材料来源和供应条件，当地水源、电源情况，施工期间通航、过木、过鱼、供水环保等要求，施工用地，居民安置以及与工程施工有关的协作条件等等。

2. 施工导流

施工导流设计应在综合分析导流条件的基础上，确定导流标准，划分导流时段，明确施工分期，选择导流方案、导流方式的导流建筑物，进行导流建筑物的设计，提出导流建筑物的施工安排，拟定截流、度汛、抗洪、通航、下闸封孔、蓄水措施。

3. 主体工程施工

主体工程包括挡水、泄水、引水、发电、通航等主要建筑物。应根据各自的施工条件，对施工程序、施工方法、施工强度、施工布置、施工进度和施工机械等问题，进行分析比较和选择。必要时，对其中的关键技术问题，如特殊的基础处理、大体积混凝土温控、土石坝合龙等问题，作出专门的设计和论证。

4. 施工交通运输

施工交通运输分为对外交通和场内交通运输。对外交通运输是在弄清现有对外水陆交通和发展规划的情况下，根据工程对外运输总量、运输强度和重大部件的运输要求，确定对外交通运输方式，选择线路和线路的标准，规划沿线重大设施和与国家干线的连接，并提出场外交通工程的施工进度安排。

5. 施工工厂设施和大型临建工程

施工工厂设施，如混凝土骨料开采加工系统，土石料场和土石料加工系统，混凝土拌和和制冷系统，机械修配系统，汽车修配厂，钢筋加工厂，预制构件厂，风、水、电、通信照明系统等，均应根据施工的任务和要求分别确定各自位置、规模、设备容量、生产工艺、工艺设备、平面布置、占地面积、建筑面积和土建安装工程量，并提出土建安装进度和施工分期投产计划。

大型临建工程，如施工栈桥、缆机平台等，需作出专门设计，确定其工程量和施工进度安排。

6. 施工总布置

施工总布置主要任务是根据施工场区的地形地貌，枢纽主要建筑物的施工方案，各项临建设施的布置要求，对施工场地进行分期分区和分标规划，确定分期分区布置方案和各承包单位的场地范围，对土石方的开挖、堆弃和填筑进行综合平衡。

7. 施工总进度

为了合理安排施工总进度，必须仔细分析工程规模、导流程序、对外交通、资源供应、临建准备等各项控制因素，拟定整个工程，包括准备工程、主体工程和结束工作在内的施工总进度。确定各项目的起讫时间和相互之间的衔接关系。对导流截流、拦洪度汛、封孔蓄水、供水发电等控制环节，工程应达到的形象面貌，需作出专门的论证。对土石方、混凝土等主要工程的施工强度，对劳动力、主要建筑材料、主要机械设备的需要量要进行综合平衡。

8. 主要技术供应计划

根据施工总进度的安排和定额资料的分析，对主要建筑材料和主要施工机械设备，列出总需要量和分年需要量计划。

施工组织设计8个部分的内容，虽然各有侧重、自成体系，但密切关联、相辅相成。弄清各部分之间的内在联系，对于搞好施工组织设计，作好现场施工的组织与管理，都有重要意义。

施工条件分析是其他各部分设计的基础和前提，只有切实掌握施工条件，才能搞好施工组织设计。施工导流是解决施工全过程的水流控制问题；主体施工方案从技术组织措施上保证主要建筑物的修建；施工总进度对整个施工过程作出时间安排；施工总布置对整个施工现场进行空间规划，各自从不同的角度对施工全局作出部署。施工交通运输是整个施工的动脉，施工工厂设施和技术供应是施工前方的后勤保障，关系到外来建筑材料、机械设备的供应，关系到工程建设任务的完成，关系到施工进度的实施和施工布置的合理性。

施工组织总设计各个方面互相影响、互相制约，其各个组成部分是一个整体，必须全面考虑，互相协调，才能取得满意效果。

施工组织总设计的施工总进度、施工总体布置、技术供应三部分关系如下：施工总进度主要研究合理的施工期限和在既定的条件下确定主体工程施工分期及施工程序，在施工安排上使各施工环节协调一致。施工总体布置根据选定的施工总进度，研究施工区的空间组织问题，是实施总进度的重要保证。施工总进度决定了施工总体布置的内容和规模。施工总体布置的规模，影响准备工程工期的长短和主体工程施工进度。因此，施工总体布置在一定条件下又起到验证施工总进度合理性的作用。技术供应的总量及分年度供应量，由既定的总进度和总体布置所确定，而技术供应的现实性与可靠性是实现总进度、总体布置的物质保证，从而验证了二者的合理性。

【知识技能点小结】

施工组织设计是指针对拟建的工程项目，在开工前针对工程本身特点和工地具体情况，按照工程的要求，对所需的施工劳动力、施工材料、施工机具和施工临时设施，经过科学计算、精心对比及合理的安排后编制出的一套在时间和空间上进行合理施工的战略部署文件。施工组织设计对每项建设都具有规划、组织和指导作用，按编制对象可分为施工组织总设计、单位工程施工组织设计及分部分项工程施工组织设计。水利水电工程施工组织总设计内容包括施工条件分析、施工导流、主体工程施工、施工交通运输、施工工厂设施和大型临建工程、施工总布置、施工总进度、主要技术供应计划 8 个方面的内容。

【知识技能训练】

一、单项选择题

1. 下列各项工程中，需要编制单位工程施工组织设计的是（　　）。

A 某工厂新建厂区工程　　B 某工程深基坑支护工程

C 某高校新校区办公大楼工程　　D 某定向爆破工程

2. 在施工阶段编制的施工组织设计是（　　）。

A 施工组织总设计　　B 实施性施工组织设计

C 单位工程施工组织设计　　D 施工组织规划设计

二、简答题

水利水电工程施工组织设计包括哪些内容？

任务 3.2　水利工程施工部署与施工方案编制

施工方案是对整个建设项目全局做出统筹规划和全面安排，其主要是解决影响建设项目全局的重大战略问题。它是施工组织设计的中心环节，是对整个建设项目带有全局性的总体规划。

由于建设项目的性质、规模、客观条件不同，施工方案的内容和侧重点也各不相同。因此，在进行施工方案设计时，应对具体情况进行具体分析，按总工期、合同工期的要求，事先制定出必须遵循的原则，做出切实可行的施工方案。

3.2.1　组织施工的基本方式

一个水利工程的建设包括很多施工过程，而各个施工过程又有很多的施工方法和组织形式，一般来讲，施工组织方式有三种：依次施工、平行施工和流水施工。

1. 依次施工

依次施工是将拟建工程依照项目划分原则拆分为若干个施工过程，考虑施工过程之间的逻辑关系和组织关系，依照一定的顺序，完成前一个，再开始后一个的施工组织形式，如图 3-3 所示。

编号	分项工作名称	工作人数	工作天数	施工进度/d																	
				3	6	9	12	15	18	21	24	27	30	33	36	39	42	45	48	51	54
Ⅰ	挖土方	8	6																		
	垫层	6	3																		
	砌基础	14	6																		
	回填土	5	3																		
Ⅱ	挖土方	8	6																		
	垫层	6	3																		
	砌基础	14	6																		
	回填土	5	3																		
Ⅲ	挖土方	8	6																		
	垫层	6	3																		
	砌基础	14	6																		
	回填土	5	3																		

劳动力动态图

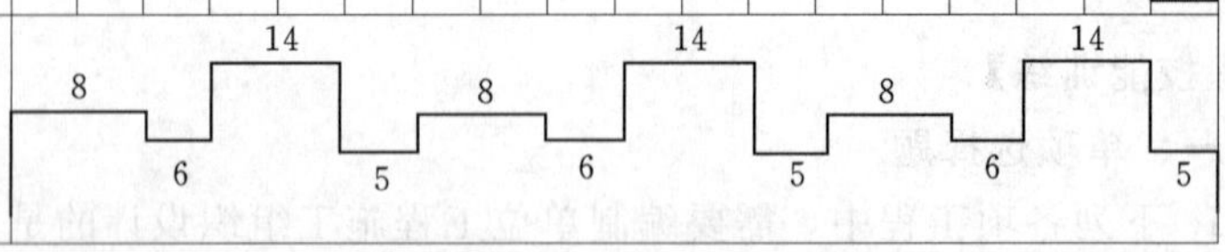

图 3-3　某工程依次施工示意图

这种方法的特点是组织施工简单明了，单位时间投入的资源量较少，便于安排，易于管理，但会造成施工队忙闲不一，资源供应不能统筹安排，工期最长。

2. 平行施工

平行施工是指同一专业的多个施工队在不同的施工段上同时进行施工，同时竣工的施工组织形式，如图 3-4 所示。

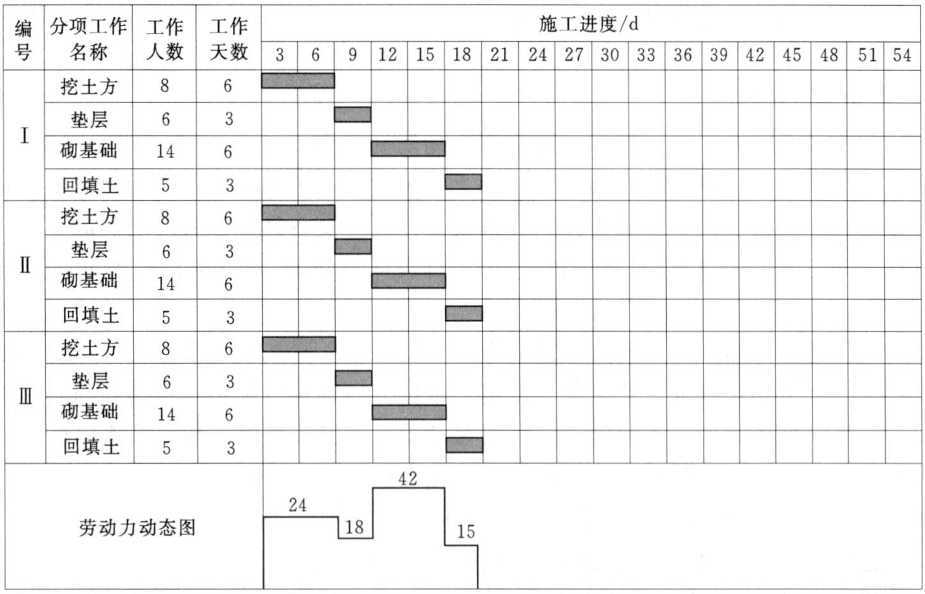

图 3-4　某工程平行施工示意图

这种方法的特点是可以成倍提高施工效率，耗时最短，但在单位时间内投入的资源成倍增长，施工队不能连续作业，现场管理混乱，经济效益不佳。

3. 流水施工

流水施工是将拟建工程按照项目划分原则拆分成若干个施工过程，根据流水施工的要求把各施工过程在平面或立面上划分成工程量大致相等的施工段，不同专业的施工队陆续开工、陆续竣工，使同一施工过程班组保持连续均衡，不同施工过程尽可能搭接施工的施工组织形式，如图 3-5 所示。

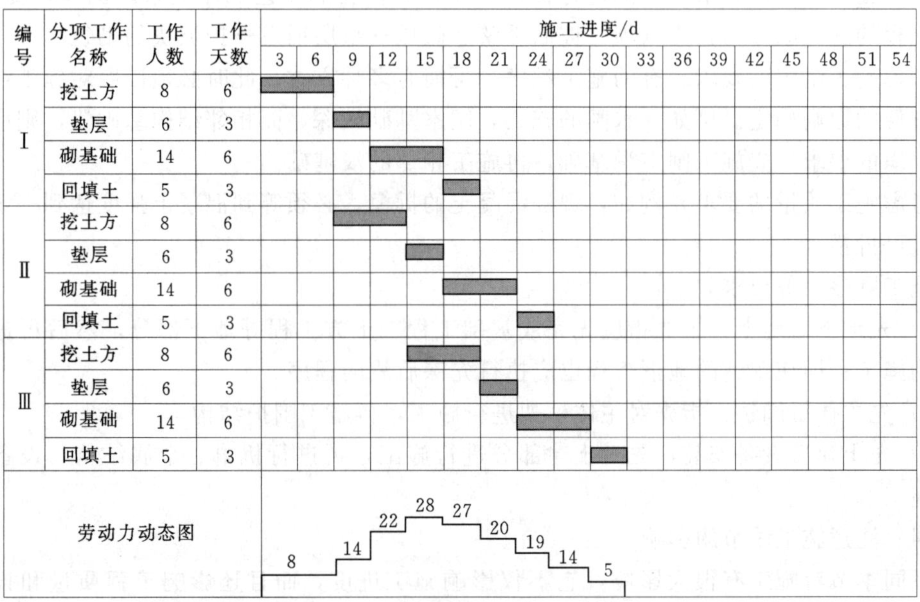

图 3-5　某工程流水施工示意图

这种方法的特点是分工协作、连续作业、均衡生产，其提高了施工效率，缩短了工期，克服了依次施工和平行施工的缺点，又具备了两者的优点。

3.2.2 拟定施工程序

（1）在保证工期要求的前提下，尽量实行分期分批施工。

为了充分发挥工程建设投资的效果，对于大中型、总工期较长的工程建设项目，一般应当在保证总工期的前提下，实行分期分批建设，既可使各具体项目迅速建成，及早发挥工程效益，又可在全局上实现施工的连续性和均衡性，减少临时工程数量，降低工程成本。

至于如何进行分期分批，则要根据生产工艺要求、工程规模大小、施工难易程度、建设单位要求、资金和技术资源情况等，由建设单位、监理单位和施工单位共同研究确定。

（2）统筹安排各类各项工程施工，既要保证重点，又要兼顾其他，在安排施工项目先后顺序时，应按照各工程项目的重要程度，优先安排如下工程：

1）先期投入生产或起主导性作用的工程项目。

2）工程量大、施工难度大、施工工期长的工程项目。

3）生产需先期使用的机修、车床、办公楼及部分宿舍等。

4）供施工使用的项目。如钢筋加工厂、木材加工厂、各种预制构件加工厂、混凝土搅拌站、采砂（石）场等附属企业及其他为施工服务的临时设施。

（3）注意施工顺序的安排。

施工顺序是指互相制约的工序在施工组织上必须加以明确、而又不可调整的安排。建筑施工活动由于建筑产品的固定性，必须在同一场地上进行，如果没有前一阶段的工作，后一阶段就不能进行。在施工过程中，即使它们之间交错搭接地进行，也必须遵守一定的顺序。

满足施工工艺的要求，不能违背各施工顺序间存在的工艺顺序关系。例如，堤（坝）护坡工程的施工顺序为：堤（坝）坡面平整、碾压→垫层铺设→护坡块的砌筑。

考虑施工组织的要求。有的施工顺序，可能有多种方式，此时必须按照对施工组织有利和方便的原则确定。例如，水闸的施工，闸室基础较深，而相邻结构基础浅，则应根据施工组织的要求，先施工闸室深基础，再施工相邻的浅基础。

考虑施工质量的要求，例如，现浇混凝土的拆模，必须等到混凝土强度达到一定要求后，方可拆模。

施工顺序一般要求如下：

1）先地下后地上：主要指应先完成基础工程、土方工程等地下部分，然后再进行地面结构施工；即使单纯的地下工程也应执行先深后浅的程序。

2）先主体后围护：指先对主体框架进行施工，再施工围护结构。

3）先土建后设备安装：先对土建部分进行施工，再进行机电、金属结构、设备等安装的施工。

（4）注意施工季节的影响。

不同季节对施工有很大影响，它不仅影响施工进度，而且还影响工程质量和投资效益，在确定工程开展程序时，应特别注意。例如在多雨地区施工，就必须考虑先土方工程，再进行其他工程的施工；大规模的土方工程和深基础工程施工，最好不要安排在雨季；寒冷地区的工程施工，最好在入冬时转入室内作业或设备安装。

【应用实例 3-1】 某水闸工程建于土基上，共 10 孔，每孔净宽 10m；上游钢筋混凝土铺盖顺水流方向长 15m，垂直水流方向共分成 10 块，铺盖部位的两侧翼墙也为钢筋混凝土结构，挡土高度为 12m，其平面布置示意图如图 3-6 所示，上游翼墙及铺盖施工时，为加快施工进度，施工单位安排两个班组，按照上游翼墙Ⅱ→10→9→8→7→6 和上游翼墙Ⅰ→1→2→3→4→5 的顺序同步施工。试分析施工顺序安排的不妥之处，指出正确的施工顺序安排。

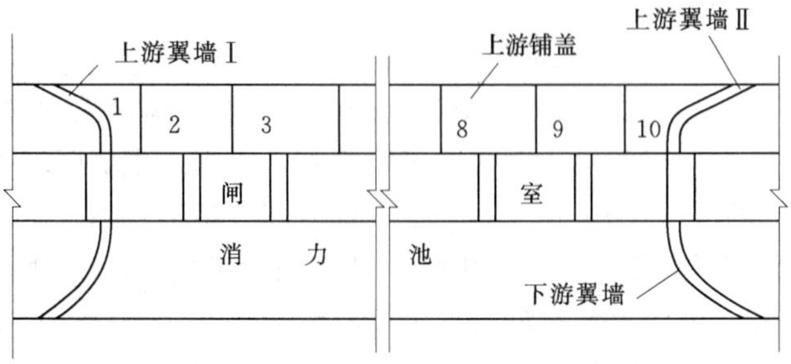

图 3-6 某水闸平面布置示意图

【实例解答】

上游翼墙及铺盖的浇筑次序不满足规范要求。合理的施工安排包括：铺盖应分块间隔浇筑；与翼墙毗邻部位的 1 号和 10 号铺盖应等翼墙沉降基本稳定后再浇筑。

3.2.3 施工方法与施工机械的选择

施工方案编制的依据主要是：施工图纸、施工现场勘察调查的资料和信息、施工验收规范、质量检查验收标准、安全与技术操作规程、施工机械性能手册、新技术、新设备、新工艺等的资料。

施工方案选择应遵守下列原则：确保工程质量和施工安全；有利于缩短工期、减少辅助工程量及施工附加工作量，降低施工成本；有利于先后作业之间、土建工程与机电安装之间、各道工序之间协调均衡，减少干扰；技术先进、可靠，所选用的施工新技术宜通过生产性试验或鉴定；施工强度和施工设备、材料、劳动力等资源需求较均衡；有利于水土保持、环境保护和劳动者身体健康。

施工方案编制的主要内容包括确定主要的施工方法、施工工艺流程、施工机械设备等。对施工方法的确定，要兼顾技术工艺的先进性和经济的合理性；对施工工艺流程的确定，要符合施工的技术规律，对施工机械的选择，应使主要施工机械的性能满足工程的需要，辅助配套机械的性能应与主导施工机械相适应，并能充分发挥主导施工机械的工作效率。

在现代化施工条件下，施工方法与施工机械关系极为密切，一旦确定了施工方法，施工机械也就随之而定。施工方法的选择随工程的不同而不同，例如，土石方工程中，确定土石方开挖方法或爆破方法；钢筋混凝土工程中，确定模板类型及支撑方法，选择混凝土的搅拌、运输和浇筑方法等。所选择的机械化施工总方案，不仅在技术上先进、适用，而且在经济上是合理的。

3.2.4　施工方案编制要点

3.2.4.1　土石方明挖施工方案

1. 施工程序

土石方明挖施工过程比较单一，即开挖、装车、运输。对于大范围的开挖（如坝基开挖）应首先根据施工特性和施工要求安排施工区（段），然后安排各区（段）的开挖施工顺序，施工顺序的安排可以按以下原则进行：

(1) 工种多需要较长施工时间的区（段）应尽早施工；工种少，施工简单，又不影响整个工程或某部分完工日期的区（段）可滞后施工。

(2) 工种不多但对整个工程或部位起控制作用的区（段），或施工时将给主要区（段）带来干扰，甚至损害，这样的区（段）应先期施工，如峡谷地区大坝的岸坡开挖。

(3) 本身不是主要区（段），但它先施工可给整个工程或主要区（段）创造便利条件，或具有明显经济效益的区（段），也应尽早施工或一部分尽早施工。

(4) 对其他部分或区（段）无大的影响，又不控制工期的区（段），应作为调节施工强度的区（段），安排于两个高峰之间的低强度时期施工。

(5) 各区（段）的施工程序应与整个施工要求一致，与施工导流及施工总进度符合。

2. 开挖施工方法

(1) 施工方法应考虑的几个因素。在确定施工方法和选定施工机械时，必须依据施工条件、施工要求和经济效果，进行综合考虑，具体考虑以下主要因素：

1) 土质情况。依据土质坚硬和地下含水情况，选择施工开挖方法和机械。

2) 施工地区的地势地形情况和气候条件，距重要建筑物或居民区的远近。以此确定开挖的过程是否需要支护或防护。

3) 工程情况。工程规模大小，工程数量，施工强度，工作场面大小，施工期长短等。

4) 道路交通条件。修建道路的难易程度，运输距离远近。

5) 工程质量要求。有些部位的开挖质量要求严格，如电站坝基等基础开挖，填筑应严格控制质量，对一般场地平整的挖填有时无质量要求，这对采用方法的技术要求至关重要。

6) 机械设备。根据确定的施工方法和工程规模大小、施工强度的高低，选用相关的机械（即不同规格类型的钻孔机械、挖装机械等），同时应兼顾机械的供应或取得的难易程度，以及机械的可靠程度。

7) 经济指标。当几个方案或施工方法均能满足施工要求时，一般应以完成工程施工所需费用低者为最好。有时，为了争取提前发电，经过经济比较后，也可选用工期短、费用较高的施工方案。

(2) 不同部位开挖方法的特点。施工对象的不同，施工的要求不同，其施工方法的特点就不同。

1) 建筑物基础开挖。如坝闸、电站放水塔等基础开挖的共同特点是：要符合建筑物要求的形态，对开挖边界线外保留的岩体不允许破坏其天然结构。对于土基开挖，一般多采用机械直接开挖的方法进行；对于石方开挖，主要是钻爆开挖方法，在施工组织设计中应进行钻爆设计（可参考施工技术内容）。河床开挖的特点是地形较平坦，施工较方便，施工时间短，强度较大；岸坡开挖，特别是山区、高坝的岸坡，其开挖高度大，施工条件差，技术复杂，故一般多在施工的前期开挖。

2）河床开挖。对于土方开挖可在基坑抽水之后，根据土壤性质采用不同的挖掘机械进行。对于岩石开挖，可采用预裂爆破控制壁面，设保护层或无保护层的一次爆破开挖方法。

3）岸坡开挖。可采用分层开挖或深孔开挖或辐射孔爆破开挖等三类不同的方法。技术的难易不同，适用的条件和获得的效果均有差异（可参考有关施工技术内容）。出渣方式，有道路出渣法、竖井出渣法、抛入河床法，由下而上分层开挖法。

4）高边坡开挖。应按照相应的原则进行，为了保持高边坡稳定，应采用微爆破技术，严格控制最大单段药量。

5）渠道开挖。依据土壤性质，渠道断面大小可采用各种方法，一般岩石渠道用钻孔松动爆破，松动后再用挖掘机、装载机或反铲挖取渣装车运走，边坡可采用预裂爆破控制。

3.2.4.2 地下工程开挖

地下工程一般系指在岩土地下修建建筑物，地下工程开挖施工，受到工程地质、水文地质、水工结构特征和施工条件的制约。开挖方法根据不同地质条件，有钻孔爆破法和机械开挖法、盾构法等。

地下工程开挖施工方案的选择主要体现在施工方法和机械的选择方面。

1. 钻爆法开挖

采用钻爆法开挖一般施工顺序为放线、钻孔、清孔装药联线，起爆、排烟、危石清理，支护等工序，但在特殊的不良地质地段，可采取超前支护，灌浆加固，反拱支撑法，地下水堵排法等非常规的工序过程。

（1）对于平洞开挖有全断面开挖、台阶法开挖、导洞法开挖，所以对于大断面隧洞还涉及断面的分区以及各区开挖的顺序问题，这在方案选择中都是要明确的。

（2）对于竖井及斜井开挖。无论哪种类型的竖进（有门井、高压管道井、通风井、井水口竖井及施工竖井），其方法按开挖顺序有自上而下开挖、全断面开挖、自下而上开挖，对大中断面竖井开挖，可针对不同坡度采取自上而下或自下而上的分段钻孔爆破法，采用斗车箕斗出渣或导井溜渣从底部出渣。

（3）对于地下厂房开挖，由于地下厂房的构成复杂，有主厂房引水洞、高压管道、尾水洞、副厂房、主变室出线电缆洞、调压室、交通洞、通风洞等洞群。洞群相互平行交叉，施工技术复杂，开挖、支护、衬砌、安装平行交叉作业。因此在考虑施工方法时要统筹兼顾，根据围岩稳定状况、交通运输方式及支护方式等条件综合分析确定。厂房开挖的方法主要反映在各厂房断面各部位的顺序方面。一般情况下，先开挖和衬砌顶拱，即顶拱支撑法，但在地质条件较差的区段，可采用核心支撑法，先开挖两侧，浇混凝土边墙，然后开挖衬砌顶拱，再挖除厂房中间岩体，而中间岩体多采用深孔梯段爆破，台阶开挖顶拱部分采用分部开挖，其方法有三种：①先开挖中部，然后两侧分部开挖，一般在顶拱开挖完毕，再进行混凝土衬砌；②先开挖两侧，然后扩挖中部，可分部进行混凝土衬砌，先衬砌两侧，后衬砌中间拱部；③肋拱法。

(4) 关于开挖中的机械：机械选用是编制开挖施工方案的主要内容之一，涉及钻孔、出渣、运输、装渣、通风等机械，最主要的还是钻孔机械的选用。近20年来，钻孔机械发展迅速，特别是液压凿岩台车，已得到普及。我国除小型隧洞仍采用手风钻孔开挖外，大中型隧洞大部分主要采用液压凿岩台车钻孔，凿岩台车有不同的型号（两臂钻、四臂钻），可用于不同断面大小的隧洞开挖。

【应用实例3-2】 平洞开挖工程实例

隔河岩导流隧洞进水渐变开挖断面尺寸为22m×21m，穿过地层为上峰尖组灰岩、白云岩及泥灰岩互层，抗压强度30～60MPa，其中薄层互状泥灰岩性状较差，软弱易风化。根据理论分析，如果采用全跨度一次开挖，顶拱围岩松动范围大于7.0m，支护难度大且不经济。经研究确定采用先开挖中槽，浇筑钢筋混凝土中墩。然后在中墩的支撑保护下，逐步进行两侧拱顶扩挖、顶拱混凝土衬砌、边下部扩挖、边墙“马口”开挖和衬砌、底板混凝土衬砌。施工程序如图3-7所示。

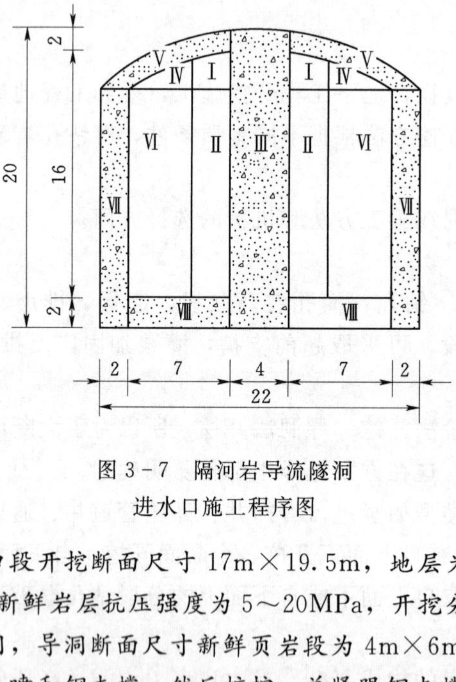

图3-7 隔河岩导流隧洞进水口施工程序图

图3-8 隔河岩导流隧洞页岩段施工程序图

出口段开挖断面尺寸17m×19.5m，地层为石牌页岩，其中风化岩层抗压强度小于5MPa，新鲜岩层抗压强度为5～20MPa，开挖分三层施工，高度均为6.5m。顶部施工先开挖导洞，导洞断面尺寸新鲜页岩段为4m×6m，风化页岩段为3m×2m。导洞临时支护采用锚、喷和钢支撑。然后扩挖，并紧跟钢支撑和钢筋混凝土衬砌。中、下部采用先开挖中槽，留两侧岩体支撑钢筋混凝土拱，然后用“马口”法施工。即先间隔开挖槽口，利用相邻岩体支撑顶部混凝土拱，然后浇筑槽口的钢筋混凝土边墙，利用相邻的已浇边墙或未开挖岩体，支撑顶拱，再开挖槽口并浇筑钢筋混凝土边墙，直至全部完成。施工程序如图3-8所示。

【应用实例3-3】 小浪底电站导流隧洞为圆形断面，衬砌后内径为14.5m，穿过地层为砂岩、泥岩，砂岩为主，节理裂隙发育。分两层开挖，顶部又分三部开挖，先开挖中部宽8.0m，然后两侧扩挖，均紧跟锚、喷支护。在顶中部开挖穿过大断层破碎带时，洞顶发生较大规模塌方，为此，采用先从地表钻孔用砂浆回填塌方，然后从两侧开挖导洞，最后开挖中部的方法处理。导洞和中部开挖均采用密集超前锚杆、钢支撑和强锚喷支护措施支撑围岩和松散塌方体。

2. 其他方法

除钻爆法以外，还有针对软土层或流砂地带采取的盾构方法，还有适应各类围岩的掘井机开挖。

3.2.4.3 碾压式土石坝施工方案选择

碾压式土石坝填筑体的施工过程包括运输、卸料、铺料、压实、检查等工序。对不同部位又分为砂砾料填筑、防渗体填筑、过渡反滤体垫层、护坡等施工过程。其方案选择就是针对各个施工过程所采取的方法的选择，另外方案还应包括在坝面上这些作业过程的组织形式，区段的划分及各作业过程在各区段上的施工顺序，机械设备的选择，在纵向断面上分块及各分块的填筑在时间上的顺序安排（如图 3-9 为天生桥一级水电站坝体填筑分期示意图）。

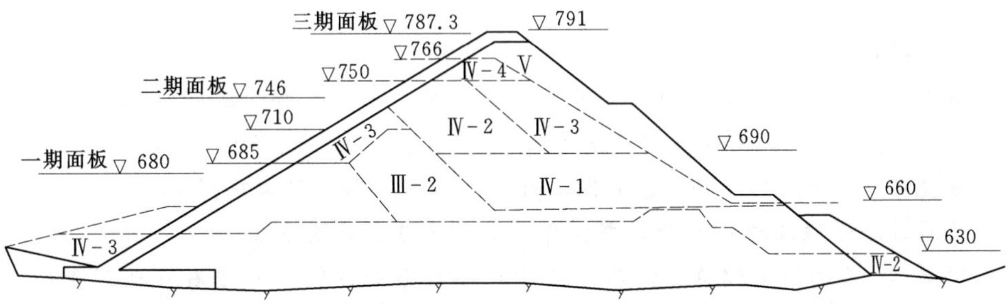

图 3-9 天生桥一级水电站坝体填筑分期示意图（单位：m）

（1）大体积砂砾料施工方法包括卸料和铺料的方法，填料加水方法，坝体压实的参数选择和压实机械的运行方式，坝体分块填筑纵横缝处理及岸坡结合部位的压实处理。

（2）防渗心墙与砂砾料的施工过程和填筑方法，因填筑料的不同是有一定差异的，在方案选择中应予注意。

（3）坝体分期分块填筑方案应与导流、拦洪、度汛设计相结合（图 3-9）。在单位工程施工组织设计中，重点应放在施工过程的划分和施工方法的选择以及组织方式上。

（4）土石坝施工机械设备选择应使所选机械的技术性能适应工作的要求，施工对象的性质和施工场地的特征，能充分发挥机械效率，保证施工质量。所选施工机械应技术先进，生产效率高，操作灵活，机动性高，安全可靠，结构简单，易于检修保养，类型比较单一，通用性好，工艺流程中各工序所用机械应配套，设备购置费和运行费用较低，经济效果好。

土石坝施工中土料开挖、运输、填筑过程中常用的机械设备有正铲、反铲、装载机，拉铲、采砂船、推土机、铲运机、自卸汽车、带式运输机、拖式及自行式振动碾、平地机、小型振动碾、夯锺振冲碎石机、激光导向反铲摊铺机设备，具体各类机械的性能及选择在“水利工程施工技术”课程中有详细讨论。

【应用实例 3-4】 黑河挡水坝心墙填筑施工组织设计中施工方案选择。

(1) 施工方法：心墙土料和反滤过渡带及临近心墙区一定宽度范围的坝壳卵石料平起同步填筑，不同料的接触带用震动平碾交错骑缝碾压，心墙土料的过渡带砂体采用先砂后土法施工。

心墙土料和反滤过渡带及上游临近坝壳砂卵石料平起同步填筑，一个填筑循环步骤如下：

1) 测量施工放心墙边线及相关坝料填筑界限。

2) 铺填厚度相当于两层松土层的反滤砂及混合过渡料（混合过渡料也可在铺土时铺填），其宽度应符合要求。

3) 铺土前的准备应包括修筑卸土进料路口，铺土区内废土清理，土石交界边缘区的整理清扫，铺土区混凝土板面刷泥浆（厚3～5mm配合比，土：水=1：2.5），填土面洒水及刨毛（先洒水后刨毛）。

4) 进占法铺土平土（按填筑作业指导书要求操作，实际工程中制定的《技术指导书》）。

5) 土料碾压（按填筑作业指导书操作）。

6) 质检（采用核子密度仪现场测定密度，及时对不合格部位进行补压或局部处理），整理反滤砂（包括校线，局部清理“象牙土”，填补砂和整理边界）。

7) 重复第3)、4)、5)、6) 条的做法进行第二、三层土料填压。

8) 反滤过渡带碾压按作业指导书操作，土砂交界区骑缝碾压。

9) 按第2) 条的做法铺填反滤料及两侧坝壳处砂卵石料（砂卵石料也可在后边铺土时铺填）。

10) 重复第3)、4)、5)、6) 各条做法两遍（使土料填压厚度达到坝壳一次的填压厚度），紧接着按第8) 条做法碾压反滤带，并按坝壳料作业指导书的要求，碾压心墙上下游近区同步平起铺填的坝壳砂卵石料。

(2) 机械选择（按作业队配置）。

1) 土料制备及运输作业队配置机械有320马力推土机2台；1.0m^3反铲一台；6m^3、3m^3装载机各一台；20t自卸汽车12辆。

2) 心墙土料填压作业队的配置机械有：220马力推土机两台，140马力推土机一台；1.5m^3反铲一台；180马力平机地一台；17.5t凸块振动碾两台；25～35t拖式汽胎碾两台；3m^3装载机一台；5t自卸汽车一台；3kW蛙式打夯机30台。

3) 反滤料及心墙近区坝壳铺填作业队配置机械（略）。

(3) 填筑作业区划分：土料心墙、反滤料及临近坝壳砂、卵石料填压，应一并考虑分区，如图3-10所示。

(4) 坝面作业组织方式：土料心墙作业，组织成流水作业方式，上下游坝壳料与心墙平行作业。

3.2.4.4 混凝土面板坝施工方案选择

对于面板坝就结构自身有三个典型的分区，即土料铺盖区、半透水料垫层区、主堆石区。面板坝施工程序为：岸坡坝基开挖清理，趾板基础开挖和趾坡混凝土浇筑，截流后河床坝基开挖，趾坡开挖和趾板浇筑，基础灌浆，分期分块填筑主堆石料，垫层须与部分主

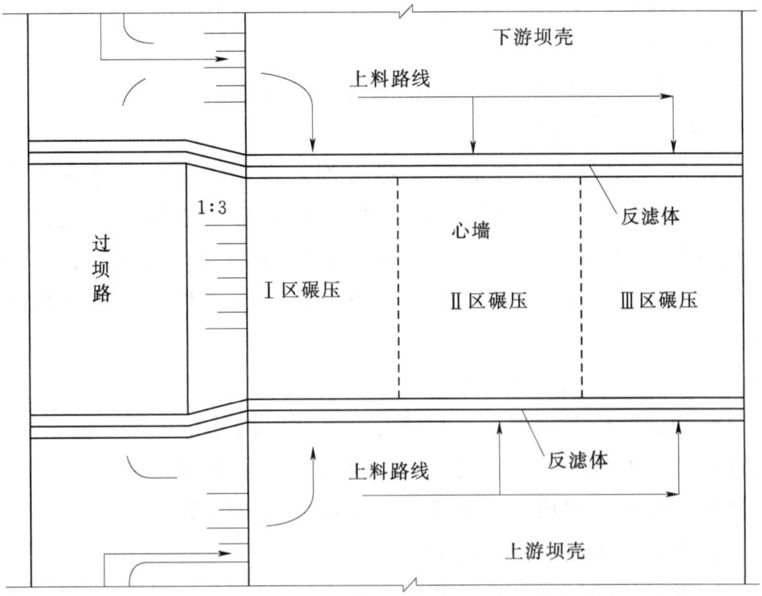

图 3-10 心墙大面积填筑作业区划分及道路示意图

堆石平起上升，填至分期高度时用滑模浇筑面板，并同时填筑下期坝体，再浇筑面板直至坝顶。

由于各区的填筑要求不同，这样就形成区间填筑的施工过程。

垫层料的填筑包括修整、压实及防护处理。其中压实不但存在水平压实而且还须进行斜面压实。

趾板的施工程序为：①清理工作面，测量放线；②锚杆施工；③立模，安止水；④架设钢筋预埋件；⑤冲洗仓面，开仓检查；⑥浇筑混凝土，养护。趾板浇筑方法有滑动模板，或常规模板。

面板混凝土浇筑施工包括模板安装，混凝土输送，钢筋制作及安装，金属止水片成型安装等过程。

面板浇筑方法多采用滑模（分有轨滑模，无轨滑模）。起始板（起浮不规则的底部）可采用常规模板。

机械设备配置，在坝体水平面上的作业机械与一般碾压式土石坝类似；斜坡面压实采用小型振动碾和牵引卷扬机或夯板；混凝土浇筑重点为斜面混凝土入仓输送机械和设备，可以用溜槽。

3.2.4.5 基础处理施工方案选择

基础处理的工程措施较多，如开挖回填、灌浆，防渗墙、桩基，预应力锚固等不同的工程措施。不同的工程措施，其施工过程不同，施工采取的方法和机械设备不同。

灌浆施工过程包括：定线、钻孔、清孔、压水试验、灌浆、封孔等。施工方案选择时首先从总体进行区域（或段）的划分，并确定施灌的顺序。

灌浆施工方法根据不同类型的灌浆有所不同，固结灌浆分有压重和无压重两种，帷幕灌浆一般采取孔内分段进行，按孔段的施灌顺序有自上而下、自下而上、综合法和小口径孔口封闭的高压灌浆方法。

灌浆机械应根据灌浆要求确定，可参考有关施工要求。

3.2.4.6 混凝土施工方案的选择

混凝土工程设施类型很多，如混凝土挡水坝，各种形式的放水塔、水闸、隧洞衬砌，水电站混凝土结构等。这些建筑物的结构及构造形式不同，但无论何种类型的混凝土构筑物，其施工方案均包含混凝土浇筑块的划分及浇筑顺序安排，混凝土的浇筑养护方案、机械选型方案、混凝土拌和运输方式、模板工程及构件运输方案，接缝灌浆方案等内容。

在选择方案时应综合考虑如下因素：

(1) 水工建筑物的结构及规模，工程量与浇筑部位的分布情况，施工分缝特点。

(2) 按总进度拟定的各施工阶段的控制性浇筑进度及强度要求。

(3) 施工现场的地形、地质和水文特点，导流方式及分期。

(4) 混凝土搅拌楼的布置和生产能力。

(5) 混凝土运输设备的形式、性能和生产能力。

(6) 模板、钢筋、构件的运输、安装方案。

(7) 施工队伍的技术水平，熟练程度和设备状况。

从混凝土运输浇筑角度看，建筑物的高度、体积（工程量）、场面大小和环境状况是决定混凝土施工方案的重要因素。对于高度大（50m以上）的人工程规模大，垂直运输占主要地位，常以缆机（用于中高坝中）塔机为主要方案，而以履带式起重机及其他较小型机械设备为辅助措施，对于高度小（50m以下），如低坝、水闸、护坦、厂房等可用门机、塔机和履带式起重机等作为主要方案，一般不设栈桥（针对坝体）。

整体施工过程的安排，一般按分缝分块单元划分，也可以按单元内的工序过程划分(即准备、铺料、平仓、振捣、养护)。每种类型的构筑物，各自都有不同的分缝分块要求和形式，如图3-11所示常见的几个建筑物的分缝分块方式。

分缝分块形式不同，施工过程及顺序的安排就有所不同，总体上施工程序应按划分的施工过程遵循由下向上、由低至高、先主体后围护、先结构后装饰的原则。

浇筑机械的布置方式与机械的选择配备有密切关系，也属于方案内容。

对于缆机根据控制的范围大小和强度可有平移式、辐射式、平移与辐射混合布置。平移式缆机可同塔机错开布置或高低平台错开布置。

对于门塔机有坝外、坝内栈桥和蹲块三种布置形式。

对于其他浇筑机械，如汽车吊、胶带机、履带机、混凝土泵机比较灵活，就胶带机根据控制的仓位大小可设为固定式或移动式，履带式多在高度不大的水闸，消能工程及坝体基础部位使用。

对于水电站厂房，就整体分为下部结构（包括尾水管、锥管、蜗壳、大的孔洞结构和大体积钢筋混凝土结构）及上部结构（由钢筋混凝土板、柱、梁组成）。在安排施工方案时应结合闸坝工程方案及布置统一考虑。门式和塔式起重机通常都布置在厂房上下游，沿厂房轴线方向移动，一般不设栈桥，后期视需要将门机移到尾水平台或厂坝之间。履带起

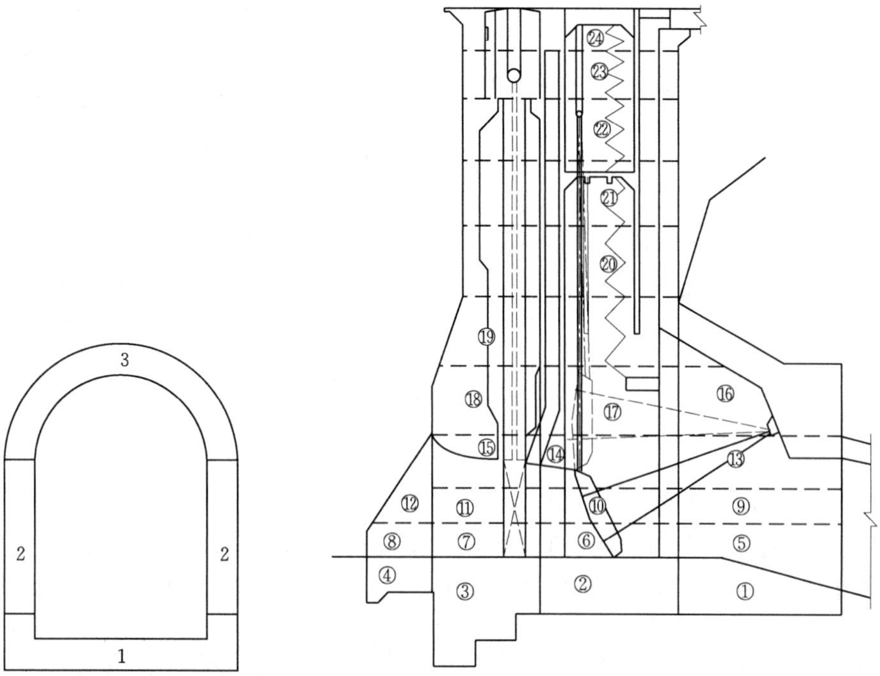

(a) 隧洞衬砌分块　　(b) 放水塔混凝土分层分块图

图 3－11　混凝土分块示意图

重机可作为辅助机械，浇筑厂房下部及电站进水渠、尾水渠等板状结构物，对于起重机浇筑不到的部位也可采用胶带机械或混凝土泵进行施工。

对于大体积混凝土一般有温控要求，在拟定施工方案时，应明确分缝分块浇筑方法，按照分缝分块的具体方式、大小和厚度要求对全部浇筑体进行横断面与纵向的分区分块划分，并排列它们的浇筑顺序，在浇筑过程中及浇筑之后，有温控措施要求的，必然会增加施工环节，如浇筑后采用人工冷却或自然冷却都会存在冷却时间过程，所以在拟定方案时也应注意。对于混凝土浇筑中发生时间消耗的温控过程均应在方案中予以考虑。

对于结构较为复杂的厂房混凝土，在拟定方案时，其施工程序一般按基础填塘、弯管段和扩散段、底板、尾水弯管段、尾水扩散段、蜗壳侧墙、厂房上下游墙、厂房屋顶、二期混凝土、机组安装、厂房装修等几个施工区（块）和部分进行。这里应说明的问题是土建与安装是作为两种类型的工程对待，单位工程施工组织设计是分别编制的，但在编制时应互相照应，互相协调。

3.2.5　评价施工方案

施工方案的评价工作是对施工方案进行技术经济评价重要一环，评价的目的在于对单位工程各可行的施工方案进行比较，选择出工期短、质量好、成本低的最佳方案。

评价施工方案的方法主要有两种。

1. 定量分析评价

定量是通过计算各方案的一些主要技术经济指标，进行综合比较分析，从中选出综合指标较佳方案的一种方法。主要技术经济指标包括：工期指标、劳动量指标、主要材料消耗指标和成本指标。

(1) 施工工期比较。施工工期按下式计算：

$$T=\frac{Q}{V}$$

式中 Q——工程量；

V——单位时间内计划完成的工程量。

(2) 降低成本率。降低成本指标可以综合反映采用不同施工方案时的经济效果，一般采用降低成本率 γ_c。

$$\gamma_c=\frac{c_0-c}{c_0}$$

式中 c_0——合同价；

c——所采用施工方案的计划成本。

(3) 劳动消耗量。劳动消耗量可以反映施工机械化程度与劳动生产率水平。劳动消耗量 N 包括主要工种用工 (n_1)，辅助工作用工 (n_2) 以及准备工作用工 (n_3)，即

$$N=n_1+n_2+n_3$$

劳动消耗量的单位为工日，有时也可用单位产品劳动消耗量（工日/m^3，工日/t）来计算。

(4) 投资效益。选择的施工方案如需增加新的投资，则应考虑增加的投资额，并进行投资效益比较（如相对投资回收期，年度费用投资额收益率）。

2. 定性分析评价

定性分析指结合施工经验，对多个施工方案的优缺点进行分析比较，最后选定较优方案的评价方法。

【知识技能点小结】

施工组织方式包括依次施工、平行施工和流水施工。施工方案编制主要包括：确定主要的施工方法、施工工艺流程和施工机械等，应能编制常见水利工程施工程序及施工方法。评价施工方案包括定量分析和定性分析两种评价方法。

【知识技能训练】

一、单项选择题

1. 水利工程施工组织设计的中心环节是（　　）。

A 施工进度计划　　B 施工总布置　　C 施工方案　　D 资源技术供应

2. 施工组织的方式不包括（　　）。

A 依次施工　　B 项目式组织　　C 平行施工　　D 流水施工

二、简单题

1. 安排施工顺序时一般有哪些要求？

2. 简述施工方案编制的主要内容。

任务 3.3　水利工程施工总进度计划编制

施工总进度计划是以拟建项目交付使用时间为目标而确定的控制性施工进度计划，它是控制整个建设项目的施工工期及其各单位工程施工期限和相互搭接关系的依据。

3.3.1　施工总进度计划的编制原则

(1) 认真贯彻执行国家法律法规，主管部门对本工程建设的指示，应满足国家和上级部门对本工程建设的要求。

(2) 力求缩短建设周期，加强与施工组织设计的其他各专业设计密切联系，统筹考虑，并以关键性工程的施工工期和施工程序为主导，协调安排好各单项工程的施工进度，经过必要的方案比较，选择最优方案。

(3) 在充分掌握和认真分析基本资料的基础上，尽可能采用先进施工技术、设备，最大限度地组织均衡施工，力争全年施工，加快施工进度。同时，应做到实事求是，留有适当余地，保证工程质量和安全施工。当施工情况发生变化时，要及时调整和落实施工总进度。

(4) 充分重视和合理安排准备工程的施工进度，在主体工程开工前，相应各项准备工程应基本完成，为主体工程开工和顺利进行创造条件。

(5) 对高坝大库工程，应研究分期建设或分期蓄水的可能性，尽可能减少第一批机组投产前的工程投资。

3.3.2　施工进度计划的编制内容

不同设计阶段施工进度计划的具体内容如下：

(1) 可行性研究阶段编制轮廓性施工进度计划。根据工程具体条件和施工特点，对拟定的各种坝址坝型和水工枢纽布置方案，分别进行施工进度的研究工作，提出施工进度资料，参与方案选择和评价水工枢纽布置方案，在既定方案基础上，配合拟定和选择施工导流方案，研究确定主体工程施工分期和施工程序，提出施工控制性进度表及主要工程的施工强度、估算劳动力高峰人数和总工日数。

(2) 初步设计阶段编制施工总进度计划。根据主管部门对可行性研究报告的审查意见、设计任务书以及实际情况的变化，在参与选择和评价水工枢纽布置方案和配合选择施工导流方案过程中，提出和修改施工控制性进度；对既定水工和施工导流方案的控制性进度，进行方案比较，选择最优方案，以利于施工组织设计各专业开展工作。在各专业设计分析研究和论证的基础上，进一步调查、完善、确定施工控制性进度，编制施工总进度和准备工程进度，提出主要施工强度、施工强度曲线、劳动力需要量曲线等资料。

(3) 技术设计（招标设计）阶段编制单项工程施工总进度计划。根据初步设计编制的施工总进度和水工建筑物型式、工程量的局部修改，结合施工方法和技术供应条件，选择合适的劳动定额，制定单项工程施工进度，并据以调整施工总进度。

3.3.3　施工总进度计划的编制步骤

1. 收集基本资料

在编制施工总进度之前和在工作过程中，要收集和不断完善编制施工总进度所需的基本资料。包括的资料如下：

(1) 可行性研究报告及审查意见。

(2) 初步设计各专业阶段成果。

(3) 工程建设地点的对外交通现状及近期发展规划。

(4) 施工期（包括初期蓄水期）通航和下游用水等要求情况。

(5) 建筑材料的来源和供应条件调查资料。

(6) 施工区水源、电源情况及供应条件。

(7) 地方及各部门对工程建设期的要求和意见。

(8) 当地可能提供修理、加工能力的情况。

(9) 当地承包市场及可能提供的劳动力情况。

(10) 当地可能提供的生活必需品的供应情况，居民的生活习惯。

(11) 工程所在河段水文资料、洪水特性、各种频率的流量及洪量、水位流量关系、冬季冰凌情况（北方河流）、河段各种频率洪水、泥石流以及上下游水利水电工程对本工程的影响情况。

(12) 工程地点的气温、水温、地温、降水、风、冻层、冰情和雾等气象资料。

(13) 工程地点的地形、地质、水文工程地质条件等资料。

(14) 与工程有关的国家政策、法律和规定。

2. 编制轮廓性施工进度计划

在进行流域规划阶段和可行性研究阶段，一般基本资料不齐全，但设计方案较多，有些项目尚未进行工作，不可能对主体建筑的施工分期、施工程序进行详细的分析，因此，这一阶段的施工进度，属轮廓性的，称轮廓性施工进度。

在流域规划阶段，轮廓性施工进度计划是最终成果；在可行性研究阶段，是编制控制性施工进度的中间成果，其目的一是为了配合拟定可能成立的导流方案，二是为了对关键性工程项目进行粗略规划，拟定工程的受益日期和总工期，并为编制控制性进度做好准备；在初步设计阶段，可不编制轮廓性进度计划。

轮廓性施工进度，可根据初步掌握的基本资料和水工布置方案，结合其他专业设计的工作，对关键性工程施工分期、施工程序进行粗略的研究之后，参考已建同类工程的施工进度指标，概估工程受益的工期和总工期。

3. 编制控制性施工进度计划

控制性施工进度在可行性设计阶段，是施工总进度的最终成果；在初步设计阶段，是编制施工总进度的重要步骤，并作为中间成果，提供给施工组织设计的有关专业，作为设计工作的初步依据。

控制性施工进度同导流、施工方法设计等专业有密切的联系，在编制过程中，应根据建设总工期的要求，确定施工分期和施工程序，以拦河坝为主要主体建筑的工程，还应解决好施工导流和主体工程施工方法设计之间在进度安排上的矛盾，协调各主体工程在施工中的衔接关系。因此，控制性施工进度的编制必然是一个反复调整的过程。

完成控制性施工进度的编制后，涉及施工总进度中的主要技术问题，应当基本解决。

4. 施工进度方案比较

在可行性研究阶段或初步设计的前期，一般常有几个水工布置方案，对于具有代表性的水工方案，都应编制控制性施工进度计划表，提出施工进度计划指标和对水工方案的评价意见，作为水工布置方案比较的依据之一。有时，对一个水工方案可能做出几种不同的施工方案，因而可以编制出多个相应的施工进度方案，需要对施工进度方案进行比较和优选。

5. 编制施工总进度计划表

在初步设计的后期，即选定水工总体布置方案之后，对以拦河坝为主要主体建筑的工程在导流方案确定之后，编制选定方案的施工总进度表。

在编制施工总进度表时，以控制性施工进度为基础，列入非控制性的工程项目，进一步修改、完善控制性施工进度表，并编制各阶段施工形象进度图，绘制劳动力需要量曲线。同时还要提出准备工程施工进度表。准备工程的规模和工程量，由对外交通、施工总布置和辅助企业专业提供。

施工总进度表是施工总进度计划的最终成果。除了应绘出主要施工强度曲线外，还应绘出劳动力需要量曲线，并计算整个工程的总劳动工日。

6. 编写施工总进度报告

施工总进度报告中，应列出基本资料，阐明总进度编制的依据，各方案主体建筑物的施工情况、施工程序、主要施工方法、方案比较，以拦河坝为主要主体建筑物的工程为基础阐明导流方案和相应的施工程序、方案比较意见，最后阐明选定方案的施工进度安排及主要技术经济指标。

3.3.4 施工总进度计划的编制方法

1. 划分并列出工程项目

总进度计划的项目划分不宜过细。列项时，应根据施工部署中分期、分批开工的顺序和相互关联的密切程度依次进行，防止漏项，突出每一个系统的主要工程项目，分别列入工程名称栏内。对于一些次要的零星项目，则可合并到其他项目中去。例如河床中的水电站枢纽工程，若按扩大单项工程列项，可以有准备工作、导流工程、拦河坝工程、溢洪道工程、引水工程、电站厂房、升压变电站、水库清理工程、结束工作等。项目分解示意图如图 3-12 所示。

2. 计算工程量

工程量的计算一般应根据设计图纸、工程量计算规则及有关定额手册或资料进行。其数值的准确性直接关系到项目持续时间的误差，进而影响进度计划的准确性。当然，设计深度不同，工程量的计算（估算）精度也不一样。设计图完成后，要考虑工程性质、工程分期、施工顺序等因素，分别按土方、石方、混凝土、水上、水下、开挖、回填等不同情况，分别计算工程量。有时，为了分期、分层或分段组织施工的需要，应分别计算不同高程（如对大坝）、不同桩号（如对渠道）的工程量，作出累计曲线，以便分期、分段组织施工。

计算工程量常采用列表的方式进行。工程量的计量单位要与使用的定额单位相吻合。计算出的工程量应填入工程量汇总表。

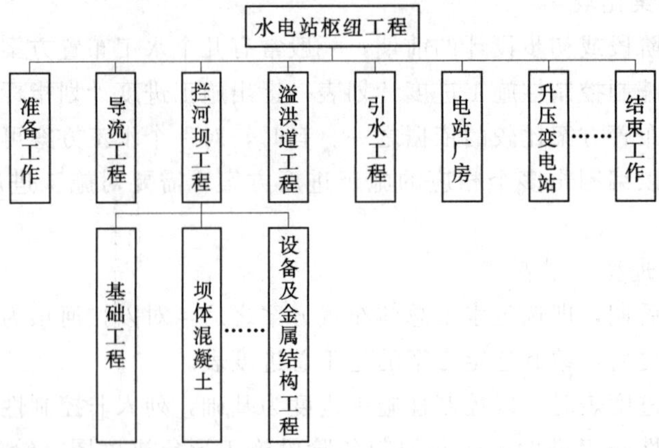

图3-12 项目分解示意图

3. 计算各项目的施工持续时间

确定进度计划中各项工作的作业时间是计算项目计划工期的基础。在工作项目的实物工程量一定的情况下，工作持续时间与安排在工程上的设备水平、人员技术水平、人员与设备数量、效率等有关。在现阶段，工作项目持续时间的确定方法主要如下：

(1) 按实物工程量和定额标准计算。根据计算出的实物工程量，应用相应的标准定额资料，就可以计算或估算各项目的施工持续时间：

$$t=\frac{Q}{mnkN}$$

式中 t——项目施工持续时间；

Q——项目的实物工程量；

m——日工作班制，$m=1$，2，3；

n——每班工作的人数或机械设备台数；

k——每班工作时间；

N——人工或机械工时（台时）产量定额（用概算定额或扩大指标）。

(2) 套用工期定额法。对于总进度计划中大“工序”的持续时间，通常采用国家制定的各类工程工期定额，并根据具体情况进行适当调整或修改。水利水电工程工期定额可参照1990年印发的《水利水电枢纽工程项目建设工期定额》。

(3) 三时估计法。有些工作任务没有确定的实物工程量，或不能用实物工程量来计算工时，也没有颁布的工期定额可套用，例如试验性工作或采用新工艺、新技术、新结构、新材料的工程。此时，可采用“三时估计法”计算该项目的施工持续时间。

4. 分析确定项目之间的逻辑关系

项目之间的逻辑关系取决于工程项目的性质和轻重缓急、施工组织、施工技术等许多因素，概括说来分为两大类。

(1) 工艺关系，即由施工工艺决定的施工顺序关系。在作业内容、施工技术方案确定的情况下，各工种工作逻辑关系是确定的，不得随意更改。如一般土建工程项目，应按照先地下后地上、先基础后结构、先土建后安装再调试的原则安排施工顺序。现浇柱子的工艺顺序为：扎柱筋—支柱模—浇筑混凝土—养护和拆模。土坝坝面作业的工艺顺序为：铺土—平土—晾晒或洒水—压实—刨毛。它们在施工工艺上，都有必须遵循的逻辑顺序，违反这种顺序将付出额外的代价甚至造成巨大损失。

(2) 组织关系，即由施工组织安排决定的施工顺序关系。如工艺上没有明确规定先后顺序关系的工作，由于考虑到其他因素（如工期、质量、安全、资源限制、场地限制等）的影响而人为安排的施工顺序关系，均属此类。例如，由导流方案所形成的导流程序，决定了各控制环节所控制的工程项目，从而也就决定了这些项目的衔接顺序。再如，采用全段围堰隧洞导流的导流方案时，通常要求在截流以前完成隧洞施工、围堰进占、库区清理、截流备料等工作，由此形成了相应的衔接关系。又如，由于劳动力的调配、施工机械的转移、建筑材料的供应和分配、机电设备进场等原因，安排一些项目在先、另一些项目滞后，均属组织关系所决定的顺序关系。由组织关系所决定的衔接顺序，一般是可以改变的。只要改变相应的组织安排，有关项目的衔接顺序就会发生相应的变化。

项目之间的逻辑关系，是科学地安排施工进度的基础，应逐项研究，仔细确定。

5. 初拟施工总进度计划

通过对项目之间进行逻辑关系分析，掌握工程进度的特点，理清工程进度的脉络之后，就可以初步拟订出一个施工进度方案。在初拟进度时，一定要抓住关键，分清主次，理清关系，互相配合，合理安排。要特别注意把与洪水有关、受季节性限制较严、施工技术比较复杂的控制性工程的施工进度安排好。

对于堤坝式水利水电枢纽工程，其关键项目一般位于河床，故施工总进度的安排应以导流程序为主要线索。先将施工导流、围堰截流、基坑排水、坝基开挖、基础处理、施工度汛、坝体拦洪、下闸蓄水、机组安装和引水发电等关键性控制进度安排好，其中应包括相应的准备、结束工作和配套辅助工程的进度。这样，构成的总的轮廓进度即进度计划的骨架。然后，再配合安排不受水文条件控制的其他工程项目，形成整个枢纽工程的施工总进度计划草案。

需要注意的是，在初拟控制性进度计划时，对于围堰截流、拦洪度汛、蓄水发电等这样一些关键项目，一定要进行充分论证，并落实相关措施。否则，如果延误了截流时机，影响了发电计划，对工期的影响和造成国民经济的损失往往是非常巨大的。

对于引水式水利水电工程，有时引水建筑物的施工期限成为控制总进度的关键，此时总进度计划应以引水建筑物为主来进行安排，其他项目的施工进度要与之相适应。

6. 调整和优化

初拟进度计划形成以后，要配合施工组织设计其他部分的分析，对一些控制环节、关键项目的施工强度、资源需用量、投资过程等重大问题进行分析计算。将同一时期各项工程的工程量加在一起，用一定的比例画在施工进度计划的底部，即可得到建设项目资源需要量动态曲线，若曲线上存在较大的高峰和低谷，则表明在该时段里各种资源的需求量变化较大，需要调整一些单位工程的施工速度或开竣工时间，以便消除高峰和低谷，使各个时期的资源需求量尽量达到均衡，若发现主要工程的施工强度过大或施工强度很不均衡（此时也必然引起资源使用的不均衡）时，就应进行调整和优化，使新定出的计划更加完善，更加切实可行。

表 3-2

某水库工程施工总进度计划

序号	工程项目		工程量	单位	工期/月
1	施工准备	施工临时道路	8	km	5
2		永久公路	4.5	km	4
3		临时房屋建筑	18000	m^3	8
4		风水电等设施			5
5		砂石系统			2
6		拌和系统			4
7	施工导流	导流隧洞开挖及衬砌	2291	m^3	2
8		土石围堰	1678	m^3	1
9		围堰拆除	256	m^3	1
10		导流隧洞封堵	76	m^3	1
11	大坝工程	坝肩开挖	64800	m^3	3
12		坝基开挖	32400	m^3	1
13		混凝土浇筑	163500	m^3	27
14		金属结构设备安装	7.2	t	3
15	发电工程	引水隧洞开挖	14000	m^3	12
16		引水隧洞混凝土衬砌	2123	m^3	6
17		引水口开挖	16200	m^3	2
18		进水口混凝土浇筑	932	m^3	4
19		进水口金结安装	126.3	t	2
20		基础开挖	16500	m^3	3
21		厂房混凝土浇筑	7341	m^3	8
22		尾水渠	145	m^3	3
23		水轮发电机组安装	3	台	7
24	开关站	开关站土建	3600	m^3	3
25		开关站设备安装			3
26	永久房屋		800	m^2	6
27	收尾工程				4

施工人数/人

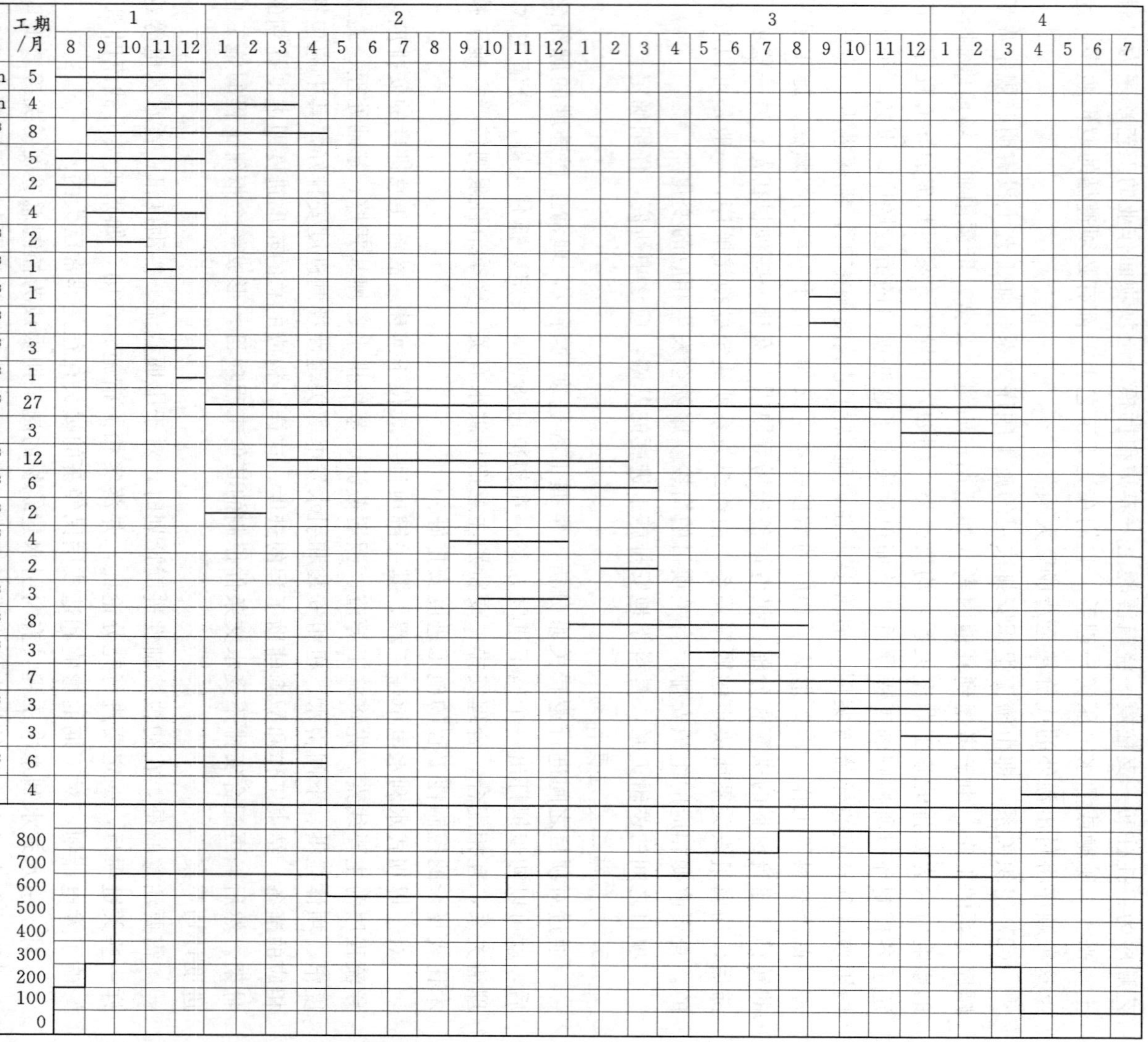

必须强调的是，施工进度的调整和优化往往要反复进行，工作量大而枯燥，现阶段已普遍采用优化程序进行计算机计算。

7. 编制正式施工总进度计划

经过调整优化后的施工进度计划，可以作为设计成果整理以后提交审核。此外，还应根据施工开展程序和主要工程项目施工方案，编制好施工项目全场性的施工准备工作计划。

【应用实例 3-5】 某水库工程施工总进度计划（横道图）见表 3-2。

3.3.5 施工总进度计划的编制要点

3.3.5.1 施工总工期的确定

大中型水利水电工程建设，施工组织设计规范规定工程建设全过程可划分四个施工时段：

(1) 工程筹建期：工程正式开工前，业主应完成的对外交通、施工供电和通信系统、征地、移民以及招标、评标、签约等工作，为主体工程施工承包商具备进场开工条件所需时间。

(2) 工程准备期：准备工程开工起至关键线路上的主体工程开工或河道截流闭气前的工期，一般包括："四通一平"、导流工程、临时房屋和施工工厂设施建设等。

(3) 主体工程施工期：自关键线路上的主体工程开工或一期截流闭气后开始，至第一台机组发电或工程开始发挥效益为止的工期。

(4) 工程完建期：自水电站第一台发电机组投入运行或工程开始受益起，至工程竣工的工期。

编制施工总进度时，工程施工总工期应为后三项工期之和。工程建设相邻两个阶段的工作可交叉进行。

3.3.5.2 控制性施工进度的编制

编制控制性施工进度，首先要选定关键性工程项目，根据工程特点和施工条件，拟定关键性工程项目的施工程序。在此基础上，初拟控制性施工进度表，然后由施工方法设计等专业进行施工方法设计，对初拟的施工进度加以论证。经过反复修改、调整，最后确定控制性施工进度。

控制性施工进度表应列出控制性施工进度指标的主要工程项目，应显示工程的开工、截流、各项主体建筑物的施工程序和开工、完工日期、大坝各期上升高程、工程受益日期和总工期，以及主要工种的施工强度。

1. 分析选定关键性工程项目

水利水电工程项目繁多，编制控制性施工进度时，应以关键性工程项目为主线，慎重研究其施工分期和施工程序，其他非控制性的工程项目，则可围绕关键性工程项目的工期要求，考虑节约资源和施工强度平衡的原则进行安排。

选定关键性工程项目的方法如下：

(1) 分析工程所在地区的自然条件。在编制控制性施工进度之前，应当首先取得工程所在地区的水文、气象、地形、地质等基本资料，并进行认真的分析研究。例如河流的水文条件对拦河坝施工的影响；降雨、气温等对土料填筑和混凝土工程施工的影响；地形、地质条件对坝基处理、高边坡开挖和地下工程施工的影响等。

(2) 分析主体建筑物的施工特性。在编制控制性进度之前，应取得主要水工建筑物的布置图和剖面图。根据水工建筑物图纸，研究大坝坝型、高度、宽度和施工特点，研究地下厂房跨度、高度和可能的出渣通道、引水隧洞的洞径、长度、可能开挖方式、是否有施工支洞等。

(3) 分析主体建筑物的工程量。水工设计提供工程量之后，应对各建筑物的工程量分布进行分析。例如位于河床水上部分和水下部分、右岸和左岸、上游和下游，以及在某些控制高程以上或以下的工程量，分析施工期洪水对这些工程施工的影响。

(4) 选定关键性工程。通过以上分析，用施工进度参考指标，粗估各项主体建筑物的控制工期，即可初步选定控制工程受益工期的关键性工程。

随着控制性施工进度编制工作的深入，可能发现新的关键性工程，于是控制性施工进度就应以新的关键性工程为主进行编制。

2. 初拟控制性施工进度表

选定关键性工程之后，首先分析研究关键性工程的施工进度，而后以关键性工程的施工进度为主线，安排其他单项工程的施工进度，拟定初步的控制性施工进度表。

【应用实例3-6】 某拦河坝为关键性工程项目，其初拟控制性施工进度的步骤和方法。

(1) 确定与导流规划相关的几个问题。

1) 拟定截流时段。截流时段一般均安排在河流的枯水季节。根据我国的河流特性，一般北方河流可定在10—11月，南方河流可定在11—12月。主要考虑因素有：选择流量较小而稳定的时段；导流建筑物的工期；围堰施工的要求。

当采用隧洞或明渠导流方案时，在隧洞（明渠）完工并具备通水条件之后的枯水期，安排河床截流。为了有较多的时间进行基坑开挖和修建围堰，截流最好安排在枯水期开始的时段。如采用分期导流方案，第一期围堰也应安排在枯水期初合龙闭气。

2) 拟定挡水围堰标准。不同坝型在不同的施工进度条件下，选用的围堰挡水标准是不同的。具体可参考表3-3。

表3-3　不同坝型围堰挡水标准

坝型	施工进度条件	适宜的围堰形式和挡水标准
土石坝	基坑工作量和坝体填筑量较小，枯水期内坝体能够填筑至拦洪高程	宜选用枯水期挡水的不过水围堰
	基坑工作量和坝体填筑量较大，一个枯水期内坝体不能填筑至拦洪高程	宜选用全年挡水的不过水围堰
混凝土坝	基坑工作量较小，一个枯水期内能够将坝体浇出常水位	宜选用枯水期挡水的不过水围堰
	基坑工作量较大，施工进度上要求基坑全年施工	宜选用全年挡水的不过水围堰
	基坑工作量大，而修建全年挡水围堰有困难	宜选用过水围堰，挡水标准需经过流量-过水次数分析后选定

3) 拟定枯水施工时段。当采用枯水期挡水的围堰形式时，在编制控制进度之前，首

先要配合导流设计，选择一个适当的枯水施工时段。枯水施工时段的选择，不是一成不变的，初选一个时段之后，在实际安排进度的过程中，需要反复论证之后，才能最终选定。如果所有的枯水时段都不能满足进度要求的大坝上升高程，则需要采取以下解决办法：采用允许过水的围堰，使大坝经过两个枯水期达到要求的高程；加大泄水建筑物的过水能力，降低要求的坝体上升高度。

4）拟定底孔（导流洞）封堵日期和水库蓄水日期。底孔（导流洞）封堵时，封孔（洞）日期可按表 3-4 所列的要求确定。导流泄水建筑下闸后，水库开始蓄水，当水库蓄至死水位，第一台机组安装完成后，电站开始发电。

表 3-4　　封孔（洞）日期

一般原则		1. 闸门操作水头不超过 45m。 2. 安排在工程以具备发电条件的枯水期内。 3. 下闸至汛期前应能满足封堵工程的工期要求。 4. 永久泄洪建筑物已具备泄洪条件
特殊要求	混凝土坝	1. 大坝已浇至溢流顶上，在采取后期导流措施后，大坝至少应达到最低发电水位以上。 2. 接缝灌浆已灌到最低发电水位。 3. 当底孔数量较多时，应考虑分期分批封堵或在两个枯水期内封堵
	土石坝	1. 大坝已达到或接近坝顶。 2. 当库容很大时，经蓄水计算后，在确保大坝安全的前提下，可在大坝未达到坝顶时封堵

（2）结合研究导流方案，确定拦河坝的施工程序。

拦河坝的施工进度和施工导流方式以及施工期历年度汛方案有密切的关系。不同的导流方案有不同的施工程序，安排控制性进度时，可以参考表 3-5 中列出的各代表性导流方案的适用条件、相应的大坝施工程序，以及安排进度时应注意的事项。

（3）确定准备工程的工期。工程准备期指土建工程承包商按合同规定进场之日起至主体工程（如主河床基坑开挖）开始施工为止，为主体工程开工所进行的准备工作。

在编制控制性施工进度时，首先要分析确定准备工程的工期，才能安排导流工程、其他准备工程和岸坡开挖的开始时间。

表 3-5　　不同导流方案的大坝施工程序

导流方案	大坝施工程序	安排进度注意事项
隧洞导流	1. 建成导流隧洞后进行河床截流。 2. 上、下游围堰一次拦断河床。 3. 进行基坑开挖和处理。 4. 大坝全断面平起： （1）土石坝可采用经济断面施工； （2）混凝土坝汛期坝体预留缺口过水。 5. 大坝达到拦洪高程	1. 土石坝 （1）一个枯水期内大坝应达到拦洪高度； （2）完成泄洪建筑物后才允许封堵导流洞。 2. 混凝土坝 （1）施工过程中，汛期允许坝体过水； （2）当大坝高程达到围堰顶高以上，后期导流措施可行时即可封堵导流洞

续表

导流方案	大坝施工程序	安排进度注意事项
明渠导流	1. 修建一期上、下游围堰形成基坑，修建一、二期共用纵向围堰和明渠及其坝段基础，利用枯水期修建一、二期共用纵向围堰和明渠时，最好同时完成明渠坝段基础部分。 2. 修建二期上、下游围堰形成二期基坑。 3. 进行基坑开挖和基础处理。 4. 修建河床坝段。 5. 封堵明渠（或修建三期围堰）和修建明渠坝段。 6. 大坝全断面达到拦洪高程	1. 土石坝工程封堵明渠后一个枯水期达到拦洪高程。 2. 混凝土坝工程： (1) 河床坝段留底孔，对于高坝也可在明渠坝段留底孔； (2) 明渠坝段力争在一个枯水期内修至汛限水位以上避免坝体过水
分期导流	1. 先在河床一岸修建第一期围堰，形成一期基坑。 2. 进行一期基坑开挖，修建一期坝体，形成二期导流条件。 3. 拆除一期围堰，二期河床截流，修建二期围堰形成二期基坑。 4. 进行二期基坑开挖，修建二期坝体。 5. 大坝全断面达到拦洪高程	1. 分析先围左岸或右岸的优缺点，考虑因素如下： (1) 先围电站厂房一岸，利于提前发电； (2) 工程施工先易后难； (3) 先围对外交通进场和主要施工场地一岸； (4) 先围礁滩和浅水河床一岸； (5) 先围岸坡开挖量较小一岸。 2. 选择纵向围堰位置时，应考虑两岸工程量比较均衡。 3. 对于大流量的河流，除坝体设底孔外，还考虑留缺口导流，缺口高程须考虑后期加高的进度

(4) 确定坝基开挖工期和基础处理工期。

1) 确定坝基开挖的工期：坝基开挖的顺序，一般是先岸坡、后河床。岸坡靠挖在准备工程就绪后开始，在截流前完成。河床坝基在围堰截流闭气并完成基坑排水后开始。在安排控制进度时，从截流到开始进行开挖，应留1.5～2个月的时间进行围堰基础防渗体施工和基坑排水及道路工作。

坝基开挖强度应根据地质条件、采用的施工方法、施工设备及基坑开挖面积等因素进行分析计算。根据初步拟定的开挖强度，安排坝基开挖强度。当采用过水围堰时，在进度中应扣除基坑过水的影响时间。

2) 确定基础处理的工期：基础处理主要包括帷幕灌浆、固结灌浆、接触灌浆、断层破碎带处理和防渗墙施工等。在水库蓄水前应完成蓄水高程以下的灌浆，在水库水位蓄至正常蓄水位之前应完成全部灌浆任务。

帷幕灌浆一般都在廊道内进行，施工一般不受水文气象条件的影响，受大坝施工干扰较小，其进度可视施工单位的装备水平，在蓄水前均衡地安排。

固结灌浆和接触灌浆与大坝基础混凝土浇筑穿插进行，一般不占直线工期。

断层破碎带处理，视断层破碎带的部位、处理方案、工作量大小安排工期。

混凝土防渗墙，根据工作面上可能布置的冲击钻台数，按每台日进尺3m安排进度。

(5) 确定坝体各期上升高程。确定坝体各期上升高程是编制控制性施工进度的重要内容之一。一般步骤如下：根据导流分期和拟定的施工程序，绘制坝体分期分段的高程-工程量累计曲线；分析统计坝体施工有效工日，研究确定拦洪高程和拦洪日期；根据导流和各年的度汛要求，初步拟定控制性部位的各期上升高程；计算各时段的上升速度和施工强度，根据采用的施工设备的生产能力，分析达到各期上升高程的可能性和可靠性；进行反复调整，确定合理的上升高程。

(6) 安排其他单项工程的施工进度。其他单项工程的施工进度，根据其本身在施工期的运用条件以及相互衔接关系，围绕拦河坝的施工进度进行安排和调整。

(7) 初拟控制性施工进度表。首先以导流工程和拦河坝为主体，绘出导流工程和拦河坝的进度，绘出截流日期，定出具体各期上升高程和封孔（洞）日期，算出各时段的开挖及混凝土浇筑（或土石料填筑）的月平均强度。其次绘制各单项工程的进度，计算施工强度（土石方开挖和混凝土浇筑）。最后计算和绘制施工强度曲线，反复调整，使各项进度合理，施工强度曲线平衡。

3. 编制控制性施工进度表

初拟控制性施工进度之后，提交施工技术专业进行主要建筑物的施工方法设计，并编制单项工程施工进度表，通过施工方法设计的论证之后，对初拟的控制性施工进度表进行调整和平衡，并最终完成控制性施工进度表。

3.3.5.3　准备工程施工进度

为了有计划、有步骤地进行准备工程，为高速度、高质量地建设主体工程创造条件，在初步设计阶段，应当编制准备工程施工进度。

准备工程的主要项目和内容见表 3-6。

表 3-6　　施工准备工程主要项目

主要项目	细目
对外交通	1. 准轨铁路及站场 2. 窄轨铁路 3. 公路专用线 4. 大型桥涵、隧洞 5. 转运站
场内交通	1. 准轨铁路及站场 2. 窄轨铁路 3. 场内公路 4. 大型桥、涵、渡口
施工辅助企业	1. 砂石料开采加工系统 2. 混凝土系统 3. 其他
施工电源	1. 场外输变电 2. 变电站
仓库、办公、生活设施	1. 仓库 2. 办公房屋 3. 居住生活设施、房屋
风、水、电管线铺设及安装	1. 风管铺设 2. 水管铺设 3. 电线架设

准备工程施工进度计划应按以下方法编制：

（1）准备工程进度在初步设计的后期进行编制，以初步完成的控制性总进度为依据。

（2）单项准备工程的工期，可根据工程规模和工程量，参考已建成工程的实际工期，或参考表3-7指标，结合本工程具体条件，安排准备工程进度表。

（3）场内交通主干线应先行安排施工，并确定施工道路投入使用时间。

（4）宜创造条件提前建设砂石系统、混凝土生产系统，根据主体工程施工进度要求确定系统投入正常运行的建设时间。

（5）其他准备工程如场地平整、供电系统、供水系统、供风系统、场内通信系统、施工工厂设施、生活和生产房屋等的建设应与所服务的主体工程施工进度协调安排。

表3-7　准备工程项目进度参数表

<table>
<tr><th>项目</th><th>规模</th><th>施工条件</th><th>参考工期/年</th><th>备注</th></tr>
<tr><td rowspan="4">准轨铁路</td><td rowspan="2">100km以上</td><td>山区</td><td>4～5</td><td rowspan="4">视桥墩数量长度、施工难易程度、施工单位的装备水平而定</td></tr>
<tr><td>丘陵</td><td>3～4</td></tr>
<tr><td rowspan="2">100km以内</td><td>山区</td><td>3～4</td></tr>
<tr><td>丘陵</td><td>2～3</td></tr>
<tr><td rowspan="3">公路</td><td rowspan="2">100km以上</td><td>山区</td><td>2～3</td><td rowspan="3">视桥墩数量长度、施工难易程度、施工单位的装备水平而定</td></tr>
<tr><td>丘陵</td><td>1～2</td></tr>
<tr><td>100km以内</td><td>丘陵</td><td>1～2</td></tr>
<tr><td>窄轨铁路</td><td>50km以内</td><td></td><td>1～2</td><td></td></tr>
<tr><td rowspan="4">砂石系统</td><td rowspan="2">年产100万m^3以上</td><td rowspan="2">碎石、天然砂</td><td>1.0～1.5</td><td rowspan="4">不包括土石方开挖和场地平整工期</td></tr>
<tr><td>0.6～1.0</td></tr>
<tr><td rowspan="2">年产50万～100万m^3</td><td rowspan="2">碎石、天然砂</td><td>0.5～1.0</td></tr>
<tr><td>0.3～0.5</td></tr>
<tr><td rowspan="2">混凝土系统</td><td>年产100万m^3以上</td><td rowspan="2"></td><td>0.5～1.0</td><td rowspan="2">不包括土石方开挖和场地平整工期</td></tr>
<tr><td>年产50万～100万m^3</td><td>0.3～0.5</td></tr>
<tr><td>中心修配厂</td><td></td><td></td><td>0.5～1.5</td><td></td></tr>
<tr><td>一般施工企业</td><td></td><td></td><td>0.5～1.5</td><td></td></tr>
<tr><td rowspan="4">施工用电线路架设</td><td rowspan="2">100km以上（110～220kV）</td><td>山区</td><td>1.5～2.0</td><td rowspan="7"></td></tr>
<tr><td>丘陵</td><td>1.0～1.5</td></tr>
<tr><td rowspan="2">100km以内（35～110kV）</td><td>山区</td><td>1.0～1.5</td></tr>
<tr><td>丘陵</td><td>0.5～1.0</td></tr>
<tr><td rowspan="3">房建</td><td>5万～10万m^2</td><td rowspan="3"></td><td>0.5～1.0</td></tr>
<tr><td>10万～20万m^2</td><td>1.0～1.5</td></tr>
<tr><td>21万m^2</td><td>1.5～2.0</td></tr>
</table>

3.3.5.4　导流工程施工进度

（1）对于一次拦断和分期导流的一期导流工程宜安排在施工准备期内进行，若为关键工程则应根据工程需要提早安排施工。

（2）河道截流宜安排在枯水期或汛后期进行，但不宜安排在封冻期和流冰期，截流时间应根据围堰施工所需施工时段和安全度汛要求，结合所选时段各月或旬的平均流量大小，合理分析确定。

（3）围堰闭气和堰基防渗完成后，即可进行基坑抽水作业。对于土石围堰与软质基础的基坑，应考虑控制排水下降速度。

（4）采用过水围堰导流方案时，应分析围堰过水期限及过水前后对工期带来的影响，在多泥沙河流上应考虑围堰过水后清淤所需工期。

（5）根据挡水建筑物施工进度安排确定施工期临时度汛时期，并应论证在要求的时间前挡水建筑物的施工具备拦挡设计度汛洪水标准要求。

（6）导流泄水建筑物完成导流任务后，封堵时段宜选在汛后，使封堵工程能在一个枯水期内完成。如汛前封堵，应有充分论证和确保工程安全度汛措施。

3.3.5.5　基础开挖与地基处理工程施工进度

1. 坝基开挖施工进度的安排方法

（1）根据基坑开挖面积、岩土级别、开挖方法、出渣道路及按工作面分配的施工设备型号、性能、数量等分析计算坝基开挖强度及相应的工期。

（2）根据各个部位的开挖量和初步拟定的开挖强度，按施工程序的要求，在控制进度中绘出开挖进度线。

（3）把初步绘制的控制进度表交给担任开挖的施工设计人员，进行开挖施工方法设计。如果经过施工设计，认为控制进度中规定的施工强度难以达到时，应修改控制进度的开工和竣工日期。

2. 安排坝基开挖进度应注意的问题

（1）坝基和河床式厂房基础岸坡开挖可安排与导流工程平行施工，并在河道截流前完成。

（2）河床基础开挖应安排在围堰闭气和基坑排水后进行。采用大型机械开挖时，还应考虑一定的准备工作和创造工作面的工期。对于大型工程，从截流到开始进行开挖，一般应有 1～2 个月的闭气、抽水和准备工期。

（3）在深陡狭窄的坝址，岸坡开挖的石渣将大部分或全部落入河床，应根据地形条件分析可能落入河床的石渣数量，基坑开挖进度中，应考虑出渣所用的工期。

（4）当采用过水围堰时，应分析基坑过水损失的工期，对于含沙量大的河流，还应分析过水后清淤所占用的工期。

3. 地基处理工程进度安排

水利水电工程地基处理，一般包括灌浆、断层处理和防渗墙工程，其施工进度主要是根据施工总进度要求，结合本身的施工特性而安排。

（1）应根据地质条件、处理方案、工程量、施工程序、施工水平、设备生产能力和总进度要求等因素研究决定。地质条件复杂、技术要求高、对总工期起控制作用的地基处理，应分析论证对施工总进度的影响。

（2）不良地质基础处理宜安排在建筑物覆盖前完成。固结灌浆宜在混凝土浇筑 1～2

层后进行，但经过论证，也可在混凝土浇筑前进行。帷幕灌浆可在坝基混凝土浇筑面或廊道内进行，不宜占直线工期，应在本坝段和相邻坝段坝基固结灌浆完成后进行。

(3) 两岸岸坡有地质缺陷的坝基，应根据地基处理方案安排施工工期，当处理部位在坝基范围以外或地下时，可考虑与坝体浇筑（填筑）同时进行，在水库蓄水前按设计要求处理完毕。

3.3.5.6 土石坝施工进度

1. 土石坝施工进度的特点

(1) 对于采用黏性土料作防渗体的土石坝，降雨和气温条件对施工进度有很大影响。黏性土料一般在 0℃时就要冻结，不易压实。在雨季和严寒季节，施工有效工日显著减少，为此，必须根据工程所在地区的气象资料，详细分析施工的有效工日。

(2) 土石坝在施工期间，一般不允许坝体过水，在截流后的下一个汛前，一般应将坝体填筑到拦洪高程。对于过水土石坝应分析坝体过水后恢复正常施工所需的时间，并应论证在设计要求的过水时间之前完成坝体防护工程施工。土石坝在一个枯水期或在洪水来临之前，能否达到设计的拦洪高程是研究土石坝施工进度的首要问题。

(3) 土石坝施工，一般常采用全年挡水的围堰，其高度和填筑量均较大，上游围堰常同大坝的坝壳相结合，有时利用围堰代替坝体拦洪。堰体和坝体相结合形式如图 3-13 所示。

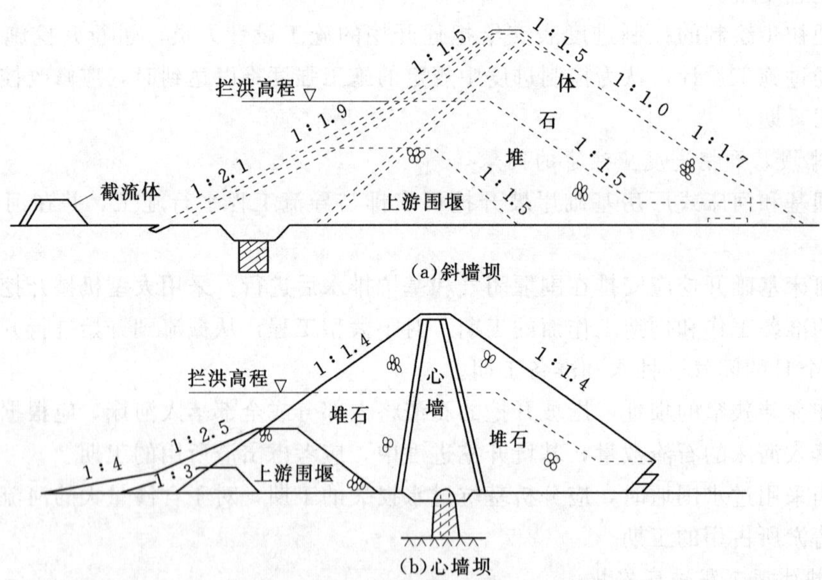

图 3-13 围堰和坝体结合断面图

(4) 黏土心墙坝的施工，上、下游坝壳受心墙上升速度的制约，而心墙施工首先要进行地基处理（如开挖截水槽或浇筑混凝土防渗墙等），且心墙填筑受气候因素的影响，因此，黏土心墙坝的施工进度，主要由心墙上升速度来控制。

黏土斜墙坝的堆石体施工，受气象因素影响较小，可以均衡上升，但斜墙的升高往往落后于堆石体，而大坝拦洪时，要求斜墙也达到拦洪高程。

混凝土面板堆石坝的施工进度，主要由石料的运输条件、填筑工艺和上坝强度来控制，应合理安排面板施工时间，减小面板施工和坝壳填筑等相互干扰。

2. 有效施工工日的分析

采用黏性土料作为防渗体的土石坝，黏性土料的备料和填筑，受气温、降雨等气象因素的影响，年内各月的施工有效工日有很大的差异，在我国南方的雨季和北方的冬季，施工有效工日较少，工期受到明显的影响。因此，在安排大坝施工进度之前，首先要分析施工有效工日，作为安排施工进度的依据。

(1) 停工标准的拟定。由于我国南方和北方气象条件差异很大，各个工程施工的具体条件不同，难以拟定一个统一的标准。表 3-8 是我国北方某土石坝工程在设计中采用的停工标准。

表 3-8 某土坝工程雨后停工标准

项目	日降雨量/mm			
	<0.5	0.6～10	10.1～30	>30.1
土料翻晒	照常施工	雨日停工	雨日停工、雨后停工 1 天	雨日停工、雨后停工 2 天
土料填筑	照常施工	雨日停工	雨日停工、雨后停工 1 天	雨日停工、雨后停工 1 天
砂料开采填筑	照常施工	照常施工	雨日停工	雨日停工
石料开采填筑	照常施工	照常施工	雨日停工	雨日停工

注 每年 11 月至次年 4 月为冰冻期，月平均气温 0℃以下，土料停工；阴天影响土料翻晒，按平均每年 16 天计；土砂料填筑，汛期影响停工 6 天。特殊事故停工 2 天，法定假日停工 7 天。

(2) 有效工日的统计方法。

1) 收集气象资料。包括：历年逐日降雨量资料，历年逐日平均气温资料，历年各月阴天、风力、风速资料，历年逐日蒸发量资料，历年各月相对湿度资料。

2) 统计历年各月由于降雨而停工的天数。根据历年逐日降雨量资料和拟定的停工标准，分别统计黏土备料、黏土填筑、砂砾料开采和填筑、坡积料填筑。

3) 统计历年各月气温、大风和其他因素影响而停工的天数。统计方法与因雨停工相同。

4) 统计有效工日。

(3) 有效工日的选取。对有效工日影响最大的是降雨（在我国北方是气温），因降雨而影响停工的天数，可以有不同选取方法。当降雨资料系列较短时，以选取多雨年为宜，当系列较长时，可选取多年平均值作为设计依据，而以多雨年的有效工日，作为研究施工措施时的备用情况。

3. 坝体高程-工程量曲线绘制

安排土石坝施工进度的过程中，坝体各期上升高程的确定，不仅要考虑施工导流、大坝拦洪等要求，而且要分析大坝的填筑强度是否能够实现。因此，坝体各期上升高程，要经过反复分析和比较之后才能确定。绘制坝体高程-工程量曲线，就是为了适应这种工作过程的需要，每当拟定一个高程之后，可以很快地从曲线上查到该高程以下的工程量，准确地算出大坝的填筑强度。

工程量曲线图例如图 3-14 所示。

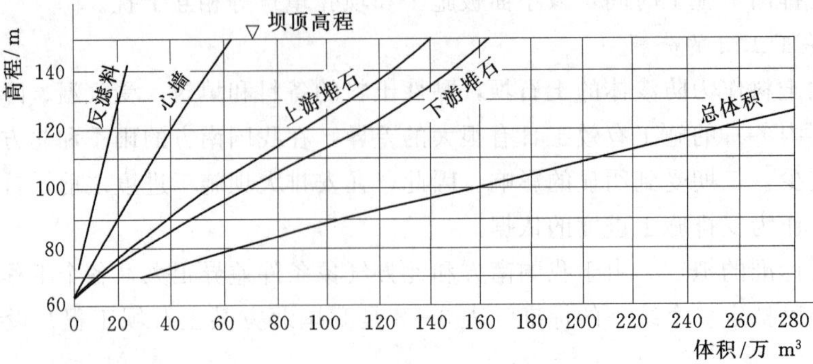

图 3-14　坝体高程-工程量累计曲线

4. 大坝施工分期的拟定

(1) 纵断面上的分期。土石坝施工在纵断面上可以采取分段和不分段两种方式进行。不分段施工的施工程序如图 3-15 所示。对于河床较窄的河流，一般采用不分段施工方式。即采取岸边隧洞或埋在坝内的涵管导流，大坝由基础全面向上平起，在一个枯水期把基础处理好并把大坝填筑到拦洪高程，也可以采用过水围堰，在第一个枯水期处理地基，填筑一部分坝体，第二个枯水期将坝体填筑到拦洪高程。不分段施工由于坝体在纵断面上不留接缝，对大坝的质量有利，另外，施工场面比较大，便于安排坝面流水作业。

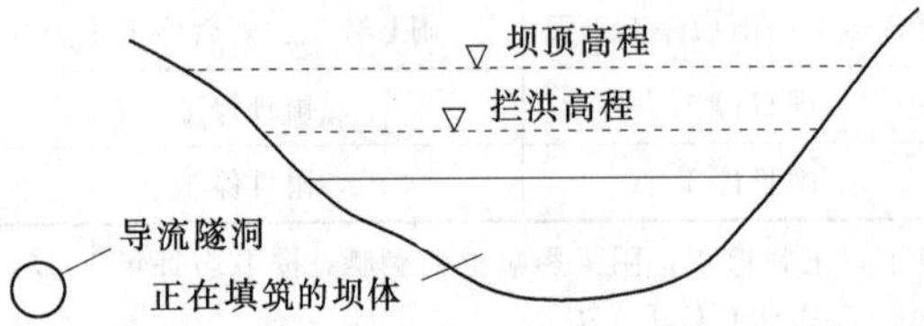

图 3-15　不分段施工示意图

分段施工的施工程序如图 3-16 所示。对于河床较宽的河流，在一岸或两岸有天然台阶地，大坝可以采取分段施工。第一期在台阶地开挖导流明渠，枯水期明渠导流，进行河

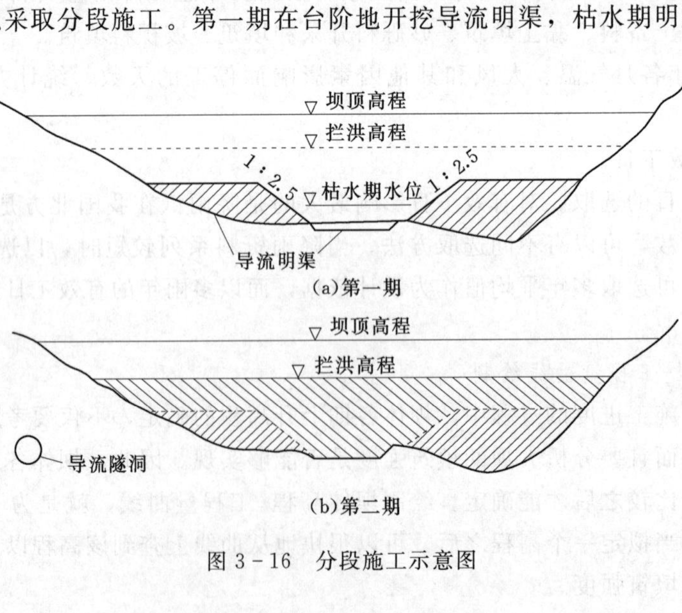

图 3-16　分段施工示意图

床基础处理，将坝体填筑到一定高程，与此同时，台阶地段也可以填筑一部分坝体；第二期封堵导流明渠，改由隧洞（或涵管）导流，集中力量填筑合龙坝体，在一个枯水期内将坝体修到拦洪高程。由于台阶地施工可以利用原河床开挖明渠导流，所以在修建导流隧洞的同时就可以填筑一部分坝体，使坝体填筑强度比较均衡。另外可以减少坝体的工程量，降低抢修拦洪坝体的施工强度，对保证按期达到拦洪高程有利。如果采料场位于上游较低的高程上，分段施工可以较多地利用上游料场。

（2）横断面上的分期。所谓横断面上的分期，主要指拦洪前采取经济断面施工。

对于大型土石坝工程，在抢修拦洪坝体时，工程量大，填筑强度高，施工十分紧张，为了减少拦洪阶段的工程量，降低填筑强度，保证按期达到拦洪高程，可以采取经济断面进行填筑。

设计经济断面时应注意以下问题：经济断面的顶宽应考虑施工机械运转所必需的工作面；心墙和斜墙不可采用经济断面施工；下游坝坡应保证在临时拦水期间的稳定性。

根据不同坝型和不同填筑材料的分区情况，拟定分区填筑施工程序。黏土斜墙坝先填堆石料，斜墙紧跟填筑；混凝土面板坝先填坝体到一定高程，然后混凝土面板一次筑成；黏土心墙坝，心墙的填筑控制整个坝体升高，一般堆石体可先于心墙一定高程，当条件许可时，心墙与堆石体应同时上升。

5. 施工进度安排

首先结合导流设计，研究坝体在纵断面上的分段和横断面上的分期，安排一个轮廓进度。其次就确定坝的拦洪高程和达到拦洪高程的日期，确定坝体各期上升高程，根据有效工日定出各个时段的施工强度和坝体上升速度，由施工设计对此强度和上升速度进行分析论证，经过反复比较修正，最后确定坝的施工进度。

（1）确定拦洪高程。拦洪高程是指大坝在施工过程中，按一定的洪水标准确定的坝体挡水高程。

确定拦洪高程是一项综合性的工作，须由导流设计、施工总进度、施工方法密切配合，反复比较后才能最后选定。在初步选定拦洪高程后，施工总进度着重分析拦洪前的填筑量和填筑强度，并由施工方法加以配合。如果不能达到此高程，则应改变拦洪方案，如加大导流的泄洪能力，以降低拦洪高程，或者采取特殊的泄洪或保坝措施。进行几个拦洪方案的分析与比较，最终选定一个经济上合理、技术上可靠、保证大坝安全的坝体拦洪高程。

（2）确定拦洪日期。拦洪日期是指施工进度规定的坝体达到拦洪高程的日期。

拦洪日期的确定是安排土石坝施工进度的一个重要问题。安排时间过早，虽然减少了抢修拦洪坝体的工期，但是加大了施工强度；安排过迟，万一洪水提前到来，将造成坝体漫水，引起大坝失事，造成重大损失。

确定拦洪日期的方法是根据河流的水文特性和历年的洪水流量记录，分析历年最大洪水的出现规律，与导流设计共同研究，选取最大洪水可能出现的日期。

（3）确定拦洪过渡期坝体上升高程。由枯水期末到设计规定的拦洪日期这一时段，称为拦洪过渡期。确定拦洪过渡期坝体上升高程有两种方法。

1）按水文特性划分时段法。将过渡期按水文特性划分为若干时段，计算各个时段不同频率的洪水及其相应的坝前水位（库容大时应调洪），坝体高程在各时段末应达到下一时段的设计洪水位以上。

【应用实例3-7】 某坝采取枯水期挡水围堰，枯水时段为9月15日至次年3月31日，拦洪日期为7月20日，拦洪设计洪水标准为$P=1\%$的流量$11000m^3/s$。根据本流域的水文特性，将过渡期划分为三个时段，分别计算其不同频率的流量，见表3-9。

根据各时段的拦河坝的坝高、库容等条件，选定时段设计洪水，并计算其坝前水位，从而确定各时段末的坝体上升高程，见表3-10。

表3-9　某坝不同时段、各种频率洪水流量

设计频率 \ 流量/(m^3/s) \ 时段	4月1日—5月15日	5月16日—6月20日	6月21日—7月20日
$P=10\%$	2000	3000	
$P=5\%$	3000	4200	5300
$P=2\%$		6500	7300
$P=1\%$			9000

表3-10　某坝不同时段坝体上升高程

项目	枯水期末	4月1日—5月15日	5月16日—6月20日	6月21日—7月20日	7月20日
设计频率		5%	5%	2%	1%
设计流量/(m^3/s)		3000	4200	7300	11000
相应坝前水位/m		45.5	52.0	60.3	64.3
坝体上升高程/m	46.0	53.0	61.0	66.0	

2）按月划分时段法。按月计算不同频率的流量及相应水位，从而确定月末的坝体上升高程，其方法同上。

（4）坝体填筑强度的论证。

1）根据坝体各期上升高程，在坝体高程-填筑量曲线上查得各控制时段的填筑量，根据各相应时段的有效工日，算出时段的日平均填筑强度。

2）日平均强度乘以日不均衡系数即为日高峰强度。日不均衡系数和工程的机械化配套程度、施工管理水平、料物性质以及时段的长短有关，可以在1.3～1.6的范围内选取。

确定日高峰强度以后，应进行施工方法设计，研究料物运输、上坝方式、碾压施工方法、坝面流水作业分区等，经过施工方法设计，论证能否达到施工进度规定的施工强度。

（5）坝体上升速度的论证。

1）根据坝体各期上升高程和该时段的施工有效工日，计算坝体的日平均上升速度。

2）黏土心墙坝和斜墙坝的上升速度，主要由心墙或斜墙的上升速度控制。心墙、斜墙可能的上升速度，同土料的性质、压实机械的性能及压实参数有关，要通过碾压试验确定。

改善上坝运输道路，采用大型运输机械和重型碾压机械，加大铺土厚度，可以提高土石坝的施工强度，加快上升速度，在安排土石坝施工进度时，应结合工程的具体条件，尽可能采用先进的施工方案，加快土石坝的施工进度。

在初步拟定施工进度时，可以参考已建工程的施工进度指标，结合本工程的具体条件，初步拟定坝体的上升速度和施工强度。

3.3.5.7 混凝土坝的施工进度

1. 混凝土坝施工进度的特点

(1) 混凝土坝的施工，受气温条件的影响，在高温季节，要加强骨料的降温和混凝土的散热措施；在寒冷季节，当日平均气温稳定在5℃以下时，要进行冬季作业，增加混凝土坝的施工难度。因此，在我国南方的高温季节和北方的冬季寒冷地区，混凝土坝的施工强度和上升速度，都将受到影响。在安排混凝土施工进度时，应分析有效工作天数，大型工程经论证后若需加快浇筑进度，可考虑在冬、雨、夏季采取确保施工质量的措施后施工。混凝土浇筑的月工作日数可按25天计。对控制直线工期的工作日数，宜将气象因素影响的停工天数从设计日历数中扣除。

(2) 混凝土坝一般采取柱状分块分层浇筑，浇筑过程中，层与层之间，因温度控制要求，应有一定的间歇时间，特别是基础层，因受基础约束的影响，浇筑层薄，温控要求严格，必须利用有利季节浇筑混凝土，对施工进度有一定的制约；块体之间的间歇期，随混凝土浇筑的准备工序而异。因此，混凝土坝的上升速度，同块体多少、分层厚度、温控条件以及混凝土的准备工序有直接关系。常态混凝土的平均升高速度与坝型、浇筑块数量、浇筑高度、浇筑设备能力以及温度控制要求等因素有关，宜通过浇筑排块或工程类比确定。碾压混凝土平均升高速度应综合分析仓面面积、铺筑层厚度、混凝土生产和运输能力、碾压等因素后确定。

(3) 混凝土在浇筑过程中，要求各块体均匀上升，相邻块高差有一定的限制。块体之间形成缝面，重力坝的纵缝、拱坝的纵缝和横缝，须在混凝土温度降低到设计灌浆温度时，进行水泥灌浆，使坝形成整体，才能承受水压力，因此坝体的二期冷却和接缝灌浆，是影响混凝土坝施工进度的一个重要因素。混凝土的接缝灌浆进度（包括厂坝间接缝灌浆）应满足施工期度汛与水库蓄水安全要求。

(4) 一般混凝土坝内常设置引水系统和泄洪建筑，埋设件和孔洞、廊道多，施工干扰较大，使坝体上升速度受到限制，同时在施工过程中，还要考虑汛期洪水对坝体内孔洞的影响。混凝土坝施工期历年度汛高程与工程面貌应按施工导流要求确定。

2. 确定坝体各期上升高程的一般方法

坝体各期上升高程的确定是随坝型、水工布置、导流方案的不同而有不同的要求。

(1) 导流和大坝度汛的要求。

1) 当采用上、下游围堰一次拦断河流的导流方案且为全年挡水围堰时，坝体上升不受洪水影响，可以根据施工强度和上升速度的可能性安排均衡上升。

当采用枯水期挡水围堰时，在枯水期按逐月 $P=20\%\sim10\%$ 的流量相应的水位控制，如果达不到此高程，则至少应浇筑至枯水期的常水位以上，以便在洪水期后，在不恢复围堰的条件下能够继续施工，如果采用允许过水的围堰，则大坝上升高程可不受上述条件限制。

如果洪水期大坝过水次数较多，不便在洪水期进行间断施工时，对河床较宽的坝址，应考虑在河床坝段留过水缺口，使两岸坝体在洪水期能继续升高。

2）当采用分期导流方案时，大坝分作两期或三期施工。第一期坝体浇筑高程，应考虑在二期围堰截流前形成导流泄水建筑物，并达到汛期能够继续施工的高程。有时，为了降低二期围堰高度，可考虑在一期坝体预留一部分坝段作为过水缺口，参与后期导流，缺口的高程一般应定在枯水期常水位以上，以便于后期加高，同时还应考虑缺口在后期进行加高时，在一个枯水期内能够达到拦洪高程。依次再确定第二期坝体上升高程的方法。

3）当采用明渠导流方案时，大坝分明渠坝段和河床坝段两期进行施工，其各期上升高程的确定方法和分期导流方案相同。

4）施工期大坝临时挡水应该校核未进行灌浆坝段的稳定，要求上游坝踵和坝面不出现或出现不大的拉应力。

5）坝后布置有发电厂房时，在厂房施工时段内，厂房坝段的挡水标准应和下游厂房围堰的标准相适应。

(2）蓄水发电的要求。

1）封堵导流隧洞（或底孔）后的下一个汛期，洪水将由溢流坝宣泄，故封孔时或在封孔后的下一个汛前，大坝应浇筑至溢流坝顶，闸墩应浇筑至汛期可以继续施工的高程。

2）水库蓄水后，在一般情况下，库水位不再降至死水位以下，故在底孔封堵后的下一个汛期之前，坝体接缝必须灌至死水位以上，接缝灌浆时坝体高程应满足接缝灌浆的要求，否则，应推迟下闸蓄水的日期。

3）设有电站进水口的引水坝段，应在机组投产发电前3～6个月达到坝顶，以便进行进水口闸门和启闭机的安装。

(3）坝体浇筑进度的论证。坝体浇筑进度，应从坝体上升速度和浇筑强度两方面进行安排并加以论证，经过反复调整才能最后确定。

1）上升速度。根据导流、度汛和蓄水、发电的要求，初步确定坝体各期上升高程，安排大坝控制进度，算出各时段的坝体上升速度。然后，根据分层分块、温控要求和坝体内埋设件等施工条件，拟定层块之间的间歇期，对关键部位进行浇筑排块，论证进度安排的坝体上升速度是否能够达到。

2）浇筑强度。在坝体高程-工程量累计曲线上查得各控制时段的混凝土量，算出混凝土的平均浇筑强度和高峰强度，根据可能布置的混凝土运输、浇筑设备的生产能力，估算可能达到的浇筑强度，论证控制进度所安排的浇筑强度能否达到。采用大型浇筑设备，改进混凝土的运输工艺，采用通仓薄层浇筑，减少浇筑层之间的间歇时间，浇筑干硬性混凝土，采用碾压混凝土施工方法，可以减少坝体接缝灌浆数量，提高混凝土的浇筑强度。

3）坝体浇筑进度的调整。经过上升速度和浇筑强度的论证，如果确认达不到控制进度的要求，则应反过来修正导流和度汛方案。例如增加导流底孔数量，加大缺口宽度，降低缺口高程等，或者修改初步拟定的控制进度，推迟蓄水、发电日期。经过反复调整和修正，求得导流度汛可靠、施工技术可行的各期坝体上升高程。

3.3.5.8 *地面厂房施工进度*

(1）地面厂房应在基础开挖（除保护层外）完成后再进行混凝土浇筑施工。若厂房施工为控制进度的关键工程，可安排开挖与混凝土浇筑平行作业，但爆破开挖对已浇筑或新浇筑混凝土不应产生有害影响。

(2) 厂房的平均升高速度与厂房型式、混凝土浇筑块数量、浇筑高度、浇筑设备能力以及温度控制要求等因素有关，宜通过浇筑排块或工程类比确定。

(3) 混凝土浇筑应统筹兼顾机电设备、金属结构及各种埋件安装等工序。

3.3.5.9 地下工程施工进度

(1) 地下工程施工进度应统筹兼顾开挖、支护、浇筑、灌浆、金属结构、机电安装等工序。

(2) 地下工程可全年施工，应根据各工程项目规模、地质条件、施工方法及设备配套情况，用关键线路法确定施工程序和各洞室、各工序间的相互衔接和合理工期。

(3) 地下工程月进尺指标可根据地质条件、施工方法、设备性能、工作面等情况，经分析计算或工程类比确定。

3.3.5.10 金属结构及机电安装施工进度

(1) 处于关键线路上的金属结构及机电安装工程进度应在施工总进度中逐项确定。

(2) 金属结构及机电安装施工进度应协调与土建工程施工的交叉衔接。应逐项确定控制金属结构及机电安装进度的土建工程交付安装的时间。

【知识技能点小结】

施工总进度计划的编制步骤为收集基本资料，编制轮廓性施工进度计划，编制控制性施工进度计划，进行施工进度方案的比较，编制施工总进度计划表，编写施工总进度报告。施工总进度计划的编制方法为首先划分列出工程项目，计算工程量，计算各项目的施工持续时间，分析确定项目之间的逻辑关系，初拟施工总进度计划，调整和优化后编制正式施工总进度计划。水利水电工程施工总工期包括工程准备期、主体工程施工期和工程完建期三个阶段。对土石坝和重力坝施工进度要处理好导流与施工进度的矛盾以及施工强度与施工方案之间的匹配问题。

【知识技能训练】

一、单项选择题

1. 水利水电工程施工进度计划编制的主要步骤包括：

a. 研究设计资料和施工条件。

b. 计算工程量　　　c. 安排施工顺序，草拟轮廓进度计划

d. 划分工程项目　　e. 选择施工方法，修改控制进度，编制进度计划的初步方案

f. 对进度计划进行工期、资源优化，确定施工进度计划

g. 进行施工进度方案比较，选择较优方案

其正常顺序应为（　　）

A a-b-c-d-e-f-g　　　B a-b-c-e-f-g-d

C a-d-b-c-e-g-f　　　D a-d-c-b-g-e-f

2. 编制施工总进度时，工程施工总工期不包括（　　）。

A 工程筹建期　　B 工程准备期　　C 主体工程施工期　　D 工程完建期

二、简答题

1. 如何处理施工导流与土石坝施工进度安排的矛盾?

2. 施工进度计划编制的方法。

任务3.4　水利工程施工总布置编制

施工总布置，就是根据工程特点和施工条件，研究解决施工期间所需的辅助企业、交通道路、仓库、房屋、动力、给水排水管线，以及其他施工设施等的平面和立面布置问题，为整个工程全面施工创造条件，以期用最少的人力、物力和财力，在规定的期限内顺利完成整个工程的建设任务。

3.4.1　施工总体布置

3.4.1.1　施工总布置的作用

施工总平面图是拟建项目施工场地的总布置图，是施工组织设计的重要组成部分，它是根据工程特点和施工条件，对施工场地上拟建的永久建筑物、施工辅助设施和临时设施等进行平面和高程上的布置。施工现场的布置应在全面了解掌握枢纽布置、主体建筑物的特点及其他自然条件等基础上，合理地组织和利用施工现场，妥善处理施工场地内外交通，使各项施工设施和临时设施能最有效地为工程服务。保证施工质量，加快施工进度，提高经济效益，同时，也为文明施工、节约土地、减少临时设施费用创造了条件。另外，将施工现场的布置成果标在一定比例尺的施工地区地形图上，就构成施工现场布置图。绘制的比例一般为1∶1 000或者1∶2000。

3.4.1.2　施工总布置的内容

施工总体布置的成果，需要标示在一定比例尺的施工地区地形图上，构成施工总体布置图，它是施工组织设计的主要成果之一。

施工总平面图是以建筑总平面图为基础，在经过拆迁和场地平整后的施工现场平面上按不同施工阶段进行合理布置而成的若干张平面布置图，其主要内容如下：

(1) 原有地形、地貌；一切已建和拟建的永久性建筑物、构筑物和地上地下管线及其他设施的位置和尺寸。

(2) 为施工服务的一切临时性建筑物和临时设施。主要包括以下各项：

1) 导流建筑物，如围堰、隧洞、明渠等。

2) 运输系统，如各种道路、车站、码头、车库、桥涵、栈桥、大型起重机等。

3) 各种仓库、料堆、弃料堆等。

4) 各种料场及其加工系统，如土料场、砂料场、石料场、骨料加工厂等。

5) 混凝土制备系统，如混凝土工厂、骨料仓库、水泥仓库、制冷系统等。

6) 机械修配系统，如机械修理厂、修钎厂、机修站等。

7) 其他施工辅助企业，如钢筋加工厂、木材加工厂、混凝土和钢筋混凝土预制构件工厂等。

8) 金属结构、机电设备和施工设备的安装基地。

9) 水、电和动力供应系统，如临时发电站、变电站、抽水站、水处理设施、压缩空气站和各种线路管道等。

10）生产及生活所需的临时房屋，如办公室、职工及家属宿舍、食堂、医院等。

11）安全防火设施及其他，如消防站、警卫室、安全警戒线等。

施工总体布置的设计深度，随设计阶段的不同而有所不同。初设阶段，施工总体布置的主要任务是：根据主体工程施工要求和自然条件；分别就施工场地划分、主要辅助企业和大型临时设施的分区布置及场内主要交通运输路线的衔接等，拟定各种可能的布局方案，进行比较和论证，选择合理的方案。技设阶段，主要是在初设阶段施工总体布置的基础上，进行分项分区施工场地和主要辅助企业、大型临时设施的具体布置设计。

3.4.1.3 施工总布置的原则

施工总布置方案应遵循因地制宜、因时制宜、有利生产、方便生活、易于管理、安全可靠、经济合理的原则。

（1）施工总布置应综合分析水工枢纽布置，主体建筑物规模、型式、特点、施工条件和工程所在地区社会、自然条件等因素，妥善处理好环境保护和水土保持与施工场地布局的关系，合理确定并统筹规划为工程施工服务的各种临时设施。

（2）施工总布置方案应贯彻执行十分珍惜和合理利用土地的方针，遵循因地制宜、因时制宜、有利生产、方便生活、易于管理、安全可靠、注重环境保护、减少水土流失、充分体现人与自然和谐相处以及经济合理的原则，经全面系统比较论证后选定。

（3）施工总布置设计时应该考虑以下各点：

1）施工临时设施与永久性设施，应研究相互结合、统一规划的可能性。临时性建筑设施，不要占用拟建永久性建筑或设施的位置。

2）确定施工临建设施项目及其规模时，应研究利用已有企业设施为施工服务的可能性与合理性。

3）主要施工工厂设施和临时设施的布置应考虑施工期洪水的影响，防洪标准根据工程规模、工期长短、河流水文特性等情况，分析不同标准洪水对其危害程度，在5～20年重现期范围内酌情采用。高于或低于上述标准，应有充分论证。

4）场内交通规划，必须满足施工需要，适应施工程序、工艺流程；全面协调单项工程、施工企业、地区间交通运输的连接与配合，运输方便，费用少，尽可能减少二次转运；力求使交通联系简便，运输组织合理，节省线路和设施的工程投资，减少管理运营费用。

5）施工总布置应做好土石方挖填平衡，统筹规划堆、弃渣场地；弃渣应符合环境保护及水土保持要求。在确保主体工程施工顺利的前提下，要尽量少占农田。

6）施工场地应避开不良地质区域、文物保护区。

7）避免在以下地区设置施工临时设施：严重不良地质区域或滑坡体危害地区；泥石流、山洪、沙暴或雪崩可能危害地区；重点保护文物、古迹、名胜区或自然保护区；与重要资源开发有干扰的地区；受爆破或其他因素严重影响的地区。

施工总布置应该根据施工需要分阶段逐步形成，做好前后衔接，尽量避免后阶段拆迁。初期场地平整范围按施工总布置最终要求确定。

3.4.1.4 施工总布置的依据

（1）《水利水电工程初步设计报告编制规程》（SL 619—2013）。

（2）可行性研究报告及审批意见、上级单位对本工程建设的要求或批件。

（3）工程所在地区有关基本建设的法规或条例、地方政府、业主对本工程建设的要求。

（4）国民经济各有关部门（铁道、交通、林业、灌溉、旅游、环境保护、城镇供水等）对本工程建设期间有关要求及协议。

（5）当前水利水电工程建设的施工装备、管理水平和技术特点。

（6）工程所在地区和河流的自然条件（地形、地质、水文、气象特征和当地建材情况等）、施工电源、水源及水质、交通、环境保护、旅游、防洪、灌溉、航运、供水等现状和近期发展规划。

（7）当地城镇现有修配、加工能力，生活、生产物资和劳动力供应条件，居民生活、卫生习惯等。

（8）施工导流及通航等水工模型试验、各种原材料试验、混凝土配合比试验、重要结构模型试验、岩土物理力学试验等成果。

（9）工程有关工艺试验或生产性试验成果。

（10）勘测、设计各专业有关成果。

3.4.1.5 施工总布置的步骤

1. 收集和分析基本资料

设计施工总体布置时，必须深入现场，通过调查研究，掌握一些基本资料，其中包括：施工地区的地形图，比例尺1：10000～1：1000；拟建枢纽的布置图；对外交通运输设施，如铁路、公路、航运的资料以及车站、码头等的位置和特征；施工现场附近的居民点和工业企业的资料，如建筑标准、有无可供利用的住房、当地的建筑材料、电力供应情况以及机械修配能力等；采料场的位置和范围；河流的水文特性，如在自然条件下和施工导流过程中，不同频率的上下游水位资料；施工方法、导流程序和进度安排等资料。

2. 编制临时建筑物的项目单

在掌握基本资料的基础上，根据工程的施工条件，结合类似工程的施工经验，编制临时建筑物的项目单，并大致拟定它们的占地面积、建筑面积和布置。编制项目单时，应该仔细研究枢纽的施工方法、施工程序，了解整个施工时期各阶段的施工需要，确定各临时建筑物的使用期限，力求做到比较详尽不要遗漏。

【应用实例3-8】 以混凝土工程为主体的枢纽工程，临建工程项目一般包括以下内容：

（1）混凝土系统（包括搅拌楼、净料堆场、水泥库、制冷楼）。

（2）砂石加工系统（包括破碎筛分厂、毛料堆场、净料堆场）。

（3）金属结构机电安装系统（包括金属结构加工厂、金属结构拼装场、钢管加工厂、钢管拼装场、制氧厂）。

（4）机械修配系统（包括机械修配厂、汽车修配厂、汽车停放保养场、船舶修配厂、机车修配厂）。

（5）综合加工系统（包括木材加工厂、钢筋加工厂、混凝土预制厂）。

（6）风、水、电、通信系统（包括空压站、水厂、变电站、通信总机房）。

（7）基础处理系统（包括基地、灌浆基地）。

（8）仓库系统（包括基地冲击钻机仓库、工区仓库、现场仓库、专业仓库）。

（9）交通运输系统（包括铁路场站、公路汽车站、码头港区、轮渡）。

（10）办公生活福利系统（办公房屋、单身宿舍房屋、家属宿舍房屋、公共福利房屋、招待所）。

3. 对现场布置作出总规划

这是施工总体布置中极其关键的一步，要着重研究解决总体布置中的一些重大原则问题。如：施工场地是一岸布置还是两岸布置？是集中布置还是分散布置？如果是分散布置，则以哪一处作为主要场地？如何分区？哪些临时建筑物采取集中布置的方式？哪些又采取分散布置的方式？施工现场内布置几条主要交通干线？它们的高程和线路如何布局？场内交通与场外交通如何衔接等。

（1）施工分区规划。

1）施工总布置可按下列分区：

a. 主体工程施工区。

b. 施工工厂设施区。

c. 当地建材开采区。

d. 仓库、站、场、厂、码头等储运系统。

e. 机电、金属结构和大型施工机械设备安装场地。

f. 工程弃料堆放区。

g. 施工管理及生活营区。

2）施工分区规划布置应遵守下列原则：

a. 以混凝土建筑物为主的枢纽工程，施工区布置宜以砂、石料开采、加工，混凝土拌和、浇筑系统为主；以当地材料坝为主的枢纽工程，施工区布置宜以土石料采挖、加工、堆料场和上坝运输线路为主。

b. 机电设备、金属结构安装场地宜靠近主要安装地点。

c. 施工管理及生活营区的布置应考虑风向、日照、噪声、绿化、水源水质等因素，与生产设施应有明显界限。

d. 主要物资仓库、站场等储运系统宜布置在场内外交通衔接处。

e. 施工分区规划布置应考虑施工活动对周围环境的影响，应避免噪声、粉尘等污染对敏感区（如学校、住宅区等）的危害。

（2）确定施工区域布置方式。在进行区域规划时，布置方式有集中布置、分散布置和混合布置等三种方式，水利水电工程一般多采用混合布置。

对于坝后式水电站枢纽，由于永久建筑物布置比较集中，且坝址附近又有开阔地，可满足临时设施的集中布置要求，青铜峡、观音阁等工程就是这种布置形式。

若坝址施工现场位于高山峡谷地区，地形狭窄，可根据实际情况，进行具体布置。

1）地形较狭窄时，可沿河流一岸或两岸冲沟绵延布置，按临时建筑物及其设施对施工现场影响程序分类排队，对施工影响大的靠近坝址区布置，其他项目按对工程影响程序大小顺序逐渐远离分散布置，新安江、上犹江、柘溪等工程均采用了这种布置形式。

2）地形特别狭窄时，则可把与施工现场关系特别密切的设施（如混凝土生产系统）布置在坝址附近，而其他一些施工辅助企业等布置在大坝较远的基地，这是典型的混合布置，如三门峡水库等。

3）对于引水式水电站或大型输水工程，常在取水口、中间段和厂房段设立施工场地，即形成“一条龙”的布置形式，又称分散布置。其缺点是施工管理不便、场内运输量大等。

(3) 确定运输干线的布置。在规划施工现场时，要注意以下几条场内运输干线的布置：两岸交通联系的线路，混凝土和水泥的运输线路；土石方运输线路；砂石骨料运输线路；围堰截流的运输线路，金属结构机电设备进厂线路；以及上下游联系的过坝线路等。一般采取高低线统筹布置的方式，能结合的则尽量结合，不能结合的则分别布置。两岸交通联系最好在坝址下游修建永久性跨河桥梁，以保证全年运输畅通。当对外交通采用标准轨专用线时，宜把专用线引入混凝土工厂和水电站厂房，作为运送水泥、机电设备之用，砂石骨料运输线取决于料场、加工厂和混凝土工厂的相对位置，可以设置窄轨机车或皮带机专线运输，也可以利用标准轨专用线。主要对外交通干线应从施工现场的边沿引入，最好不穿过居住区。场内外交通干线要避免平面交叉，如果无法避免时，交角宜在90°左右。

4. 具体布置各项临时建筑物

在对现场布置作出总规划的基础上，根据对外交通方式，依次布置各项临时建筑物。当对外交通采用标准轨铁路或水路时，先确定车站码头的位置，以满足车站、码头和线路设计方面的要求；然后布置场内交通线路；再沿线布置施工辅助企业和仓库等各项设施；最后布置行政、文化、生活福利设施及水、电和动力供应系统等。

如果对外交通采用公路时，则可与场内交通联成一个系统来进行考虑和布置；再据以确定辅助企业和主要仓库的位置；最后布置行政、文化、生活福利设施及水、电和动力供应系统等。

在具体布置各项临时设施时，以下方面可以作为参考：

(1) 对外运输专用线的铁路车站或汽车基地，可以布置在施工现场的入口附近。铁路车站的地面坡度最好不超过2‰，机车库和检修支线宜布置在车站附近。

(2) 工地的一般器材仓库可以靠近车站和线路布置，而油库和其他危险物品仓库（如炸药库）则应单独布置，并和场内外交通联系起来。

(3) 混凝土工厂应布置在接近主要建筑物的地区。水泥仓库、骨料仓库、钢筋加工厂、模板加工厂、钢筋混凝土预制构件工厂，在场地宽敞时，都可以靠近混凝土工厂布置。如地形条件不允许，至少应该使水泥仓库、骨料仓库和混凝土工厂布置在一起。

(4) 机械修配厂的布置要考虑笨重机械运入运出的方便，最好布置在工地交通干线的侧旁。

(5) 码头、停泊处、木工厂（当木材由水路运来时）、供水抽水站均可布置在枢纽下游的河边，但要考虑河水流速、水位等条件的影响。

(6) 空压机站、修钎厂等多分散布置在石方开挖地点（如基坑、隧洞）附近，布置时要考虑爆破的安全距离。混凝土工厂附近，也要建立压缩空气站。

(7) 闸门和金属结构安装基地常布置在主要建筑物附近，施工用金属结构和设备、钢管加工厂等，可以和它靠近，以便统一使用人力和物力。

(8) 水电站设备安装基地布置在水电站厂房附近。

(9) 低压变电站或临时发电厂应布置在电能需要量比较集中的地点，如混凝土系统、中心机械修配厂的附近。对隧洞、地下厂房等施工地区，还需要布置由220V降至36V的变电设备。

(10) 骨料加工厂应布置在料场附近，以免运输废料，同时也可减轻混凝土工厂的拥挤。

5. 调整、修改和选定合理的布置方案

在各项临时建筑物和施工设施布置完成后，应对整个施工总体布置进行协调和修正，检查施工设施和主体工程施工之间、各项临时建筑物之间彼此有无干扰矛盾？是否协调一致？生产和施工工艺配合得怎样？能否满足安全防火和卫生方面的要求？占用多少农田？对这些问题进行调整，使之协调，并注意使整个布置留有一定的余地。最后，提出几个可能的方案进行比较，选定合理的布置方案。选定方案时，一般可以用以下几个主要指标来衡量，如：各种物资的运输工作量（吨公里数）或运输总费用；临时建筑物的工程量或造价，占用土地或农田的面积；有利于生产、易于管理和便于生活的程度等。

6. 根据选定的方案绘制施工总体布置图。

【应用实例 3-9】 某施工标段施工平面布置图如图 3-17 所示。

3.4.2　施工现场布置

3.4.2.1　施工交通运输

施工交通包括对外交通和场内交通两部分。对外交通是指联系施工工地与国家公路或地方公路、铁路车站、水运港口及航空港之间的交通，一般应充分利用现有设施，选择较短的新建、改建里程，以减少对外交通工程量。场内交通是联系施工工地内部各工区、料场、堆料场及各生产、生活区之间的交通，一般应与对外交通衔接。

在进行施工交通运输方案的设计时，主要解决的问题有：选定施工场内外的交通运输方式和场内外交通线路的连接方式；进行场内运输线路的平面布置和纵剖面设计；确定路基、路面标准及各种主要的建筑物（如桥涵、车站、码头等）的位置、规模和形式；提出运输工具和运输工程量、材料和劳动力的数量等。

1. 确定对外交通和场内交通的范围

对外交通方案应确保施工工地与国家或地方公路、铁路车站、水运港口之间的交通联系，具备完成施工期间外来物资运输任务的能力；场内交通方案应确保施工工地内部各工区、当地材料产地、堆渣场、各生产、生活区之间的交通联系，主要道路与对外交通衔接。

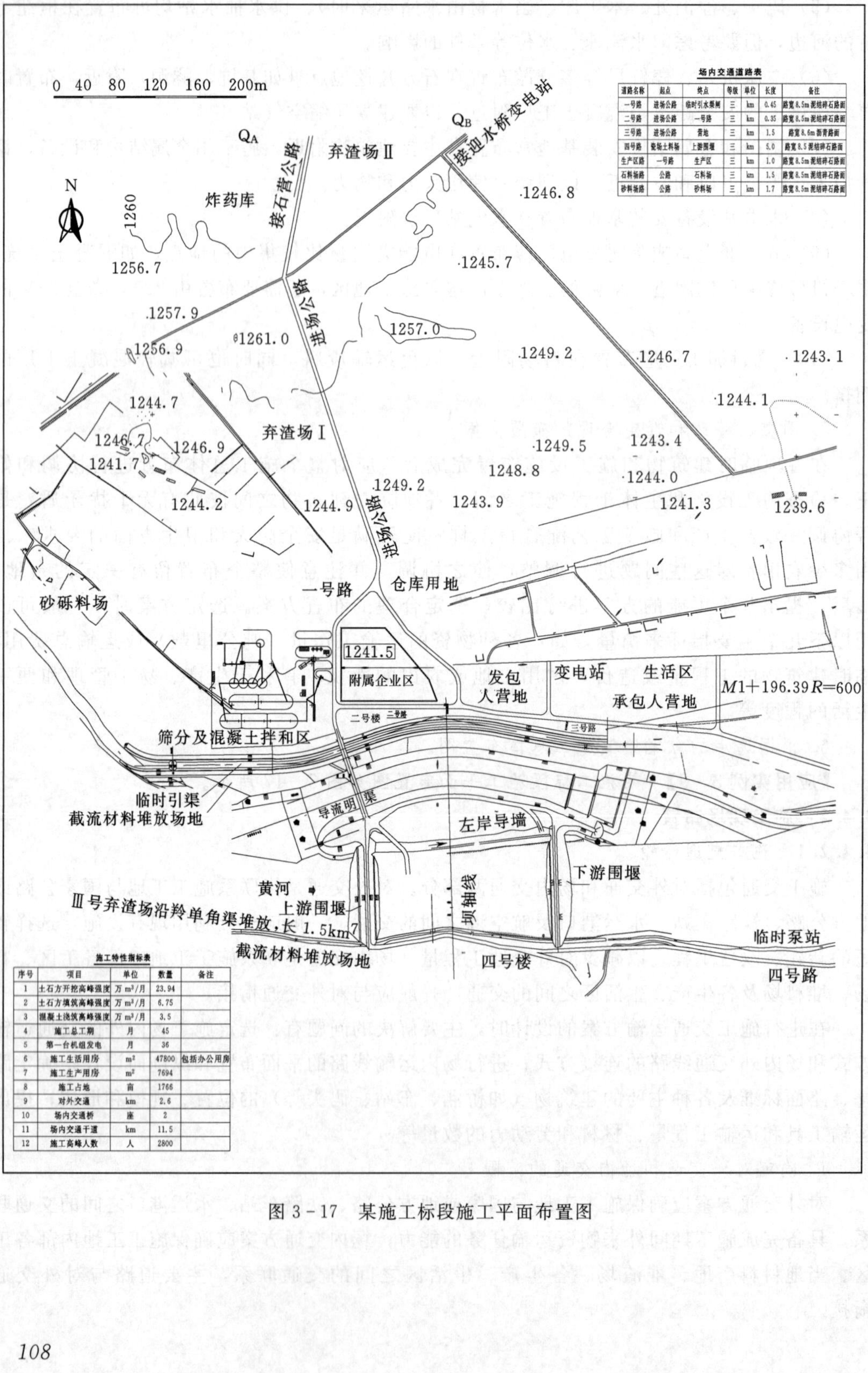

场内交通道路表

道路名称	起点	终点	等级	单位	长度	备注
一号路	进场公路	临时引水渠闸	三	km	0.45	路宽 8.5m 泥结碎石路面
二号路	进场公路	一号路	三	km	0.35	路宽 8.5m 泥结碎石路面
三号路	进场公路	营地	三	km	1.5	路宽 8.6m 沥青路面
四号路	瓷场土料场	上游围堰	三	km	5.0	路宽 8.5 泥结碎石路面
生产区路	一号路	生产区	三	km	1.0	路宽 8.5m 泥结碎石路面
石料场路	公路	石料场	三	km	1.5	路宽 8.5m 泥结碎石路面
砂料场路	公路	砂料场	三	km	1.7	路宽 8.5m 泥结碎石路面

施工特性指标表

序号	项目	单位	数量	备注
1	土石方开挖高峰强度	万 m^3/月	23.94	
2	土石方填筑高峰强度	万 m^3/月	6.75	
3	混凝土浇筑高峰强度	万 m^3/月	3.5	
4	施工总工期	月	45	
5	第一台机组发电	月	36	
6	施工生活用房	m^2	47800	包括办公用房
7	施工生产用房	m^2	7694	
8	施工占地	亩	1766	
9	对外交通	km	2.6	
10	场内交通桥	座	2	
11	场内交通干道	km	11.5	
12	施工高峰人数	人	2800	

图 3-17　某施工标段施工平面布置图

2. 场内交通规划的任务

场内交通规划的任务是正确选择场内运输主要和辅助的运输方式，合理布置线路，合理规划和组织场内运输。各分区间交通道路布置合理、运输方便可靠、能适应整个工程施工进度和工艺流程要求，尽量避免或减少反向运输和二次倒运。

3. 场内运输的特点

场内运输的特点是物料品种多、运输量大、运距短；物料流向明确，车辆单项运输；运输不均衡；对运输保证性要求高；场内交通的临时性；个别情况允许降低标准；运输方式多样性。

4. 场内运输方式

运输方案选择应考虑工程所在地区可资利用的交通运输设施情况，施工期总运输量、分年度运输量及运输强度，重大件运输条件，国家（地方）交通干线的连接条件以及场内、外交通的衔接条件，交通运输工程的施工期限及投资，转运站以及主要桥涵、渡口、码头、站场、隧道等的建设条件。

从运输的工具上来讲，场内运输方式的选择，主要根据各运输方式自身的特点、场内物料运输量、运输距离、对外运输方式、场地分区布置、地形条件和施工方法等。中、小型工程一般采用汽车运输为主、其他运输为辅的运输方式。至于对外交通运输专用线或场内公路设计时，应结合具体情况，参照国家有关的公路标准来进行。

从运输的方向上来讲，场内运输方式分水平运输和垂直运输方式两大类。垂直运输方式和永久建筑物施工场地、各生产系统内部的运输组织等，一般由各专业施工设计考虑，场内交通规划主要考虑场区之间的水平运输方式。水电工程常采用公路和铁路运输作为场内主要水平运输方式。

【应用实例 3-10】 某混凝土重力坝工程包括左岸非溢流坝段、溢流坝段、右岸非溢流坝段、右岸坝肩混凝土刺墙段。最大坝高 43m，坝顶全长 322m，共 17 个坝段。该工程采用明渠导流施工。坝址以上流域面积 610.5km^2，属于亚热带暖湿气候区，雨量充沛，湿润温和。平均气温比较高，需要采取温控措施。其施工组织设计主要内容包括：

(1) 大坝混凝土施工方案的选择。

(2) 坝体的分缝分块。根据混凝土坝型、地质情况、结构布置、施工方法、浇筑能力、温控水平等因素进行综合考虑。

(3) 坝体混凝土浇筑强度的确定。应满足该坝体在施工期的历年度汛高程与工程面貌。在安排坝体混凝土浇筑工程进度时，应估算施工有效工作日，分析气象因素造成的停工或影响天数，扣除法定节假日，然后再根据阶段混凝土浇筑方量拟定混凝土的月浇筑强度和日平均浇筑强度。

(4) 混凝土拌和系统的位置与容量选择。

(5) 混凝土运输方式与运输机械选择。

(6) 运输线路与起重机轨道布置。门、塔机栈桥高程必须在导流规划确定的洪水位以上，宜稍高于坝体重心，并与供料线布置高程相协调，栈桥一般平行于坝轴线布置，栈桥桥墩应部分埋入坝内。

(7) 混凝土温控要求及主要温控措施。

问题：

(1) 大坝水工混凝土浇筑的水平运输包括哪两类？垂直运输设备主要有哪些？

(2) 大坝水工混凝土浇筑的运输方案有哪些？本工程采用哪种运输方案？

【实例解答】

(1) 大坝水工混凝土浇筑的水平运输包括有轨和无轨运输两种类型；垂直运输设备主要有门机、塔机、缆机和履带式起重机。

(2) 大坝水工混凝土浇筑的运输方案有门、塔机运输方案，缆机运输方案以及辅助运输浇筑方案。本工程采用门、塔机运输方案。

5. 场内运输布置

根据加工厂、仓库及各施工对象的相对位置，研究货物转运图，区分主要道路和次要道路。

(1) 在规划临时道路时，应充分利用拟建的永久性道路，提前修建永久性道路或者先修路基和简易路面作为施工所需的道路，以达到节约投资的目的。

(2) 道路应有两个以上进出口，道路末端应设置回车场；场内道路干线应采用环形布置，主要道路宜采用双车道，宽度不小于6m；次要道路宜采用单车道，宽度不小于3.5m。

(3) 一般场外与省、市公路相连的干线，因其以后会成为永久性道路，因此，一开始就建成高标准路面；场区内的干线和施工机械行驶路线，最好采用碎石级配路面，以利修补；场内支线一般为土路或砂石路。

3.4.2.2 施工辅助企业

水利水电工程施工的辅助企业主要包括：砂石采料厂，混凝土生产系统，综合加工厂(混凝土预制构件厂，钢筋加工厂，木材加工厂等)，机械修配厂，工地供风、供水系统等。其布置的任务是根据工程特点、规模及施工条件，提出所需的辅助企业项目、任务和生产规模及内部组成，选定厂址，确定辅助企业的占地面积和建筑面积，并进行合理的布置，使工程施工能顺利地进行。

1. 砂石骨料加工厂

砂石骨料加工厂布置时，应尽量靠近料场，选择水源充足、运输及供电方便，有足够的堆料场地和便于排水清淤的地段，若砂石料厂不止一处时，可将加工厂布置在中心处，并考虑与混凝土生产系统的联系。

砂厂骨料加工厂的占地面积和建筑面积与骨料的生产能力有关。

2. 混凝土生产系统

混凝土生产系统应尽量集中布置，并靠近混凝土工程量集中的地点，如坝体高度不大时，混凝土生产系统高程可布置在坝体重心位置。

混凝土生产系统的面积可依据选择的拌和设备的型号生产能力来确定。

3. 综合加工厂

综合加工厂尽量靠近主体工程施工现场，若有条件时，可与混凝土生产系统一起布置。

(1) 钢筋加工厂。一般需要的面积较大，最好布置在来料处，即靠近码头、车站等。

占地面积和建筑面积，可查表 3-11 确定。

(2) 木材加工厂。应布置在铁路或公路专用线的近旁，又因其有防火的要求，则必须安排在空旷地带，且主要建筑物的下风向，以免发生火灾时蔓延。木材加工厂的占地面积和建筑面积，可查表 3-11 确定。

(3) 混凝土预制构件厂。其位置应布置在有足够大的场地和交通方便的地方，若服务对象主要为大坝主体，应尽量靠近大坝布置。其面积的确定，可参照表 3-11。

4. 机械修配厂

应与汽车修配厂和保养厂统一设置，其位置一般选在平坦、宽阔、交通方便的地段，若采用分散布置时，应分别靠近使用的机械、设备等地段。具体面积可参照表 3-11 选定。

表 3-11　　几种施工辅助企业的面积指标

企　业	生产规模	锻造能力 /(t/a)	铸造能力 /(t/a)	建筑面积 /m^2	占地面积 /m^2
木材加工厂	$20m^3$/班			372	5000
	$30m^3$/班			484	7390
	$50m^3$/班			1031	12200
	$80m^3$/班			1626	19500
钢筋加工厂	5t/班			178	800
	10t/班			224	1200
	25t/班			736	4100
	50t/班			1900	111200
混凝土构件预制厂（露天式）	$5000m^3$/a			200	6200
	$10000m^3$/a			320	10000
	$20000m^3$/a			620	18000
	$30000m^3$/a			800	22000
机械修配厂	10 台	60	70	545	1800
	20 台	120	150	1040	3470
	40 台	250	350	2018	6720
	60 台	350	500	2917	9750

5. 工地供风系统

工地供风主要供石方开挖、混凝土、水泥输送、灌浆等施工作业所需的压缩空气。一般采用的方式是集中供风和分散供风，压缩空气主要由固定式的空气压缩机站或移动的空压机来供应。

一个供风系统主要由空压机站和供风管道组成，空压机站的供风量，Q_f 可以按照下式计算：

$$Q_f = k_1 k_2 k_3 \sum nqk_4 k_5$$

式中　Q_f——供风需要量，m^3/min；

k_1——由于空气压缩机效率降低以及未预计到的少量用气所采用的系数，取 1.05～1.10；

k_2——管网漏气系数，一般取 1.10～1.30，管网长或铺设质量差时取大值；

k_3——高原修正系数，按表 3－12 选取；

k_4——各类风动机械同时工作系数，按表 3－13 选取；

k_5——风动机械磨损修正系数，按有关规定选取；

n——同时工作的同类型风动机械台数；

q——每台风动机械用气量，m^3/min，一般来采用风动机械定额气量。

为了调节输气管网中的空气压力，清除空气中的水分和油污等，每台空气压缩机都需要设置储气罐，其容量可按下式估算：

$$V=a\sqrt{Q_f}$$

式中　V——储气罐的容量，m^3；

Q_f——供风量，m^3/min；

a——系数，对于固定式空压机，空压机生产率为 10～40m^3/min 时，采用 1.5；生产率为 3～10m^3/min 时，采用 0.9；对于移动式空压机，采用 0.4。

表 3－12　　高原修正系数 k_3

海拔高程/m	0	305	610	914	1219	1524	1829	2134	2433	2743	3049	3653	4572
k_3	1.00	1.03	1.07	1.10	1.14	1.17	1.20	1.23	1.26	1.29	1.32	1.37	1.43

表 3－13　　凿岩机同时工作系数

同时工作凿岩机台数	1	2	3	4	5	6	7	8	9	10	11	12	20	30
k_4	1	0.9	0.9	0.85	0.82	0.8	0.78	0.75	0.73	0.71	0.68	0.61	0.59	0.50

空气压缩机站的位置，应尽量靠近用风量集中的地点，保证用风质量，同时，接近供电，供水系统，并要求有良好的地基，空气压缩机距离用风地点最好在 700m 左右，最大不超过 1000m。

供风管道采用树枝状布置，一般沿地表敷设，必要时可局部埋设或架空敷设（如穿越重要交通道路等）管道坡度大致控制在 0.1%～0.5%的顺坡。

6. 工地供电系统

工地用电主要包括室内外交通照明用电和各种机械、动力设备用电等。在设计工地供电系统时，主要应该解决的问题是：确定用电地点和需电量、选择供电方式、进行供电系统的设计。

工地的供电方式常见的有：施工地区已有的国家电网供电、临时发电厂供电、移动式发电机供电等三种方式，其中国家电网供电的方式最经济方便，宜尽量选用。

工地的用电负荷，按不同的施工阶段分别计算。工地内的供电采用国家电网供电应先在工地附近设总变电所，将高压电降为中压电，在输送到用户附近时，通过小型变压器（变电站）将中压降压为低压（380/220V）然后输送到各用户；另在工地应有备用发电设施，以备国家电网停电时备用，其供电半径为 300～700m 为宜。

施工现场供电网路中，变压器应设在所负担的用电荷集中、用电量大的地方，同时各变压器之间可作环状布置，供电线路一般呈树枝形布置，采用架空线等方式敷设，电杆距为 24～25m，并尽量避免供电线路的二次拆迁。

7. 工地供水系统

工地供水系统主要由取水工程、净水工程和输配水工程等组成，其任务在于经济合理地供给生产、生活和消防用水。在进行供水系统设计时，首先应考虑需水地点和需水量，水质要求，再选择水源，最后进行取水、净水建筑物和输水管网的设计等。

（1）生产用水量。生产用水包括进行土石方工程、混凝土工程、灌浆工程施工所需的用水量，以及施工企业和动力设备等消耗的水量，计算方法为

$$Q_i = k_1 k_3 \sum (n_1 q_1)/(8\times 3600)$$

式中　Q_i——施工、机械及辅助企业生产水量，L/s；

k_1——给水不均衡系数，参考表 3-14 选用；

k_3——未计及的用水系数，取 1.2；

n_1——某类机械同时工作生产能力；

q_1——单位用水定额，参照表 3-15 选用。

（2）生活用水量。生活用水量主要是指生活区和现场生活用水。它的计算公式是

$$Q_2 = k_2 k_4 n_3 q_3/(24\times 3600) + k_2' k_4 n_3' q_3'/(8\times 3600)$$

式中　Q_2——生活用水量，L/s；

k_2——日生活用水不均衡系数，见表 3-14；

k_4——未计及的用水系数，取 1.1；

n_3——施工高峰工地居住最多人数（包括固定、流动性职工及家属）；

q_3——每人每天用水量定额，参照表 3-16 选取；

k_2'——现场生活不均衡系数，见表 3-14；

n_3'——在同一班内现场和施工企业内工作的最多人数；

q_3'——每人每班在现场生活用水量定额，见表 3-16。

表 3-14　给水不均衡系数

项目	类别	不均衡系数	项目	类别	不均衡系数
施工、生产用水	工程施工用水	1.50	生活用水	现场生活用水	1.30～1.50
	施工生产企业生产用水	1.25			
	施工机械运输机具用水	2.00		居住区生活用水	2.00～2.50
	动力设备用水	1.05～1.10			

表 3-15　施工生产用水定额

用水户类别	单　位	用水量定额	备　注
机械化土方施工	$L/100m^3$	350～400	不包括机械清洗压气站用水
机械化石方施工	$L/100m^3$	3500～4500	
填筑砾石土	L/m^3	50	包括填筑碾压洒水等
填筑黏土	L/m^3	20	包括填筑碾压洒水等

续表

用水户类别	单 位	用水量定额	备 注
填筑砂砾石	L/m^3	380	包括填筑碾压洒水等
内燃发电机组	L/(马力·m^3)	15～40	
混凝土预制构件厂浇水养护	L/m^3	300～400	
混凝土预制构件厂蒸汽养护	L/m^3	500～700	
机械加工件	L/t	1000～5000	
拌石灰浆	L/m^3	1000～1200	
拌石灰砂浆	L/m^3	600～1000	
拌水泥浆	L/m^3	200～300	
内燃挖掘机	L/(m^3·台班)	200～300	以斗容 m^3 计
内燃起重机	L/(t·台班)	15～18	以起重量 t 计
拖拉机推土机	L/(台·昼夜)	300～600	
内燃压路机	L/(t·台班)	12～15	以机重 t 计
凿岩机	L/(min·台)	3～8	01～30、01～33 型
轻型汽车	L/(辆·昼夜)	300～400	
砖砌体	L/100 块	200～300	
毛石砌体	L/m^3	50～80	
抹灰	L/m^3	30	
预制件养护	L/(s·处)	5～10	自制预制件

表 3-16　　生活用水量定额

用水项目	单位	用水量定额
生活用水	L/(人·天)	100～200
食堂	L/(人·天)	15～20
浴室	L/(人·次)	50～60
道路绿化洒水	L/(人·班)	20～30
现场生活	L/(人·班)	10～20
现场淋浴	L/(人·班)	25～30
现场道路洒水	L/(人·班)	10～15

(3) 消防用水量。消防用水包括施工现场消防用水和居住区的消防用水，施工现场的消防用水量与工地范围有关，而居住区的消防用水量由居住区人数来确定，具体消防用水量可查表 3-17 选取。

(4) 工地的总需水量。工地现场的总需水量应满足不同时期高峰生产用水和生活用水的需要，并按消防用水量进行校核，其计算可按以下两式进行。

$$Q_0 = Q_1 + Q_2$$

$$Q_0 = 1/2(Q_1 + Q_2) + Q_3$$

式中　Q_0——工地的总量需水量，L/s；

Q_3——消防用水量，L/s。

表 3-17　　　　消 防 用 水 定 额

用水项目	按火灾同时发生次数计/次	耗水量/t	用水项目	按火灾同时发生次数计/次	耗水量/t
居住区消防用水			施工现场消防用水		
5000 人以上	1	10	现场面积在 $25hm^2$ 以内	2	10～15
10000 人以上	2	10～15	每增加 $25hm^2$ 递增		5
25000 人以上	2	15～20			

总需水量 Q_0 选取上两式计算结果的最大值，并考虑不可避免的管网漏水损失，应将总需水 Q_0 增加 10%。

供水系统的水源一般根据实际情况确定，但生产、生活用水必须考虑水质的要求，尤其是饮用水源，应尽量取地下水为宜。

布置用水系统时，应充分考虑工地范围的大小，可布置成一个或几个供系统。供水系统一般由供水站、管道和水塔等组成。水塔的位置应设有用水中心处，高程按供水管网所需的最大水头计算。供水管道一般用树枝状布置，水管的材料根据管内压力大小分为铸铁和钢管两种。

工地供水系统所用水泵，一般每台流量为 10～30 L/s，扬程应比最高用水点和水源的高差高出 10～15m。水泵应有一定的备用台数，同一泵站的水泵型号尽可能统一。

3.4.2.3 施工临时设施

1. 仓库

(1) 仓库的分类。工地仓库的主要功能是储存和供应工程施工所需的各种物资、器材和设备。根据它的用途和管理形式分为：中心仓库（储存全工地统一调配使用的物料）、转运站仓库（储存待运的物资）、专用仓库（储存一种或特殊的材料）、工区分库（只储存本工区的物资的材料）、辅助企业分库（只储存本企业用的材料等）等。

按照结构形式分为：露天式仓库、棚式仓库和封闭式仓库等。

(2) 仓库的布置。仓库布置的具体要求是：服务对象单一的仓库、堆场、应靠近所服务的企业或施工地点。

1) 当采用铁路运输时，仓库通常沿铁路线布置，并且要留有足够的装卸前线；如果没有足够的装卸前线，必须在附近设置转运仓库。布置铁路沿线仓库时，应将仓库设置在靠近工地一侧，以免内部运输跨越铁路。同时仓库不宜设置在弯道处或坡道上。

2) 当采用水路运输时，一般应在码头附近设置转运仓库，以缩短船只在码头上的停留时间。

3) 当采用公路运输时，仓库的布置较灵活，一般中心仓库布置在工地中央或靠近使用的地方，也可以布置在靠近外部交通连接处。砂石、水泥、石灰、木材等仓库或堆场宜布置在施工对象附近，以免二次搬运。一般笨重设备应尽量放在车间附近，其他设备仓库可布置在其外围或其他空地上。

4）炸药库应布置在僻静的位置，远离生活区；汽油库应布置在交通方便之处，且不得靠近其他仓库和生活设施，并注意避开多发的风向。

（3）仓库储存量的计算。仓库储存量的确定的根据施工条件、供应条件、运输条件等具体情况确定。对仓库储存量的要求既不能存储过多，造成积压浪费，又要满足工程施工的需要，且具有一定的存储量。另外，受季节影响的材料，应分析施工和生产的中断因素。水运时需考虑洪、枯水和严寒季节影响，材料的储存量可按下式计算：

$$q=Q/ntk$$

式中　q——需要材料储存量；

Q——一般高峰年材料总需要量，t 或 m^3；

n——年工作日数；

t——需要材料的储备天数，可参考表 3-18；

k——不均匀系数，可取 1.2～1.5。

（4）仓库面积的计算。材料器材仓库的面积 W_1 计算公式：

$$W_1=q/pk_1$$

式中　W_1——仓库面积，m^2；

q——材料储存量，t 或 m^3；

p——每 m^2 有效面积的材料存放量，t 或 m^3，可参照表 3-19；

k_1——仓库面积利用系数，可参照表 3-19。

施工设备仓库面积 W_2 的计算公式为：

$$W_2=na/k_2$$

式中　W_2——仓库面积，m^2；

n——设备的台数，台；

a——每台设备占地面积，m^2/台，可参考表 3-20 选取；

k_2——面积利用系数，库内有行车时取 0.3，库内无行车时取 0.7。

表 3-18　各种材料储备天数参考表

材料名称	储备天数/d	备注	材料名称	储备天数/d	备注
钢筋、钢材	120～180		电石、油漆、化工	20～30	
设备配件	180～270	根据同种配件的多少，还要乘 0.5～1.0 修正系数	煤	30～90	
			电线、电缆	40～50	
水泥	7～15		钢丝绳	40～50	
炸药、雷管	60～90		地方房产建材材料	10～20	
油料	30～0		砂、石骨料成品	10～20	
木材	30～90	在贮放的木材，可按一年用量储备	混凝土预制品	10～15	
五金、材料	20～30		劳保、生活用品	30～40	
沥青、玻璃、油毡	20～30		土产杂品	30～40	

(5) 仓库占地面积的估算。其估算公式为

$$A=\sum wk_3$$

式中　A——仓库占面积，m^2；

w——仓库建筑面积或堆存场面积，m^2；

k_3——占地面积系数，可按表 3-21 选取。

表 3-19　　单位有效面积材料储存量及仓库面积利用系数

材料名称	保管方法	堆高/m	单位面积堆置 p	储存方法	仓库面积利用系数 k_1
水泥	堆垛	1.5～1.6	1.3～1.5t	仓库、料棚	0.45～0.60
水泥		2.0～3.0	2.5～4.0t	封闭式料斗机械化	0.70
圆钢	堆垛	1.2	3.1～4.2t	料棚、露天	0.66
方钢	堆垛	1.2	3.2～4.3t	料棚、露天	0.68
扁、角钢	堆垛	1.2	2.1～2.9t	料棚、露天	0.45
钢板	堆垛	1.0	4.0t	料棚、露天	0.57
工字钢、槽钢	堆垛	0.5	1.3～2.6t	料棚、露天	0.32～0.54
钢管	堆垛	1.2	0.8t	料棚、露天	0.11
铸铁管	堆垛	1.2	0.9～1.3t	露天	0.38
铜线	料架	2.2	1.3t	仓库	0.11
铝线	料架	2.2	0.4t	仓库	0.11
电线	料架	2.2	0.9t	仓库、料架	0.35～0.40
电缆	堆垛	1.4	0.4t	仓库、料架	0.35～0.40
盘条	叠放	1.0	1.3～1.5t	棚式	0.50
钉、螺栓铆钉	堆垛	2.0	2.5～3.5t	仓库	0.60
炸药	堆垛	1.5	0.66t	仓库、料架	0.45～0.60
电石	堆垛	1.2	0.90t	仓库	0.35～0.40
油脂	堆垛	1.2～1.8	0.45～0.80t	仓库	0.35～0.40
玻璃	堆垛	0.8～1.5	6.0～10.0 箱	仓库	0.45～0.60
油毡	堆垛	1.0～1.5	15.0～22.0t	仓库	0.35～0.45
石油沥青	堆垛	2	2.2t	仓库	0.50～0.60
胶合板	堆垛	1.5	200～300 张	仓库	0.50
石灰	堆垛	1.5	0.85t	料棚	0.55
五金	叠放、堆垛	2.2	1.5～2.0t	仓库、料架	0.35～0.50
水暖零件	堆垛	1.4	1.30t	料棚、露天	0.15
原木	叠放	2～3	1.3～2.0m^3	露天式	0.40～0.50
锯材	叠放	2～3	1.2～1.8m^3	露天式	0.40～0.50

续表

材料名称	保管方法	堆高/m	单位面积堆置 p	储存方法	仓库面积利用系数 k_1
混凝土管	叠放	1.5	0.3～0.4m	露天式	0.30～0.40
卵石、砂、碎石	堆垛	5～6	3～4m³	露天式	0.60～0.70
卵石、砂、碎石	堆垛	1.5～2.5	1.5～2.0m³	露天式	0.60～0.70
毛石	堆垛	1.2	1.0m³	露天式	0.60～0.70
砖	堆垛	1.5	700块	露天式	
煤炭	堆垛	2.25	2.0t	露天	0.60～0.70
劳保	叠放		1套	料架	0.30～0.35

表3-20　　施工机械停放场所需面积参考指标

施工机械名称	停放场地面积/(m^2/台)	存放方式
1. 起重、土石方机械		
塔式起重机	200～300	露天
履带式起重机	100～125	露天
履带式正、反铲运机，拖式铲运机、轮胎式起重机	70～100	露天
推土机、拖拉机、压路机	25～35	露天
汽车式起重机	20～30	露天或室内
门式起重机（10t，60t）	300～400	解体露天及室内
缆式起重机（10t，20t）	400～500	解体露天及室内
2. 运输机械类		一般情况下室内不小于10%
汽车（室内）	20～30	
汽车（室外）	46～60	
平板拖车	100～150	
3. 其他机类 搅拌机、卷扬机、电焊机、电动机、水泵、空压机、油泵等	4～6	一般情况下室内占30%、室外占70%

表3-21　　仓库占地面积系数（k_3）参考指标

仓库种类	k_3
物资总库、施工设备库	4
油库	6
机电仓库	8
炸药库	6
钢筋、钢材库、圆木堆场	3～4

2. 工地临时房屋

一般工地上的临时房屋主要有行政管理用房（如指挥部、办公室等）、文化娱乐用房

（如学校、俱乐部等）、居住用房（如职工宿舍等）、生活福利用房（如医院、商店、浴池等）等。

修建这些临时房屋时，必须注意既要满足实际需要，又要节约修建费用。具体应考虑以下问题：

（1）尽可能利用施工区附近城镇的居民和文化福利实施。

（2）尽可能利用拟建的永久性房屋。

（3）结合施工地区新建城镇的规划统一考虑。

（4）临时房屋宜采用装配式结构。

具体工地各类临时房屋需要量，取决于工程规模、工期长短、投资情况和工程所在地区的条件等因素。

应尽量利用建设单位的生活基地或其他永久性建筑，不足部分另行建造，还可考虑租用当地的民房。

一般全工地性行政管理用房宜设在全工地入口处，以便对外联系；也可设在工地中间，便于全工地管理；工人用的福利设施应设置在工人较集中的地方，或工人必经之处；生活基地应设在场外，距工地500～1000m为宜；食堂可布置在工地内部或工地与生活区之间。应尽量避开危险品仓库和砂石加工厂等位置，以利安全和减少污染。

【应用实例3-11】 某工程生产生活设施及其他建筑物占地面积一览表，见表3-22。

表3-22　　生产生活设施及其他建筑物占地面积一览表

序号	项目		规模	建筑面积/m^2	占地面积/万m^2	备注
1	砂石加工系统			80	1.0	
2	混凝土生产系统	拌和站	JQ750	100	0.15	$5\times30m^3/h$
3		砂石临时堆放场			0.3	
4	空气压缩系统		$132m^3/min$	150	0.21	
5	施工供水系统		$260m^3/h$	80	0.08	4套系统
6	施工供电系统		3000kVA	80	0.04	
7	通信系统			60	0.02	
8	机械修理厂			80	0.10	
9	汽车保养场			50	0.15	
10	施工机械停放场			120	0.80	
11	综合加工厂	钢筋加工厂		100	0.15	
12		木材加工厂		100	0.15	
13		金结拼装场		50	0.10	
14	综合仓库	物资仓库		200	0.06	
15		设备仓库		160	0.06	
16	水泥仓库			150	0.03	

续表

序号	项　目	规模	建筑面积/m^2	占地面积/万 m^2	备注
17	油料仓库		50	0.02	
18	炸药雷管仓库		60	0.08	
19	临时生活用房	600人	4800	0.6	其中利用永久房屋1600m^2
20	弃渣场			18.2	
21	其他		80	0.06	
合　计			6550	22.36	

3.4.3 施工总布置的优化及设计成果

施工临时设施的平面布置和竖向布置完成后，对施工总布置进行协调修正，检查施工临时设施和主体工程施工之间、各临时建筑物之间是否协调，有无干扰矛盾，生产和施工工艺之间的配合如何，能否满足保安、防火和卫生的要求，对于不协调的布置进行调整。最后编制总布置有关技术经济指标图表，完成施工总布置设计。

1. 施工总布置方案比较指标

（1）交通道路的主要技术指标包括工程质量、造价指标、运输费及运输设备需用量。

（2）各方案土石方平衡计算成果及弃渣场规划。

（3）风、水、电系统各方案管线布置的主要工程量、材料和设备等。

（4）生产、生活福利设施的建筑物面积和占地面积。

（5）有关施工征地移民的各种指标。

（6）施工工厂设施的土建、安装工程量。

（7）站场、码头和仓库装卸设备需要量。

（8）其他临建工程量。

2. 施工总布置方案比较定性分析内容

（1）布置方案能否充分发挥施工工厂的生产能力。

（2）满足施工总进度和施工强度的要求。

（3）施工设施、站场、临时建筑物的协调和干扰情况。

（4）施工分区的合理性。

（5）研究当地现有企业为工程施工服务的可能性和合理性。

3. 施工总布置的主要内容

（1）坐标系统、风玫瑰（指北针），必要的地形、地物、标高、图例等。

（2）主体建筑物及主要导流建筑物轮廓布置。

（3）主要施工机械设备布置、运输系统（如门式、塔式、缆式起重机、混凝土运输线、栈桥等）轮廓布置。

（4）主要施工分区划分范围，主要施工辅助企业、大型临时设施布置以及堆、弃渣场地范围。

（5）风、水、电及其他动力、能源、场（厂）站位置及主、干管线。

(6) 当地主要建筑材料场地位置及范围。

(7) 场地排水布置。

(8) 准备工程量一览表。

(9) 临建工程项目一览表。

(10) 生产、生活福利设施及其他建筑物一览表。

(11) 场内外交通运输技术指标及转运、存储建筑物数量一览表。

4. 施工总布置设计成果

(1) 文字说明。

(2) 施工总布置图，比例 1：2000～1：10000。

(3) 施工对外交通图。

(4) 居住小区规划图，比例 1：500～1：1000。

(5) 施工征地范围规划图和施工用地面积一览表。

(6) 施工用地分期征用示意图。

【知识技能点小结】

施工总布置，就是根据工程特点和施工条件，研究解决施工期间所需的辅助企业、交通道路、仓库、房屋、动力、给水排水管线以及其他施工设施等的平面和立面布置问题，为整个工程全面施工创造条件，以期用最少的人力、物力和财力，在规定的期限内顺利完成整个工程的建设任务。施工总平面布置首先要收集资料，列出临时项目清单，进行工区划分，确定总布置方式，进而确定施工现场的布置。

【知识技能训练】

简答题

1. 试结合某一工程施工现场布置，分析施工现场布置的合理性。

2. 试说明施工总布置的步骤。

任务 3.5　施工资源配置计划编制

资源是施工生产的物质基础，是工程实施必不可少的前提条件，它们的费用占工程总费用的 80%以上，所以资源消耗的节约是工程成本节约的主要途径。如果资源不能保证，任何考虑得再周密的工期计划也不能实行。资源需要量是指项目施工过程中所必须消耗的各类资源的计划用量，它包括：劳动力、建筑材料、机械设备以及施工用水、电、动力、运输、仓储设施等的需要量。资源管理的任务就是按照工程项目的实施计划编制资源的使用和供应计划，将项目实施所需的资源按正确的时间、正确的数量供应到正确的地点，并降低资源成本消耗（如采购费用、仓库保管费等）。

3.5.1　劳动力计划

3.5.1.1　劳动力需要量

劳动力需要量指的是在工程施工期间，直接参加生产和辅助生产的人员数量以及整个工程所需总劳动量。水利水电工程施工劳动力包括建筑安装人员，企业工厂、交通的运行和维护人员，管理、服务人员等。劳动力需要量是施工总进度的一项重要指标，也是确定临时工程规模和计算工程总投资的重要依据之一。

劳动力计划的计算内容包括施工期各年份月劳动力数量（人），施工期高峰劳动力数量（人），施工期平均劳动力数量（人）和整个工程施工的总劳动量（工日）。

3.5.1.2　劳动力计算方法

1. 劳动定额法

（1）劳动力定额。劳动力定额是完成单位工程量所需要的劳动工日。在计算各施工时段所需要的基本劳动力数量时，是以施工总进度为基础，用各施工时段的施工强度乘以劳动力定额而得。总进度表上的工程项目，是基本施工工艺环节中各施工工序的综合项目，例如：石方开挖，包括开挖和出渣等，混凝土浇筑包括砂石料开采、加工和运输，模板，钢筋，混凝土拌和、运输、浇筑和养护等，土石方填筑包括料物开采、运输、上坝和填筑等。所以计算劳动力所需的劳动力定额，主要是依据本工程的建筑物特性、施工特性、选定的施工方法、设备规格、生产流程等经过综合分析后拟定。

（2）劳动力需要量计算步骤。

1）拟定劳动力定额。

2）以施工总进度表为依据，绘制单项工程的施工进度线，并说明各时段的施工强度。

3）计算基本劳动力曲线。

4）计算企业工厂运行劳动力曲线。

5）计算对外交通、企业管理人员、场内道路维护等劳动力曲线。

6）计算管理人员、服务人员劳动力曲线。

7）计算缺勤劳动力曲线。

8）计算不可预见劳动力曲线。

9）计算和绘制整个工程的劳动力曲线。

（3）基本劳动力计算。以施工总进度表为依据，用各单项工程分年、分月的日强度乘以相应劳动力定额，即得单项工程相应时段劳动力需要量。同年同月各单项工程劳动力需要量相加，即为该年该月的日需要劳动力。

（4）企业工厂运行劳动力。以施工进度表为依据，列出各企业工厂在各年各月的运行人员数量，同年同月逐项相加而得。各企业各时段的生产人员，一般由企业工厂设计人员提供。

（5）对外交通、企管人员及道路维护劳动力。用基本劳动力与企业工厂运行人员之和乘以系数0.1～0.5（混凝土坝工程和对外交通距离较远者取大值）。

（6）管理人员。管理人员（包括有关单位派驻人员），取上述（3）～（5）项的生产人员总数的7%～10%。

（7）缺勤人员。缺勤人员取上述生产人员与管理人员总数之和的5%～8%。

（8）不可预见人员。上述（3）～（7）项人员之和的5%～10%。可行性研究阶段取10%，初步设计阶段取5%。

按以下方法计算各类劳动力需用量后，可按表3-23形式进行汇总。

表 3-23 **建筑项目土建施工劳动力汇总表**

序号	工程名称	全工地性工程							临时建筑		劳动力计划			
		地基处理	厂房	水工建筑	道路	上下水道	电气工程	其他	仓库	加工厂	一季度	二季度	三季度	四季度
1	木工													
2	钢筋工													
3	混凝土工													
4	测绘工													
5	架子工													
合计														

2. 类比法

根据同类型、同规模（水工、施工）的实际定员类比，通过认真分析加以适当调整。此方法比较简单，也有一定的准确度。

3.5.2 材料、构件及半成品需用量计划

水利水电工程所使用的材料包括消耗性材料、周转性材料和装置性材料。由于材料品种繁多，且不同设计阶段对材料需要量估算精度的要求不同，一般在初步设计阶段，仅对工程施工影响大、用量多的钢材、木材、水泥、炸药、燃料等材料进行估算。

3.5.2.1 材料需要量估算依据

（1）主体工程各单项工程的分项工程量。

（2）各种临时建筑工程的分项工程量。

（3）其他工程的分项工程量。

（4）材料消耗指标一般以部颁定额为准，当有试验依据时，以试验指标为准。

（5）各类燃油、燃煤机械设备的使用台班数。

（6）施工方法，原材料本身的物理、化学、几何性质。

3.5.2.2 主要材料汇总

主要材料用量，应按单项工程汇总并小计用量，最后累计全部工程主要材料用量。汇总工作可按表 3-24 形式进行。

表 3-24 **主要材料汇总表**

序号	单项工程名称	工程部位	主要材料用量					
			钢材	木材	水泥	炸药	燃料	
							汽油	柴油
小计								

3.5.2.3 编制分期供应计划

（1）根据施工总进度计划的要求，在主要材料计算和汇总的基础上编制分期供应计划。

（2）分期材料需要量应分材料种类、工程项目、计算分期工程量占总工程量的比例，并累计全工程在各时段中的材料需用量。计算表的形式见表 3-25。

表 3-25　　材料分期需要量计算表

材料种类	单项工程或部位名称	该工程或部位材料耗用总量	计算项目	分期用量		
				第　年	第　年	第　年
			分期工程量占总工程量比例			
			材料分期用量			
			分期工程量占总工程量比例			
			材料分期用量			
			分期工程量占总工程量比例			
			材料分期用量			
	小计					

(3) 材料供应至工地时间应早于需要时间，并留有验收、材料质量鉴定、出入库等时间。

(4) 如考虑某些材料供应的实际困难，可在适当时候多供应一定数量，暂时储存以备后用。但储存时间不能超过有关材料管理和技术规程所限定的时间，同时应考虑资金周转等问题。

(5) 供应计划应按各种材料品种或规格、产地或来源分列供应数量和小计供应量。

主要材料分期供应量表的形式见表 3-26。

表 3-26　　主要材料分期供应量表

材料名称	品种或规格	产地或来源	分期供应量											
			第　年				第　年				第　年			
			1	2	3	4	1	2	3	4	1	2	3	4
水泥	32.5													
	42.5													
	小计													
	合计													

3.5.3 施工机械需用量计划

施工机械是施工生产要素的重要组成部分。现代工程项目都要依靠使用机械设备才能完成任务。随着科学技术不断发展，新机械、新设备层出不穷，大型的资金密集型和技术密集型的机械在现代机械化施工中起着越来越重要的作用。

3.5.3.1 施工机械设备的选择原则

正确拟定施工方案和选择施工机械是合理组织施工的关键。施工方案要做到技术上先进、经济上合理，满足保证施工质量，提高劳动力生产率，加快施工进度及充分利用机械的要求；而正确选择施工机械设备能使施工方法更为先进、合理，又经济。因此施工机械选择的好坏很大程度上决定了施工方案的优劣。所以，在选择施工机械时应遵照以下原则：

（1）适应工地条件，符合设计和施工要求，保证工程质量，生产能力满足施工强度要求。

选择的机械类型必须符合施工现场的地质、地形条件及工程量和施工进度的要求等。为了保证施工进度和提高经济效益，工程量大的采用大型机械，否则选用小型机械，但这并不是绝对的。例如某大型工程施工地区偏僻、道路狭窄，桥梁载重量受到限制，大型机械不能通过，为此要专门修建运输大型机械的道路、桥梁，显然是不经济的，所以选用中型机械较为合理。

（2）设备性能机动、灵活、高效、能耗低、运行安全可靠。

选择机械时要考虑到各种机械的合理组合，这是决定所选择的施工机械能否发挥效率的重要因素。合理组合主要包括主机与辅助机械在台数和生产能力的相互适应以及作业线上的各种机械相配套的组合。首先主机与辅助机械的组合，必须保证在主机充分发挥作用的前提下，考虑辅助机械的台数和生产能力。其次一种机械施工作业线是几种机械联合作业组合成一条龙的机械化施工，几种机械的联合才能形成生产能力。如果其中某一种机械的生产能力不适应作业线上的其他机械的生产能力或机械可靠性不好，都会使整条作业线的机械发挥不了作用。

（3）通用性强，能满足在先后施工的工程项目中重复使用。

（4）设备购置及运行费用较低，易获得零配件，便于维修、保养、管理和调度。

施工机械固定资产损耗费（折旧费用、大修理费等）与施工机械的投资成正比，运行费（机上人工费、动力、燃料费等）可以看作与完成的工程量成正比。这些费用是在机械运行中重点考虑的因素。大型机械需要的投资大，但如果把其分摊到较大的工程量中，对工程成本的影响就很小。所以，大型工程选择大型的施工机械是经济的。为了降低施工运行费，不能大机小用，一定要以满足施工需要为目的。

设备采购应通过市场调查，一般机械应为常用机型，有利于承包商自带，少量大型、特殊机械，可由业主单位采购，提供承包商使用。原则上，零配件供应由承包商自行解决。

3.5.3.2 土石方施工机械选择的步骤与方法

1. 根据施工方案选择施工机械

在拟定施工方案时，首先要研究完成基本工作所需的主要机械，按照施工条件和工作面参数选定主要机械，然后依据主要机械的生产能力和性能参数再选用与其配套的机械。

（1）根据作业内容选择机械。不同土石方施工，其作业内容不同，所需主要机械、配套机械也不同，根据需要可参考相关手册进行选择。如料场及道路准备中清除树木可以采用的主要机械是推土机、除荆机，而清除表土则可采用推土机和铲运机。

（2）根据土石料类型选择机械。土石方施工中根据现行规范，把土分为砂土、壤土和黏土、砾质土、风化软岩、爆破石渣、砂砾料等。根据施工条件，又可分为水上和水下等。为充分发挥机械设备的效率，根据不同的填料，选择适宜的机械。如壤土和黏土挖掘采用正铲挖掘机和斗轮挖掘机比较适宜。

(3) 根据运距和道路条件选择运输机械。各种运输机械的经济运距和对道路的要求不一样，应按运输距离确定选择机械。如履带式推土机在15～30m时可获得最大的生产效率。

2. 施工机械需要量计算

施工机械需要量可根据进度计划安排的日施工强度、机械生产率、机械利用率等参数计算求得。挖掘、运输、碾压机械的台数 N 可按下式计算：

$$N=\frac{Q}{Pm\eta}$$

式中　Q——计算依据的施工强度，m^3/d；

m——每天计划工作班数，班/d；

η——机械利用率，%；

P——机械生产率，m^3/台班，挖掘机械一般为自然方，碾压机械为压实方。

3.5.3.3　施工机械设备汇总平衡

在施工机械设备选型后，应进行主要施工机械设备的汇总工作。汇总时按各单项工程或辅助企业汇总机械设备的类型、型号、使用数量，分别了解其使用时段、部位、施工特点及机械使用特点等有关资料。

3.5.3.4　施工机械设备平衡

施工机械设备平衡的目的是在保证施工总进度计划的实施、满足施工工艺要求的前提下，尽量做到充分发挥机械设备的效能，配套齐全，数量合理，管理方便和技术经济效益显著，并最终反映到机械类型、型号的改变和配置数量的变化上。一般情况下，施工机械设备平衡的主要对象是主要的土石方机械、运输机械、混凝土机械、起重机械、工程船舶、基础处理机械和主要辅助设备等七大类不固定设置的机械。

机械平衡的主要内容是同类型机械设备在使用时段上的平衡，同时应注意不同施工部位、不同类型或型号的互换平衡。平衡内容和主要原则见表3-27。

表3-27　　机械设备平衡的内容与原则

平衡内容		平衡原则	
		施工单位不明确	施工单位明确
使用上的平衡		由大型、高效机械充当骨干	现有大型机械充当骨干，同时注意旧机械更新
		中小型机械起填平补齐作用	
型号上的平衡		型号尽力简化，以高效能、调动灵活机械为主；注意一机多能；大中小型机械保持适当比例	使现有机械配套
数量上的平衡		数量合理	减少机械数量
时间上的平衡		利用同一机械在不同时间、作业场所发挥作用	
配套平衡		机械设备配套应由施工流程决定。多功能、服务范围广的机械应与大多数作业的其他机械配套选择；施工机械应与相应的检修、装拆设施水平相适应	
其他	机械拆迁	减少重型机械的频繁拆迁、转移	
	维修保养	配件来源可靠、有与之相适应的维修保养能力	
	机械调配	有灵活可靠的调配措施	

3.5.3.5　施工机械设备总需要量计算

机械设备总需要量

$$N=\frac{N_0}{1-\eta}$$

式中　N——某类型或型号机械设备总需要量；

N_0——某类型或型号机械设备平衡后的历年最高使用数量；

η——备用系数，可参考表 3-28 选用。

表 3-28　备用系数 η 参考值

机械类型	η	机械类型	η
土石方机械	0.10～0.25	运输机械	0.15～0.25
混凝土机械	0.10～0.15	起重机械	0.10～0.20
船舶	0.10～0.15	生产维修设备	0.04～0.08

计算机械总需要量时，应注意以下几个问题：

(1) 总需要量应在机械设备平衡后汇总数量的基础上进行计算。

(2) 同一作业可由不同类型或型号机械互代（即容量互补），且条件允许时，备用系数可适当降低。

(3) 对生产均衡性差、时间利用率低、使用时间不长的机械，备用系数可以适当降低。

(4) 风、水、电机械设备的备用量应专门研究。

(5) 确定备用系数时间，应考虑设备的新旧程度、维修能力、管理水平等因素，力争做到切合实际情况。

3.5.3.6　施工机械设备总量及分年供应计划

1. 机械设备数量汇总表

表 3-29 为机械设备数量汇总表，本表汇总数字为机械设备平衡后，并考虑了备用数的总需要量。表中应包括主要的、配套的全部机械设备。

表 3-29　机械设备数量汇总表

编号	施工机械设备名称及型号	功率	制造厂家	总需要量	现有数量	尚缺数		
						新购	调拨	总数
设备总量								

2. 分年度供应计划制定

表 3-30 为施工机械设备分年度供应计划表，制表时应注意以下几点：

(1) 分年供应计划在机械设备平衡表、平衡后的机械设备数量汇总表的基础上编制，反映机械进场的时间要求。

(2) 分年度供应计划应分类型列表，分类型小计。

(3) 供应时间应早于使用时间，从机械设备全部运抵工地仓库时起至能实际运用止，应包括清点、组装、试运转等时间。对于技术先进的机械设备，还应包括技术工人培训时间。

(4) 考虑设备进场以及其他实际问题，备用数量可分阶段实现，但供应数不得低于实际使用数量。

(5) 制定分年供应计划，应对设备来源进行调查。如供应型号不能满足要求时，应与专业设计人员协商调整型号。

(6) 机械设备来源包括自备、调拨、购国产、购进口、租赁等。

表3-30 机械设备分年供应计划表

统一编号	机械类型	机械名称型号	机械来源	供应时间数量												不同来源机械供应总数	说明
				年				年				年					
				1	2	3	4	1	2	3	4	1	2	3	4		
小计																	

【知识技能点小结】

资源包括劳动力、建筑材料、机械设备以及施工用水、电、动力、运输、仓储设施等的需要量。资源管理的任务就是按照工程项目的实施计划编制资源的使用和供应计划，将项目实施所需的资源按正确的时间、正确的数量供应到正确的地点，并降低资源成本消耗（如采购费用、仓库保管费等）。制定劳动力计划，材料、构件及半成品需用量计划，施工机械需用量计划除要计算总量外，还需制定分时期供应计划。

【知识技能训练】

简答题

1. 资源管理的任务是什么？

2. 施工机械选择的原则有哪些？

项目 4　水利工程施工进度管理

【项目目标】

理解施工项目进度管理的任务和施工项目进度管理的措施，掌握施工项目进度的比较方法和调整措施。

【项目要求】

知识要点	能力要求	所占分值（100 分）	自评分数
施工进度管理基础知识	理解施工项目进度管理的概念	5	
施工进度的编制与实施	会进行施工进度计划的编制方法	10	
进度管理的控制措施	了解工程项目进度控制的内容，能采用相应措施进行进度控制	10	
实际进度与计划进度的比较	能进行实际进度与计划进度比较	40	
施工进度拖延的解决措施	能分析进度偏差对后续工作及总工期的影响，会根据情况进行进度计划的调整	30	
水利工程施工进度管理计算机软件简介	了解水利工程施工进度管理软件功能	5	

【引例】 某工程项目时标网络计划如图 4-1 所示。该计划执行到第 6 周末检查实际进度时，发现工作 A 和 B 已经全部完成，工作 D 和 E 分别完成计划任务量的 20%和 50%，工作 C 尚需 3 周完成，试用前锋线法进行实际进度与计划进度的比较。

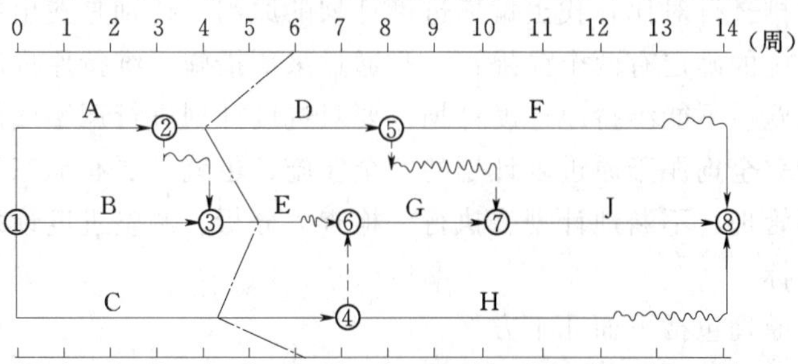

图 4-1　某工程前锋线比较图

任务 4.1　施工进度管理基础知识

4.1.1　工程项目进度管理概念

4.1.1.1　工程项目进度管理

施工项目进度管理是为实现预定的进度目标而进行的计划、组织、指挥、协调和控制等活动。即在限定的工期内，确定进度目标，编制出最佳的施工进度计划，在执行进度计划的施工过程中，经常检查实际施工进度，并不断地用实际进度与计划进度相比较，确定实际进度是否与计划进度相符，若出现偏差，便分析产生的原因和对工期的影响程度，找出必要的调整措施，修改原计划，如此不断地循环，直至工程竣工验收。

施工项目进度管理的目的是保证项目能在满足其时间约束条件前提下实现其总体目标。施工项目进度管理是保证项目如期完成和合理安排资源供应、节约工程成本的重要措施之一，它与项目投资管理、项目质量管理等同为项目管理的重要组成部分。它们之间有着相互依赖和相互制约的关系，工程管理人员在实际工作中要对这三项工作全面、系统、综合地加以考虑，正确处理好进度、质量和投资的关系，提高工程建设的综合效益。特别是对一些投资较大的工程，如何确保进度目标的实现，往往对经济效益产生很大影响。在这三大管理目标中，不能只片面强调某一方面的管理，而是要相互兼顾、相辅相成，这样才能真正实现项目管理的总目标。

4.1.1.2　工程项目进度计划控制原理

项目进度计划控制时，计划不变是相对的，变是绝对的；平衡是相对的，不平衡是绝对的。而且，制定项目进度计划时所依据的条件在不断变化，工程项目的进度受许多因素的影响，必须事先对影响进度的各种因素进行调查，预测它们对进度可能产生的影响，编制可行的进度计划，指导工程建设按进度计划进行。同时，在工程项目进度控制时，必须经常地、定期地针对变化的情况，采取对策，对原有的进度计划进行调整。

在进度计划执行过程中，必然会出现一些新的或意想不到的情况，它既有人为因素的影响，也有自然因素的影响和突发事件的发生，往往难以按照原定的进度计划进行。因此，在确定进度计划制定的条件时，要具有一定的预见性和前瞻性，使制定出的进度计划尽量接近变化后的实施条件；在项目实施过程中，掌握动态控制原理，不断进行检查，将实际情况与计划安排进行对比，找出偏离进度计划的原因，特别是找出主要原因，然后采取相应的措施。措施的确定有两个前提：一是通过采取措施，维持原进度计划，使之正常实施：二是采取措施后不能维持原进度计划，要对进度计划进行调整或修正，再按新的进度计划实施。不能完全拘泥于原进度计划的完全实施，也就是要有动态管理思想，按照进度控制的原理进行管理，不断地计划、执行、检查、分析、调整进度计划，达到工程进度计划管理的最终目标。

工程进度控制原理包括下面几个方面：

(1) 动态控制原理：进度控制是一个不断进行的动态控制，也是一个循环进行的过程，从项目开始，计划就进入了执行的动态。实际进度与计划进度不一致时，采取相应措施调整偏差，使两者在新的起点重合，继续按其施工，然后在新的因素影响下又会产生新的偏差，施工进度计划控制就是采用这种动态循环的控制方法。其基本过程如图 4-2 所示。

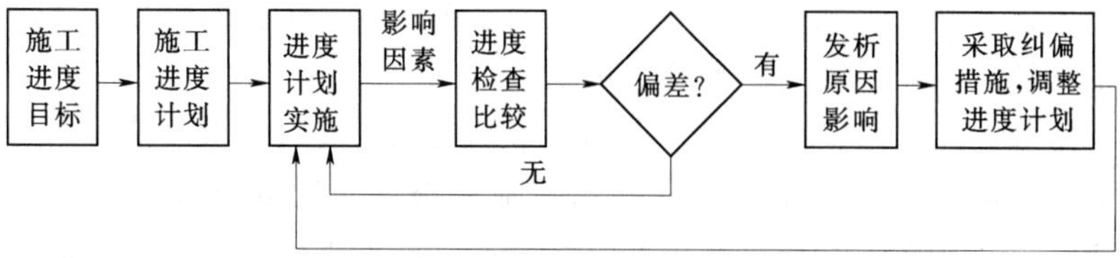

图 4-2　施工项目进度管理过程

(2) 系统原理：施工进度控制包括计划系统、进度实施组织系统、检查控制系统。为了对施工项目进行进度计划控制，必须编制施工项目的各种进度计划，其中有施工总进度计划、单位工程进度计划、分部分项工程进度计划、季度和月（周）作业计划，这些计划组织了施工项目进度计划系统。施工组织各级负责人，从项目经理、施工队长、班组长及所属成员都按照进度计划进行管理、落实各自的任务，组成了项目实施的完整的组织系统。为了保证进度实施，项目设有专门部门或人员负责检查汇报、统计整理进度实施资料，并与计划进度比较分析和进行调整，形成纵横相连的检查控制系统。

(3) 信息反馈原理：信息反馈是进度控制的依据，施工的实际进度通过信息反馈给基层进度控制人员，在分工范围内，加工整理逐级向上反馈，直到主控制室，主控制室对反馈信息分析做出决策，调整进度计划，达到预定目标。施工项目控制的过程就是信息反馈的过程。

(4) 弹性原理：施工项目进度计划工期长、影响因素多，编制计划时要留有余地，使计划具有弹性，在进度控制时，便可以利用这些弹性缩短剩余计划工期，达到预期目标。

(5) 封闭循环原理：项目进度计划控制的全过程是计划、实施、检查、分析、确定调整措施、再计划，形成一个封闭的循环系统。

(6) 网络计划技术原理：在项目进度的控制中利用网络计划技术原理编制进度计划，根据收集的信息，比较分析进度计划，再利用网络工期优化、工期与成本、资源优化调整计划。网络计划技术原理是施工项目进度控制的完整计划管理和分析计算理论基础。

4.1.2　影响工程项目进度的因素、责任及处理

4.1.2.1　影响工程项目进度的因素

由于水利水电工程项目的施工特点，尤其是大型和复杂的施工项目，工期较长，影响进度的因素较多，任何一个方面出现问题，都可能对工程项目的施工进度产生影响。为此，应分析了解这些影响因素，并尽可能加以控制，通过有效的进度管理来弥补和减少这些因素产生的影响。工程项目进度的主要影响因素如下：

(1) 有关单位的影响。施工项目的主要施工单位对施工进度起决定性作用，但建设单位与业主、设计单位、材料供应部门、运输部门、水电供应部门及政府主管部门都可能给施工造成困难而影响施工进度，如业主使用要求改变或设计不当而进行设计变更，材料、构配件、机具、设备供应环节的差错等。

(2) 施工组织管理不利。劳动力和施工机械调配不当、施工平面布置不合理等将影响施工进度计划的执行。

(3) 技术失误。施工单位采用技术措施不当，施工中发生技术事故；应用新技术、新材料，但不能保证质量等都能够影响施工进度。

(4) 施工条件的变化。勘察资料不准确，特别是地质资料错误或遗漏而引起的未能预料的技术障碍。在施工中工程地质条件和水文地质条件与勘察设计不符，发现断层、溶洞、地下障碍物以及恶劣的气候、暴雨和洪水等都对施工进度产生影响，造成临时停工或破坏。

(5) 意外事件的出现。施工中出现意外事件如战争、严重自然灾害、火灾、重大工程事故等都会影响施工进度计划。

影响工程项目进度的因素很多，除以上因素外，如业主资金方面存在问题，如未及时向施工单位或供应商拨款，业主越过监理职权无端干涉，造成指挥混乱等也会影响工程项目进度。

4.1.2.2　影响工程项目进度的责任和处理

工程进度的推迟一般分为工程延误和工程延期，其责任及处理方法不同。

1. 工程延误

由于承包商自身的原因造成的工期延长，称为工程延误。由于工程延误所造成的一切损失由承包商自己承担，包括承包商在监理工程师的同意下采取加快工程进度的措施所增加的费用。同时，由于工程延误所造成的工期延长，承包商还要向业主支付误期损失补偿费。由于工程延误所延长的时间不属于合同工期的一部分。

2. 工程延期

由于承包商以外的原因造成施工期的延长，称为工程延期。经过监理工程师批准的延期，所延长的时间属于合同工期的一部分，即工程竣工的时间等于标书中规定的时间加上监理工程师批准的工程延期时间。可能导致工程延期的原因有工程量增加，未按时向承包商提供图样，恶劣的气候条件，业主的干扰和阻碍等。判断工程延期总的原则就是除承包商自身以外的任何原因造成的工程延长或中断，工程中出现的工程延长是否为工程延期对承包商和业主都很重要。因此应按照有关的合同条件，正确地区分工程延误与工程延期，合理的确定工程延期的时间。

【知识技能点小结】

施工项目进度管理是为实现预定的进度目标而进行的计划、组织、指挥、协调和控制等活动。进度控制中要遵循动态控制原理、系统原理、信息反馈原理、弹性原理、封闭循环原理、网络计划技术原理。对影响工程进度的原因进行分析，凡承包商自身的原因造成工期延长，责任由承包商承担。

【知识技能训练】

一、单项选择题

1. 进度控制是一个（　　）的管理过程。

A 动态　　B 静态　　C 封闭　　D 开放

2. 以下事项造成工程工期延长，责任由承包商承担的是（　　）。

A 未按时向承包商提供图纸　　B 恶劣的气候条件

C 工程所在地居民的干扰　　D 分包单位无故停工数天

二、简单题

如何应用系统原理理解工程项目进度管理?

任务 4.2　施工进度的编制与实施

4.2.1　施工进度计划的编制

4.2.1.1　施工项目进度计划的分类

施工项目进度计划是在确定工程施工目标工期的基础上，根据相应的工程量，对各项施工过程的施工顺序、起止时间和相互衔接关系以及所需的劳动力和各种技术物资的供应所做的具体策划和统筹安排。

根据不同的划分标准，施工项目进度计划可以分为不同的种类。它们组成了一个相互关联、相互制约的计划系统。按不同的计划深度划分，可以分为总进度计划、项目子系统进度计划与项目子系统中的单项工程进度计划；按不同的计划功能划分，可以分为控制性进度计划、指导性进度计划与实施性（操作性）进度计划。按不同的计划周期划分，可以分为 5 年建设进度计划与年度、季度、月度和旬计划。

4.2.1.2　施工项目进度计划的表示方法

施工项目进度计划的表达方式有多种，在实际工程施工中，主要使用横道图和网络图。

1. 横道图

横道图是结合时间坐标线，用一系列水平线段来分别表示各施工过程的施工起止时间和先后顺序的图表，如图 4-3 所示。这种表达方式简单明了、直观易懂，但是也存在一些问题，如工序（工作）之间的逻辑关系不易表达清楚；适用于手工编制计划；没有通过严谨的时间参数计算，不能确定关键线路与时差；计划调整只能用手工方式进行，工作量较大；难以适应大的进度计划系统。

项次	工程项目	持续时间	第一年				第二年							
			9	10	11	12	1	2	3	4	5	6	7	8
1	基坑土方开挖	30												
2	C10 混凝土垫层	20												
3	C25 混凝土闸底板	30												
4	C25 混凝土闸墩	55												
5	C40 混凝土闸上公路桥板	30												
6	二期混凝土	25												
7	闸门安装	15												
8	底槛、导轨等埋件安装	20												

图 4-3　某水闸工程施工进度计划横道图

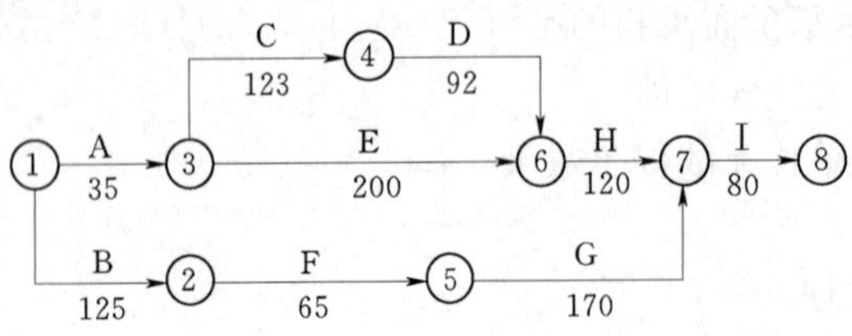

图 4-4　某工程施工网络进度计划

2. 网络图

网络图是指由箭线和节点组成，用来表示工作流程的有向、有序的网状图形。如图 4-4 所示。这种表达方式具有以下优点：能正确地反映工序（工作）之间的逻辑关系；可以进行各种时间参数计算，确定关键工作、关键线路与时差；可以用电子计算机对复杂的计划进行计算、调整与优化。网络图的种类很多，较常用的是双代号网络图。双代号网络图是以箭线及其两端节点的编号表示工作的网络图。

3. 工程进度曲线

工程进度曲线图一般用横轴代表工期，纵轴代表工程完成数量或施工量的累计，将计划进度曲线与实际施工进度曲线相比较，可掌握工程进度情况并利用它来控制施工进度。如图 4-5 所示为 S 形工程进度曲线。

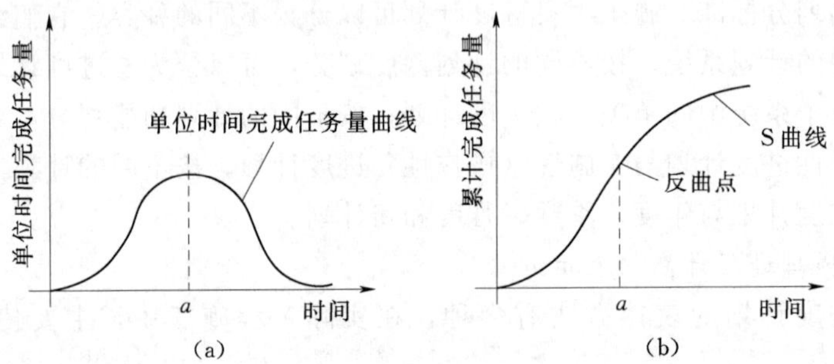

图 4-5　S形工程进度曲线

4. 形象进度图

形象进度图是把工程计划以建筑物现象进度来表达的一种控制方法，如图 4-6 所示。

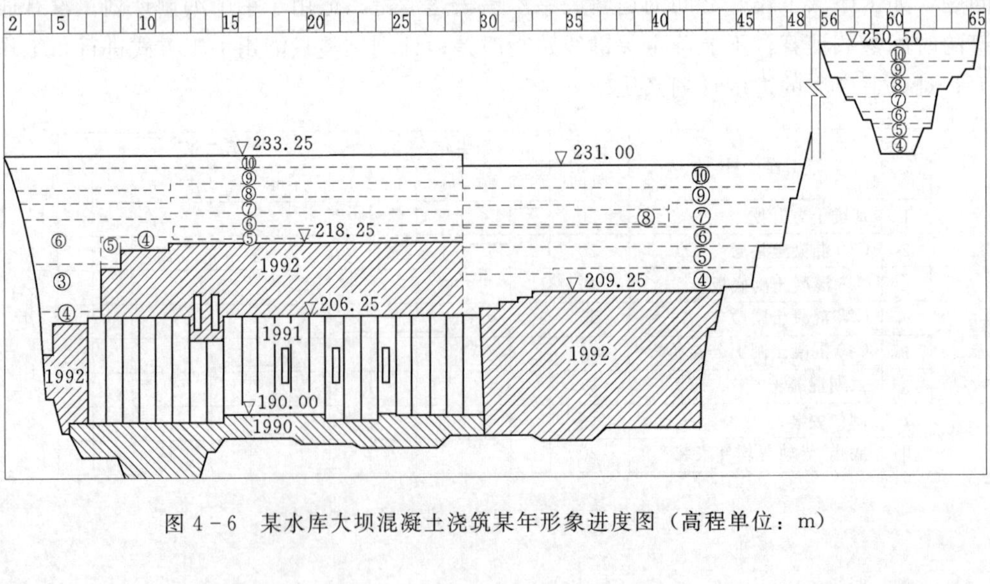

图 4-6　某水库大坝混凝土浇筑某年形象进度图（高程单位：m）

这种方法直接将工程项目进度目标，标注在工程形象图的相应部位，非常直观，特别适用于施工阶段的进度控制。

5. 进度里程碑计划

里程碑计划是以项目中某些重要事件的完成或开始事件为基准所形成的计划，是一个战略计划或项目框架。它显示了工程项目实现完工目标所必须经过的重要条件和中间状态序列，一般适用于项目的概念性计划阶段。

表 4-1　　某隧洞工程进度里程碑计划

里程碑事件	1月	2月	3月	…	11月	12月
开工/(日/月)	15/1					
洞口完成/(日/月)		10/2				
隧洞贯通/(日/月)				30/9		
衬砌完成/(日/月)						5/12

4.2.1.3 施工项目进度计划的编制方法

编制施工项目进度计划是在满足合同工期要求的情况下，对选定的施工方案、资源的供应情况、协作单位配合施工情况所作出的综合研究和周密部署，其编制方法一般为：划分施工过程→计算工程量→套用施工定额→劳动量和机械台班量的确定→计算施工过程的持续时间→初排施工进度→编制正式的施工进度计划。

4.2.2 施工进度计划的实施

施工进度计划的实施就是施工活动的开展，就是用施工进度计划指导施工活动、落实和完成计划。施工进度计划逐步实施的过程就是施工项目建造逐步完成的过程。为了保证施工进度计划的实施、保证各进度目标的实现，应做好以下工作。

1. 施工进度计划的审核

项目经理应进行施工项目进度计划的审核，其主要内容如下：

(1) 进度安排是否符合施工合同确定的建设项目总目标和分目标的要求，是否符合其开、竣工日期的规定。

(2) 施工进度计划中的内容是否有遗漏，分期施工是否满足分批交工的需要和配套交工的要求。

(3) 施工顺序安排是否符合施工程序的要求。

(4) 资源供应计划是否能保证施工进度计划的实现，供应是否均衡，分包人供应的资源是否能满足进度的要求。

(5) 施工图设计的进度是否满足施工进度计划要求。

(6) 总分包之间的进度计划是否相协调，专业分工与计划的衔接是否明确、合理。

(7) 对实施进度计划的风险是否分析清楚，是否有相应的对策。

(8) 各项保证进度计划实现的措施设计是否周到、可行、有效。

2. 施工项目进度计划的贯彻

(1) 检查各层次的计划，形成严密的计划保证系统。

施工项目的所有的施工总进度计划、单项工程施工进度计划、分部分项工程施工进度计划，都是围绕一个总任务编制的，它们之间关系是高层次计划为低层次计划提供依据，低层次计划是高层次计划的具体化。在其贯彻执行时，应当首先检查是否协调一致，计划目标是否层层分解、互相衔接，组成一个计划实施的保证体系，以施工任务书的方式下达施工队，保证施工进度计划的实施。

(2) 层层明确责任并充分利用施工任务书。

施工项目经理、作业队和作业班组之间分别签订责任状，按计划目标规定工期、质量标准、承担的责任、权限和利益。用施工任务书将作业任务下达到作业班组，明确具体施工任务、技术措施、质量要求等内容，使施工班组必须保证按作业计划时间完成规定的任务。

(3) 进行计划的交底，促进计划的全面、彻底实施。

施工进度计划的实施是全体工作人员的共同行动，要使有关部门人员都明确各项计划的目标、任务、实施方案和措施，使管理层和作业层协调一致，将计划变成全体员工的自觉行动，在计划实施前可以根据计划的范围进行计划交底工作，使计划得到全面、彻底的实施。

3. 施工项目进度计划的实施

(1) 编制月（旬）作业计划。

为了实施施工计划，将规定的任务结合现场施工条件，如施工场地的情况、劳动力、机械等资源条件和实际的施工进度，在施工开始前和过程中不断地编制本月（旬）作业计划，这是使施工计划更具体、更实际和更可行的重要环节。在月（旬）计划中要明确：本月（旬）应完成的任务、所需要的各种资源量、提高劳动生产率和节约措施等。

(2) 签发施工任务书。

编制好月（旬）作业计划以后，将每项具体任务通过签发施工任务书的方式下达班组进一步落实、实施。施工任务书是向班组下达任务，实行责任承包、全面管理和原始记录的综合性文件。施工班组必须保证指令任务的完成。它是计划和实施的纽带。

施工任务书应由工长编制并下达。在实施过程中要做好记录，任务完成后回收，作为原始记录和业务核算资料。

施工任务书应按班组编制和下达。它包括施工任务单、限额领料单和考勤表。施工任务单包括：分项工程施工任务、工程量、劳动量、开工日期、完工日期、工艺、质量、安全要求。限额领料单是根据施工任务书编制的控制班组领用材料的依据，应具体列明材料名称、规格、型号、单位、数量和领用记录、退料记录等。考勤表可附在施工任务书背面，按班组人名排列，供考勤时填写。

(3) 做好施工进度记录，填好施工进度统计表。

在计划任务完成的过程中，各级施工进度计划的执行者都要跟踪做好施工记录，即记载计划中的每项工作开始日期、每日完成数量和完成日期；记录施工现场发生的各种情况、干扰因素的排除情况；跟踪做好工程形象进度、工程量、总产值、耗用的人工、材料和机械台班等的数量统计与分析，为施工项目进度检查和控制分析提供反馈信息。因此，要求实事求是记载，并填好上报统计报表。

(4) 做好施工中的调度工作。

施工中的调度是组织施工中各阶段、环节、专业和工种的配合、进度协调的指挥核心。调度工作内容主要有：督促作业计划的实施，调整协调各方面的进度关系；监督检查施工准备工作；督促资源供应单位按计划供应劳动力、施工机具、运输车辆、材料构配件等，并对临时出现的问题采取调配措施；按施工平面图管理现场，结合实际情况进行必要的调整，保证文明施工；了解气候、水、电、气的情况，采取相应的防范和保证措施；及时发现和处理施工中各种事故和意外事件；调节各薄弱环节；定期及时召开现场调度会议，贯彻施工项目主管人员的决策，发布调度令。

【知识技能点小结】

施工项目进度计划一般采用横道图、网络图、工程进度曲线、形象进度图、进度里程碑计划等方法编制。实施进度计划应做好月作业计划，向施工班组签发施工任务书，做好施工进度记录和统计工作，及时进行施工资源的调度。

【知识技能训练】

一、单项选择题

1. 下列不属于表示施工进度计划的是（　　）。

A 横道图　　B 网络计划图　　C 直方图　　D 形象进度图

2. 编制施工进度计划的步骤正确的是（　　）。

A 划分施工过程→计算工程量→套用施工定额→劳动量和机械台班量的确定→计算施工过程的持续时间→初排施工进度→编制正式的施工进度计划

B 收集基本资料→编制轮廓性进度计划→编制控制性进度计划→编制其他单项工程进度计划→优化和调整进度计划→编制正式的施工进度计划

C 分析选定关键性施工项目→初拟控制性施工进度表→编制控制性施工进度表→安排其他单项工程的施工进度→编制正式的施工进度计划

D 收集分析基本资料→部署施工及施工方案→安排施工进度计划→布置施工平面图→制定施工资源供应计划→质量保证及其他计划→编制正式的施工组织设计

二、简答题

试结合实际工程分析其横道图及网络图进度计划，说说各自的优缺点。

任务 4.3　进度管理的控制措施

4.3.1　工程项目进度控制内容

进度控制是指管理人员为了保证实际工作进度与计划一致，有效地实现目标而采取的一切行动。建设项目管理系统及其外部环境是复杂多变的，管理系统在运行中会出现大量的管理主体不可控制的随机因素，即系统的实际运行轨迹是由预期量和干扰量共同作用而决定的。在项目实施过程中，得到的中间结果可能与预期进度目标不符甚至相差甚远，因此必须及时调整人力、时间及其他资源，改变施工方法，以期达到预期的进度目标，必要时应修正进度计划。这个过程称为施工进度动态控制。

根据进度控制方式的不同，可以将进度控制过程分为预先进度控制、同步进度控制和反馈进度控制。

4.3.1.1 预先进度控制的内容

预先进度控制是指项目正式施工前所进行的进度控制，其行为主体是监理单位和施工单位的进度控制人员，其具体内容如下。

1. 编制施工阶段进度控制工作细则

施工阶段进度控制工作细则，是进度管理人员在施工阶段对项目实施进度控制的一个指导性文件。其总的内容应包括以下几点：

(1) 施工阶段进度目标系统分解图。

(2) 施工阶段进度控制的主要任务和管理组织部门机构划分与人员职责分工。

(3) 施工阶段与进度控制有关的各项相关工作的时间安排，项目总的工作流程。

(4) 施工阶段进度控制所采用的具体措施（包括进度检查日期、信息采集方式、进度报表形式、信息分配计划、统计分析方法等）。

(5) 进度目标实现的风险分析。

(6) 尚待解决的有关问题。

施工阶段进度控制工作细则，使项目在开工之前的一切准备工作（包括人员挑选与配置、材料物资准备、技术资金准备等）皆处于预先控制状态。

2. 编制或审核施工总进度计划

施工阶段进度管理人员的主要任务就是保证施工总进度计划的开、竣工日期与项目合同工期的时间要求一致。当采用多标发包形式施工时，施工总进度计划的编制要保证标与标之间的施工进度保持衔接关系。

3. 审核单位工程施工进度计划

承包商根据施工总进度计划编制单位工程施工进度计划，监理工程师对承包商提交的施工进度计划进行审核认定后方可执行。

4. 进行进度计划系统的综合

施工进度计划进行审核以后，往往要把若干个有相互关系的处于同一层次或不同层次的施工进度综合成一个多阶段施工总进度计划，以利于进行总体控制。

4.3.1.2 同步进度控制的内容

同步进度控制是指项目施工过程中进行的进度控制，这是施工进度计划能否付诸实现的关键过程。进度控制人员一旦发现实际进度与目标偏离，必须及时采取措施以纠正这种偏差。项目施工过程中进度控制的执行主体是工程施工单位，进度控制主体是监理单位。施工单位按照进度要求及时组织人员、设备、材料进场，并及时上报分析进度资料确保进度的正常进行，监理单位同步进行进度控制。

对收集的进度数据进行整理和统计，并将计划进度与实际进度进行比较，从中发现是否出现进度偏差。分析进度偏差将会带来的影响并进行工程进度预测，从而提出可行的修改措施。组织定期和不定期的现场会议，及时分析、通报工程施工进度状况，并协调各承包商之间的生产活动。

4.3.1.3 反馈进度控制的内容

反馈进度控制是指完成整个施工任务后进行的进度控制工作，具体内容如下：

（1）及时组织验收工作。

（2）处理施工索赔。

（3）整理工程进度资料。

（4）根据实际施工进度，及时修改和调整验收阶段进度计划及监理工作计划，以保证下一阶段工作的顺利开展。

4.3.2　进度控制的措施

进度控制的措施主要有组织措施、管理措施、经济措施和技术措施。

4.3.2.1　组织措施

组织是目标能否实现的决定性因素，为实现项目的进度目标，应充分重视健全项目管理的组织体系。工程项目进度控制的主要组织措施如下：

（1）进行项目分解，如按项目结构分、按项目进展阶段分、按合同结构分，并建立编码体系。

（2）落实进度控制部门人员、具体控制任务和管理职责分工。在项目组织结构中应有专门的工作部门和符合进度控制岗位资格的专人负责进度控制工作。

（3）确定进度协调工作制度，包括协调会议举行的时间，协调会议的参加人员等。

（4）对影响进度目标实现的干扰和风险因素进行分析。风险分析要有依据，主要是根据多年统计资料的积累，对各种因素影响进度的概率及进度拖延的损失值进行计算和预测，并应考虑有关项目审批部门对进度的影响等。

4.3.2.2　管理措施

管理措施涉及管理的思想、管理的方法、承发包模式、合同管理和风险管理等。

（1）树立正确的管理观念，包括进度计划系统观念、动态管理的观念、进度计划多方案比较和选优的观念。

（2）运用科学的管理方法，将工程网络计划的方法应用于进度管理，实现进度管理的科学化。用工程网络计划的方法编制进度计划必须很严谨地分析和考虑工作之间的逻辑关系，通过工程网络的计算发现关键工作和关键线路，也可明确非关键工作可使用的时差。

（3）选择合适的承发包模式，重视合同管理在进度管理中的应用。承发包模式的选择直接关系到工程实施的组织和协调。为了实现进度目标，应选择合理的合同结构，以避免过多的合同交界面而影响工程的进展。工程物资的采购模式对进度也有直接的影响，对此应分析比较。

（4）注意进行工程进度的风险分析，在分析的基础上采取风险管理措施，以减少进度失控的风险量。

（5）重视信息技术在进度控制中的应用。

4.3.2.3　经济措施

经济措施涉及资金需求计划、资金供应的条件和经济激励措施等。为确保进度目标的实现，应编制与进度计划相适应的资源需求计划，以反映工程实施的各时段所需要的资源。通过资源需求分析，发现所编制的进度计划实现的可能性，若资源条件不具备，则应调整进度计划。

资金供应条件包括可能的资金总供应量、资金来源以及资金供应的时间。在工程预算中应考虑赶工所需要增加的资金，其中包括为实现进度目标将要采取的经济激励措施所需要的费用。

4.3.2.4 技术措施

技术措施主要指对实现施工进度目标有利的设计技术和施工技术的选用。

(1) 在设计方面：不同的设计理念、设计技术路线、设计方案会对工程进度产生不同的影响，在设计工作的前期，特别是在设计方案评审和选用时，应对设计技术、设计方案与工程进度的匹配作分析比较。在工程进度受阻时，应分析是否存在设计技术或设计方案的影响因素，确定为实现进度目标有无设计变更、改变施工技术、施工方法和施工机械的可能性。

(2) 在施工管理及施工技术方面：抓好施工现场的平面管理，合理布置施工现场的拌和系统、钢筋加工、模板、材料堆场，确保水、电、动力的良好供应，并确保道路畅通、场地平整。创造高效有序的施工条件；抓住关键部位、控制进度的里程碑节点按时完成。抓住关键部位和进度计划上的关键工序按时完成，总工期才有保障。水利水电工程野外作业，受自然因素影响比较大，若延误了有利时机，例如土方施工冬季遇到雨雪影响不是多投入就能抢上去的；采用网络计划技术及其他科学适用的计划方法，并结合电子计算机的应用，对建设工程进度实施动态控制；优化施工方法与施工方案，利用价值工程理论，确定主体工程各分部的施工方法。组织技术人员研讨施工方案，优选施工机械设备，适时投入。切实可行的施工方案是多、快、好、省地完成各分部工程的先决条件；抓好现场管理和文明施工，为工程施工创造良好的环境。

【知识技能点小结】

根据进度控制方式的不同，可以将进度控制过程分为预先进度控制、同步进度控制和反馈进度控制。在进度控制过程中，应以预先进度控制为主，结合同步进度控制和反馈进度控制做到施工全程的进度控制，在进度控制过程中，主要采用组织措施、管理措施、经济措施和技术措施。

【知识技能训练】

单项选择题

1. 建立目标控制体系，明确进度控制人员及其职责分工，是控制工程进度的（ ）方法。

A 组织措施　B 技术措施　C 经济措施　D 合同措施

2. 以下不是施工进度管理措施的是（ ）。

A 树立正确的管理理念　B 运用科学的管理方法

C 注意进行工程进度的风险分析　D 抓好施工现场的平面管理，合理布置施工现场

任务4.4 实际进度与计划进度的比较

4.4.1 施工进度计划的检查

在施工项目的实施过程中，为了进行进度控制，进度控制人员应经常地、定期地跟踪

检查施工实际进度情况，主要是收集施工进度材料，进行统计整理和对比分析，确定实际进度与计划进度之间的关系，主要包括以下内容。

1. 跟踪检查施工实际进度

跟踪检查施工实际进度是分析施工进度、调整施工进度的前提。其目的是收集实际施工进度的有关数据。跟踪检查的时间、方式、内容和收集数据的质量，将直接影响控制工作的质量和效果。

进度计划检查应按统计周期的规定进行定期检查，并应根据需要进行不定期检查。进度计划的定期检查包括规定的年、季、月、旬、周、日检查，不定期检查指根据需要由检查人（或组织）确定的专题（项）检查。进行日检查或定期检查内容应包括检查期内实际完成和累计完成的工程量；实际参加施工的人力、机械数量和生产效率；窝工人数、窝工机械台班数及其原因分析；进度偏差情况；进度管理情况；影响进度的特殊原因及分析；整理统计检查数据。检查和收集资料的方式一般采用经常、定期地收集进度报表方式，定期召开进度工作汇报会，或派驻现场代表检查进度的实际执行情况等方式。

2. 整理统计检查数据

收集到的施工项目实际进度数据，要进行必要的整理，按施工进度计划管理的工作项目内容进行整理统计，形成与计划进度具有可比性的数据。一般可以按实物工程量、工作量和劳动消耗量以及累计百分比整理和统计实际检查的数据，以便与相应的计划完成量对比。

3. 将实际进度与计划进度进行对比分析

将收集的资料整理和统计成具有与计划进度可比性的数据后，用施工项目实际进度与计划进度的比较方法进行比较。通常采用的比较方法有横道图比较法、S形曲线比较法、香蕉形曲线比较法、前锋线比较法等。通过比较得出实际进度与计划进度相一致、超前和拖后三种情况。

4. 施工项目进度检查结果的处理

对施工进度检查的结果要形成进度报告，把检查比较的结果及有关施工进度现状和发展趋势提供给项目经理及各级业务职能负责人。进度控制报告一般由计划负责人或进度管理人员与其他项目管理人员协作编写。报告时间一般与进度检查时间相协调，也可按月、旬、周等间隔时间进行编写上报。进度报告的内容包括：进度执行情况的综合描述，实际进度与计划进度的对比资料，进度计划的实施问题及原因分析，进度执行情况对质量、安全和成本等的影响情况，采取的措施和对未来计划进度的预测。进度报告可以单独编制，也可以根据需要与质量、成本、安全和其他报告合并编制，提出综合进展报告。

4.4.2　实际进度与计划进度的比较方法

实际进度与计划进度的比较是工程进度检查的主要环节。常用的进度比较方法有横道图、S曲线、香蕉曲线、前锋线和列表比较法。

4.4.2.1　横道图比较法

横道图比较法是指将项目实施过程中检查实际进度收集到的数据，经加工整理后直接用横道线平行绘于原计划的横道线处，进行实际进度与计划进度的比较方法。采用横道图比较法，可以形象、直观地反映实际进度与计划进度的比较情况。

例如某工程项目基础工程的计划进度和截止到第9周末的实际进度如图4-7所示，其中双线条表示该工程计划进度，粗实线表示实际进度。从图中实际进度与计划进度的比较可以看出，到第9周末进行实际进度检查时，挖土方和做垫层两项工作已经完成；支模板按计划也应该完成，但实际只完成75%，任务量拖欠25%；绑扎钢筋按计划应该完成60%，而实际只完成20%，任务量拖欠40%。

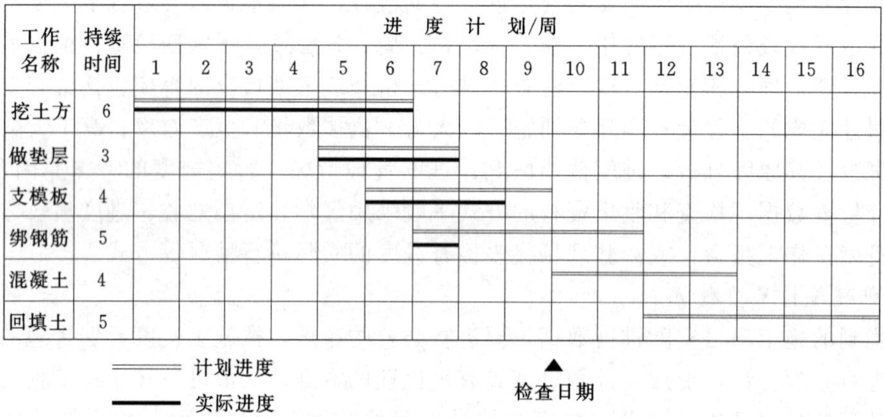

图4-7　某基础工程实际进度与计划进度比较图

根据各项工作的进度偏差，进度控制者可以采取相应的纠偏措施对进度计划进行调整，以确保该工程按期完成。

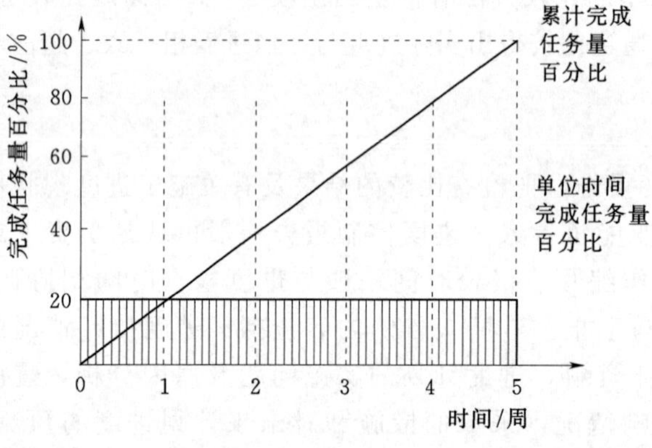

图4-8　工作均速进展时任务量与时间关系曲线

图4-7所表达的比较方法仅适用于工程项目中的各项工作都是均匀进展的情况，即每项工作在单位时间内完成的任务量都相等的情况。事实上，工程项目中各项工作的进展不一定是匀速的。根据工程项目中各项工作的进展是否匀速，可分别采用以下两种方法进行实际进度与计划进度的比较。

1. 匀速进展横道图比较法

匀速进展是指在工程项目中，每项工作在单位时间内完成的任务量都是相等的，即工作的进展速度是均匀的。此时，每项工作累计完成的任务量与时间成线性关系，如图4-8所示。完成的任务量可以用实物工程量、劳动消耗量或费用支出表示。为了便于比较，常用上述物理量的百分比表示。

采用匀速进展横道图比较法时，其步骤如下：

(1) 编制横道图进度计划。

(2) 在进度计划上标出检查日期。

(3) 将检查收集到的实际进度数据经过加工整理后按比例用粗黑线标于计划进度的下方，如图 4-9 所示。

(4) 对比分析实际进度与计划进度。

1) 如果涂黑的粗线右端落在检查日期左侧（右侧），表明实际进度拖后（超前）。

2) 如果涂黑的粗线右端与检查日期重合，表明实际进度与计划进度一致。

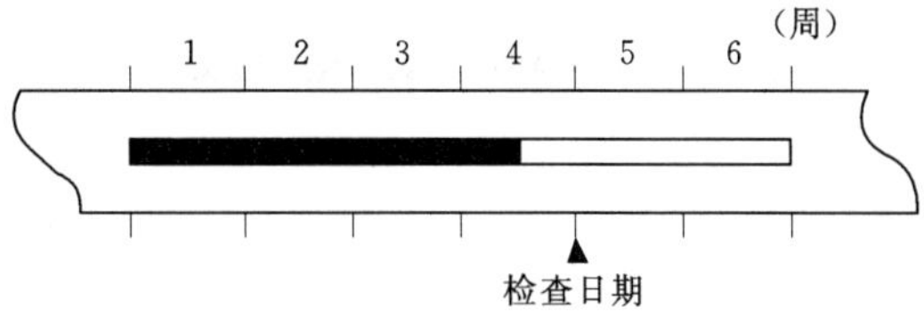

图 4-9　匀速进展横道图比较图

必须指出，该方法仅适用于工作从开始到结束的整个过程中，其进展速度均为固定不变的情况。如果工作的进展速度是变化的，则不能采用这种方法进行实际进度与计划进度的比较；否则，会得出错误的结论。

2. 非匀速进展横道图比较法

当工作在不同单位时间里的进展速度不相等时，累计完成的任务量与时间的关系就不可能是线性关系。此时，应采用非匀速进展横道图比较法进行工作实际进度与计划进度的比较。

非匀速进展横道图比较法在用涂黑粗线表示工作实际进度的同时，还要标出其对应时刻完成任务量的累计百分比，并将该百分比与其同时刻计划完成任务量的累计百分比相比较，判断工作实际进度与计划进度之间的关系。

下面以实例说明非匀速进展横道图比较法的步骤。

【应用实例 4-1】 某工程项目中的基槽开挖工作按施工进度计划安排需要 7 周完成，每周计划完成的任务量百分比如图 4-10 所示。

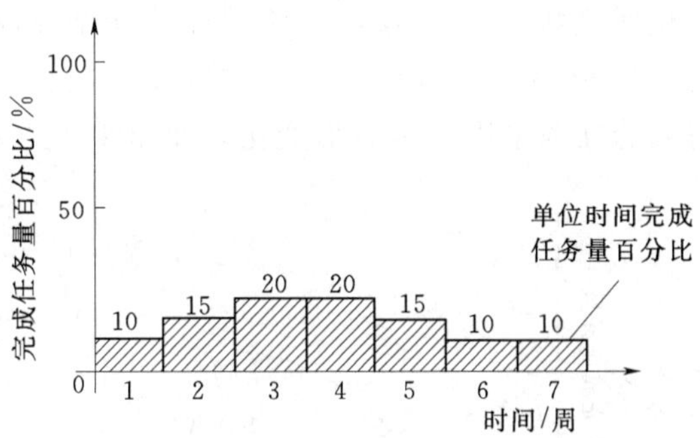

图 4-10　基槽开挖工作进展时间与完成任务量关系图

(1) 编制横道图进度计划，如图 4-11所示。

(2) 在横道线上方标出基槽开挖工作每周计划累计完成任务量的百分比，分别为 10%、25%、45%、65%、80%、90%和 100%。

(3) 在横道线下方标出第 1 周至检查日期（第 4 周）每周实际累计完成任务量的百分比，分别为 8%、22%、42%、60%。

(4) 用涂黑粗线标出实际投入的时间。图 4-11 表明，该工作实际开始时间晚于计划开始时间，在开始后连续工作，没有中断。

(5) 比较实际进度与计划进度。从图 4-11 中可以看出，该工作在第一周实际进度比计划进度拖后 2%，以后各周末累计拖后分别为 3%、3%和 5%。

由于工作进展速度是变化的，因此，在图中的横道线，无论是计划的还是实际的，只

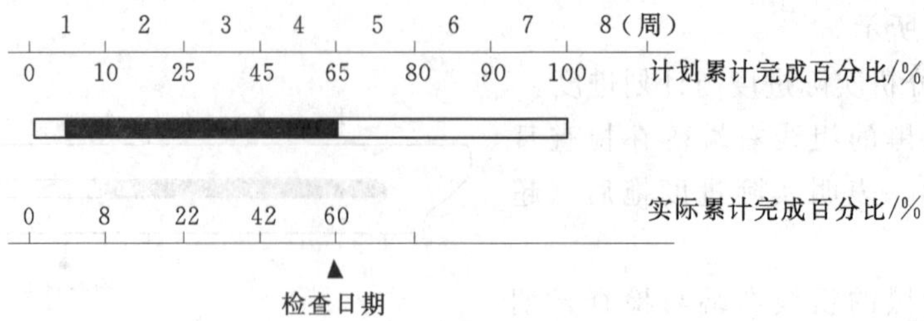

图4-11 非匀速进展横道图

能表示工作的开始时间、完成时间和持续时间，并不表示计划完成的任务量和实际完成的任务量。此外，采用非匀速进展横道图比较法，不仅可以进行某一时刻（如检查日期）实际进度与计划进度的比较，而且还能进行某一时间段实际进度与计划进度的比较。当然，这需要实施部门按规定的时间记录当时的任务完成情况。

横道图比较法虽有记录和比较简单、形象直观、易于掌握、使用方便等优点，但由于其以横道计划为基础，因而带有不可克服的局限性。在横道计划中，各项工作之间的逻辑关系表达不明确，关键工作和关键线路无法确定。一旦某些工作实际进度出现偏差时，难以预测其对后续工作和工程总工期的影响，也就难以确定相应的进度计划调整方法。因此，横道图比较法主要用于工程项目中某些工作实际进度与计划进度的局部比较。

4.4.2.2 S曲线比较法

S曲线比较法是以横坐标表示时间、纵坐标表示累计完成任务量，绘制一条按计划时间累计完成任务量的S曲线；然后将工程项目实施过程中各检查时间实际累计完成任务量的S曲线也绘制在同一坐标系中，进行实际讲度与计划讲度比较的一种方法。

从整个工程项目进展全过程来看，单位时间投入的资源量一般是开始和结束时较少，中间阶段较多，与其相对应，单位时间完成的任务量也呈现相同的变化规律，如图4-12（a）所示。而随工程进展累计完成的任务量则应呈S形变化，如图4-12（b）所示。

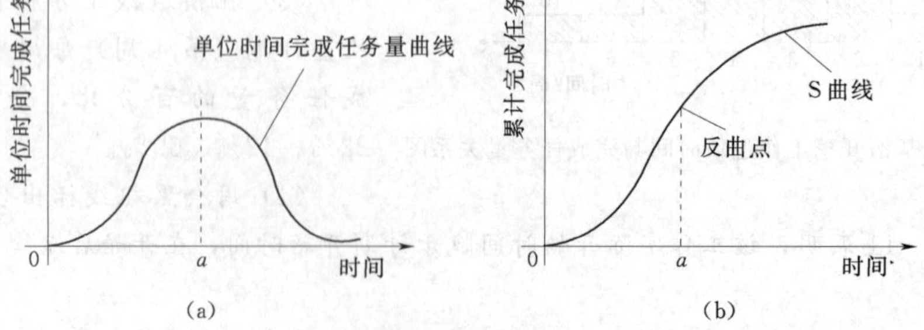

图4-12 时间与完成任务时关系曲线

1. S 曲线的绘制方法

下面以一实例说明 S 曲线的绘制方法。

【应用实例 4-2】 某混凝土工程的浇筑总量为 $2000m^3$，按照施工方案，计划 9 个月完成，每月计划完成的混凝土浇筑量如图 4-13 所示，试绘制该混凝土工程的计划 S 曲线。

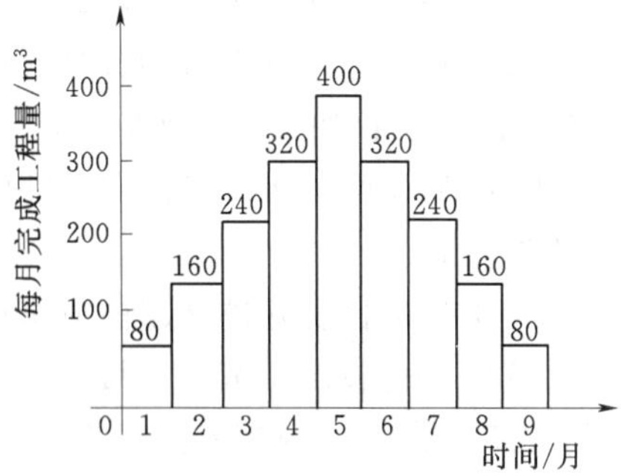

图 4-13　时间与完成任务量关系曲线

【实例解答】 根据已知条件：

(1) 确定单位时间计划完成任务量。在本例中，将每月计划完成混凝土浇筑量列于表 4-2 中。

(2) 计算不同时间累计完成任务量。在本例中，依次计算每月计划累计完成的混凝土浇筑量，结果列于表 4-2 中。

表 4-2　完成工程量汇总表

时间/月	1	2	3	4	5	6	7	8	9
每月完成量/m^3	80	160	240	320	400	320	240	160	80
累计完成量/m^3	80	240	480	800	1200	1520	1760	1920	2000

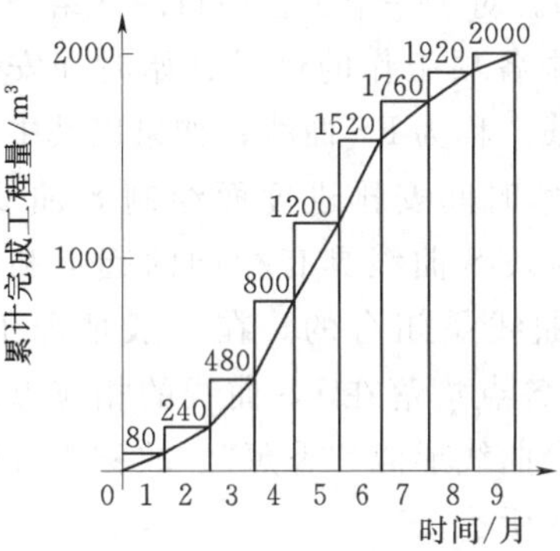

图 4-14　S 曲线图

(3) 根据累计完成任务量绘制 S 曲线。在本例中，根据每月计划累计完成混凝土浇筑量而绘制的 S 曲线如图 4-14 所示。

2. 实际进度与计划进度的比较

同横道图比较法一样，S 曲线比较法也是在图上进行工程项目实际进度与计划进度的直观比较。在工程项目实施过程中，按照规定时间将检查收集到的实际累计完成任务量绘制在原计划 S 曲线图上，即可得到实际进度 S 曲线，如图 4-15 所示。

通过比较实际进度 S 曲线和计划进度 S 曲线，可以获得如下信息：

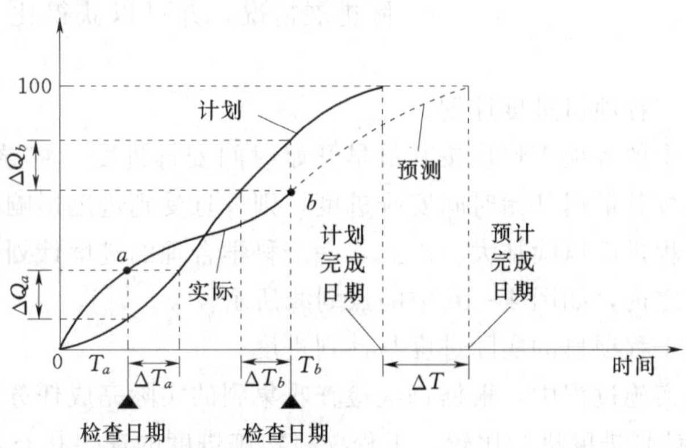

图 4-15　S 曲线比较图

(1) 工程项目实际进展状况。

如果工程实际进展点落在计划S曲线左侧，表明此时实际进度比计划进度超前，如图4－15中的a点；如果工程实际进展点落在S计划曲线右侧，表明此时实际进度拖后，如图4－15中的b点；如果工程实际进展点正好落在计划S曲线上，则表示此时实际进度与计划进度一致。

(2) 工程项目实际进度超前或拖后的时间。

在S曲线比较图中可以直接读出实际进度比计划进度超前或拖后的时间。如图4－15所示，ΔT_a表示T_a时刻实际进度超前的时间；ΔT_b表示T_b时刻实际进度拖后的时间。

(3) 工程项目实际超额或拖欠的任务量。

在S曲线比较图中也可直接读出实际进度比计划进度超额或拖欠的任务量。如图4－15所示，ΔQ_a表示T_a时刻超额完成的任务量，ΔQ_b表示T_b时刻拖欠的任务量。

(4) 后期工程进度预测。

如果后期工程按原计划速度进行，则可做出后期工程计划S曲线，如图4－15中虚线所示，从而可以确定工期拖延预测值ΔT。

4.4.2.3　香蕉曲线比较法

香蕉曲线是由两条S曲线组合而成的闭合曲线。由S曲线比较法可知，工程项目累计完成的任务量与计划时间的关系，可以用一条S曲线表示。对于一个工程项目的网络计划来说，如果以其中各项工作的最早开始时间安排进度而绘制S曲线，称为ES曲线；如果以其中各项工作的最迟开始时间安排进度而绘制S曲线，称为LS曲线。两条S曲线具有相同的起点和终点，因此，两条曲线是闭合的。在一般情况下，ES曲线上的其余各点均落在LS曲线的相应点的左侧。由于该闭合曲线形似“香蕉”，故称为香蕉曲线，如图4－16所示。

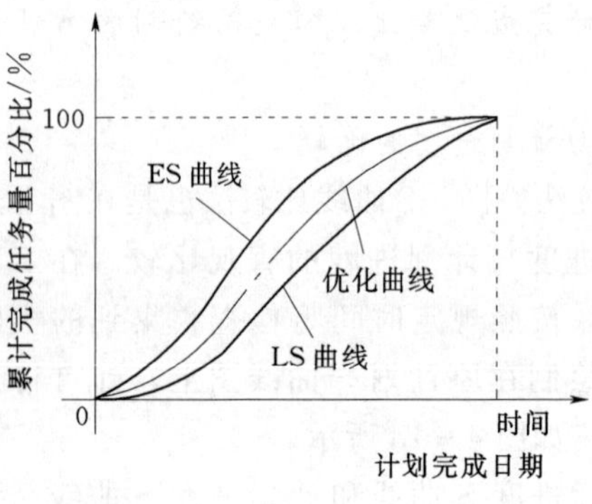

图4－16　香蕉曲线比较图

1. 香蕉曲线比较法的作用

香蕉曲线比较法能直观地反映工程项目的实际进展情况，并可以获得比S曲线更多的信息。其主要作用如下：

(1) 合理安排工程项目进度计划。

如果工程项目中的各项工作均按其最早开始时间安排进度，将导致项目的投资加大；而如果各项工作都按其最迟开始时间安排进度，则一旦受到进度影响因素的干扰，又将导致工期拖延，使工程进度风险加大。因此，一个科学合理的进度计划优化曲线应处于香蕉曲线所包络的区域之内，如图4－16中的点划线所示。

(2) 定期比较工程项目的实际进度与计划进度。

在工程项目的实施过程中，根据每次检查收集到的实际完成任务量，绘制出实际进度S曲线，便可以与计划进度进行比较。工程项目实施进度的理想状态是任一时刻工程实际进展点应落在香蕉曲线图的范围之内。如果工程实际进展点落在ES曲线的左侧，表明此刻实际进度比各项工作按其最早开始时间安排的计划进度超前；如果工程实际进展点落在 LS 曲线的右侧，则表明此刻实际进度比各项工作按其最迟开始时间安排的计划进度拖后。

(3) 预测后期工程进展趋势。

利用香蕉曲线可以对后期工程的进展情况进行预测。例如在图 4－17 中，该工程项目在检查日实际进度超前。检查日期之后的后期工程进度安排如图中虚线所示，预计该工程项目将提前完成。

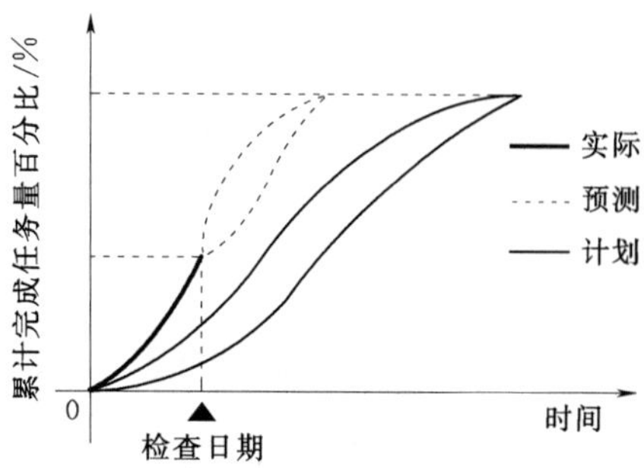

图 4－17　工程进展趋势预测图

2. 香蕉曲线的绘制方法

香蕉曲线的绘制方法与 S 曲线的绘制方法基本相同，所不同之处在于香蕉曲线是以工作按最早开始时间安排进度和按最迟开始时间安排进度分别绘制的两条 S 曲线组合而成。

在工程项目实施过程中，根据检查得到的实际累计完成任务量，在原计划香蕉曲线图上绘出实际进度曲线，便可以进行实际进度与计划进度的比较。

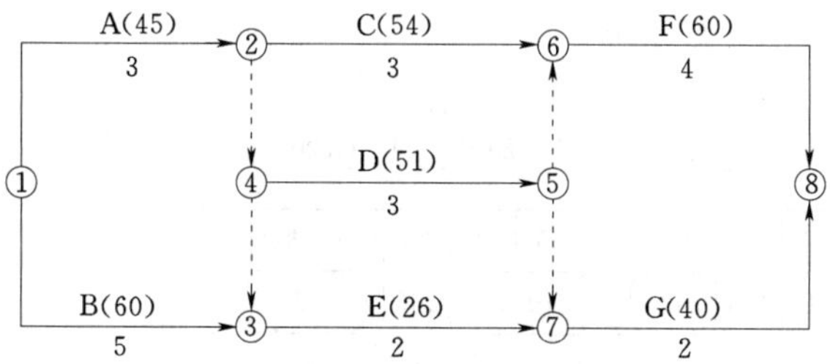

图 4－18　某工程项目网络计划

【应用实例 4－3】 某工程项目网络计划如图 4－18 所示，图中箭线上方括号内数字表示各项工作计划完成的任务量，以劳动消耗量表示；箭线下方数字表示各项工作的持续时间（周）。试绘制香蕉曲线。

【实例解答】 假设各项目工作都以匀速进展，即各项工作每周的劳动消耗量相等。

(1) 确定各项工作每周的劳动消耗量。

工作 A：45÷3＝15（周）　工作 B：60÷5＝12（周）

工作 C：54÷3＝18（周）　工作 D：51÷3＝17（周）

工作 E：26÷2＝13（周）　工作 F：60÷4＝15（周）

工作 G：40÷2＝20（周）

(2) 计算工程项目劳动消耗总量。

$$Q=45+60+54+51+26+60+40=336(\text{周})$$

(3) 根据各项工作按最早开始时间安排的进度计划，确定工程项目每周计划劳动消耗量及各周累计劳动消耗量，如图 4－19 所示。

(4) 根据各项工作按最迟开始时间安排的进度计划，确定工程项目每周计划劳动消耗量及各周累计劳动消耗量，如图 4－20 所示。

(5) 根据不同的累计劳动消耗量分别绘制 ES 曲线和 LS 曲线，便得到香蕉曲线，如图 4－21 所示。

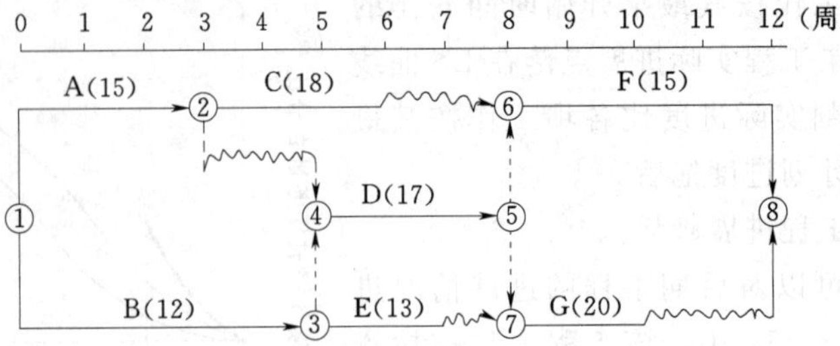

每周劳动消耗量	27	27	27	30	30	48	30	17	35	35	15	15
累计劳动消耗量	27	54	81	111	141	189	219	236	271	306	321	336

图 4-19　按工作最早开始时间安排的进度计划及劳动消耗量

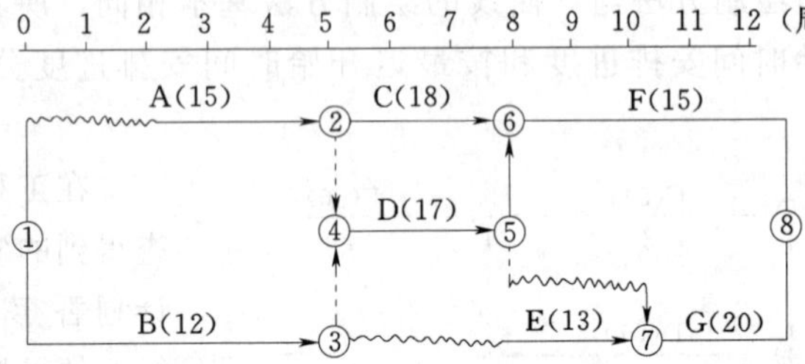

每周劳动消耗量	12	12	27	27	27	35	35	35	28	28	35	35
累计劳动消耗量	12	24	51	78	105	140	175	210	238	266	301	336

图 4-20　按工作最迟开始时间安排的进度计划及劳动消耗量

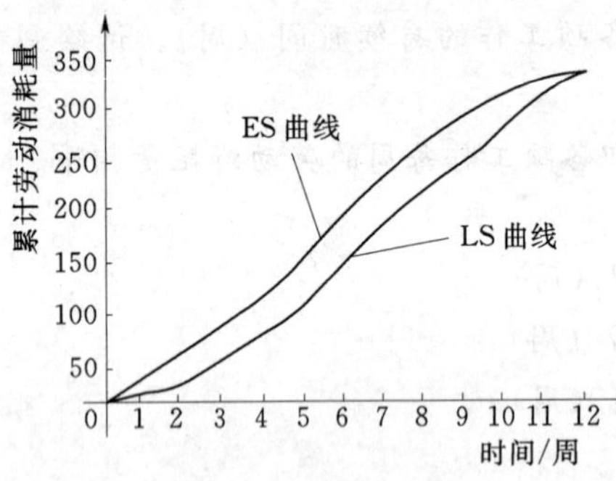

图 4-21　香蕉曲线图

4.4.2.4　前锋线比较法

前锋线是指在原时标网络计划上，从检查时刻的时标点出发，依次将各项工作实际进展位置点连接而成的折线。前锋线比较法是通过绘制某检查时刻工程项目实际进度前锋线，进行工程实际进度与计划进度比较的方法，它主要适用于时标网络计划。前锋线比较法就是通过实际进度前锋线与原进度计划中各工作箭线交点的位置来判断工作实际进度与计划进度的偏差，进而判定该偏差对后续工作及总工期影响程度的一种方法。

采用前锋线比较法进行实际进度与计划进度的比较，其步骤如下：

1. 绘制时标网络计划图

工程项目实际进度前锋线在时标网络计划图上标示，为清楚起见，可在时标网络计划图的上方和下方各设一时间坐标。

2. 绘制实际进度前锋线

一般从时标网络计划图上方时间坐标的检查日期开始绘制，依次连接相邻工作的实际进展位置点，最后与时标网络计划图下方坐标的检查日期相连接。

工作实际进展位置点的标定方法有两种：

(1) 按该工作已完任务量比例进行标定。假设工程项目中各项工作均为匀速进展，根据实际进度检查时刻该工作已完任务量占其计划完成总任务量的比例，在工作箭线上从左至右按相同的比例标定其实际进展位置点。

(2) 按尚需作业时间进行标定。当某些工作的持续时间难以按实物工程量来计算而只能凭经验估算时，可以先估算出检查时刻到该工作全部完成尚需作业的时间，然后在该工作箭线上从右向左逆向标定其实际进展位置点。

3. 进行实际进度与计划进度的比较

前锋线可以直观地反映出检查日期有关工作实际进度与计划进度之间的关系。对某项工作来说，其实际进度与计划进度之间的关系可能存在以下情况：

(1) 工作实际进展位置点落在检查日期的左侧（右侧），表明该工作实际进度拖后（超前），拖后（超前）的时间为二者之差。

(2) 工作实际进展位置点与检查日期重合，表明该工作实际进度与计划进度一致。

4. 预测进度偏差对后续工作及总工期的影响

通过实际进度与计划进度的比较确定进度偏差后，还可根据工作的自由时差和总时差预测该进度偏差对后续工作及项目总工期的影响。由此可见，前锋线比较法既适用于工作实际进度与计划进度之间的局部比较，又可用来分析和预测工程项目整体进度状况。

值得注意的是，以上比较是针对匀速进展的工作。对于非匀速进展的工作，比较方法较复杂，此处不赘述。

【应用实例 4-4】 某工程项目时标网络计划如图 4-22 所示。其他条件见项目 4 引例。

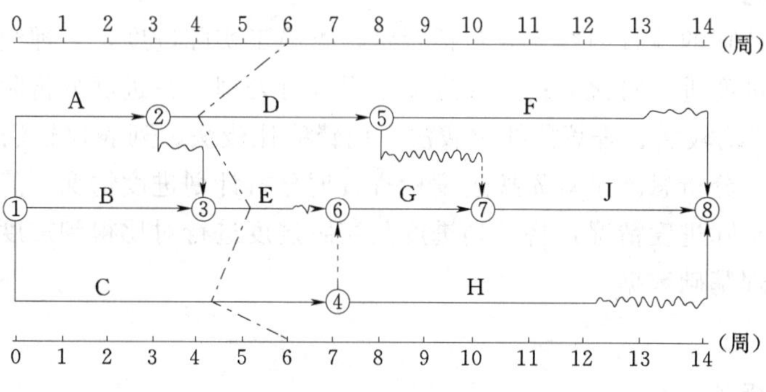

图 4-22　某工程前锋线比较图

【实例解答】 根据第 6 周末实际进度的检查结果绘制前锋线，如图 4-22 中点划线所示。通过比较可以看出：

(1) 工作 D 实际进度拖后 2 周，将使其后续工作 F 的最早开始时间推迟 2 周，并使总工期延长 1 周。

(2) 工作 E 实际进度拖后 1 周，既不影响总工期，也不影响其后续工作的正常进行。

(3) 工作 C 实际进度拖后 2 周，将使其后续工作 G、H、J 的最早开始时间推迟 2 周。

由于工作G、J开始时间的推迟，从而使总工期延长2周。

综上所述，如果不采取措施加快进度，该工程项目的总工期将延长2周。

4.4.2.5 列表比较法

当工程进度计划用非时标网络图表示时，可以采用列表比较法进行实际进度与计划进度的比较。这种方法是记录检查日期应该进行的工作名称及其已经作业的时间，然后列表计算有关时间参数，并根据工作总时差进行实际进度与计划进度比较的方法。

采用列表比较法进行实际进度与计划进度的比较，其步骤如下：

(1) 对于实际进度检查日期应该进行的工作，根据已经作业的时间，确定其尚需作业时间。

(2) 根据原进度计划计算检查日期应该进行的工作从检查日期到原计划最迟完成时尚余时间。

(3) 计算工作尚有总时差，其值等于工作从检查日期到原计划最迟完成时间尚余时间与该工作尚需作业时间之差。

(4) 比较实际进度与计划进度，可能有以下几种情况：

1) 如果工作尚有总时差与原有总时差相等，说明该工作实际进度与计划进度一致。

2) 如果工作尚有总时差大于原有总时差，说明该工作实际进度超前，超前的时间为二者之差。

3) 如果工作尚有总时差小于原有总时差，且仍为非负值，说明该工作实际进度拖后，拖后的时间为二者之差，但不影响总工期。

4) 如果工作尚有总时差小于原有总时差，且为负值，说明该工作实际进度拖后，拖后的时间为二者之差，此时工作实际进度偏差将影响总工期。

【知识技能点小结】

对施工进度计划的检查内容主要包括跟踪检查施工实际进度，整理统计检查数据，将实际进度与计划进度进行对比分析，对进度结果进行处理。在进度分析阶段，可采用横道图比较法、S曲线比较法、香蕉曲线比较法、前锋线比较法、列表比较法等方法，无论采用哪种方法，基本分析思路是首先按进度检查日期分析计划进度情况，然后根据表达实际进度的信息分析实际进度情况，将计划进度与实际进度进行对比得到进度偏差，为进度计划的调整提供合理基础数据。

【知识技能训练】

一、单项选择题

1. 工程进度曲线（S形曲线）以横坐标表示时间，纵坐标表示（　　）。

A 累计完成任务量　　　　B 单位时间内完成任务量

C 累积未完成任务量　　　D 单位时间内完成任务量百分比

2. 在实际进度与计划进度的比较方法中，前锋线比较法（　　）。

A 只能从局部进行工作的实际进度与计划进度的比较

B 适用于各种形式的网络计划

C 适用于各种形式的施工进度计划

D 既可以判断网络进度计划中是否出现了进度偏差，同时还可以根据工作进度偏差判断其对工期的影响

二、多项选择题

1. 工程项目施工进度计划常用的表示方法有（　　）。

A 横道图　　B 工程进度曲线　　C 施工进度控制曲线　　D 网络图

E 前锋线图

2. 在某工程网络计划中，工作 B 的总时差为 2 周。实施中监理工程师用割切法检查发现工作 B 的总时差变为－3 周，则工作 B 的实际进度（　　）。

A 比计划拖后 3 周，影响工期 1 周　　B 比计划拖后 5 周，影响工期 3 周

C 比计划拖后 2 周，影响工期 3 周　　D 比计划提前了 3 周

E 工作 B 将原来的 2 周总时差用完，还将导致总工期延长 3 周

3. 前锋线检查法适用于时标网络计划的实际进度与计划进度的比较，通过前锋线可以（　　）。

A 判定工作实际进度与计划进度的偏差　B 分析该偏差对总工期的影响

C 分析该偏差对后续工作的影响　　D 能从总量上反映实际累计完成工程量情况

E 能分析目前进度并可预测未来的进度

4. 用于比较实际进度与计划进度的前锋线，反映有关工作实际进度的情况是（　　）。

A 当工作实际进度点位置与检查日时间坐标相同时，则该工作实际进度与计划进度一致

B 工作实际进度点位置在检查日时间坐标左侧时，该工作实际进度拖后，拖后时间为二者之差

C 工作实际进度点位置在检查日时间坐标右侧时，该工作实际进度超前，超前时间为二者之差

D 工作实际进度点位置在检查日时间坐标左侧时，该工作实际进度超前，超前时间为二者之差

E 工作实际进度点位置在检查日时间坐标右侧时，该工作实际进度拖后，拖后时间为二者之差

5. 图 4－23 为某工程项目的 S 形曲线，其中实线为计划 S 形曲线，点划线为实际 S 形曲线。图中 a、b、c 三点所提供的信息是（　　）。

A a 点表明进度超前

B a 点表明进度拖后

C b 点表明实际进度与计划进度一致

D b 点表明进度拖后

E c 点表明进度超前

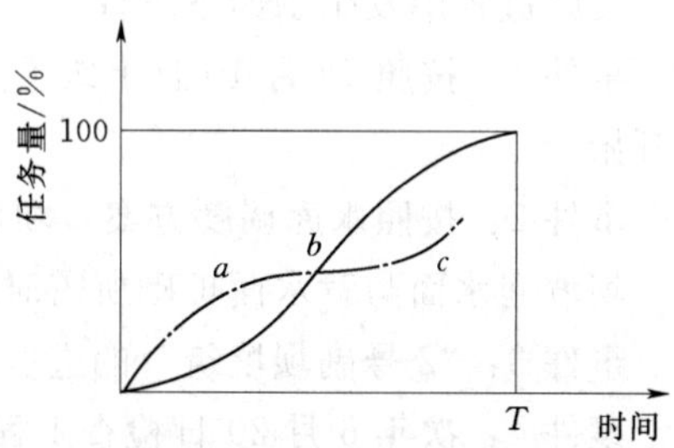

图 4－23　某工程项目 S 形曲线

三、案例分析题

1. 某工程项目进度计划如图 4－24 所示。计划执行到第 10 周末检查实际进度时，发现工作 A、

B、C、D、E已经全部完成，工作F已进行1周，工作G和工作H均已进行2周，试绘制出前锋线，并进行实际进度与计划进度的比较。

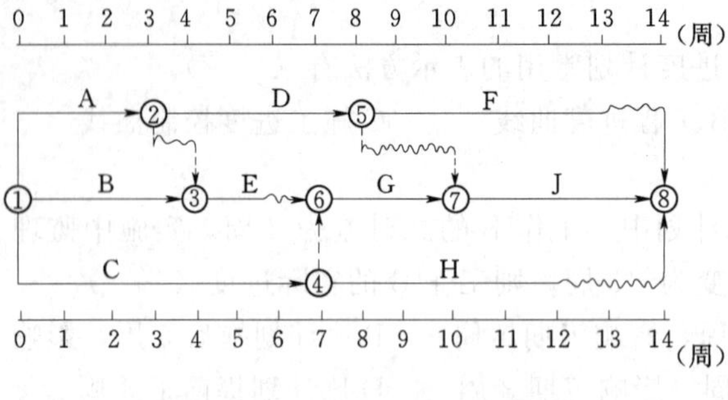

图4－24　某工程项目进度计划

2. 南方某以防洪为主，兼顾灌溉、供水和发电的中型水利工程，需进行扩建和加固，其中两座副坝（1号和2号）的加固项目合同工期为8个月，计划当年11月10日开工。副坝结构型式为黏土心墙土石坝。项目经理部拟定的施工进度计划如图4－25所示。

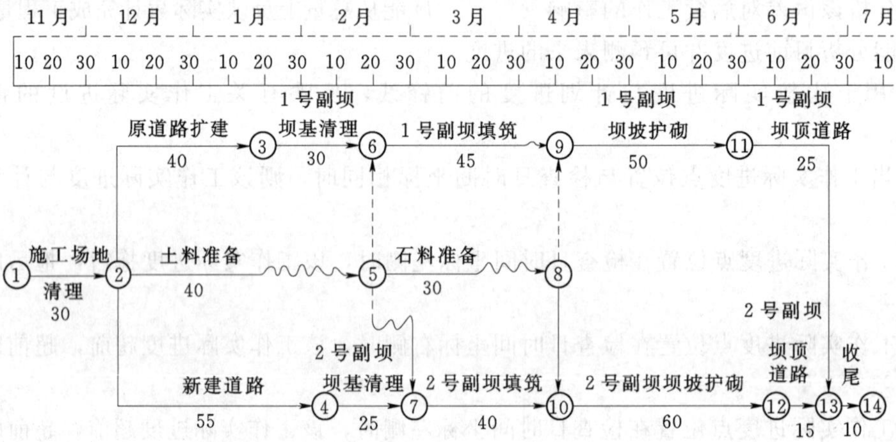

图4－25　某土石坝施工网络图

说明：

(1) 每月按30天计，时间单位为天。

(2) 日期以当日末为准，如11月10日开工表示11月10日末开工。

实施过程中发生了如下事件：

事件1：按照12月10日上级下达的水库调度方案，坝基清理最早只能在次年1月25日开始。

事件2：按照水库调度方案，坝坡护砌迎水面施工最迟应在次年5月10日完成。

坝坡迎水面与背水面护砌所需时间相同，按先迎水面后背水面顺序安排施工。

事件3：“2号副坝填筑”的进度曲线如图4－26所示。

事件4：次年6月20日检查工程进度，1号、2号副坝坝顶道路已完成的工程量分别为3/5、2/5。

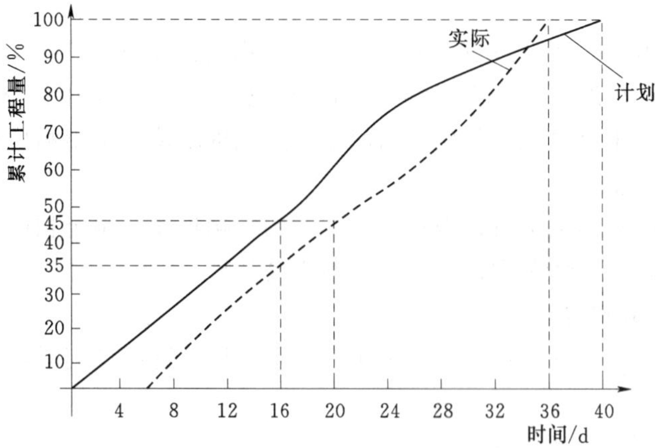

图 4-26　2 号副坝填筑进度曲线

问题：

1. 确定计划工期；根据水库调度方案，分别指出 1 号、2 号副坝坝基清理最早何时开始？

2. 根据水库调度方案，两座副坝的坝坡护砌迎水面护砌施工何时能完成？可否满足 5 月 10 日完成的要求？

3. 依据事件 3 中 2 号副坝填筑进度曲线，分析在第 16 天结束的计划进度与实际进度，并确定 2 号副坝填筑实际用工天数。

4. 根据 6 月 20 日检查结果，分析坝顶道路施工进展状况；若未完成的工程量仍按原计划施工强度进行，分析对合同工期的影响。

任务 4.5　施工进度拖延的解决措施

4.5.1　分析进度偏差对后续工作及总工期的影响

工程项目实施过程中，通过实际进度与计划进度的比较，发现有进度偏差时，需要分析该偏差对后续工作及总工期的影响，从而采取相应的调整措施对原进度计划进行调整，以确保工期目标的顺利实现。进度偏差的大小及其所处的位置不同，对后续工作和总工期的影响程度是不同的，分析时需要利用网络计划中工作总时差和自由时差的概念进行判断。分析步骤如下：

(1) 分析出现进度偏差的工作是否为关键工作。如果出现进度偏差的工作为关键工作，则无论其偏差有多大，都将对后续工作和总工期产生影响，必须采取相应的调整措施；如果出现偏差的工作是非关键工作，则需要根据进度偏差值与总时差和自由时差的关系作进一步分析。

(2) 分析进度偏差是否超过总时差。如果工作的进度偏差大于该工作的总时差，则此进度偏差必将影响其后续工作和总工期，必须采取相应的调整措施；否则，此进度偏差不影响总工期。至于对后续工作的影响程度，还需要根据偏差值与其自由时差的关系作进一步分析。

(3) 分析进度偏差是否超过自由时差。如果工作的进度偏差大于该工作的自由时差，则此进度偏差将对其后续工作产生影响，此时应根据后续工作的限制条件确定调整方法；如果工作的进度偏差未超过该工作的自由时差，则此进度偏差不影响后续工作，因此，原进度计划可以不作调整。

通过分析，进度控制人员可以根据进度偏差的影响程度，制定相应的纠偏措施进行调整，以获得符合实际进度情况和计划目标的新进度计划。

4.5.2　进度计划的调整方法

当实际进度偏差影响到后续工作、总工期而需要调整进度计划时，其调整方法主要有两种。

1. 改变某些工作间的逻辑关系

当工程项目实施中产生的进度偏差影响到总工期，且有关工作的逻辑关系允许改变时，可以改变关键线路和超过计划工期的非关键线路上的有关工作之间的逻辑关系，达到缩短工期的目的。例如，将顺序进行的工作改为平行作业、搭接作业以及分段组织流水作业等，都可以有效地缩短工期。

【应用实例4-5】　某工程项目基础工程包括挖基槽、做垫层、砌基础、回填土4个施工过程，各施工过程的持续时间分别为21天、15天、18天和9天，如果采取顺序作业方式进行施工，则其总工期为63天。为缩短该基础工程总工期，如果在工作面及资源供应允许的条件下，将基础工程划分为工程量大致相等的3个施工段组织流水作业，试绘制该基础工程流水作业网络计划，并确定其计算工期。

【实例解答】　该基础工程流水作业网络计划如图4-27所示。通过组织流水作业，使得该基础工程的计算工期由63天缩短为35天。

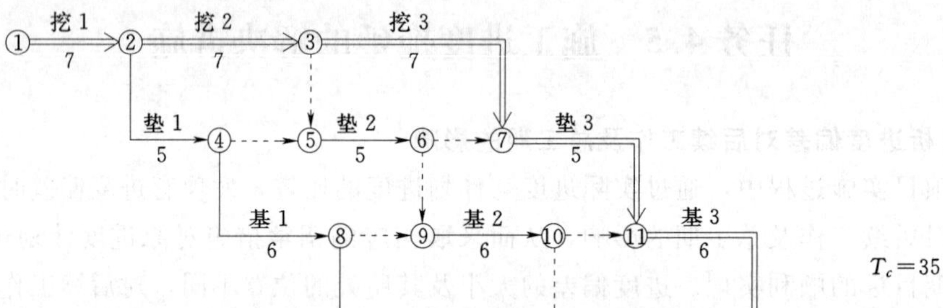

图4-27　某基础工程流水施工网络计划

2. 缩短某些工作的持续时间

这种方法不改变工程项目中各项工作之间的逻辑关系，而通过采取措施来缩短某些工作的持续时间，以保证按计划工期完成该工程项目。这些被压缩持续时间的工作是位于关键线路和超过计划工期的非关键线路上的工作。同时，这些工作又是其持续时间可被压缩的工作。这种调整方法通常可以在网络图上直接进行。其调整方法视限制条件及对其后续工作的影响程度的不同而有所区别，一般可分为以下三种情况：

（1）网络计划中某项工作进度拖延的时间已超过其自由时差但未超过其总时差。

如前所述，此时该工作的实际进度不会影响总工期，而只对其后续工作产生影响。因此，在进行调整前，需要确定其后续工作允许拖延的时间限制，并以此作为进度调整的限制条件。该限制条件的确定常常较复杂，尤其是当后续工作由多个平行的承包单位负责实施时更是如此。后续工作如不能按原计划进行，在时间上产生的任何变化都可能使合同不能正常履行，而导致蒙受损失的一方提出索赔。因此，必须寻求合理的调整方案，把进度拖延对后续工作的影响减少到最低程度。

【应用实例 4-6】 某工程项目双代号时标网络计划如图 4-28 所示，该计划执行到第 35 天下班时刻检查时，其实际进度如图 4-28 中前锋线所示。试分析目前实际进度对后续工作和总工期的影响，并提出相应的进度调整措施。

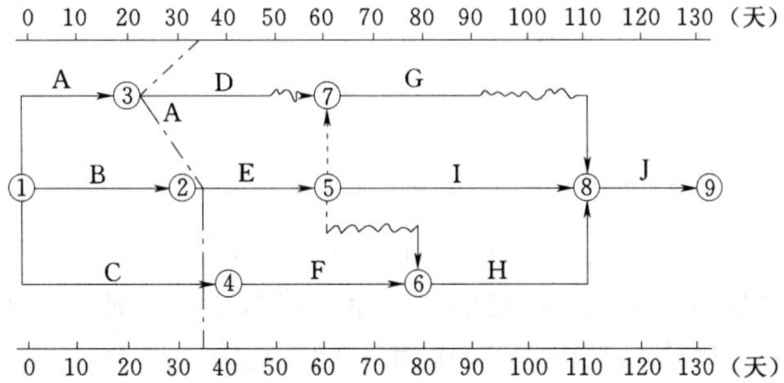

图 4-28　某工程项目时标网络计划

【实例解答】 从图中可以看出，目前只有工作 D 的开始时间拖后 15 天，而影响其后续工作 G 的最早开始时间，其他工作的实际进度均正常。由于工作 D 的总时差为 30 天，故此时工作 D 的实际进度不影响总工期。

该进度计划是否需要调整，取决于工作 D 和 G 的限制条件。

（1）后续工作拖延的时间无限制。

如果后续工作拖延的时间完全被允许时，可将拖延后的时间参数带入原计划，并简化网络图（即去掉已执行部分，以进度检查日期为起点，将实际数据带人，绘制出未实施部分的进度计划），即可得调整方案。例如在本例中，以检查时刻第 35 天为起点，将工作 D 的实际进度数据及 G 被拖延后的时间参数带入原计划（此时工作 D、G 的开始时间分别为 35 天和 65 天），可得如图 4-29 的调整方案。

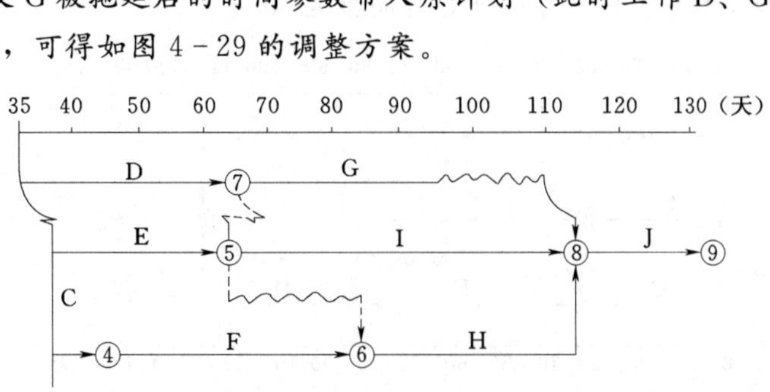

图 4-29　后续工作拖延的时间无限制时网络进度计划

(2) 后续工作拖延的时间有限制。

如果后续工作不允许拖延或拖延的时间有限制时，需要根据限制条件对网络计划进行调整，寻求最优方案。例如在本例中，如果工作G的开始时间不允许超过第60天，则只能将其紧前工作D的持续时间压缩为25天，调整后的网络计划如图4-30所示。

如果在工作D、G之间还有多项工作，则可以利用工期优化的原理确定应压缩的工作，得到满足G工作限制条件的最优调整方案。

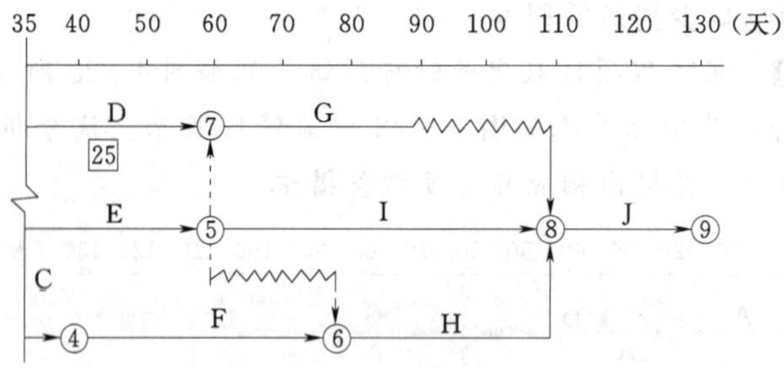

图4-30　后续工作拖延时间有限制时的网络计划

(2) 网络计划中某项工作进度拖延的时间超过其总时差。

如果网络计划中某项工作进度拖延的时间超过其总时差，则无论该工作是否为关键工作，其实际进度都将对后续工作和总工期产生影响。此时，进度计划的调整方法又可分为以下三种情况：

1) 项目总工期不允许拖延。如果工程项目必须按照原计划工期完成，则只能采取缩短关键线路上后续工作持续时间的方法来达到调整计划的目的。

【应用实例4-7】 仍以图4-28网络计划为例，如果在计划执行到第40天下班时刻检查时，其实际进度如图4-31中前锋线所示，试分析目前实际进度对后续工作和总工期的影响，并提出相应的进度调整措施。

【实例解答】 从图中可看出：

(1) 工作D实际进度拖后10天，但不影响其后续工作，也不影响总工期。

(2) 工作E实际进度正常，既不影响后续工作，也不影响总工期。

(3) 工作C实际进度拖后10天，由于其为关键工作，故其实际进度将使总工期延长10天，并使其后续工作F、H和J的开始时间推迟10天。

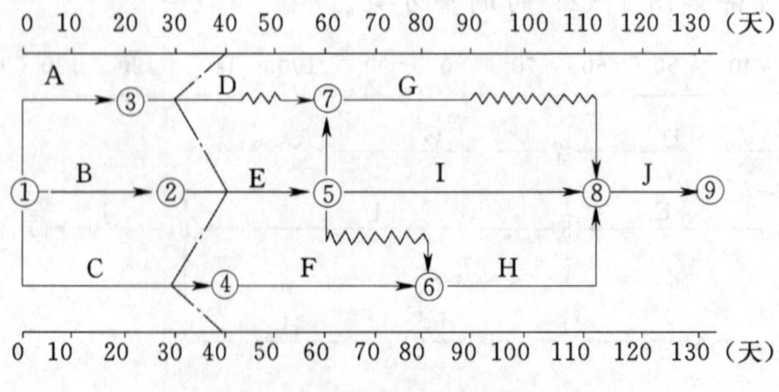

图4-31　某工程实际进度前锋线

如果该工程项目总工期不允许拖延，则为了保证其按原计划工期 130 天完成，必须采用工期优化的方法，缩短关键线路上后续工作的持续时间。现假设工作 C 的后续工作 F、H 和 J 均可以压缩 10 天，通过比较，压缩工作 H 的持续时间所需付出的代价最小，故将工作 H 的持续时间由 30 天缩短为 20 天。调整后的网络计划如图 4-32 所示。

2）项目总工期允许拖延。如果项目总工期允许拖延，则此时只需以实际数据取代原计划数据，并重新绘制实际进度检查日期之后的简化网络计划即可。

3）项目总工期允许拖延的时间有限。如果项目总工期允许拖延，但允许拖延的时间有限。则当实际进度拖延的时间超过此限制时，也需要对网络计划进行调整，以便满足要求。

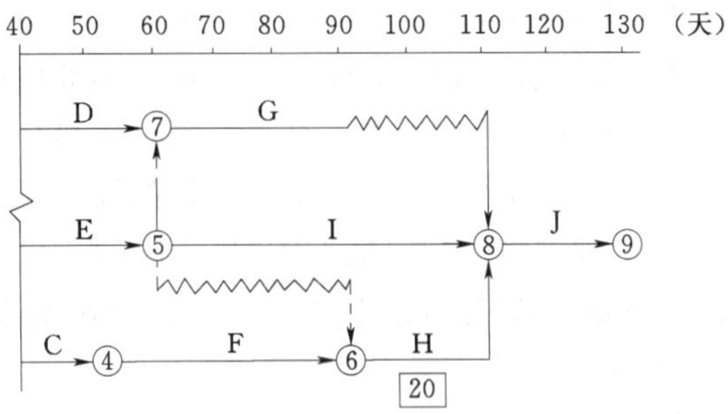

图 4-32　调整后工期不拖延的网络计划

具体的调整方法是以总工期的限制时间作为规定工期，对检查日期之后尚未实施的网络计划进行工期优化，即通过缩短关键线路上后续工作持续时间的方法来使总工期满足规定工期的要求。

以上三种情况均是以总工期为限制条件调整进度计划的。值得注意的是，当某项工作实际进度拖延的时间超过其总时差而需要对进度计划进行调整时，除需考虑总工期的限制条件外，还应考虑网络计划中后续工作的限制条件，特别是对总进度计划的控制更应注意这一点。因为在这类网络计划中，后续工作也许就是一些独立的合同段。时间上的任何变化，都会带来协调上的麻烦或者引起索赔。因此，当网络计划中某些后续工作对时间的拖延有限制时，同样需要以此为条件，按前述方法进行调整。

【知识技能点小结】

分析进度偏差对后续工作及总工期的影响，若该工作为关键工作，必将影响总工期和后续工作（当计划工期与要求工期一致时），影响总工期的天数即为该工作的偏差，影响后续工作最早开始时间即为该工作的偏差；若该工作为非关键工作，影响总工期的天数应结合该工作的偏差和总时差分析，影响后续工作最早开始时间应结合该工作的偏差及自由时差来分析。当实际进度偏差影响到后续工作、总工期而需要调整进度计划时，其调整方法主要有两种：改变某些工作间的逻辑关系，缩短某些工作的持续时间。

【知识技能训练】

一、单项选择题

1. 在工程网络计划执行过程中，如果某项非关键工作实际进度拖后时间没有超过总时差，则（　　）。

A 该工作的总时差不变　　B 该工作的自由时差不变

C 不会影响工程总工期　　D 不影响其紧后工作的最早开始

2. 在工程网络计划执行过程中，如果某项工作实际进度拖后时间没有超过其自由时差，则（　　）。

A 不影响其紧后工作的最早开始时间　　B 影响其紧后工作的最早开始时间

C 该工作的总时差不会变　　D 可能会影响工程总工期

3. 在工程网络计划的执行过程中，若发现某工作的进度拖延 Δ，并且 $FF<\Delta<TF$，则（　　）。

A 不影响后续工作最早开始时间，影响总工期

B 不影响总工期，影响后续工作最早开始时间

C 对总工期和后续工作最早开始时间都有影响

D 对总工期和后续工作最早开始都没有影响

4. 工程网络计划中某工作的自由时差为 2 天，总时差为 4 天。监理工程师在检查时发现只有该工作实际进度拖延，并且影响总工期 1 天，则该工作实际比计划进度拖延（　　）天。

A 4　　B 5　　C 3　　D 6

二、多项选择题

1. 进度计划实施中的调整方法主要有（　　）。

A 改变某些工作间的逻辑关系　　B 缩短某些工作的持续时间

C 前锋线法　　D 割切法

E 列表比较法

2. 下列说法正确的是（　　）。

A 当工作的进度偏差小于该工作的自由时差时，对其后续工作及总工期均不产生影响

B 当工作的进度偏差刚好把自由时差利用完时，将影响其紧后工作的最早开始时间

C 当工作的进度偏差超过其总时差时，对后续工作及总工期都将产生影响

D 当工作的进度偏差超过其总时差时，对总工期有影响，但不影响其后续工作

E 当工作的进度偏差大于该工作自由时差而未超过总时差时，则影响其紧后工作的最早开始时间，但不影响总工期。

3. 在项目实施过程中，若某工作进度出现拖延，会使总工期受到影响的情况是（　　）

A 该工作为关键线路上的关键工作

B 该工作为非关键工作，但拖延时间超过该工作的总时差

C 该工作为非关键工作，拖延时间没有超过该工作总时差

D 该工作为非关键工作，拖延时间超过自由时差

E 该工作为非关键工作，拖延时间超过自由时差没有超过工作总时差

任务 4.6　施工进度管理计算机软件简介

4.6.1　项目进度管理软件的主要功能模块

在施工项目管理中，进度管理仅仅是一部分，但进度管理必须将时间、成本、资源三者统一起来形成系统管理。项目进度管理一般分为计划阶段和控制阶段，计划阶段确定目标，控制阶段跟踪、评估执行情况，预测分析未来结果。

工程项目进度管理软件分类功能通常包括一般功能、编辑功能、编程功能、图形功能、日历功能、进度安排功能、项目信息编码功能、分析和调整功能、资源安排功能、资源成本计算功能、资源均衡功能、多项目管理功能、多项目的资源均衡功能、项目跟踪管理功能、跟踪管理方法、报表输出功能、报表类型、数据交换和传递功能、联网功能、数据保护功能、电子邮件功能、软件适用性功能等。

以项目网络计划为主线的项目管理软件的主要功能模块包括：项目建立与进度计划；时间进度分析网络处理；资源分配处理和优化；成本计算、成本分析及成本预测；项目计划跟踪管理；后续计划更新与目标预测；多重项目管理和多项目资源优化；数据交换和开放数据库连接；编程功能；丰富的图表生成和输出；与其他应用软件的集成等。

以上模块中核心模块为时间进度计划和控制模块，资源分配和优化模块，成本处理模块，图标生成输出模块。在时间进度计划和控制模块中可以实现以下功能。

（1）计算项目的总工期，求出关键路线。

（2）表示各种工作之间的逻辑关系。

（3）计算各工作的时间参数，如最早或最迟开始时间和完成时间，总时差和自由时差等。

（4）跟踪进度、更新网络、报告进度完成量的百分比、预测对后续工作及总工期的影响。

（5）可处理不同时间单位（如天、周、月、年、班制）并自动转换。

（6）可用工作结构分解（WBS）方法将项目层层分解，组织网络计划的工序。

（7）建立初始网络图的输入操作简单，可用填表方式、直观作图方式输入工作的逻辑。

（8）可用子网络（项目）功能构成网络的不同级别（分级网络）。

（9）可分类筛选和排序输出，如按时差、最早开始或最迟开始排序，有选择地输出。

（10）输入项目开工日期，正向计算时间参数；输入项目完工日期，反向计算时间参数。

（11）可自动计算完成工期（或完成百分比）、计划工期、尚需工期三者的关系；也可手工输入。

（12）可再细分所选的工作，使之可间断，并在以后恢复进行（可间断工作）等。

4.6.2　Microsoft Project 软件简介

4.6.2.1　概述

Microsoft Project 是 Microsoft 公司 office 系列办公软件之一，是一个成熟的项目管理应用软件，包括机遇关键路线法（CPM）和计划评审技术（PEPT）2 种技术，它可以为项目制定计划、安排日程、分配资源、控制成本、方案比较、跟踪进程、打印绘制项目信息图表并与他人协同工作，进行项目共享，达到工期缩短，资源得到有效利用的目的。从某种意义上讲，Microsoft Project 是一个适应现代信息社会快速发展、科学管理项目、提高工作效率、广为流行、功能强大的项目管理应用软件。

4.6.2.2　Microsoft Project 的功能

Microsoft Project 在通常的项目管理业务中，能够制定项目计划，并且能够逐级进行工作结构分解（WBS），也即对工程由分部工程→分项工程→结构工程→工艺工序进行逐级分解。能够利用计划评审技术和关键路线法安排逻辑网络图，网络横道图，对任务进行调度。在资源分配方面，它能定义资源，定义资源工作时间，能对资源进行按消耗成本大小排序，能对过载分配的资源进行过滤，能够生成资源样本供不同项目使用，还能按不同的需要打印输出资源列表。资源分配时，它能建立受控资源，能对资源驱动任务，固定期限任务进行资源分配。Microsoft Project 还具有资源均衡功能，可以按资源有限、工期最短方式自动优化项目资源。在成本方面，除了资源的直接成本外，还能定义不与资源直接相关的固定成本。

Microsoft Project 在任务、资源、成本相关而制定出一个初步计划后，通过“重新调整”了解某一项目的改变对整个计划的影响，并快速反映结果。能“预期”各种不同状况，以便事先调整资源和计划。Microsoft Project 能够采取各种方法解决诸如资源过度分配、成本超出预算、计划时间超出合同期限等问题。软件提供了压缩调度策略、缩短关键路径的方法。在解决资源超分配时，能利用资源分配图，超分配资源过滤，资源增加，为资源规划赶工时间，延长资源工作日历，以没有使用的资源代替超分配资源，延长任务期限，来解决问题。在求解时，软件提供的各种视图及联合视图起到很好的辅助作用。

项目一旦开始实施，就能充分利用 Microsoft Project 的跟踪预测功能，跟踪任务实际开始日期、结束日期、任务实际成本、计算工程完成百分数、实际成本百分数，从而预测完工日期和最终成本。根据预测分析风险，进而修订计划，做出新的调整使后续计划达到控制的目标。在这一过程中，Microsoft Project 提供了一系列工具，如比较基准（Baseline）的设立、显示、更正；基准线和当前进度表的比较；任务工时表、任务成本表的显示；跟踪横道图的显示。在跟踪分析时，程序自动计算实际期限、完成百分比、剩余期限、实际工时、任务完成百分比、剩余工时、实际固定成本、实际成本、剩余成本，为分析预测提供数据。在实际跟踪计划进度时，Microsoft Project 提供了一些视图帮助用户发现问题，还提供了项目统计、任务延期过滤器、任务必须开始过滤器、超预算过滤器等工具，以帮助分析被修改的进度计划。

4.6.2.3 Microsoft Project 在水利工程项目进度管理应用的基本步骤

1. 利用现有模板新建项目

用户可以下载微软官网的模板，或是将图标格式、工作日历、条形格式等设定好后保存为本地模板，方便新增项目时调用，避免重复工作。

2. 输入计算基本信息

将工程量、单位、持续时间等基本信息输入到 Microsoft Project 中。可以利用 Excel 将现有的工程量清单编排好的工程项目指标粘贴到 Microsoft Project 中，如根据水利工程横道图的习惯，一般在工程项目一列右侧为工程量、单位、持续时间等，还可以反映施工的平均强度。也可以通过添加自定义列来解决初始数据输入的问题，通过软件计算功能计算施工平均强度等。

3. 施工计划的优化

在 Microsoft Project 中，管理人员只需要调整不合理的相关数据，软件自动修改相关的逻辑关系自动生成图表，还可以根据工期条件、成本条件等限制条件进行调整。

4. 计划动态跟踪

用 Microsoft Project 对项目的进度管理可以实现动态跟踪，实时修改完善，更好的指导施工。软件中的命令参数齐全，跟踪命令即可用来对实际人工、机械设备使用情况、工期、资金等情况与计划情况进行差异对比。项目管理人员可以及时通过调整施工方案、方法等技术手段保证项目如期完成。

4.6.3　Primavera Project Planner（P3）软件简介

4.6.3.1　概述

P3 是最早的、专业级的基于网络计划技术的项目管理软件。国际上许多国家在许多工程项目管理中都使用了 P3 软件，P3 软件在管理功能方面丰富了网络计划技术，使得长期以来困扰大家的工期进度和投资成本情况无法整体性动态管理的问题得到了很好的解决。同时，P3 将上述进度/投资动态过程与目标管理的方法有机地联系在一起，从而使项目管理的办法变为一种可操作性很强的、切实可行的手段。

P3 的宗旨是对项目进度计划/资源/成本进行动态管理和控制，使项目的计划进度/施工措施/资金占用始终处于最合理状态，从而实现时间最短、成本最低、质量最优的目标。毋庸置疑，P3 的功能十分强大，无论在计划制定、资源处理、成本控制、任务跟踪、图表输出等方面都有出众的表现，但是用户不经过专门的培训，缺少项目管理方面的必要知识，没有计算机方面的基本技能，是不可能用好 P3 的。

P3 作为商业软件，历年来，国际权威软件评测机构对同类项目管理软件进行评测，P3 软件总是名列前茅。各种评测都认为 P3 软件不仅在项目管理方面具有良好的功能，而且在软件的通用性、软件界面的设计、软件的输出形式及表现力方面，都达到了国际商业软件最高标准。

4.6.3.2　P3 的功能

P3 具有许多功能特点。P3 能同时管理企业同时在建的多个工程，也可以同时管理一个大型复杂工程的若干标段工程。P3 能有效控制大型、复杂项目，能处理大时间跨度、复杂和多日历的工程，能处理多达 10 万多条工序的项目，支持无限资源，提供多个目标基准计划作为对比依据。P3 通过强大的作业分类码功能对工程数据进行结构化组织，可以方便地根据用户的要求组织作业数据，对数据进行分类汇总。P3 能根据作业逻辑顺序通过网络图将作业列出，在施工后对作业进行跟踪，并进行进度调整。P3 能利用费用科目对项目的费用进行管理，可以轻而易举地与会计系统交换数据。P3 利用资源直方图和资源表格突出潜在的资源冲突，然后用资源平衡解决这些问题。

4.6.3.3　P3 在水利工程项目进度管理应用的基本步骤

1. 准备工作

P3 是基于网络计划技术的工程管理软件，编制一个科学合理、切实可行的计划，要求计划编制部门及人员必须掌握整个工程施工的全部过程及资源、设备等情况。各相关人员应首先阅读施工图，统计工程量，编制施工组织方案，分析各项工作的逻辑关系，估计各项工作所需的持续时间。

2. 编制进度计划

遵循“自上而下逐步细化”和“自下而上汇总协调”原则，采用工作结构分解

（WBS）逐层分解施工各项工作，建立 WBS 编码体系。按照施工阶段、流水段以及施工班组等层次来建立工作编码。然后录入工作，建立工作间的逻辑关系。根据合同工作量清单编制的资源清单进行资源加载。最后采用增加资源缩短工作工期或将时间跨度长的工作进行分解或调整工作间关系对进度计划进行优化。

3. 管理工程进度

将工程实际完成情况按百分比或占计划天数的比值形式输入用 P3 编制的进度计划中，并进行进度的计算，得到实际进展情况分析结果，通过对比对工程进展的快慢进行实时调整。

【知识技能点小结】

Microsoft Project 和 P3 是工程项目进度管理中最常用、最普遍的管理软件，其强大的进度计划编制和进度管理功能为工程项目进度管理提供了便利。

【知识技能训练】

实操题

1. 利用 Microsoft Project 软件编制一个小型网络计划。

2. 利用 P3 软件编制一个小型网络计划。

项目5　水利工程施工质量管理

【项目目标】

掌握水利工程质量的概念和特点；掌握施工质量管理任务、原则；了解质量管理体系的建立和运行；掌握施工阶段质量控制的内容和方法；掌握工程质量统计分析方法；掌握水利工程质量事故分类与处理程序；掌握水利工程质量评定标准；掌握水利工程验收相关规定。

【项目要求】

知识要点	能力要求	所占分值（100分）	自评分数
施工质量管理基础知识	理解工程质量管理的概念；了解质量管理制度	5	
质量体系的建立与运行	了解ISO 9000族质量管理体系	5	
工程项目施工阶段的质量控制	能对水利工程施工设置质量控制要点	10	
工程质量的统计分析	能结合工程实际分析工程质量	20	
水利工程质量事故	能识别水利工程质量事故类别并正确处理	25	
水利工程质量评定	能结合质量评定标准对水利工程进行质量评定	25	
水利工程质量验收	熟悉水利工程质量验收相关规定	10	

【引例】 沟后水库位于黄河支流恰卜恰河上游，青海省海南藏族自治州共和县境内，坝址距共和县城13km。水库设计总容量为330万m^3，正常洪水位、设计和校核水位均为3278m，坝型为砂砾石面板坝，水库为灌溉水利枢纽，是四等小型工程。1993年8月27日22时40分左右，青海省海南藏族自治州共和县沟后水库发生垮坝事故。由于大坝溃决发生在深夜，巨洪水下泄集中，超过汛期设防标准的5倍以上造成巨大的灾难性损失。经核实，现已找到遇难者尸体285具，尚有失踪者40人。恰卜恰、曲沟两乡和恰卜恰镇的13个村、38个国营集体单位受灾。其中遭受毁灭性灾害的单位13个；受灾农民、牧民、居民、职工群众521户、2837人，摧毁和严重损坏房屋2932间；毁坏农田1.37万亩，人畜饮水主管道35km，水工建筑物405座，公路26.3 km，农灌渠道50 km，输电线路10多km，公路桥梁3座，以及一些城镇基础设施、文教卫生设施；恰卜恰镇河西地区1.2万居民的自来水供水系统完全毁坏，直接经济损失达1.53亿元。

事故原因分析如下：

(1) 施工方面。混凝土面板有贯穿性蜂窝；面板分缝之间有的止水与混凝土连接不好，甚至脱落；防浪墙与混凝土面板之间仅有一道水平缝止水，有的部位系搭接有的，部位未嵌入混凝土中；对防浪墙上游水平防渗板在施工中已发现的裂缝，错误地采用抹水泥砂浆的方法处理，达不到堵漏效果。以上施工质量问题导致水库蓄水后面板漏水、浸润坝体。

(2) 设计方面。坝体未设置排水，加之选用的坝体填料渗水性不好，致使坝体排水不畅，浸润线抬高逐步饱和，塌陷垮坝。

水库施工中的严重质量问题和坝体设计上的缺陷，给水库留下了致命的隐患，是垮坝的主要原因。

(3) 管理方面。工程建设指挥部工程管理经验严重不足，水库前期工作管理混乱，先后参加勘测、设计的单位达五家之多，未能妥善衔接和协调配合；对施工质量没有认真地检查监督，在防浪墙与面板结缝施工中已发现裂缝的情况下竟同意施工单位用砂浆填塞的错误方法处理；水库建成运行后，管理制度及预警设施不完善，制度执行不严，有的管理人员长时间脱岗，未能有效履行职责；防汛行政首长负责制落实不认真，对恰卜恰河行洪区清障工作决心不大、措施不力，以上问题是一种严重的失职行为，对造成事故损失负有重大责任。

设计主审和验收单位，缺乏水利工程建设管理经验，又没有邀请到有经验的专家提供帮助。在先后两次设计审查时，均未发现大坝设计中的缺陷和失误；主持竣工验收时，对防浪墙上游水平防渗板的裂缝等施工质量问题，特别是对下游坝坡在较高部位发现的渗水溢出现象，未引起足够重识，并错误地对大坝工程冠以“优良”等级，对造成事故负有重要责任。

任务5.1　施工质量管理基础知识

5.1.1　施工质量管理的概念

质量是建设工程项目管理的重要任务目标。建设工程项目质量目标的确定和实现过程，需要系统有效地应用质量管理和质量控制的基本原理和方法，通过建设工程项目各参与方的质量责任和职能活动的实施来达到。

5.1.1.1　质量

《质量管理体系基础术语》(GB/T 19000—2008) 对质量作如下定义：质量是一组固有特性满足要求的程度。固有特性是指某物所特有的，如水泥的强度、凝结时间等。质量的要求包括明示和隐含两种含义，明示要求一般通过合同、规范、图纸等明确表示，隐含需要一般是人们公认的、不必作出规定的需要。

5.1.1.2　质量管理

1. 质量管理的概念

《质量管理体系基础术语》(GB/T 19000—2008) 中质量管理的定义为：“质量管理是在质量方面指挥和控制组织协调的活动”，通常包括制定质量方针和质量目标以及质量策划、质量控制、质量保证和质量改进。质量方针指由组织的最高管理者正式发布的该组织总的质量宗旨和质量方向。质量目标是组织在质量方面所追求的目的，是组织质量方针的具体体现。质量策划致力于制定质量目标并规定必要的运行过程和相关资源以实现质量目标。质量控制致力于满足质量要求。质量保证致力于提供质量要求会得到满足的信任。质量改进致力于增强满足质量要求的能力。

作为组织，应当建立质量管理体系实施质量管理。具体来说，组织首先应当制定能够反映组织最高管理者的质量宗旨、经营理念和价值观的质量方针，然后在该方针的指导下，通过组织的质量手册、程序性管理文件和质量记录的制定，组织制度的落实、管理人员与资源的配置、质量活动的责任分工与权限界定等，最终形成组织质量管理体系的运行机制。

2. 质量管理的 PDCA 循环

PDCA 循环又称戴明环，是美国质量管理专家戴明博士首先提出的，它反映了质量管理活动的规律。质量管理活动的全部过程，是质量计划的制定和组织实现的过程，这个过程就是按照 PDCA 循环，不停顿地周而复始地运转的。每一循环都围绕着实现预期的目标，进行计划、实施、检查和处置活动，随着对存在问题的克服、解决和改进，不断增强质量能力，提高质量水平。

PDCA 循环主要包括四个阶段：计划（Plan）、实施（Do）、检查（Check）和处理（Action）。

（1）计划（Plan）。质量管理的计划职能，包括确定或明确质量目标和制定实现质量目标的行动方案两个方面。工程项目的质量计划，一般由项目干系人根据其在项目实施中所承担的任务、责任范围和质量目标，分别进行质量计划而形成的质量计划体系。实践表明质量计划的严谨周密、经济合理和切实可行，是保证工作质量、产品质量和服务质量的前提条件。

（2）实施（Do）。实施职能在于将质量的目标值，通过生产要素的投入、作业技术活动和产出过程，转换为质量的实际值。在各项质量活动实施前，根据质量计划进行行动方案的部署和交底；在实施过程中，严格执行计划的行动方案，将质量计划的各项规定和安排落实到具体的资源配置和作业技术活动中去。

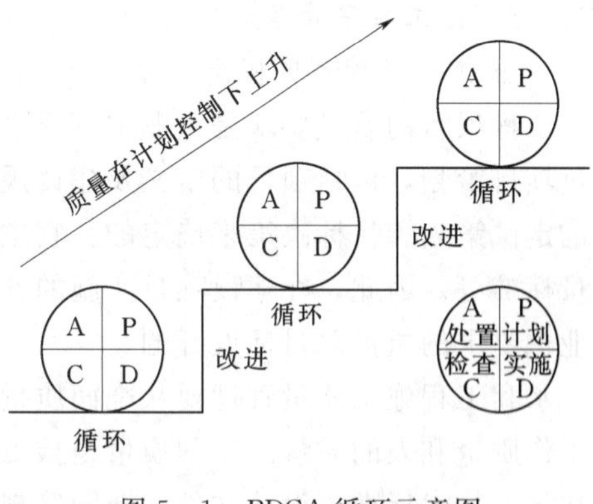

图 5-1 PDCA 循环示意图

（3）检查（Check）。指对计划实施过程进行各种检查，包括作业者的自检、互检和专职管理者专检。

（4）处置（Action）。对于质量检查所发现的质量问题或质量不合格，及时分析原因，采取必要的措施予以纠正，保持工程质量形成过程的受控状态。

PDCA 循环如图 5-1 所示。

3. 全面质量管理

现代质量管理经历了三个阶段：第一阶段是第二次世界大战以前的质量检验阶段，这一阶段主要是通过检验的方式来控制和保证产出或转入下道工序的产品质量；第二阶段是从第二次世界大战开始到20世纪50年代的统计质量控制阶段，这一阶段的重点在于确保产品质量符合规范和标准；第三阶段是从20世纪60年代开始的全面质量管理阶段。全面质量管理指的是一个组织以质量为中心、以全员参与为基础，目的在于通过顾客满意和本组织所有成员及社会受益而达到长期成功的管理途径。

全面质量管理有四项基本要求如下：

(1) 全过程的管理。任何一个工程（产品）的质量，都有一个产生、形成和实现的过程，整个过程是由多个相互联系、相互影响的环节所组成，每一环节都或重或轻地影响着最终的质量状况。因此，要搞好工程质量管理，必须把形成质量的全过程和有关因素控制起来，形成一个综合的管理体系，做到以防为主、防检结合、重在提高。

(2) 全员的质量管理。工程（产品）的质量是企业各方面、各部门、各环节工作质量的反映。每一环节、每一个人的工作质量都会不同程度地影响着工程（产品）最终质量。工程质量人人有责，只有人人都关心工程的质量，做好本职工作，才能生产出好质量的工程。

(3) 全企业的质量管理。全企业的质量管理一方面要求企业各管理层次都要有明确的质量管理内容，各层次的侧重点要突出，每个部门应有自己的质量计划、质量目标和对策，层层控制；另一方面就是要把分散在各部门的质量职能发挥出来。如水利水电工程中的“三检制”，就充分反映了这一观点。

(4) 多方法的管理。影响工程质量的因素越来越复杂：既有物质的因素，又有人为的因素；既有技术因素，又有管理因素；既有内部因素，又有企业外部因素。要搞好工程质量，就必须把这些影响因素控制起来，分析它们对工程质量的不同影响。灵活运用各种现代化管理方法来解决工程质量问题。

5.1.1.3　施工质量管理

1. 施工质量管理的概念

工程项目的质量要求是由业主（或投资者、项目法人）提出来的，是业主的建设意图通过项目策划，包括项目的定义及建设规模、系统构成、使用功能和价值、规格档次标准等的定位策划和目标决策来确定的。它主要表现为工程合同、设计文件、技术规范规定和质量标准等。因此，在建设项目实施的各个阶段的活动和各阶段质量控制均是围绕着致力于业主要求的质量总目标展开的。

水利工程施工质量管理要从全面质量管理的观点来理解，它不仅包括工程质量，还包括工作质量和人的质量。工程质量是指工程适合一定用途，满足使用者要求，符合国家法律法规、技术标准、设计文件、合同等规定的特殊综合，主要包括性能、寿命、可靠性、安全性、经济性以及与环境的协调等。工作质量是指施工企业的部门和个人工作达到和提高工程质量的保证程度，可以概括为生产过程质量和社会工作质量两个方面。人的质量是指工程参与人员的素质，主要表现在思想政治素质、文化技术素质、业务管理素质和身体素质等几个方面。

2.《水利工程质量管理规定》（中华人民共和国水利部令第7号）有关施工单位的规定

(1) 施工单位必须按其资质等级和业务范围承揽工程施工任务，接受水利工程质量监督机构对其资质和质量保证体系的监督检查。

(2) 施工单位必须依据国家、水利行业有关工程建设法规、技术规程、技术标准的规定，以及设计文件和施工合同的要求进行施工，并对其施工的工程质量负责。

(3) 施工单位不得将其承接的水利建设项目的主体工程进行转包。对工程的分包，分包单位必须具备相应资质等级，并对其分包工程的施工质量向总包单位负责，总包单位对全部工程质量向项目法人（建设单位）负责。工程分包必须经过项目法人（建设单位）的认可。

(4) 施工单位要推行全面质量管理，建立健全质量保证体系，制定和完善岗位质量规范、质量责任及考核办法，落实质量责任制。在施工过程中要加强质量检验工作，认真执行“三检制”，切实做好工程质量的全过程控制。

(5) 工程发生质量事故，施工单位必须按照有关规定向监理单位、项目法人（建设单位）及有关部门报告，并保护好现场，接受工程质量事故调查，认真进行事故处理。

(6) 竣工工程质量必须符合国家和水利行业现行的工程标准及设计文件要求，并应向项目法人（建设单位）提交完整的技术档案、试验成果及有关资料。

5.1.2　质量管理的基本原则

《质量管理体系基础术语》（GB/T 19000—2008）中提出了八项质量管理的原则，这八项原则反映了全面质量管理的基本思想。这八项原则如下：

1. 以顾客为关注焦点

“组织依存于顾客。因此，组织应当理解顾客当前和未来的需求，满足顾客要求并争取超越顾客期望。”顾客是决定企业生存和发展的最重要因素，服务于顾客并满足他们的需要应该成为企业存在的前提和决策的基础。为了赢得顾客，组织必须首先深入了解和掌握顾客当前的和未来的需求，在此基础上才能满足顾客要求并争取超越顾客期望。为了确保企业的经营以顾客为中心，企业必须把顾客要求放在第一位。

2. 领导作用

“领导者确立组织统一的宗旨及方向。他们应当创造并保持使员工能充分参与实现组织目标的内部环境。”企业领导能够将组织的宗旨、方向和内部环境统一起来，并创造使员工能够充分参与实现组织目标的环境，从而带领全体员工一道去实现目标。

3. 全员参与

“各级人员都是组织之本，只有他们的充分参与，才能使他们的才干为组织带来收益。”产品和服务的质量是企业中所有部门和人员工作质量的直接或间接的反映。因此，组织的质量管理不仅需要最高管理者的正确领导，更重要的是全员参与。只有他们的充分参与，才能使他们的才干为组织带来最大的收益。为了激发全体员工参与的积极性，管理者应该对职工进行质量意识、职业道德、以顾客为中心的意识和敬业精神的教育，还要通过制度化的方式激发他们的积极性和责任感。在全员参与过程中，团队合作是一种重要的方式，特别是跨部门的团队合作。

4. 过程方法

“将活动和相关的资源作为过程进行管理，可以更高效地得到期望的结果。”质量管理理论认为：任何活动都是通过“过程”实现的。通过分析过程、控制过程和改进过程，就能够将影响质量的所有活动和所有环节控制住，确保产品和服务的高质量。因此，在开展质量管理活动时，必须要着眼于过程，要把活动和相关的资源都作为过程进行管理，才可以更高效地得到期望的结果。

5. 管理的系统方法

“将相互关联的过程作为系统加以识别、理解和管理，有助于组织提高实现目标的有效性和效率。”开展质量管理要用系统的思路。这种思路应该体现在质量管理工作的方方面面。在建立和实施质量管理体系时尤其如此。一般其系统思路和方法应该遵循以下步骤：确定顾客的需求和期望；建立组织的质量方针和目标；确定过程和职责；确定过程有效性的测量方法并用来测定现行过程的有效性；寻找改进机会，确定改进方向；实施改进；监控改进效果，评价结果；评审改进措施和确定后续措施等。

6. 持续改进

“持续改进总体业绩应当是组织的一个永恒目标。”质量管理的目标是顾客满意。顾客的需要在不断地提高，因此，企业必须要持续改进才能持续获得顾客的支持。另一方面，竞争的加剧使得企业的经营处于一种“逆水行舟，不进则退”的局面，要求企业必须不断改进才能生存。

7. 以事实为基础进行决策

“有效决策是建立在数据和信息分析的基础上。”为了防止决策失误，必须要以事实为基础。为此必须要广泛收集信息，用科学的方法处理和分析数据和信息。不能够“凭经验，靠运气”。为了确保信息的充分性，应该建立企业内外部的信息系统。坚持以事实为基础进行决策就是要克服“情况不明决心大，心中无数点子多”的不良决策作风。

8. 与供方互利的关系

“组织与供方是相互依存的，互利的关系可增强双方创造价值的能力。”在目前的经营环境中，企业与企业已经形成了“共生共荣”的企业生态系统。企业之间的合作关系不再是短期的、甚至一次性的合作，而是要致力于双方共同发展的长期合作关系。

5.1.3　工程质量管理制度

国务院建设行政主管部门对全国的建设工程质量实行统一监督管理，出台了多项建设工程质量管理制度，其中主要有以下几点：

(1) 工程质量监督制度。工程质量监督制度的主体是各级政府建设行政主管部门，通过行政手段对工程质量进度监督控制。水利工程质量监督机构是水行政主管部门对水利工程质量进行监督管理的专职机构，对水利工程质量进行强制性的监督管理。水利工程质量监督机构按总站、中心站、站三级设置。

(2) 施工图设计文件审查制度。施工图设计文件审查制度是由有资质的施工图审查结构，根据国家的法律法规、技术标准规范，对施工图进行结构安全和强制性标准、规范的执行情况进行的独立审查。

(3) 工程质量检测制度。工程质量检测制度是对工程质量进行管理的重要手段之一。由建设行政主管部门认定的有资质的工程检测机构承担检测任务，出具检测报告，承担法律责任。

(4) 工程质量保修制度。工程质量保修制度是指建设工程在竣工验收移交后，在规定的保修期限内，因勘察、设计、施工等原因造成的质量问题，要由施工单位负责维修、更换，由责任方负责赔偿损失。

【知识技能点小结】

质量管理是在质量方面指挥和控制组织协调的活动，通常包括制定质量方针和质量目标以及质量策划、质量控制、质量保证和质量改进。质量管理活动的全部过程，这个过程是按照 PDCA 循环计划（Plan）、实施（Do）、检查（Check）和处理（Action）进行的。现代质量管理是全面的质量管理，基本原则是“三全一多样”。水利工程施工质量管理不仅包括工程质量，还包括工作质量和人的质量。除了要遵循《水利工程质量管理规定》相关规定，还要遵循工程质量监督制度、施工图设计文件审查制度、工程质量检测制度及工程质量保修制度等建设行政主管部门的管理规定。

【知识技能训练】

一、单项选择题

1.（　　）是指确立质量方针及实施质量方针的全部职能及工作内容，并对其工作效果进行评价和改进的一系列工作。

A 质量控制　　B 质量管理　　C 质量计划　　D 质量保证

2. 质量控制中的 PDCA 循环是指（　　）

A 计划—实施—对比—处理　　B 计划—实施—检查—纠偏

C 计划—实施—对比—纠偏　　D 计划—实施—检查—处理

3. 施工质量保证工作是（　　）的行为。

A 发包人　　B 承包人　　C 监理人　　D 政府部门

二、多项选择题

1. 工程产品质量应满足（　　）。

A 合同中的规定　　B 图纸的规定　　C 公认的不必明确的需要

D 强制性标准的规定　　E 监理人的要求

2. 关于工程项目的质量责任，下列说法正确的是（　　）。

A 工程产品生产者对产品质量负有直接责任

B 谁设计，谁负责；谁施工，谁负责　　C 监理人承担直接责任

D 监理人承担监理责任　　E 监理人没有责任

三、填空题

1. 全面质量管理有四项基本要求分别是（　　）、（　　）、（　　）、（　　）。

2.（　　）是水行政主管部门对水利工程质量进行监督管理的专职机构，对水利工程质量进行强制性的监督管理。

任务 5.2　质量管理体系的建立和运行

5.2.1　ISO 9000 族质量管理体系概述

1. ISO 9000 族质量管理体系的来源

随着市场经济的不断发展，产品质量已成为市场竞争的焦点。为了更好地推动企业建

立更加完善的质量管理体系，实施充分的质量保证，建立国际贸易所需要的关于质量的共同语言和规则，国际标准化组织（ISO）于1976年成立了TC176（质量管理和质量保证技术委员会），着手研究制订国际间遵循的质量管理和质量保证标准。1987年，ISO/TCl76发布了举世瞩目的ISO 9000系列标准，我国于1988年发布了与之相应的GB/T 10300系列标准，并"等效采用"。为了更好地与国际接轨，发挥ISO 9000族标准的作用，使其具有更好的适用性和可操作性，ISO先后发布了新的ISO 9000、ISO 9001和ISO 9004国际标准。同时国家质量监督检验检疫总局正式发布GB/T 19000—2008（ISO 9000：2005），GB/T 19001—2008（ISO 9001：2008），GB/T 19004—2011（ISO 9004：2009）三个国家标准。

2. 贯彻ISO 9000系列标准的必要性

水利水电工程贯彻ISO 9000系列标准，对推动我国水利水电工程质量管理标准化工作，提高工程建设质量管理水平具有现实意义。

（1）为建筑施工企业站稳国内、走向国际建筑市场奠定基础。认真贯彻ISO 9000族标准，通过质量体系认证，施工企业可以向社会、业主提供一种证明，证明施工企业完全有能力保证建筑产品的质量，从而使施工企业在国内建筑市场的激烈竞争中站稳脚跟。同时也有利于和国际接轨，参与国际建筑工程的投标，为企业走向国际建筑市场创造有利条件。

（2）有利于提高建筑产品的质量、降低成本。采用ISO 9000族标准的质量管理体系模式，建立、完善质量管理体系，便于施工企业控制影响建筑产品的各种影响因素，减少或消除质量缺陷的产生，即使出现质量缺陷，也能够及时发现并能及时进行处理，从而保证建筑产品的质量。同时也有利于减少材料的损耗，降低成本。

（3）有利于提高企业自身的技术水平和管理水平，增强企业的竞争力。使用ISO 9000族标准进行质量管理，便于企业学习和掌握最先进的生产技术和管理技术，找出自身的不足，从而全面提高企业的素质、技术水平和管理水平，提高企业产品的质量，增强企业的信誉，确保企业的市场占有率，增强企业自身的竞争力。

（4）有利于保证用户的利益。贯彻和正确使用ISO 9000族标准进行质量管理，就能保证建筑产品的质量，从而也保护了用户的利益。

5.2.2　质量管理体系的核心标准

ISO 9000：2008族标准核心标准为下列四个：

1. ISO 9000：《质量管理体系—基础和术语》

标准阐述了ISO 9000族标准中质量管理体系的基础知识、质量管理八项原则，并确定了相关的术语。

2. ISO 9001：《质量管理体系—要求》

标准规定了一个组织若要推行ISO 9000、取得ISO 9000认证，所要满足的质量管理体系要求。组织通过有效实施和推行一个符合ISO 9001标准的文件化的质量管理体系，包括对过程的持续改进和预防不合格，使顾客满意。

3. ISO 9004：《质量管理体系—业绩改进指南》

标准以八项质量管理原则为基础，帮助组织有效识别能满足客户及其相关方的需求和期望，从而改进组织业绩，协助组织获得成功。

4. ISO 19011 ：《质量和环境管理体系审核指南》

标准提供质量和（或）环境审核的基本原则、审核方案的管理、质量和（或）环境管理体系审核的实施、对质量和（或）环境管理体系审核员的资格要求等要求。

5.2.3　质量管理体系的建立与运行

1. 企业质量管理体系的建立

企业在建立或完善质量管理体系时，应根据国际质量管理体系标准的要求，对照本企业具体实际，统筹谋划、系统分析、设计。质量管理八项原则构成了 2000 版质量管理体系标准的基础，也是质量管理体系建立与实施的基础。根据国际标准 ISO 9000：2000，建立、更新和完善一个质量管理体系，一般都经历以下几个步骤：

（1）企业领导决策。“领导作用”是企业质量管理体系建立的关键，企业最高管理者通过其领导作用以及所采取的各种措施创造一个员工充分参与的内部环境，使得企业的质量管理体系有效运行和持续改进，确保顾客的要求得到满足。企业领导主要应做好以下几方面的工作：一是为企业或组织的未来，描绘清晰的远景，确定富有挑战性的目标；二是在企业和组织的所有层次上建立价值共享、公平公正的道德伦理观念；三是为员工提供所需的资源和培训，并赋予其职责范围内的自主权。

（2）编制质量管理体系文件。企业应当按照八项质量管理原则制定本企业的质量方针、质量目标、质量手册、程序文件以及质量记录等体系文件。在质量管理体系文件的框架内，明确文件的层次、结构、类型、数量、详略程度，并规定统一的文件格式。

（3）分解质量目标到职责。企业应依据质量管理体系以及产品实现过程等策划的结果，将质量目标分解落实到相关层次、相关岗位的职能和职责中，确定各部门、各过程及其他与质量有关的人员所应承担的相应职责，并赋予其相应的权限，确保其职责和权限得以沟通。

（4）分层次教育培训。企业应组织企业不同层次的员工进行培训，学习 ISO 9000 和 GB/T 19000 系列标准，结合本企业的特点，使体系的工作内容和执行要求为员工所了解，为形成全员参与的企业质量管理体系的运行创造条件。

（5）识别并提供相应资源。企业质量管理体系的建立还需识别并提供实现质量目标和持续改进所需的资源，包括人员、基础设施、环境、信息等。

图 5-2 为某企业制定的工程项目质量管理体系框图。

2. 企业质量管理体系的运行

质量管理体系运行是执行质量文件、实现质量目标、保持质量管理体系持续有效和不断优化的过程。保证质量管理体系的正常运行和持续实用有效，是企业质量管理的一项重要任务，是质量管理体系发挥效能、实现质量目标的主要阶段。

质量管理体系运行主要体现在两个方面：一是组织所有质量活动都依据质量管理体系文件的要求实施运行；二是在运行过程中持续收集、记录并分析过程的数据和信息，以保证实质量管理体系的运行符合要求并得到有效实施和保持。

3. 质量管理体系的内部审核

内部审核是组织自我评价、自我完善的一种重要手段。企业通常在质量管理体系运行

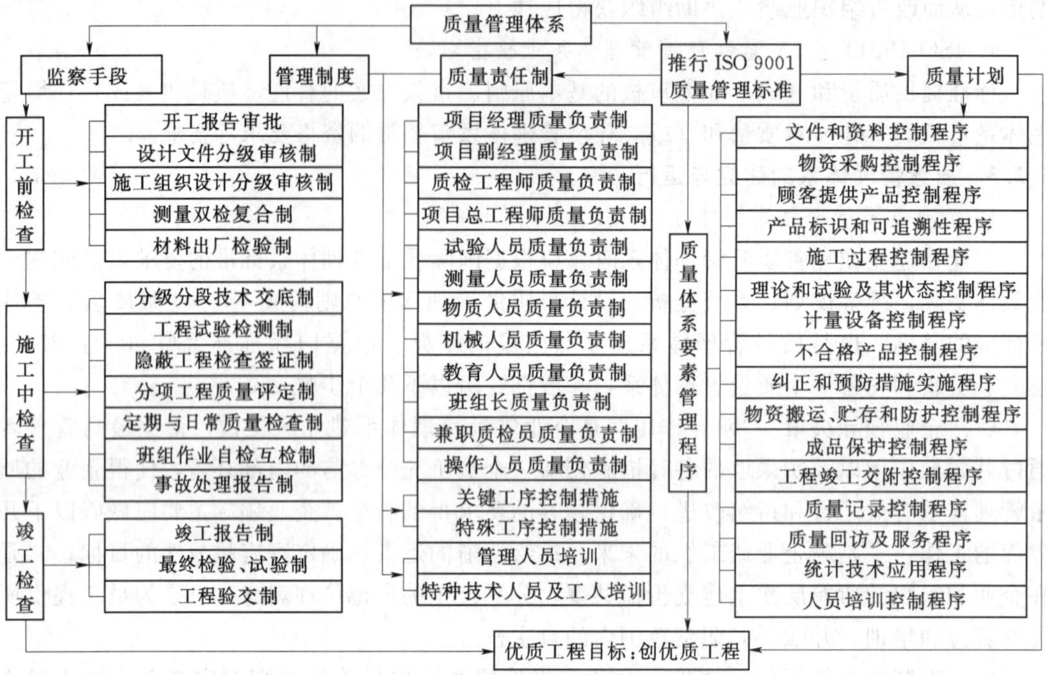

图5-2 某工程项目质量管理体系框图

一段时间后，组织内审员对质量管理体系进行内部审核，以确保质量管理体系的适用性和有效性。

4. 质量管理体系的评审

在内部审核的基础上，组织的最高管理者应就质量方针、质量目标，对质量管理体系进行系统的评审，其目的在于确保质量管理体系持续的适宜性、充分性、有效性。通过内部审核和质量管理体系的评审，在确认质量管理体系运行符合要求并且有效的基础上，组织可向质量管理体系认证机构提出认证申请。

【知识技能点小结】

为了更好地推动企业建立更加完善的质量管理体系，实施充分的质量保证，建立国际贸易所需要的关于质量的共同语言和规则，国际标准化组织（ISO）先后发布了ISO 9000、ISO 9001和ISO 9004国际标准。同时国家质量监督检验检疫总局正式发布GB/T 19000—2008/ISO 9000：2005），GB/T 19001—2008/ISO 9001：2008），GB/T 19004—2011/ ISO 9004：2009）三个国家标准。ISO 9000：2008族标准核心标准包括：ISO 9000：《质量管理体系—基础和术语》，ISO 9001：《质量管理体系—要求》，ISO 9004：《质量管理体系—业绩改进指南》，ISO 19011 ：《质量和环境管理体系审核指南》。

【知识技能训练】

简答题

贯彻质量管理体系的意义。

任务 5.3　工程项目施工阶段的质量控制

建设工程施工是使工程设计意图最终实现并形成工程实体的阶段，是工程质量控制的重要阶段。通常，建设工程的施工质量控制，包括了两个方面的含义：一是指工程项目施工承包企业的施工质量控制；二是指广义的施工阶段工程项目质量控制，即除了承包方的施工质量控制外，还包括业主、设计单位、监理单位以及政府质量监督机构，在施工阶段对建设项目施工质量所实施的监督管理和控制职能。这里介绍工程项目施工承包企业的施工质量控制。

5.3.1　施工阶段工程质量控制的任务

质量控制是质量管理的一部分。质量控制是在明确的质量目标条件下通过行动方案和资源配置的计划实施，检查和监督来实现预期目标的过程。在质量控制的过程中，运用全过程质量管理的思想和动态控制的原理，可以将其分为三个阶段。即质量的事前预控、事中控制和事后纠偏控制。

5.3.1.1　事前质量预控

事前质量预控是利用前馈信息实施控制，重点放在事前的质量计划与决策上，即在生产活动开始以前根据对影响系统行为的扰动因素做种种预测，制定出控制方案。这种控制方式是十分有效的。例如，在产品设计和工艺设计阶段，对影响质量或成本的因素做出充分的估计，采取必要的措施，可以控制质量或成本要素的 60%。有人称它为储蓄投资管理，意为抽出今天的余裕为明天的收获所做的投资管理。

对于工程项目，尤其是施工阶段的质量预控，就是通过施工质量计划或施工组织设计或施工项目管理实施规划的制定过程，运用目标管理的手段，实施工程质量的计划预控。在实施质量预控时，要求对生产系统的未来行为有充分的认识，依据前馈信息制定计划和控制方案，找出薄弱环节，制定有效的控制措施和对策；同时必须充分发挥组织的技术和管理方面的整体优势，把长期形成的先进管理技术、管理方法和经验智慧，创造性地应用于工程项目。

事前质量预控指在正式施工前进行的质量控制，其控制重点是做好施工准备工作，并且施工准备工作要贯穿于施工全过程中。

（1）技术准备。包括熟悉和审查项目的施工图纸；施工条件的调查分析；工程项目设计交底；工程项目质量监督交底；重点、难点部位施工技术交底；编制项目施工组织设计等。

（2）物质准备。包括建筑材料、构配件、施工机具准备等。

（3）组织准备。包括建立项目管理组织机构，建立以项目经理为核心，技术负责人为主，专职质量检查员、工长、施工队班组长组成的质量管理网络，对施工现场的质量管理职能进行合理分配，健全和落实各项管理制度，形成分工明确、责任清楚的执行机制；对施工队伍进行入场教育等。

（4）施工现场准备。包括工程测量定位和标高基准点的控制；“四通一平”，生产、生活临时设施等的准备；组织机具、材料进场；制定施工现场各项管理制度等。

5.3.1.2　事中质量控制

事中质量控制也称作业活动过程质量控制，是指质量活动主体的自我控制和他人监控的控制方式。自我控制是第一位的，即作业者在作业过程中对自己质量活动行为的约束和技术能力的发挥，以完成预定质量目标的作业任务；他人监控是指作业者的质量活动和结果，接受来自企业内部管理者和来自企业外部有关方面的检查检验，如工程监理机构、政府质量监督部门等的监控。事中质量控制的目标是确保工序质量合格，杜绝质量事故发生。

事中质量控制指在施工过程中进行的质量控制。事中质量控制的策略是，全面控制施工过程，重点控制工序质量。

(1) 施工作业技术复核与计量管理。凡涉及施工作业技术活动基准和依据的技术工作，都应由专人负责复核性检查，复核结果应报送监理工程师复验确认后，才能进行后续相关的施工，以避免基准失误给整个工程质量带来难以补救的或全局性的危害。例如工程的定位、轴线、标高，预留空洞的位置和尺寸等。

施工过程中的计量工作包括投料计量、检测计量等，其正确性与可靠性直接关系到工程质量的形成和客观的效果评价，必须在施工过程中严格计量程序、计量器具的使用操作。

(2) 见证取样、送检工作的监控。见证取样指对工程项目使用的材料、构配件的现场取样、工序活动效果的检查实施见证。承包单位在对进场材料、试块、钢筋接头等实施见证取样前要通知监理工程师，在工程师现场监督下完成取样过程，送往具有相应资质的试验室，试验室出具的报告一式两份，分别由承包单位和项目监理机构保存，并作为归档材料，是工序产品质量评定的重要依据。实行见证取样，绝不代替承包单位应对材料、构配件进场时必须进行的自检。

(3) 工程变更的监控。施工过程中，由于种种原因会涉及工程变更，工程变更的要求可能来自建设单位、设计单位或施工承包单位，无论是哪一方提出工程变更或图纸修改，都应通过监理工程师审查并经有关方面研究，确认其必要性后，由监理工程师发布变更指令方能生效予以实施。

(4) 隐蔽工程验收的监控。将被其后续工程施工所隐蔽的分部分项工程，在隐蔽前所进行的检查验收，是对一些已完分部分项工程质量的最后一道检查。由于检查对象就要被其他工程覆盖，会给以后的检查整改造成障碍，故是施工质量控制的重要环节。

通常，隐蔽工程施工完毕，承包单位按有关技术规程、规范、施工图纸先进行自检且合格后，填写《报验申请表》，并附上相应的隐蔽工程检查记录及有关材料证明、试验报告、复试报告等，报送项目监理机构。监理工程师收到报验申请后并对质量证明资料进行审查认可后，在约定的时间和承包单位的专职质检员及相关施工人员一起进行现场验收。如符合质量要求，监理工程师在《报验申请表》及隐蔽工程检查记录上签字确认，准予承包单位隐蔽、覆盖，进入下一道工序施工；如经现场检查发现不合格，监理工程师指令承包单位整改，整改后自检合格再报监理工程师复查。

(5) 其他措施。批量施工先行样板示范、现场施工技术质量例会、QC 小组活动等，也是长期施工管理实践过程中形成的质量控制途径。

5.3.1.3　事后质量控制

事后质量控制也称为事后质量把关，以使不合格的工序或产品不流入后道工序、不流入市场。事后控制的任务是对质量活动结果进行评价、认定，对工序质量偏差进行纠偏，对不合格产品进行整改和处理。

从理论上讲，对于工程项目如果计划预控过程所制定的行动方案考虑得越周密，事中自控能力越强、监控越严格，实现质量预期目标的可能性就越大。但是，由于在作业过程中不可避免地会存在一些计划时难以预料的因素，包括系统因素和偶然因素的影响，质量难免会出现偏差。因此当出现质量实际值与目标值之间超出允许偏差时，必须分析原因，采取措施纠正偏差，保持质量受控状态。工程项目质量的事后控制，具体体现在施工质量验收各个环节的控制方面。

事后质量控制指在完成施工过程形成产品的质量控制，其具体工作内容是进行已完施工成品保护、质量验收和不合格品的处理等。

(1) 成品保护。在施工过程中，有些分项、分部工程已经完成，而其他部位尚在施工，如果不对成品进行保护就会造成其损伤、污染而影响质量，因此承包单位必须负责对成品采取妥善措施予以保护。对成品进行保护的最有效手段是合理安排施工顺序，通过合理安排不同工作间的施工顺序以防止后道工序损坏或污染已完施工的成品。此外，也可以采取一般措施来进行成品保护。

1) 防护。是对成品提前保护，以防止成品可能发生的污染和损伤。如对于进出口台阶可垫砖或方木，搭脚手板供人通过的方法来保护台阶。

2) 包裹。是将被保护物包裹起来，以防损伤或污染。如大理石或高级柱子贴面完工后可用立板包裹捆扎保护；管道、电器开关可用塑料布、纸等包扎保护。

3) 覆盖。是对成品进行表面覆盖，防止堵塞或损伤。如对落水口、排水管安装后可以覆盖，以防止异物落入而被堵塞；散水完工后可覆盖一层砂子或土有利于散水养护并防止磕碰等。

4) 封闭。是对成品进行局部封闭以防破坏的办法进行保护。如屋面防水层做好后，应封闭上屋顶的楼梯门或出入口等。

(2) 不合格品的处理。上道工序不合格，不准进入下道工序施工，不合格的材料、构配件、半成品不准进入施工现场且不允许使用，已经进场的不合格品应及时做出标识、记录，指定专人看管，避免用错，并限期清除出现场；不合格的工序或工程产品，不予计价。

(3) 施工质量检查验收。按照施工质量验收统一标准规定的质量验收划分，从施工作业工序开始，通过多层次的设防把关，依次做好检验批、分项工程、分部工程及单位工程的施工质量验收。

以上三个系统控制的三大环节，它们之间构成了有机的系统过程，其实质就是 PDCA 循环原理的具体运用。

5.3.2　工程项目质量影响因素的控制

影响工程项目质量的因素很多，通常可以归纳为五个方面，即 4M1E，指：人 (Man)、材料 (Material)、机械 (Machine)、方法 (Method) 和环境 (Environment)。

事前对这五方面的因素严加控制，是保证施工项目质量的关键。

1. 人

人是生产经营活动的主体，也是直接参与施工的组织者、指挥者及直接参与施工作业活动的具体操作者。人员素质，即人的文化、技术、决策、组织、管理等能力的高低直接或间接影响工程质量。此外，人作为控制的对象，要避免产生失误；作为控制的动力，是要充分调动人的积极性，发挥人的主导作用。

为此，除了加强政治思想、劳动纪律、职业道德等教育、专业技术培训，健全岗位责任制，改善劳动条件，公平合理地激励劳动热情以外，还需根据工程特点，从确保质量出发，在技术水平、生理缺陷、心理行为、错误行为等方面来控制人的使用。因此，建筑行业实行经营资质管理和各类行业从业人员持证上岗制度是保证人员素质的重要措施。

2. 材料

材料包括原材料、成品、半成品、构配件等，它是工程建设的物质基础，也是工程质量的基础。要通过严格检查验收，正确合理的使用，建立管理台账，进行收、发、储、运等各环节的技术管理，避免混料和将不合格的原材料使用到工程上。

3. 机械

机械包括施工机械设备、工具等，是施工生产的手段。要根据不同工艺特点和技术要求，选用合适的机械设备；正确使用、管理和保养好机械设备。工程机械的质量与性能直接影响到工程项目的质量。为此要健全“人机固定”制度、“操作证”制度、岗位责任制度、交接班制度、“技术保养”制度、“安全使用”制度、机械设备检查制度等，确保机械设备处于最佳使用状态。

4. 方法

方法，包含施工方案、施工工艺、施工组织设计、施工技术措施等。在工程中，方法是否合理、工艺是否先进、操作是否得当，都会对施工质量产生重大影响。应通过分析、研究、对比，在确认可行的基础上，切合工程实际，选择能解决施工难题、技术可行、经济合理，有利于保证质量、加快进度、降低成本的方法。

5. 环境

影响工程质量的环境因素较多，有工程技术环境，如工程地质、水文、气象等；工程管理环境，如质量保证体系、质量管理制度等；劳动环境，如劳动组合、作业场所、工作面等；法律环境，如建设法律法规等；社会环境，如建筑市场规范程度、政府工程质量监督和行业监督成熟度等。环境因素对工程质量的影响，具有复杂而多变的特点，如气象条件就变化万千，温度、湿度、大风、暴雨、酷暑、严寒都直接影响工程质量。又如前一工序往往就是后一工序的环境，前一分项、分部工程也就是后一分项、分部工程的环境。因此，加强环境管理，改进作业条件，把握好环境，是控制环境对质量影响的重要保证。

5.3.3　水利工程施工质量控制要点

5.3.3.1　施工质量控制点的设置

质量控制点是施工质量控制的重点，一般是指为了保证工序质量而需要进行控制的重点、关键部位或薄弱环节。它是保证达到工程质量要求的一个必要前提。通过对工程重要质量特性、关键部位和薄弱环节采取管理措施，实施严格控制，保持工序处于一个良好的受控状态，使工程质量特性符合设计要求和施工验收规范。

(1) 质量控制点的设置原则。在什么地方设置质量控制点，需要对建筑产品的质量特性要求和施工过程中各个工序进行全面分析来确定。设置质量控制点一般应考虑以下因素：

1) 对产品的适用性有严重影响的关键质量特性、关键部位或重要影响因素，应设置质量控制点。如，高层建筑物的垂直度。

2) 对工艺上有严格要求，对下道工序有严重影响的关键质量特性、部位，应设置质量控制点。如，钢筋混凝土结构中的钢筋质量、模板的支撑与固定等。

3) 对施工中的薄弱环节，质量不稳定的工序、部位或对象，应设置质量控制点。如卫生间防水等。

4) 采用新工艺、新材料、新技术的部位和环节，应设置质量控制点。

5) 施工中无足够把握的，施工条件困难的或技术难度大的工序或环节。如，复杂曲线模板的放样工作。

(2) 质量控制点的设置方法。承包单位在工程施工前应根据工程项目施工管理的基本程序，结合项目特点，列出各基本施工过程对局部和总体质量水平有影响的项目，作为具体实施的质量控制点，提交监理工程师审查批准后，在此基础上实施质量预控。如：高层建筑施工质量管理中，可列出地基处理、工程测量、设备采购、大体积混凝土施工及有关分部分项工程中必须进行重点控制的专题等，作为质量控制重点。

(3) 质量控制点的重点控制对象。

1) 人为因素，包括人的身体素质、心理素质、技术水平等均有相应的较高要求，如高空作业。

2) 物的因素，物的质量与性能，如预应力钢筋的性能和质量等。

3) 施工技术参数，如填土含水量，混凝土受冻临界强度等。

4) 施工顺序，如对于冷拉钢筋应当先对焊、后冷拉，否则会失去冷强等。

5) 技术间歇，如砖墙砌筑与抹灰之间，应保证有足够的间歇时间。

6) 施工方法，如滑模施工中的支承杆失稳问题，即可能引起重大质量事故。

7) 新工艺、新技术、新材料的应用等。

5.3.3.2 施工过程的作业质量控制

工程项目施工阶段是工程实体形成的阶段，建筑施工承包企业的所有质量工作也要在项目施工过程中形成。工程项目施工由一系列相互关联、相互制约的作业过程（工序）构成，因此，施工作业质量直接影响工程建设项目的整体质量。从项目管理的角度讲，施工过程的作业质量控制分为施工作业质量自控和施工作业质量监控两个方面。

1. 施工作业质量自控

施工方是工程施工质量的自控主体，通过具体项目质量计划的编制与实施，有效地实现施工质量的自控目标。我国《建筑法》和《建设工程质量管理条例》规定：建筑施工企业对工程的施工质量负责；建筑施工企业必须按照工程设计要求、施工技术标准和合同的约定，对建筑材料、建筑构配件和设备进行检验，不合格的不得使用。

施工作业质量的自控过程是由施工作业组织的成员进行，一般按“施工作业技术的交底—施工作业活动的实施—作业质量的自检自查、互检互查、专职检查”的基本程序进行。

工序作业质量是直接形成工程质量的基础，为了有效控制工序质量，工序控制应该坚持以下要求。

(1) 持证上岗，严格施工作业制度。施工作业人员必须按规定考核后持证上岗，施工管理人员及作业人员应严格按施工工艺、操作规程、作业指导书和技术交底文件进行施工。

(2) 预防为主，主动控制施工工序活动条件的质量。按照质量计划的要求，对人员、材料、机械、施工方法、施工环境等预先进行认真分析，严格控制；同时，对不利因素的影响及时采取措施纠偏，始终使工序质量处于受控状态。

(3) 重点控制，合理设置工序质量控制点。要根据作业活动的实际需要，进一步建立工序作业控制点，深化工序作业的重点控制。

(4) 坚持标准，及时检查施工工序作业效果质量。工序作业人员在工序作业过程中应严格坚持质量标准，通过自检、互检不断完善作业质量，一旦发现问题及时处理，使工序活动效果的质量始终满足有关质量规范规定。

(5) 制度创新，形成质量自控的有效方法。施工企业应该积极学习先进的项目管理理念，形成质量例会制度、质量会诊制度、每月质量讲评制度；样板制度；挂牌制度等，促进企业质量自控。

(6) 记录完整，做好有效施工质量资料管理。在整个施工作业过程中，对工序作业质量的记录、检验数据等资料应该完整无误地记录下来，并且应按照施工管理规范的要求进行填写记载，作为质量保证的依据以及质量控制的资料。

2. 施工作业质量的监控

建设单位、监理单位、设计单位及政府的工程质量监督部门，在施工阶段依照法律法规和工程施工合同，对施工单位的质量行为和质量状况实施监督控制。

建设单位和质量监督部门要在工程项目施工全过程中对每个分项工程和每道工序进行质量检查监督，尤其要加强对重点部位的质量监督评定，负责对质量控制点的监督把关，同时检查督促单位工程质量控制的实施情况，检查质量保证资料和有关施工记录、试验记录，建设单位负责组织主体工程验收和单位工程完工验收，指导验收技术资料的整理归档。

在开工前建设单位要主动向质量监督机构办理质量监督手续，在工程建设过程中，质量监督机构按照质量监督方案对项目施工情况进行不定期的检查，主要检查工程各个参建单位的质量行为、质量责任制的履行情况、工程实体质量和质量保证资料。

设计单位应当就审查合格的施工图纸设计文件向施工单位做出详细说明，参与质量事故分析并提出相应的技术处理方案。

作为监控主体之一的项目监理机构，在施工作业过程中，通过旁站监理、测量、试验、指令文件等一系列控制手段，对施工作业进行监督检查，实现其项目监理规划。

3. 现场质量检查的方法

对于现场所用原材料、半成品、工序过程或工程产品质量进行检验的方法，一般可分为三类，即：目测法、量测法以及试验法。

(1) 目测法。即凭借感官进行检查，也可以叫做观感检验。这类方法主要是根据质量要求，采用看、摸、敲、照等手法对检查对象进行检查。

“看”就是根据质量标准要求进行外观目测，如清水墙面是否洁净，内墙抹灰大面及口角是否平直，混凝土拆模后是否有蜂窝、麻面、露筋现象，施工顺序是否合理，工人操作是否正确等。“摸”就是通过触摸手感进行检查、鉴别，主要用于装饰工程的某些检查项目，如油漆的光滑度，浆活是否牢固、不掉粉，地面有无起砂等。“敲”就是运用敲击方法进行观感检查，通过声音的虚实确定有无空鼓，还可根据声音的清脆和沉闷，判定属于面层空鼓或底层空鼓，如对墙面瓷砖、大理石镶贴、地砖铺砌等的质量均可通过敲击检查，根据声音虚实、脆闷来判断有无空鼓等质量问题。“照”就是对于难以看到或光线较暗的部位，通过人工光源或反射光照射进行检查。

(2) 量测法。就是利用量测工具或计量仪表，通过实际量测结果与规定的质量标准或规范的要求相对照，从而判断质量是否符合要求。量测的手法可归纳为靠、吊、量、套。

“靠”就是用直尺检查诸如地面、墙面的平整度等。“吊”就是指用线锤检查垂直度。“量”就是用测量工具和计量仪表等检查断面尺寸、轴线、标高等的偏差，如大理石板拼缝尺寸与超差数量，摊铺沥青拌和料的温度等。“套”是指以方尺套方，辅以塞尺，检查诸如踏角线的垂直度、预制构件的方正，门窗口及构件的对角线等。

(3) 试验法。是利用理化试验或借助专门仪器判断检验对象质量是否符合要求。

1) 理化试验。常用的理化试验包括物理力学性能方面的检验和化学成分及含量的测定两个方面。力学性能检验如抗拉强度、抗压强度的测定等。物理性能方面的测定如密度、含水量、凝结时间等。化学试验如钢筋中的磷、硫含量，以及抗腐蚀等。

2) 无损测试或检验。借助专门的仪器、仪表等手段在不损伤被探测物的情况下了解被探测物的质量情况。如超声波探伤仪、磁粉探伤仪等。

【知识技能点小结】

施工阶段工程质量控制的任务主要可以将其分为三个阶段。即质量的事前预控、事中控制和事后纠偏控制。施工阶段的质量控制是施工项目质量控制的重点。抓好施工项目的质量控制，首先要掌握施工项目质量控制的特点，其次掌握施工项目质量控制的过程和施工质量控制点，再掌握施工项目质量控制的方法和手段，最后从控制影响施工项目质量五大因素入手，对施工全过程实施全过程、全方位、全面的控制，才能保证施工项目的质量。

【知识技能训练】

一、单项选择题

承包人对分包人的质量进行检验，属于承包合同的（　　）。

A 自检　　B 第二方检验　　C 第三方检验　　D 监督检验

二、多项选择题

1. 质量控制点是指为保证工程质量而重点控制的（　　）。

A 分包　　B 关键部位　　C 同步记录

D 重点控制对象　　E 薄弱环节

2. 材料的质量检验方法分为（　　）。

A 重新检验　　B 书面检验　　C 外观检验

D 理化检验　　E 无损检验

任务 5.4　工程质量的统计分析

5.4.1　质量统计的基本知识

5.4.1.1　质量数据统计的几个术语

（1）总体和个体。总体也称母体，是所研究对象的全体。个体，是组成总体的基本元素。总体中含有个体的数目通常用 N 表示。实践中一般把从每件产品检测得到的某一质量数据（强度、几何尺寸、重量等），即质量特性值视为个体，产品的全部质量数据的集合即为总体。

（2）样本。样本也称子样，是从总体中随机抽取出来，并根据对其研究结果推断总体质量特征的那部分个体。被抽中的个体称为样品，样品的数目称样本容量，用 n 表示。

5.4.1.2　质量数据的收集方法

（1）全数检验。全数检验是对总体中的全部个体逐一观察、测量、计数、登记，从而获得对总体质量水平结论的方法。全数检验一般比较可靠，能提供大量的质量信息，但要消耗很多人力、物力、财力和时间，特别是不能用于具有破坏性的检验和过程质量控制，应用上具有局限性；在有限总体中，对重要的检测项目，在可采用建议快速的不破损检验方法时，可选用全数检验方案。

（2）随机抽样检验。抽样检验是按照随机抽样的原则，从总体中抽取部分个体组成样本，根据对样品进行检测的结果，推断出总体质量水平的方法。

抽样检验抽取样品不受检验人员意愿的支配，每个个体被抽中的概率都相同，从而保证了样本在总体中的分布比较均匀，有充分的代表性；同时它还具有节省人力、物力、财力、时间和准确性高的优点；它又可用于破坏性检验和生产过程的质量监控，完成全数检验无法进行的检测项目，具有广泛的应用空间。

抽样的具体方法有以下几种：

1）简单随机抽样。简单随机抽样又称纯随机抽样、完全随机抽样，是对总体不进行任何加工，直接进行随机抽样，获取样本的方法。

2）等距抽样。等距抽样是将个体按某一特性排队编号后均分为 n 组，这时每组有 $K=N/n$ 个个体，然后在第一组内随机抽取一件样品，以后每隔一定距离（K 号）抽取出其余样品组成样本。

3）分层抽样。分层抽样又称分类抽样或分组抽样，是将总体按与研究目的有关的某一特性分为若干组，然后在每组内随机抽取样品组成样本的方法。

4）多阶段抽样。多阶段抽样是将各种单阶段抽样方法结合使用，通过多次随机抽样来实现的抽样方法。

5）整群抽样。整群抽样一般是将总体按自然存在的状态分为若干群，并从中抽取样品群组成样本，然后在选中的群内进行全数检验。

5.4.2　质量统计方法

现代质量管理通常利用质量分析法控制工程质量，即利用数理统计的方法，通过收集、整理、分析、利用质量数据，并以这些数据作为判断、决策和解决质量问题的依据，从而预测和控制产品质量。工程质量分析常用的数理统计方法有分层法、因果分析图法、排列图法、直方图法等。

5.4.2.1　分层法

分层法又叫分类法或分组法，是将调查收集的原始数据按照统计分析的目的和要求进行分类，通过对数据的整理将质量问题系统化、条理化，以便从中找出规律，发现影响质量因素的一种方法。

由于产品质量是多方面因素共同作用的结果，因而对同一批数据，可以按不同性质分层，使我们能从不同角度考虑、分析产品存在的质量问题和影响因素。常用的分层标志如下：

(1) 按不同施工工艺和操作方法分层。

(2) 按操作班组或操作者分层。

(3) 按分部分项工程分层。

(4) 按施工时间分层。

(5) 按使用机械设备型号分层。

(6) 按原材料供应单位、供应时间或等级分层。

(7) 按合同结构分层。

(8) 按工程类型分层。

(9) 按检测方法、工作环境等分层。

【应用实例 5-1】 某钢筋焊接质量调查数据如下：检查了 50 个焊接点，其中不合格 19 个，不合格率为 38%。试用分层法分析质量问题的原因。

【实例解答】 为了查清不合格原因，需要进行分层收集数据。现已查明，这批钢筋的焊接是由 A、B、C 三个师傅操作的，而焊条是由甲、乙两个厂家提供的。因此，分别按操作者和焊条生产厂家进行分层分析，即考虑一种因素单独的影响，见表 5-1 和表 5-2。

表 5-1　　按操作者分层

操作者	不合格	合格	不合格率/%
A	6	13	32
B	3	9	25
C	10	9	53
合计	19	31	38

表 5-2　　按供应焊条厂家分层

工厂	不合格	合格	不合格率/%
甲	9	14	39
乙	10	17	37
合计	19	31	38

由表5-1和表5-2分层分析可见，操作者B的质量较好，不合格率25%；而不论是采用甲厂还是乙厂的焊条，不合格率都很高且相差不大。为了找出问题之所在，再进一步采用综合分层进行分析，即考虑两种因素共同影响的结果，见表5-3。

表5-3　　综合分层分析焊接质量

操作者	焊接质量	甲厂		乙厂		合计	
		焊接点	不合格率/%	焊接点	不合格率/%	焊接点	不合格率/%
A	不合格	6	75	0	0	6	32
	合格	2		11		13	
B	不合格	0	0	3	43	3	25
	合格	5		4		9	
C	不合格	3	30	7	78	10	53
	合格	7		2		9	
合计	不合格	9	39	10	37	19	38
	合格	14		17		31	

从表5-3的综合分层法分析可知，在使用甲厂的焊条时，应采用B师傅的操作方法为好；在使用乙厂的焊条时，应采用A师傅的操作方法为好，这样会使合格率大大地提高。

分层法是质量控制统计分析方法中一种最基本的方法，其他统计方法一般都要与分层法配合使用。

5.4.2.2　因果分析图法

因果分析图法，也称为质量特性要因分析法、鱼刺图法或树枝图法，是一种逐步深入研究和讨论质量问题原因的图示方法。由于工程中的质量问题是多种原因造成的，这些原因有大有小、有主有次。通过因果分析图，层层分解，可以逐层寻找关键问题或问题产生根源，进行有的放矢的处理和管理。

1. 因果分析图的作图步骤

(1) 明确要分析的质量问题，置于主干箭头的前面。

(2) 对原因进行分类，确定影响质量特性的大原因，并用大枝表示。影响工程质量的因素主要有人员、材料、机械、施工方法和施工环境五个方面。

(3) 以大原因作为问题，层层分析大原因背后的中原因，中原因背后的小原因，直到可以落实措施为止，在图中用不同的小枝表示。

2. 因果分析图的注意事项

利用因果分析图分析质量问题及原因，要注意以下事项：

(1) 一个质量特性或一个质量问题使用一张图分析。

(2) 通常采用QC小组活动的方式进行讨论分析。讨论时，应该充分发扬民主、集思广益、共同分析，必要时可以邀请小组以外的有关人员参与，广泛听取意见。

(3) 层层深入的分析模式。在分析原因的时候，要求根据问题和大原因以及大原因、中原因、小原因之间的因果关系，层层分析直到能采取改进措施的最终原因。不能半途而废，一定要弄清问题的症结所在。

（4）在充分分析的基础上，由各参与人员采取投票或其他方式，从中选择 1～5 项多数人达成共识的最主要原因。

（5）针对主要原因，有的放矢地制定改进措施，并落实到人。

【应用实例 5－2】　图 5－3 表示混凝土强度不合格的原因分析，其中将混凝土施工的生产要素（人员、材料、机械、施工方法和施工环境）作为第一层面的因素进行分析，然后对第一层面的各个因素再进行第二层面的可能原因的深入分析，依次类推直至将所有可能原因分层次一一罗列。

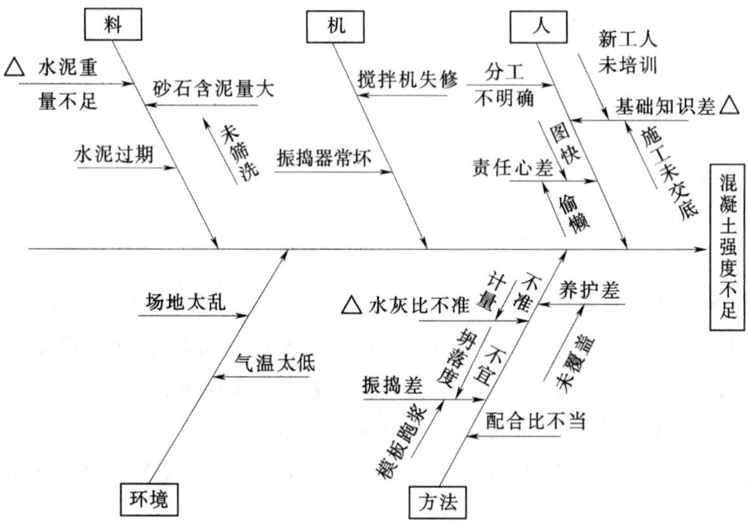

图 5－3　混凝土强度不足的因果分析图

5.4.2.3　排列图法

意大利经济学家帕累托提出“关键的少数和次要的多数间的关系”，后来美国质量专家朱兰把这项原则引入质量管理中。

排列图法又称主次因素分析图或帕累托图，是用来寻找工程（产品）质量主要因素的一种有效工具。其特点是把影响产品质量的因素按大小顺序排列。

1. 排列图的组成

排列图的组成如图 5－4 所示。

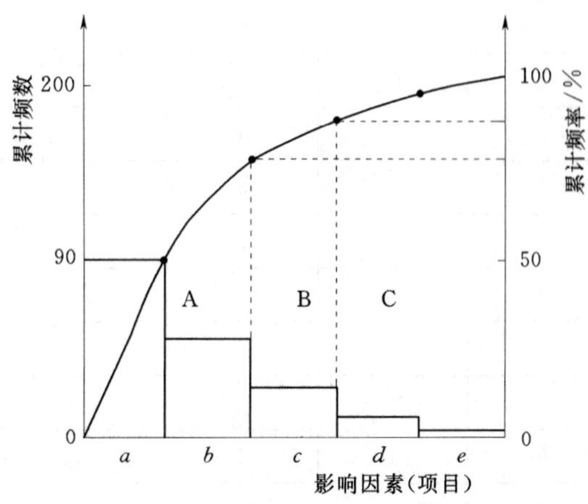

图 5－4　质量影响因素排列图

（1）排列图由两个纵坐标，一个横坐标，若干个矩形及一条曲线组成。其中左边的纵坐标表示频数，右边的纵坐标表示频率，横坐标表示影响质量的各种因素。

(2) 若干个直方图分别表示质量影响因素的项目，直方图形的高度则表示影响因素的大小，按大小顺序从左向右排列。

(3) 帕累托曲线：表示各影响因素大小的累计百分数。

2. 排列图的分析

采用排列图分析影响工程（产品）质量的主要因素，可按以下程序进行：

(1) 列出影响工程（产品）质量的主要因素，并统计各影响因素出现的频数和频率。

(2) 按质量影响因素出现频数由大到小的顺序，从左至右绘制排列图。

(3) 分析排列图，找出影响工程（产品）质量的主要因素。在一般情况下，将影响质量的因素分为三类，累计频率在0～80%为A类，是影响质量的主要因素；在80%～90%为B类，是影响质量的次要因素；在90%～100%为C类，是影响质量的一般因素。

3. 作图步骤

(1) 收集数据。

(2) 整理数据。

(3) 画坐标图和帕累托曲线。

(4) 图形分析。

【应用实例5-3】 某施工企业构件加工厂出现钢筋混凝土构件不合格品增多的质量问题，对一批构件进行检查，有200个检查点不合格，影响其质量的因素有混凝土强度、截面尺寸、侧向弯曲、钢筋强度、表面平整、预埋件、表面缺陷等，统计各因素发生的次数列于表5-4中，试作排列图并确定影响质量的主要因素。

【实例解答】 表5-4已列出因素项目，只需从统计频数入手作排列图即可。

表5-4　不合格项目统计分析表

构件批号	混凝土强度	截面尺寸	侧向弯曲	钢筋强度	表面平整	预埋件	表面缺陷
1	5	6	2	1			1
2	10		4		2	1	
3	20	4		2		1	
4	5	3	5		4	1	
5	8	2		1			1
6	4		3		1		
7	18	6		3			1
8	25	6	4		1		
9	4	3		2			
10	6	20	2	1		1	
合计	105	50	20	10	8	4	3

频数、频率、累积频率的统计结果见表5-5，排列图如图5-5所示。

表5-5 频率计算表

序号	影响质量的因素	频数/件	频率/%	累计频率/%
1	混凝土强度	105	52.5	52.5
2	截面尺寸	50	25	77.5
3	侧向弯曲	20	10	87.5
4	钢筋强度	10	5	92.5
5	表面平整	8	4	96.5
6	预埋件	4	2	98.5
7	表面缺陷	3	1.5	100
合计		200	100	

图5-4、表5-5都表明，A类因素（影响钢筋混凝土构件质量的主要因素）有混凝土强度和截面尺寸两项，应针对这两个因素制定改进措施。

通常，在采取了系列措施后，可能出现以下几种情况：

(1) 各种问题都减少，措施有效。

(2) 顺序不变，问题没解决，措施无效。

(3) 有两个问题同时解决，这两个因素相关。

(4) 顺序改变、水平不变、生产过程有问题，生产工艺不稳定。

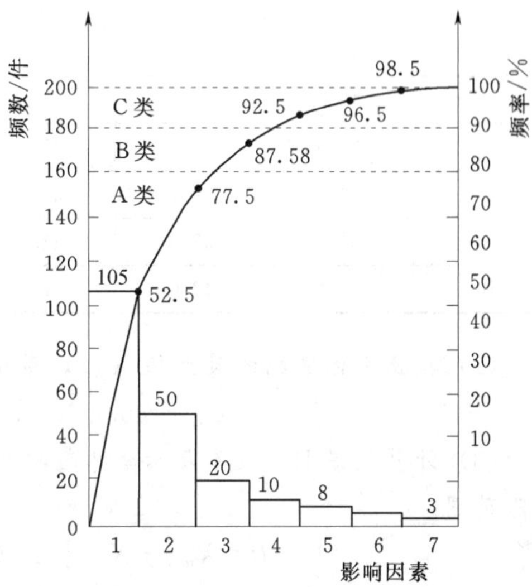

图5-5 混凝土构件质量排列图

5.4.2.4 直方图法

直方图法又称频数分布直方图法，它是以直方图形的高度表示一定范围内数值所发生的频数，据此可掌握产品质量的波动情况，了解质量特征的分布规律，以便对质量状况进行分析判断。

1. 直方图法的用途

(1) 整理统计数据，了解统计数据的分布特征，即数据分布的集中或离散状况，从中掌握质量能力状态。

(2) 观察分析生产过程质量是否处于正常、稳定和受控状态，以及质量水平是否保持在公差允许的范围内。

2. 直方图的绘制及示例

把收集到的产品质量特征数据，按大小顺序加以整理，进行适当分组，计算每一组中数据的个数（频数），将这些数据在坐标纸上画一些矩形图，横坐标为样本的取值范围，纵坐标为数据落入各组的频数，以此来分析质量分布的状态。

【应用实例5-4】 对某工程混凝土试块试验如下，混凝土设计要求C30，共做试块

50组，其抗压强度见表5-6，求作直方图。

【实例解答】（1）收集整理数据。根据数理统计的原理，从需要分析的质量问题的总体中随机抽取一定数量的数据作为样本，通过分析样本来判断总体的状态。样本的数量不能太少，一般不少于30个。

表5-6　混凝土试块抗压强度统计表　单位：N/mm^2

序号	强度等级					最大值	最小值
	第1组	第2组	第3组	第4组	第5组		
1	39.8	37.7	33.8	31.5	36.1	39.8	31.5
2	37.2	38.0	33.1	39.0	36.0	39.0	33.1
3	35.8	35.2	31.8	37.1	34.0	37.1	31.8
4	39.9	34.3	33.2	40.4	41.2	41.2	33.2
5	39.2	35.4	34.4	38.1	40.3	40.3	34.4
6	42.3	37.5	35.5	39.3	37.3	42.3	35.5
7	35.9	42.4	41.8	36.3	36.2	42.4	35.9
8	46.2	37.6	38.3	39.7	38.0	46.2	37.6
9	36.4	38.3	43.4	38.2	38.0	42.4	36.4
10	44.4	42.0	37.9	38.4	39.5	44.4	37.9

（2）找出全体数据的最大值X_{max}，最小值X_{min}。

$$X_{max}=46.2\ N/mm^2, X_{min}=31.5\ N/mm^2$$

（3）计算极差R。极差表示全体数据的最大值与最小值之差，也就是全体数据的分布极限范围。

$$R=X_{max}-X_{min}=46.2-31.5=15.0(N/mm^2)$$

（4）确定组距和分组数。组数应根据收集数据总数的多少而定，组数太少会掩盖数据的分布规律，太多则使数据过于零乱从而看不出明显的规律，组数用k来表示，分组数可参考表5-7确定。组距，反映了组与组之间的间距，各组距应相等，组距用h来表示。通常先定组数，后定组距。组数、组距、极差三者之间的关系为

$$h=\frac{R}{k}$$

本例中，取组数$k=8$，则组距为

$$h=\frac{14.7}{8}=1.8\approx2(N/mm^2)$$

表5-7　分组数k值的参考表

样本数量N	小于50	50～100	100～250	250以上
分组数k	5～7	6～10	7～12	10～20

（5）确定各组边界值。为避免数据正好落在边界值上，一般可采用区间分界值比统计数据提高一级精度的办法。为此，可按下列公式计算第一区间的上下界值：

$$第一区间下界值 = X_{min} - \frac{h}{2}, 第一区间上界值 = X_{min} + \frac{h}{2}$$

本例中，第一区间的下界值为：31.5－2.0/2＝30.5（N/mm^2）

第一区间的上界值为：31.5＋2.0/2＝32.5（N/mm^2）

第一组的上界值就是第二组的下界值，第二组的上界值等于第二组的下界值加上组距，其余类推。

（6）制表并统计频数。根据分组情况，分别统计出各组数据的个数，得到频数统计表，见表 5－8。

表 5－8　频数分布统计表

组号	分组界限	频数/件	频率
1	30.5～32.5	2	0.04
2	32.5～34.5	6	0.12
3	34.5～36.5	10	0.20
4	36.5～38.5	15	0.30
5	38.5～40.5	9	0.18
6	40.5～42.5	5	0.10
7	42.5～44.5	2	0.04
8	44.5～46.5	1	0.02
合　计		50	1.00

（7）画直方图。直方图是一张坐标图，横坐标表示分组区间的划分，纵坐标表示各分组区间值的发生频数。如图 5－6 所示。

3. 直方图的观察与分析

（1）通过分析形状观察分析。形状观察分析是将绘制好的直方图形状与正态分布图的形状进行比较分析，主要观察形状是否相似以及分布区间的宽窄。正常直方图呈正态分布，即中间高、两边低、成对称，如图 5－7（a）所示。当出现非正常型图形时，就要进一步分析原因，并采取措施予以纠正。常见的异常图形有以下几种：

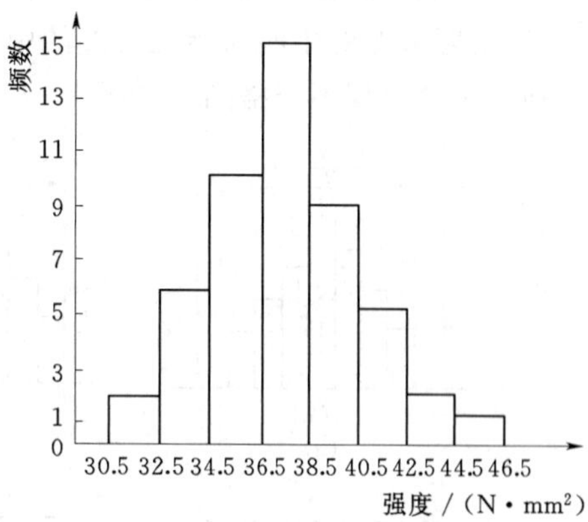

图 5－6　混凝土强度分布直方图

1）折齿形。这多数是由于作频数表时，分组不当或组距确定不定所致，如图 5－7（b）所示。

2）缓坡型。直方图在控制之内，但峰顶偏向一侧，另一侧出现缓坡。说明生产中控制有偏向，或操作者习惯因素造成，如图 5－7（c）所示。

3）孤岛型。出现孤立的小直方图，这是生产过程中短时间的情况异常造成的，如少量材料不合格，或短时间内工人操作不熟练等，如图 5－7（d）所示。

4）双峰型。一般是由于在抽样检查以前，数据分类工作不够好，使两个分布混淆在一起所造成。如图5-7（e）所示。

5）绝壁型。直方图的分布中心偏向一侧，通常是因操作者的主观因素所造成，如图5-7（f）所示。

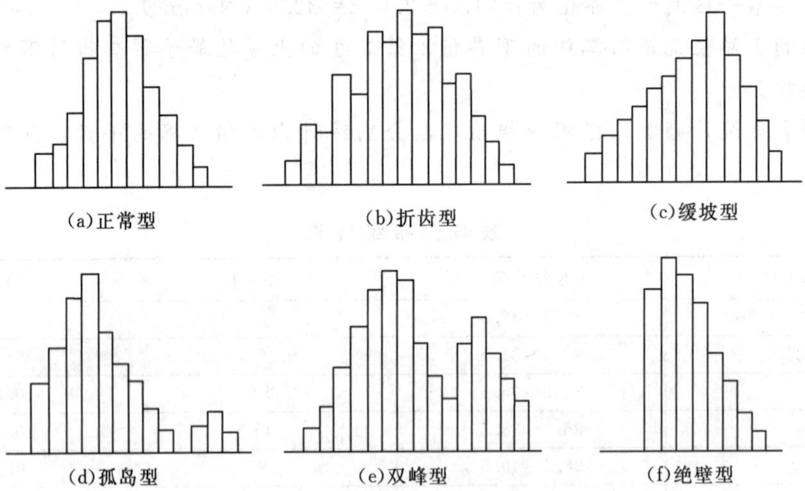

图5-7　常见的直方图图形

（2）通过分布位置观察分析。位置观察分析是指直方图的分布位置与质量控制标准的上下限范围进行比较分析。通过形状观察与分析，若图形正常，并不能说明质量分布就完全合理，还要与质量标准即标准公差相比较，如图5-8所示。图中 B 表示实际的质量特性分布范围，T 表示规范规定的标准公差的界限（T=容许上限－容许下限）。

正常形状的直方图与标准公差相比较，常见的有以下几种情况：

1）实际分布的中心与标准公差的中心基本吻合，属理想状态，B 在 T 中间，两边略有余地，不会出现不合格品，如图5-8（a）所示。

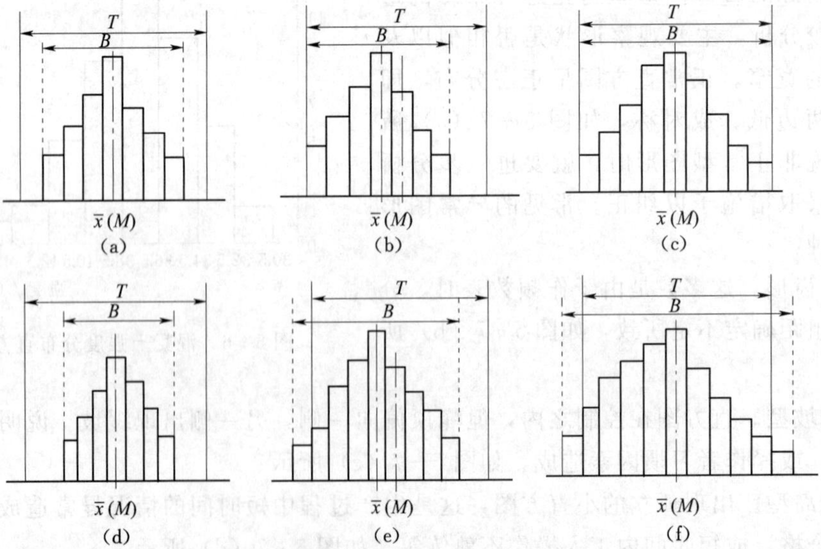

图5-8　实际分布与标准公差的比较

2）质量特性数据分布偏下限，易出现不合格，在管理上必须提高总体能力，如图 5-8（b）所示。

3）质量特性数据的分布宽度边界达到质量标准的上下界限，其质量能力处于临界状态，说明控制精度不够，容易出废品。应提高控制精度，以缩小实际分布的范围，如图 5-8（c）所示。

4）质量特性数据的分布居中且边界与质量标准的上下界限有较大的距离，说明控制精度过高，虽然不出废品，但不经济，应适当放宽控制精度，如图 5-8（d）所示。

5）图 5-8（e）、（f）的数据分布均已出现超出质量标准的上下限，这些数据说明生产过程存在质量不合格，需要分析原因，采取措施进行纠偏。

【知识技能点小结】

工程质量分析基于概率论与数理统计，基本的方法包括分层法、因果分析图法、排列图法、直方图法，不仅要弄清楚这些方法的基本概念、基本原理、绘制方法，还要结合工程实际情况善于运用。

【知识技能训练】

一、单项选择题

1. 在质量控制的统计分析方法中，用于动态质量控制的工具是（ ）。

A 直方图　B 相关图　C 控制图　D 排列图

2. 利用直方图分析质量数据，出现双峰型直方图的原因是（ ）。

A 分组太细　B 人为剔除了不合格品

C 分组太粗　D 数据来自不同的工序条件

3. 在分析影响质量因素的排列图中，横坐标表示的内容是（ ）

A 不合格产品的频数　B 不合格产品的累计频率

C 影响质量的各个因素或项目　D 产品质量特征值

4. 排列图可以帮助人们（ ），从而有助于达到质量控制的目的。

A 找出影响质量的主次因素　B 找出两组数据的相关性

C 进行动态控制　D 判断工序能力

5. 当直方图出现孤岛型分布时，可能的原因是（ ）。

A 测试时读数有误　B 短期内不熟练工人替班操作

C 数据分组不当　D 测试时所用方法不当

二、多项选择题

1. 属于异常型直方图的有（ ）。

A 折齿型　B 孤岛型　C 绝壁型　D 左右基本对称的单峰型　E 双峰型

2. 控制图可以用来（ ）。

A 分析、控制生产过程　B 反映质量数据随时间的变化　C 寻求质量事故的原因

D 寻求影响质量的主次因素　E 判断两组质量数据的相关性

3. 排列图由（ ）组成。

A 两条横坐标　B 两条纵坐标　C 一条横坐标

D 根据影响因素的重要程度不同，分为 3 个区域

E 根据影响因素的重要程度不同，分为 4 个区域

任务 5.5 水利工程施工质量事故

工程建设项目不同于一般工业生产活动，其项目实施的一次性，生产组织特有的流动性、综合性、劳动的密集性、协作关系的复杂性和环境的影响，均导致建筑工程质量事故具有复杂性、严重性、可变性及多发性的特点，事故是很难完全避免的。因此，必须加强组织措施、经济措施和管理措施，严防事故发生，对发生的事故应调查清楚，按有关规定进行处理。

需要指出的是，不少事故开始时经常只被认为是一般的质量缺陷，容易被忽视。随着时间的推移，待认识到这些质量缺陷问题的严重性时，则往往处理困难，或难以补救，或导致建筑物失事。因此，除了明显的不会有严重后果的缺陷外，对其他的质量问题，均应分析，进行必要处理，并作出处理意见。

5.5.1 水利工程施工质量事故的概念与分类

根据《水利工程质量事故处理暂行规定》（水利部令第 9 号），水利工程工程质量事故是指在水利工程建设过程中，由于建设管理、监理、勘测、设计、咨询、施工、材料、设备等原因造成工程质量不符合规程规范和合同规定的质量标准，影响工程使用寿命和对工程安全运行造成隐患和危害的事件。需要注意的问题是，水利工程质量事故可以造成经济损失，也可以同时造成人身伤亡。这里主要是指没有造成人身伤亡的质量事故。

在水利水电工程中，按对工程的耐久性和正常使用的影响程度，检查和处理质量事故对工期影响时间的长短以及直接经济损失的大小，将质量事故分为一般质量事故、较大质量事故、重大质量事故和特大质量事故，见表 5-9。

表 5-9 水利工程质量事故分类标准

损失情况		事故类别			
		特大质量事故	重大质量事故	较大质量事故	一般质量事故
事故处理所需的物质、器材和设备、人工等直接损失费用/万元	大体积混凝土，金结制作和机电安装工程	>3000	>500，≤3000	>100，≤500	>20，≤100
	土石方工程、混凝土薄壁工程	>1000	>100，≤1000	>30，≤100	>10，≤30
事故处理所需合理工期/月		>6	>3，≤6	>1，≤3	≤1
事故处理后对工程功能和寿命影响		影响工程正常使用，需限制条件运行	不影响正常使用，但对工程寿命有较大影响	不影响正常使用，但对工程寿命有一定影响	不影响正常使用和工程寿命

注 1. 直接经济损失费用为必需条件，其余两项主要适用于大中型工程。
2. 小于一般质量事故的质量问题称为质量缺陷。

（1）一般质量事故指对工程造成一定经济损失，经处理后不影响正常使用并不影响使用寿命的事故。

（2）较大质量事故指对工程造成较大经济损失或延误较短工期，经处理后不影响正常使用但对工程使用寿命有一定影响的事故。

（3）重大质量事故指对工程造成重大经济损失或较长时间延误工期，经处理后不影响正常使用但对工程使用寿命有较大影响的事故。

（4）特大质量事故指对工程造成特大经济损失或长时间延误工期，经处理仍对正常使用和工程使用寿命有较大影响的事故。

（5）小于一般质量事故的质量问题称为质量缺陷。

5.5.2　水利工程施工质量事故分析与处理

5.5.2.1　事故处理的目的

工程质量事故分析与处理的目的主要是：正确分析事故原因，防止事故恶化；创造正常的施工条件；排除隐患，预防事故发生；总结经验教训，区分事故责任；采取有效的处理措施，尽量减少经济损失，保证工程质量。

5.5.2.2　事故处理的原则

质量事故发生后，应坚持“三不放过”的原则，即事故原因不查清不放过，事故主要责任人和职工未受到教育不放过，补救措施不落实不放过。

5.5.2.3　事故处理的程序方法

事故处理的程序是：①下达工程施工暂停令；②组织调查事故；③事故原因分析；④事故处理与检查验收；⑤下达复工令。

1. 事故报告

发生质量事故后，项目法人必须将事故的简要情况向项目主管部门报告。项目主管部门接事故报告后，按照管理权限向上级水行政主管部门报告。一般质量事故向项目主管部门报告。较大质量事故逐级向省级水行政主管部门或流域机构报告。重大质量事故逐级向省级水行政主管部门或流域机构报告并抄报水利部。特大质量事故逐级向水利部和有关部门报告。发生（发现）较大、重大和特大质量事故，事故单位要在48h内向上述单位写出书面报告；突发性事故，事故单位要在4h内电话向上述单位报告。

2. 事故调查

发生质量事故，要按照管理权限组织调查组进行调查，查明事故原因，提出处理意见，提交事故调查报告。事故调查组成员由主管部门根据需要确定并实行回避制度。一般事故由项目法人组织设计、施工、监理等单位进行调查，调查结果报项目主管部门核备。较大质量事故由项目主管部门组织调查组进行调查，调查结果报上级主管部门批准并报省级水行政主管部门核备。重大质量事故由省级以上水行政主管部门组织调查组进行调查，调查结果报水利部核备。特大质量事故由水利部组织调查。

3. 事故发生的原因

工程质量事故发生的原因很多，最基本的还是人、机械、材料、工艺和环境几方面。一般可分直接原因和间接原因两类。

直接原因主要有人的行为不规范和材料、机械的不符合规定状态。如设计人员不按规范设计、监理人员不按法则进行监理，施工人员违反规程操作等，属于人的行为不规范；

又如水泥、钢材等某些指标不合格，属于材料不符合规定状态。

间接原因是指质量事故发生地的环境条件，如施工管理混乱，质量检查监督失职，质量保证体系不健全等。间接原因往往导致直接原因的发生。

事故原因也可从工程建设的参建各方来寻查，业主、监理、设计、施工和材料、机械、设备供应商的某些行为或各种方法也会造成质量事故。

4. 事故处理

发生质量事故，必须针对事故原因提出工程处理方案，经有关单位审定后实施。一般事故，由项目法人负责组织有关单位制定处理方案并实施，报上级主管部门备案。较大质量事故，由项目法人负责组织有关单位制定处理方案，经上级主管部门审定后实施，报省级水行政主管部门或流域机构备案。由项目法人负责组织有关单位提出处理方案，征得事故调查组意见后，报省级水行政主管部门或流域机构审定后实施。特大质量事故，由项目法人负责组织有关单位提出处理方案，征得事故调查组意见后，报省级水行政主管部门或流域机构审定后实施，并报水利部备案。事故处理需要进行设计变更的，需原设计单位或有资质的单位提出设计变更方案。需要进行重大设计变更的，必须经原设计审批部门审定后实施。

事故处理的方法有两大类：

(1) 修补。这种方法适合于通过修补可以不影响工程的外观和正常使用的质量事故。此类事故是施工中多发的。

(2) 返工。这类事故是严重违反规范或标准，影响工程使用和安全，且无法修补，必须返工。

事故部位处理完成后，必须按照管理权限经过质量评定与验收后，方可投入使用或进入下一阶段施工。

由质量事故而造成的损失费用，坚持事故责任是谁由谁承担的原则。如责任在施工承包商，则事故分析与处理的一切费用由承包商自己负责；施工中事故责任不在承包商，则承包商可依据合同向业主提出索赔；若事故责任在设计或监理单位，应按照有关合同条款给予相关单位必要的经济处罚。构成犯罪的，移交司法机关处理。

【应用实例5-5】 某水库溢洪道加固工程，控制段共3孔，每孔净宽8.0m。加固方案为：底板顶面增浇20cm厚混凝土，闸墩外包15cm厚混凝土，拆除重建排架、启闭机房、公路桥及下游消能防冲设施。溢洪道加固施工时，在铺盖上游填筑土围堰断流施工，围堰断面如图5-9所示。随着汛期临近，堰前水位不断上升，某天突然发现堰后有大面积管涌群，施工单位为防止事故发生，及时就近挖取黏性土进行封堵，随后上游水位继续上涨，封堵失败，围堰决口，导致刚浇筑的溢洪道底板、下游消能防冲设施被冲毁，造成直接经济损失100万元。事故发生后，施工单位按“三不放过原则”，组织有关单位制定处理方案，报监理机构批准后，对事故进行了处理，处理后不影响工程正常使用，对工程使用寿命影响不大。

问题：

(1) 本工程事故发生前施工单位对管涌群采取的处理措施有何不妥？并简要说明本工程管涌的抢护原则和正确掩护措施。

(2) 根据《水利工程质量事故处理暂行规定》，水利工程质量事故一般分为哪几类？

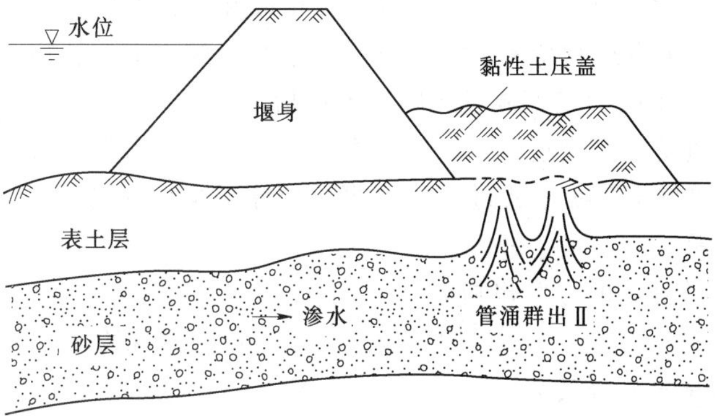

图 5-9　围堰断面及黏性土压盖示意图

并指出本工程质量事故类别。

(3) 根据质量事故类别，指出本工程质量事故处理在方案制定的组织和报批程序方面的不妥之处，并说明正确做法。

(4) 根据《水利工程质量事故处理暂行规定》，说明背景材料中“三不放过原则”的具体内容。

【实例解答】

(1) 对管涌群挖取黏性土封堵不妥。管涌的抢护原则为制止涌水带砂，而留有渗水出路。正确的抢护措施是采用透水性较好的砂石、土工织物、梢料等反滤材料在管涌群出口处进行压盖。用砂石土工织物、梢料等反滤材料在管涌群出口处进行盖压。

(2) 水利工程质量事故分为以下四类：一般质量事故，较大质量事故，重大质量事故，特大质量事故。本工程造成经济损失 100 万元，在 30 万～100 万之间，属于较大质量事故。

(3) 施工单位组织有关单位制定处理方案不妥，应由项目法人组织有关单位制定处理方案。报监理单位批准后，对事故进行的处理不妥，应经上级主管部门审定后实施，报省级水行政主管部门或流域备案。

(4) “三不放过原则”的具体内容为：事故原因不查明不放过、主要事故责任者和职工未受教育不放过、补救和防范措施不落实不放过。

【知识技能点小结】

在水利水电工程中，按对工程的耐久性和正常使用的影响程度，检查和处理质量事故对工期影响时间的长短以及直接经济损失的大小，将质量事故分为一般质量事故、较大质量事故、重大质量事故和特大质量事故。发生事故应坚持“三不放过”的原则，即事故原因不查清不放过，事故主要责任人和职工未受到教育不放过，补救措施不落实不放过、事故处理的程序是：①下达工程施工暂停令；②组织调查事故；③事故原因分析；④事故处理与检查验收；⑤下达复工令。事故处理的基本方法是修补和返工。

【知识技能训练】

一、单项选择题

1. 水利工程质量事故分类中，对工程寿命有影响的事故是（　）。

A 重大事故和较大事故　　　　B 重大事故和特大事故

C 重大事故、较大事故和特大事故　D 重大事故、较大事故和特大事故、一般事故

2. 水利工程质量事故“三不放过原则”不包括（　　）。

A 事故原因不查清楚不放过　　B 主要事故责任者和职工未受教育不放过

C 补救和防范措施不落实不放过　D 事故处理不及时不放过

二、多项选择题

1. 工程质量事故处理的方案包括（　　）。

A 修补　　B 返工　　C 没收保留金　　D 工程保险　　E 赔偿损失

2. 水利工程质量事故分类为（　　）。

A 质量缺陷　　　　B 一般质量事故

C 较大质量事故　　D 重大质量事故

E 特大质量事故

3. 水利工程质量事故，依据事故造成的（　　）分类。

A 直接经济损失　　B 间接经济损失　　C 处理所需时间

D 对承包人利润的影响　E 处理后对工程寿命和功能的影响

4. 较大质量事故指对工程（　　）的事故。

A 经处理后不影响正常使用　B 影响正常使用　　C 并不影响使用寿命

D 对工程使用寿命有一定影响　E 造成较大经济损失或延误较短工期

任务 5.6　水利工程施工质量评定

工程质量评定，是依据国家或部门统一制定的现行标准和方法，对照具体施工项目的质量结果，确定其质量等级的过程。水利水电工程按《水利水电工程施工质量检验与评定规程》(SL 176—2007)、《水利水电工程单元工程施工质量验收评定标准——土石方工程》(SL 631—2012)、《水利水电工程单元工程施工质量验收评定标准——混凝土工程》(SL 632—2012)、《水利水电工程单元工程施工质量验收评定标准——地基处理与基础工程》(SL 633—2012)、《水利水电工程单元工程施工质量验收评定标准——堤防工程》(SL 634—2012)、《水利水电工程单元工程施工质量验收评定标准——水工金属结构安装工程》(SL 635—2012)、《水利水电工程单元工程施工质量验收评定标准——水轮发电机组安装工程》(SL 636—2012)、《水利水电工程单元工程施工质量验收评定标准——水力机械辅助设备系统安装工程》(SL 637—2012)（以下简称《单元工程施工质量评定标准》）执行。其意义在于统一评定标准和方法，正确反映工程的质量，使之具有可比性；同时也考核企业等级和技术水平，促进施工企业提高质量。

工程质量评定以单元工程质量评定为基础，其评定的先后次序是单元工程、分部工程和单位工程。质量检验项目包括主控项目和一般项目，主控项目指对单元工程功能起决定作用或对安全、卫生、环境保护有重大影响的检验项目；一般项目，除主控项目外的检验项目。工程质量的评定在施工单位（承包商）自评的基础上，由建设（监理）单位复核，报政府质量监督机构核定。

工程质量评定的依据主要包括：国家及相关行业技术标准；《单元工程施工质量评定标准》；经批准的设计文件、施工图纸、金属结构设计图样与技术条件、设计修改通知书、厂家提供的设备安装说明书及有关技术文件；工程承发包合同中约定的技术标准；工程施工期及试运行期的试验和观测分析成果。

5.6.1 水利工程施工质量合格标准

5.6.1.1 工序施工质量评定合格标准

（1）主控项目，检验结果应全部符合本标准的要求。

（2）一般项目，逐项应有70%及以上的检验点合格，且不合格点不应集中；对于河道疏浚工程，逐项应有90%及以上的检验点合格，且不合格点不应集中。

（3）各项报验资料应符合本标准要求。

5.6.1.2 单元（工序）工程施工质量合格标准

单元（工序）工程施工质量评定标准按照《单元工程施工质量评定标准》或合同约定的合格标准执行。单元工程按工序划分情况，分为划分工序单元工程和不划分工序单元工程。

1. 划分工序单元工程施工质量评定合格标准

（1）各工序施工质量验收评定应全部合格。

（2）各项报验资料应符合本标准要求。

2. 不划分工序单元工程施工评定合格标准

（1）主控项目，检验结果应全部符合本标准的要求。

（2）一般项目，逐项应有70%及以上的检验点合格，且不合格点不应集中。

（3）各项报验资料应符合本标准要求。单元（工序）工程质量达不到合格标准时，应及时处理。处理后的质量等级按规定重新确定：①全部返工重做的，可重新评定质量等级；②经加固补强并经设计和监理单位鉴定能达到设计要求时，其质量评为合格；③处理后的工程部分质量指标仍达不到设计要求时，经设计复核，项目法人及监理单位确认能满足安全和使用功能要求的，可不再进行处理；或经加固补强后，改变了外形尺寸或造成工程永久性缺陷的，经项目法人、监理及设计单位确认能基本满足设计要求的，其质量可定为合格，但应按规定进行质量缺陷备案。

5.6.1.3 分部工程施工质量合格标准

（1）所含单元工程的质量全部合格。质量事故及质量缺陷已按要求处理，并经检验合格。

（2）原材料、中间产品及混凝土（砂浆）试件质量全部合格，金属结构及启闭机制造质量合格，机电产品质量合格。

5.6.1.4 单位工程施工质量合格标准

（1）所含分部工程质量全部合格。

（2）质量事故已按要求进行处理。

（3）工程外观质量得分率达到70%以上。

（4）单位工程施工质量检验与评定资料基本齐全。

（5）工程施工期及试运行期，单位工程观测资料分析结果符合国家和行业技术标准以及合同约定的标准要求。

5.6.1.5 工程项目施工质量合格标准

（1）单位工程质量全部合格。

（2）工程施工期及试运行期，各单位工程观测资料分析结果均符合国家和行业技术标准以及合同约定的标准要求。

5.6.2 水利工程施工质量优良标准

5.6.2.1 工序施工质量评定优良标准

（1）主控项目，检验结果应全部符合本标准的要求。

（2）一般项目，逐项应有90%及以上的检验点合格，且不合格点不应集中；对于河道疏浚工程，逐项应有95%及以上的检验点合格，且不合格点不应集中。

（3）各项报验资料应符合要求。

5.6.2.2 单元工程施工质量优良标准

1. 划分工序单元工程施工质量评定优良标准

（1）各工序施工质量验收评定应全部合格，其中优良工序应达到50%及以上，且主要工序应达到优良等级。

（2）各项报验资料应符合要求。

2. 不划分工序单元工程施工评定优良标准

（1）主控项目，检验结果应全部符合本标准的要求。

（2）一般项目，逐项应有90%及以上的检验点合格，且不合格点不应集中。

（3）各项报验资料应符合本标准要求。

（4）全部返工重做的单元工程，经检验达到优良标准时，可评为优良等级。

【应用实例5-6】 某闸室基础开挖是闸室分部工程中的一部分，其中右岸边墩基础开挖单元工程的质量评定表5-10部分内容如下。

表5-10 单元工程质量评定表

项次	检查项目	质量标准	检验记录
1	地基清理和处理	无树根、草皮、乱石、坟墓，水井泉眼已处理，地质条件符合设计要求	树根、草皮清除，无乱石、坟墓，渗水已处理，地质和设计相符
2	岸坡清理和处理	符合设计要求	土壤的物理力学性能指标符合设计要求
3	岸坡清理和处理	无树根、草皮、乱石。有害裂隙及洞穴已处理	树根、草皮已清理、无乱石和有害裂隙，洞穴已处理
4	岩石岸坡清理坡度	符合设计要求	无
5	▲黏土、湿性黄土清理坡度	符合设计要求	基坑边坡清理满足设计要求
6	截水槽地基处理	泉眼、渗水已处理，岩石冲洗洁净，无积水	局部渗水已挖集水坑处理，无泉眼和积水
7	▲截水槽（墙）基岩面坡度	符合设计要求	无

续表

项次	检测项目			设计值 /m	允许偏差 /cm	实测值									
1	有结构要求、有配筋预埋件	5m 以内（槽）长或宽		+20 0	—	—	—	—	—	—	—	—	—	—	
2			5～10m		+30 0	—	—	—	—	—	—	—	—	—	—
3			10～15m		+40 0	—	—	—	—	—	—	—	—	—	—
4			15m 以上	15×35	+40 0	10	50	20	30	45	20	40	10	25	20
5		坑（槽）底部标高		22.15	+20 0	6	2	6	10	8	1	5	7	6	9
6		垂直或斜面平整度			15	28	8	6	30	8	18	12	14	16	15
检测结果	共检测____点，其中合格____点，合格率____%														
评定意见										单元工程质量等级					

注 1.“▲”后的项目为主要检查项目。
2. 带“—”为未抽检值。

问题：

（1）分别列出项次 4、5、6 中各实测值为不合格的数据。

（2）计算“检测结果”中的各项数值。

（3）写出评定意见及单元质量评定等级。

【实例解答】

（1）将实测值与允许偏差相比较，找出超出允许偏差的实测值，即为不合格的数值。项次 4：实测值为不合格的数据为 50、45；项次 5：无不合格数据；项次 6：实测值为不合格的数据为 28、30、18、16。

（2）共检测 30 点，其中合格 24 点，合格率 80%。

（3）评定意见：主要检查项目全部符合质量标准。一般检查项目也基本符合标准规定。检测项目实测点合格率 80%，大于合格标准的 70%，小于优良标准的 90%，故评为合格。单元工程质量等级：合格。

5.6.2.3 分部工程施工质量优良标准

（1）所含单元工程质量全部合格，其中 70%以上达到优良等级，主要单元工程以及重要隐蔽单元工程（关键部位单元工程）质量优良率达 90%以上，且未发生过质量事故。

（2）中间产品质量全部合格，混凝土（砂浆）试件质量达到优良等级（当试件组数小于 30 时，试件质量合格）。原材料质量、金属结构及启闭机制造质量合格，机电产品质量合格。

5.6.2.4 单位工程施工质量优良标准

（1）所含分部工程质量全部合格，其中 70%以上达到优良等级，主要分部工程质量全部优良，且施工中未发生过较大质量事故。

（2）质量事故已按要求进行处理。

（3）外观质量得分率达到 85%以上。

（4）单位工程施工质量检验与评定资料齐全。

(5) 工程施工期及试运行期，单位工程观测资料分析结果符合国家和行业技术标准以及合同约定的标准要求。

【应用实例5-7】 某水利枢纽工程由电站、溢洪道和土坝组成。土坝的结构形式为均质土坝，上游设干砌石护坡，下游设草皮护坡和堆石排水体，坝顶设碎石路，土坝单位工程完工验收结论为：本单位工程划分为20个分部工程，其中质量合格8个，质量优良12个，优良率为60%，主要分部工程（坝顶碎石路）质量优良，且施工中未发生重大质量事故；中间产品质量全部合格，其中混凝土拌和物质量达到优良；原材料质量、金属结构及启闭机制造质量合格；外观质量得分率为82%。所以，本单位工程质量评定为优良。土坝单位工程质量等级实际为优良。依据水利工程验收和质量评定的有关规定，简述该事件中验收结论存在的问题。

【实例解答】 上述事件中验收结论存在问题：分部工程应为全部合格优良率达70%；坝顶碎石路不是主体工程；土坝无金属结构及启闭机；外观质量得分率不应低于85%；质量检查资料应齐全。

5.6.2.5　工程项目施工质量优良标准

(1) 单位工程质量全部合格，其中70%以上单位工程质量达到优良等级，且主要单位工程质量全部优良。

(2) 工程施工期及试运行期，各单位工程观测资料分析结果均符合国家和行业技术标准以及合同约定的标准要求。

【知识技能点小结】

水利水电工程按《水利水电工程施工质量检验与评定规程》(SL 176—2007)、《单元工程施工质量评定标准》执行。工程质量评定以单元工程质量评定为基础，其评定的先后次序是单元工程、分部工程和单位工程，要掌握相应工程的合格及优良标准。

【知识技能训练】

一、单项选择题

1. 在单元工程质量评定时，若第一次被评为不合格，除非全部重新返工，否则只能评为（　　）。

A 不合格　　B 基本合格　　C 基本优良　　D 合格

2. 水利工程质量评定的基础是（　　）。

A 水利工程项目　　B 分部工程　　C 单位工程　　D 单元工程

二、多项选择题

1. 根据水利水电工程施工质量评定规程，单元工程质量达不到《评定标准》合格规定时，必须及时处理。下列说法正确的是（　　）。

A 全部返工重做的，可重新评定质量等级　　B 全部返工重做的，只能评为合格

C 经加固补强并经鉴定能达到设计要求，只能评为合格

D 经鉴定达不到设计要求，但建设（监理）单位认为能基本满足安全和使用功能要求的，可不加固补强

E 经鉴定达不到设计要求，经加固补强后，改变外形尺寸或造成永久性缺陷的，经建

设（监理）单位认为基本满足设计要求，可按合格处理

2. 依据《水利水电工程施工质量评定规程》，水利水电工程质量评定项目划分为（　　）

A 单项工程　　B 单位工程　　C 分项工程　　D 分部工程

E 单元工程

三、案例分析

某立交地涵工程主要由进口控制段、涵身、出口段等部分组成，涵身共 23 节，工程项目划分为一个单位工程，11 个分部工程。第 3 段涵身分部工程共有 56 个单元工程，其中 26 个为重要隐蔽单元工程，56 个单元工程质量全部合格，其中 43 个单元工程质量优良（21 个为重要隐蔽单元工程），该分部工程的其他质量评定内容均符合优良标准的规定。试评定第 3 段涵身分部工程的质量等级。

任务 5.7　水利工程建设项目验收

水利水电工程项目质量验收按《水利工程建设项目验收管理规定》（中华人民共和国水利部令第 30 号）、《水利水电建设项目验收规程》（SL 223—2008）、《水利水电工程施工质量检验与评定规程》（SL 176—2007）等要求及标准进行。

水利工程建设项目验收，按验收主持单位性质不同分为法人验收和政府验收两类。

法人验收是指在项目建设过程中由项目法人组织进行的验收。法人验收应包括分部工程验收、单位工程验收、水电站（泵站）中间机组启动验收、合同工程完工验收等。法人验收是政府验收的基础。

政府验收是指由有关人民政府、水行政主管部门或者其他有关部门组织进行的验收，包括专项验收、阶段验收和竣工验收。

【应用实例 5-8】 某水利枢纽工程由电站、溢洪道和土坝组成。土坝的结构形式为均质土坝，上游设干砌石护坡，下游设草皮护坡和堆石排水体，坝顶设碎石路，该工程项目单元工程质量评定表由监理人填写，土坝单位工程完工验收由承包人主持。工程截流验收及移民安置验收由项目法人主持。根据水利工程验收和质量评定的有关规定，指出该事件中存在的不妥之处并提出正确做法。

【实例解答】 工程项目单元工程质量评定表监理人填写不妥，单元质量评定表应该由承包人填写。土坝单位工程完工验收由承包人主持不妥，单位工程完工验收应该由项目法人主持。工程截流验收及移民安置验收由项目法人主持不妥，移民安置验收应该由上级主管部门会同县级以上地方政府参加。

5.7.1 水利水电工程验收总则

（1）工程验收应以下列文件为主要依据：

1）国家现行有关法律、法规、规章和技术标准。

2）有关主管部门的规定。

3）经批准的工程立项文件、初步设计文件、调整概算文件。

4）经批准的初步设计文件及相应的工程变更文件。

5）施工图纸及主要设备技术说明书等。

6）法人验收还应以施工合同为依据。

（2）工程验收工作应包括以下主要内容：

1）检查工程是否按照批准的设计进行建设。

2）检查已完工程在设计、施工、设备制造安装等方面的质量及相关资料的收集、整理和归档情况。

3）检查工程是否具备运行或进行下一阶段建设的条件。

4）检查工程投资控制和资金使用情况。

5）对验收遗留问题提出处理意见。

6）对工程建设作出评价和结论。

（3）工程验收结论应经2/3以上验收委员会（工作组）成员同意。验收过程中发现的问题，其处理原则由验收委员会（工作组）协商确定。主任委员（组长）对争议问题有裁决权。若1/2以上的委员（组员）不同意裁决意见时，法人验收应报请验收监督管理机关决定；政府验收应报请竣工验收主持单位决定。

（4）工程项目中需要移交非水利行业管理的工程，验收工作宜同时参照相关行业主管部门的有关规定。

（5）当工程具备验收条件时，应及时组织验收。未经验收或验收不合格的工程不应交付使用或进行后续工程施工。验收工作应相互衔接，不应重复进行。

（6）工程验收应在施工质量检验与评定的基础上，对工程质量提出明确结论意见。

（7）验收资料制备由项目法人统一组织，有关单位应按要求及时完成并提交。项目法人应对提交的验收资料进行完整性、规范性检查。验收资料分为应提供的资料和需备查的资料，有关单位应保证其提交资料的真实性并承担相应的责任。

5.7.2　法人验收

5.7.2.1　分部工程验收

（1）分部工程验收应由项目法人（或委托监理单位）主持。验收工作组应由项目法人、勘测、设计、监理、施工、主要设备制造（供应）商等单位的代表组成。运行管理单位可根据具体情况决定是否参加。质量监督机构宜派代表列席大型枢纽工程主要建筑物的分部工程验收会议。

（2）大型工程分部工程验收工作组成员应具有中级及其以上技术职称或相应的执业资格；其他工程的验收工作组成员应具有相应的专业知识或执业资格。参加分部工程验收的每个单位代表人数不宜超过2名。

（3）分部工程具备验收条件时，施工单位应向项目法人提交验收申请报告，其内容要求见附录D。项目法人应在收到验收申请报告之日起10个工作日内决定是否同意进行验收。

（4）分部工程验收应具备以下条件：

1）所有单元工程已经完成。

2）已完单元工程施工质量经评定全部合格，有关质量缺陷已处理完毕或有监理机构批准的处理意见。

3）合同约定的其他条件。

（5）分部工程验收应包括以下主要内容：

1）检查工程是否达到设计标准或合同约定标准的要求。

2）评定工程施工质量等级。

3）对验收中发现的问题提出处理意见。

（6）分部工程验收应按以下程序进行：

1）听取施工单位建设和单元工程质量评定情况的汇报。

2）现场检查工程完成情况和工程质量。

3）检查单元工程质量评定及相关档案资料。

4）讨论并通过分部工程验收鉴定书。

（7）项目法人应在分部工程验收通过之日后 10 个工作日内，将验收质量结论和相关资料报质量监督机构核备。大型枢纽工程主要建筑物分部工程的验收质量结论应报质量监督机构核定。质量监督机构应在收到验收质量结论之日后 20 个工作日内，将核备（定）意见书面反馈项目法人。当质量监督机构对验收质量结论有异议时，项目法人应组织参加验收单位进一步研究，并将研究意见报质量监督机构。当双方对质量结论仍然有分歧意见时，应报上一级质量监督机构协调解决。

（8）分部工程验收遗留问题处理情况应有书面记录并有相关责任单位代表签字，书面记录应随分部工程验收鉴定书一并归档。分部工程验收鉴定书正本数量可按参加验收单位、质量和安全监督机构各 1 份以及归档所需要的分数确定。自验收鉴定书通过之日起 30 个工作日内，由项目法人发送有关单位，并报送法人验收监督管理机关备案。

5.7.2.2 单位工程验收

（1）单位工程验收应由项目法人主持。验收工作组应由项目法人、勘测、设计、监理、施工、主要设备制造（供应）商、运行管理等单位的代表组成，必要时，可邀请上述单位外的专家参加。

（2）单位工程验收工作组成员应具有中级及其以上技术职称或相应的执业资格，每个单位代表人数不宜超过 3 名。

（3）单位工程完工并具备验收条件时，施工单位应向项目法人提出验收申请报告。项目法人应在收到验收申请报告之日起 10 个工作日内决定是否同意进行验收。

（4）项目法人组织单位工程验收时，应提前通知质量和安全监督机构。主要建筑物单位工程验收应通知法人验收监督管理机关。法人验收监督管理机关可视情况决定是否列席验收会议，质量和安全监督机构应派员列席验收会议。

（5）单位工程验收应具备以下条件：

1）所有分部工程已完建并验收合格。

2）分部工程验收遗留问题已处理完毕并通过验收，未处理的遗留问题不影响单位工程质量评定并有处理意见。

3）合同约定的其他条件。

（6）单位工程验收应包括以下主要内容：

1）检查工程是否按批准的设计内容完成。

2）评定工程施工质量等级。

3）检查分部工程验收遗留问题的处理情况及相关记录。

4）对验收中发现的问题提出处理意见。

（7）单位工程验收应按以下程序进行：

1）听取工程参建单位工程建设有关情况的汇报。

2）现场检查工程完成情况和工程质量。

3）核查分部工程验收有关文件及相关档案资料。

4）讨论并通过单位工程验收鉴定书。

（8）需要提前投入使用的单位工程应进行单位工程投入使用验收。单位工程投入使用验收应由项目法人主持，根据工程具体情况，经竣工验收主持单位同意，单位工程投入使用验收也可由竣工验收主持单位或其委托的单位主持。

（9）项目法人应在单位工程验收通过之日起10个工作日内，将验收质量结论和相关资料报质量监督机构核定。质量监督机构应在收到验收质量结论之日起20个工作日内，将核定意见反馈项目法人。

5.7.2.3　合同工程完工验收

（1）施工合同约定的建设内容完成后，应进行合同工程完工验收。当合同工程仅包含一个单位工程（分部工程）时，宜将单位工程（分部工程）验收与合同工程完工验收一并进行，但应同时满足相应的验收条件。

（2）合同工程完工验收应由项目法人主持。验收工作组应由项目法人以及与合同工程有关的勘测、设计、监理、施工、主要设备制造（供应）商等单位的代表组成。验收报告应包含项目施工工期拖延的原因、预期完成计划的有关情况和部分已完成工程提前投入使用的理由等内容。

（3）合同工程具备验收条件时，施工单位应向项目法人提出验收申请报告。项目法人应在收到验收申请报告之日起20个工作日内决定是否同意进行验收。

（4）合同工程完工验收应具备以下条件：

1）合同范围内的工程项目和工作已按合同约定完成。

2）工程按规定进行了有关验收。

3）观测仪器和设备已测得初始值及施工期各项观测值。

4）工程质量缺陷已按要求进行处理。

5）工程完工结算已完成。

6）施工现场已经进行清理。

7）需移交项目法人的档案资料已按要求整理完毕。

8）合同约定的其他条件。

（5）合同工程完工验收应包括以下主要内容：

1）检查合同范围内工程项目和工作完成情况。

2）检查施工现场清理情况。

3）检查已投入使用工程运行情况。

4）检查验收资料整理情况。

5）鉴定工程施工质量。

6）检查工程完工结算情况。

7）检查历次验收遗留问题的处理情况。

8）对验收中发现的问题提出处理意见。

9）确定合同工程完工日期。

10）讨论并通过合同工程完工验收鉴定书。

5.7.3　政府验收

5.7.3.1　阶段验收

（1）阶段验收应包括枢纽导（截）流验收、水库下闸蓄水验收、引（调）排水工程通水验收、水电站（泵站）首（末）台机组启动验收、部分工程投入使用验收以及竣工验收主持单位根据工程建设需要增加的其他验收。

（2）阶段验收由竣工验收主持单位或其委托的单位主持。阶段验收委员会应由验收主持单位、质量和安全监督机构、运行管理单位的代表以及有关专家组成；必要时，可邀请地方政府及有关部门参加。工程参建单位应派代表参加阶段验收，并作为被验收单位在验收鉴定书上签字。

（3）工程建设具备阶段验收条件时，项目法人应提出阶段验收申请报告。阶段验收申请报告应由法人验收监督管理机关审查后转报竣工验收主持单位，竣工验收主持单位应自收到申请报告之日起 20 个工作日内决定是否同意进行阶段验收。

（4）阶段验收应包括以下主要内容：

1）检查已完工程的形象面貌和工程质量。

2）检查在建工程建设情况。

3）检查未完工程的计划安排和主要技术措施落实情况，以及是否具备施工条件。

4）检查拟投入使用工程是否具备运用条件。

5）检查历次验收遗留问题的处理情况。

6）鉴定已完工程施工质量。

7）对验收中发现的问题提出处理意见。

8）讨论并通过阶段验收鉴定书。

（5）大型工程在阶段验收前，验收主持单位根据工程建设需要，可成立专家组先进行技术预验收。

5.7.3.2　枢纽工程导截（流）验收

（1）导截（流）验收应具备以下条件：

1）导流工程已基本完成，具备过流条件，投入使用（包括采取措施后）后不影响其他后续工程继续施工。

2）满足截流要求的水下隐蔽工程已经完成。

3）截流设计已获批准，截流方案已编制完成，并做好各项准备工作。

4）工程度汛方案已经有管辖权的防汛指挥部门批准，相关措施已落实。

5）截流后壅高水位以下的移民安置和库底清理已完成并通过验收。

6）有航运功能的河道，碍航问题已得到解决。

(2) 导截（流）验收应包括以下主要内容：

1) 检查已完水下工程、隐蔽工程、导（截）流工程是否满足导（截）流要求。

2) 检查建设征地、移民迁移安置和库底清理完成情况。

3) 审查截流方案，检查导（截）流措施和准备工作落实情况。

4) 检查为解决碍航等问题而采取的工程措施落实情况。

5) 鉴定与截流有关已完工程施工质量。

6) 对验收中发现的问题提出处理意见。

7) 讨论并通过阶段验收鉴定书。

5.7.3.3 水库下闸蓄水验收

(1) 下闸蓄水验收应具备以下条件：

1) 挡水建筑物的形象面貌满足蓄水位的要求。

2) 蓄水淹没范围内的移民搬迁安置和库底清理已经完成并通过验收。

3) 蓄水后需要投入使用的泄水建筑物已基本完成，具备过流条件。

4) 有关观测仪器、设备已按设计要求安装和调试，并已测得初始值和施工期观测值。

5) 蓄水后未完工程的建设计划和施工措施已落实。

6) 蓄水安全鉴定报告已提交。

7) 蓄引水后可能影响工程安全运行的问题处理，有关重大技术问题已有结论。

8) 蓄水计划、导流洞封堵方案已编制完成，并做好各项准备工作。

9) 年度度汛方案（包括调度运用方案）已经得到有管辖权限的防汛指挥部门批准，相关措施已落实。

(2) 下闸蓄水验收应包括以下主要内容：

1) 检查已完工程是否满足蓄水要求。

2) 检查建设征地、移民迁移安置情况和库区清理完成情况。

3) 检查近坝库岸处理情况。

4) 检查蓄水准备工作落实情况。

5) 鉴定与蓄水有关的已完工程施工质量。

6) 对验收中发现的问题提出处理意见。

7) 讨论并通过阶段验收鉴定书。

5.7.3.4 引（调）排水工程通水验收

(1) 通水验收应具备以下条件：

1) 引（调）排水工程的形象面貌满足通水的要求。

2) 通水后未完工程的建设计划和施工措施已落实。

3) 引（调）排水水位以下的移民搬迁安置和障碍物清理已完成并通过验收。

4) 引（调）排水的调度运用方案已编制完成；度汛方案已得到有管辖权的防汛指挥部门批准，相关措施已落实。

(2) 通水验收应包括以下主要内容：

1) 检查已完工程是否满足通水要求。

2) 检查建设征地、移民迁移安置情况和清障完成情况。

3）检查通水准备工作落实情况。

4）鉴定与通水有关的已完工程施工质量。

5）对验收中发现的问题提出处理意见。

6）讨论并通过阶段验收鉴定书。

（3）水电站（泵站）机组启动验收。水电站（泵站）每台机组投入运行前，应进行机组启动验收。首（末）台机组启动验收由竣工验收主持单位或其委托单位组织的机组启动验收委员会负责；中间机组启动验收应由项目法人组织的机组启动验收工作组负责；验收委员会（工作组）应由所在地区电力部门的代表参加。根据机组规模情况，竣工验收主持单位也可委托项目法人主持首（末）台机组启动验收。

（4）机组启动验收前，项目法人应组织成立机组启动试运行工作组开展机组启动试运行工作，首（末）台机组启动试运行前，项目法人应将试运行工作安排报验收主持单位备案，必要时，验收主持单位可派专家到现场收集有关资料，指导项目法人进行机组启动试运行工作。

5.7.3.5　部分工程投入使用验收

（1）部分工程投入使用验收应具备以下条件：

1）拟投入使用工程已按批准设计文件规定的内容完成并已通过相应的法人验收。

2）拟投入使用工程已具备运行管理条件。

3）工程投入使用后，不影响其他工程正常施工，且其他工程施工不影响拟投入使用工程安全运行（包括采取防护措施）。

4）项目法人与运行管理单位已签订单位工程提前启用协议。

5）工程调度运行方案已编制完成；度汛方案已经得到有管辖权的防汛指挥部门批准，相关措施已落实。

（2）部分工程投入使用验收应包括以下主要内容：

1）检查拟投入使用验收工程是否已按批准设计完成。

2）检查工程是否已具备安全运行条件。

3）鉴定工程施工质量。

4）检查工程的调度运用、度汛方案落实情况。

5）对验收中发现的问题提出处理意见。

6）讨论并通过部分工程投入使用验收鉴定书。

5.7.3.6　专项验收

（1）工程竣工验收前，应按有关规定进行专项验收。专项验收主持单位应按国家和相关行业的有关规定确定。

（2）项目法人应按国家和相关行业主管部门的规定，向有关部门提出专项验收申请报告，并做好有关准备和配合工作。

（3）专项验收应具备的条件、验收的主要内容、验收程序以及验收成果性文件的具体要求等应执行国家及相关主管部门有关规定。

（4）专项验收成果性文件应是工程竣工验收成果性文件的组成部分。项目法人提交竣工验收申请报告时，应附相关专项验收成果性文件复印件。

5.7.3.7　竣工验收

（1）竣工验收应在工程建设项目全部完成并满足一定运行条件后1年内进行。不能按期进行竣工验收的，经竣工验收主持单位同意，可以适当延长期限，但最长不应超过6个月。一定运行条件含义如下：

1）泵站经过一个排水或抽水期。

2）河道疏浚工程完成后。

3）其他工程经过6个月（经过一个汛期）至12个月。

（2）竣工验收应具备以下条件：

1）工程已按批准设计全部完成。

2）工程重大设计变更已经得到有审批权的单位批准。

3）各单位工程能正常运行。

4）历次验收所发现的问题已基本处理完毕。

5）各专项验收已通过。

6）工程投资已全部到位。

7）竣工决算已通过竣工审计，审计意见中提出的问题已整改并提交了整改报告。

8）运行管理单位已明确，管理养护经费已基本落实。

9）质量和安全监督工作报告已提交，工程质量达到合格标准。

10）竣工验收资料已准备就绪。

（3）工程有少量建设内容未完成，但不影响主体工程正常运行且能符合财务有关规定，项目法人已对尾工作出安排的，经竣工验收主持单位同意可进行竣工验收。

（4）竣工验收应按以下程序进行：

1）项目法人组织进行竣工验收自查。

2）项目法人提交竣工验收申请报告。

3）竣工验收主持单位批复竣工验收申请报告。

4）进行竣工技术预验收。

5）召开竣工验收会议。

6）印发竣工验收鉴定书。

【知识技能点小结】

水利工程建设项目验收现行按照《水利水电建设项目验收规程》（SL 223—2008）进行，其分类按验收主持单位性质不同分为法人验收和政府验收两类。法人验收应包括分部工程验收、单位工程验收、水电站（泵站）中间机组启动验收、合同工程完工验收等。政府验收包括专项验收、阶段验收和竣工验收。验收工作内容主要包括检查工程是否按批准设计进行，资料是否整理归档，能否运行，资金使用情况，对遗留问题的处理及对工程建设的评价结论。各项验收条件是基础，程序是过程，结论是验收成果。

【知识技能训练】

一、单项选择题

1. 按水利部规定，在阶段验收、单位工程验收和竣工验收中，工程质量必须满足

（　　）的要求。

A 监理人　　B 设计　　C 项目法人　　D 主管部门

2. 工程项目竣工验收时，（　　）必须向验收委员会汇报并提交历次质量缺陷的备案资料。

A 施工单位　　B 项目法人　　C 设计单位　　D 监理人

二、简答题

竣工验收应具备哪些基本条件？

项目6　水利工程施工成本管理

【项目目标】

掌握水利工程施工成本的概念和构成；掌握施工成本管理的概念和任务；熟悉施工成本计划的编制；掌握施工成本控制的步骤和方法；熟悉施工成本核算的内容和基础工作；掌握施工成本分析的方法；掌握降低施工成本的途径。

【项目要求】

知识要点	能力要求	所占分值（100分）	自评分数
施工成本管理基础知识	理解施工成本管理的概念；掌握施工成本管理的任务和措施	10	
施工成本计划	具备编制施工成本计划的初步能力	10	
施工成本控制	能结合案例提出施工成本控制的具体方法	25	
施工成本核算与分析	能结合案例进行施工成本分析	25	
降低施工成本的途径	能根据成本实际情况提出降低施工成本的途径	30	

【引例】

被国内外专家称为“世界上最富挑战性”的小浪底水利枢纽，是治理黄河的关键性控制工程，也是世界银行在中国最大的贷款项目。工程在建设期间经受了各方面的严峻考验，克服了许多意外的风险因素，取得投资节约38亿元的效果，占到工程计划投资的近11%。

任务6.1　施工成本管理基础知识

当今时代是信息日益发达、资本快速反应的时代，垄断和暴利离我们已日渐遥远，各行业利润都处于一个微利状态。面对竞争日趋激烈的建筑承包市场，施工企业的竞争方式和竞争手段已演变为价格的直接竞争，盈利空间越来越小。大部分施工企业无法改变环境变化的客观现实，只有通过不断地加强管理技术水平、培育低成本竞争优势来提升自身的核心竞争力，由向市场要利润变为向管理要利润。这就要求施工企业不断提高项目管理水平，在竞争中加强企业管理，不断依靠管理来降低生产成本，利用低成本的优势不断扩大自己的市场占有率。因此施工成本有效管理控制是企业的一项重要的基础管理，是目前施工企业最有效的竞争手段。

6.1.1 施工成本的概念和构成

6.1.1.1 施工成本的概念

根据成本价格理论，商品价值=物化劳动价值+活劳动价值+剩余价值，其中产品成本是前两部分之和，是指为进行某项生产经营活动而所发生的全部费用，也就是所消耗的全部资源包括人力资源的消耗，这些资源用货币来反映就是成本。对于施工企业来说，它在工程生产过程中所耗费的是生产资料价值和相当于工资部分的必要劳动创造的价值，它的成本也由前两部分组成，也是以货币形式计算的。因而，施工成本是施工企业以施工项目为对象，在建设工程项目的施工过程中所发生的全部生产费用的总和。包括所消耗的原材料、辅助材料、构配件等费用，周转材料的摊销费或租赁费等，施工机械的使用费或租赁费等，支付给生产工人的工资、奖金、工资性质的津贴等，以及进行现场施工组织与管理所支出的全部费用。不包括利润和税金等非生产性支出。

6.1.1.2 施工成本的构成

按施工过程中所发生的费用支出，水利工程施工成本包括直接成本和间接成本，如图6-1所示。施工成本指的是跟施工生产直接相关费用的归集，其实就是施工现场成本，故企业管理费中只现场管理的费用计入施工成本，而施工企业的经营费用，企业管理费和财务费用不计入施工成本。

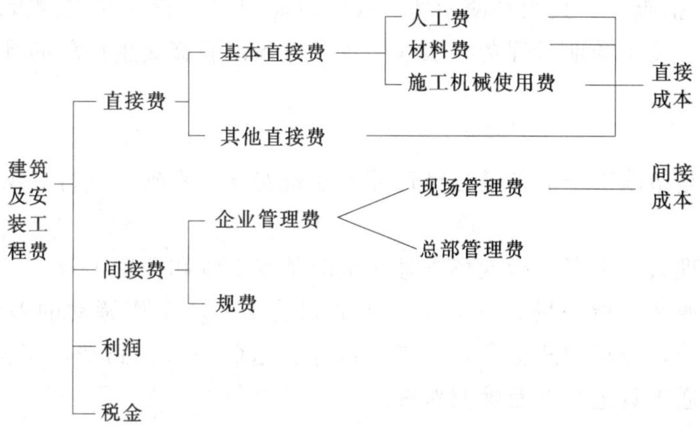

图6-1 施工成本的构成

1. 直接成本

直接成本，是指施工过程中直接耗费的构成工程实体或有助于工程实体形成的各项费用支出，是可以直接计入工程对象的费用，由基本直接费和其他直接费组成。

(1) 基本直接费。基本直接费包括人工费、材料费、施工机械使用费。

1) 人工费。是指直接从事建筑安装工程施工的生产工人开支的各项费用，包括基本工资和辅助工资。

2) 材料费。指用于建筑安装工程项目上的消耗性材料、装置性材料和周转性材料摊销或租赁费。

3) 施工机械使用费。指在建设工程项目的施工过程中施工企业使用自有施工机械所发生的机械磨损、维修、动力燃料费用等和租用施工机械的租赁费。

(2) 其他直接费。其他直接费是指直接费以外的在施工过程中直接发生的其他费用。包括冬雨季施工增加费、夜间施工增加费、特殊地区施工增加费、临时设施费、安全生产措施费和其他。

1) 冬雨季施工增加费。指在冬雨季施工期间为保证工程质量所需增加的费用。

2) 夜间施工增加费。指施工场地和公用施工道路的照明费用。照明线路工程费用包括在"临时设施费"中；施工附属企业系统、加工厂、车间的照明费用，列入相应的产品中，均不包括在本项费用之内。

3) 特殊地区施工增加费。指在高海拔、原始森林、沙漠等特殊地区施工而增加的费用。

4) 临时设施费。指施工企业为进行建筑安装工程施工所必需的但又未被划入施工临时工程的临时建筑物、构筑物和各种临时设施的建设、维修、拆除、摊销等费用。如：供风、供水（支线）、供电（场内）、照明、供热系统及通信支线，土石料场，简易砂石料加工系统，小型混凝土拌和浇筑系统，木工、钢筋、机修等辅助加工厂，混凝土预制构件厂，场内施工排水，场地平整、道路养护及其他小型临时设施等。

5) 安全生产措施费。是指为保证施工现场安全作业环境及安全施工、文明施工，在工程设计已考虑的安全支护措施之外发生的安全生产、文明施工相关费用。

6) 其他。包括施工工具用具使用费、检验试验费、工程定位复测及施工控制网测设费、工程点交费、竣工场地清理费、工程项目及设备仪表移交生产前的维护费、工程验收检测费等。

2. 间接成本

间接成本，是指施工企业各项目经理部为建筑安装工程施工进行组织与管理所发生的各项费用。

(1) 现场管理人员工资。指现场管理人员的基本工资和辅助工资。

(2) 差旅交通费。指现场管理人员发生的因公出差、工作调动的差旅费，误餐补助费，职工探亲路费，劳动力招募费，职工离退休、退职一次性路费，工伤人员就医路费，工地转移费，交通工具运行费及牌照费等。

(3) 办公费。指现场管理办公用文具、印刷、邮电、书报、会议、水电、燃煤（气）等费用。

(4) 固定资产使用费。指现场管理用属于固定资产的房屋、设备、仪器等的折旧、大修理、维修费或租赁费等。

(5) 工具用具使用费。指现场管理使用不属于固定资产的工具、用具、家具、交通工具和检验、试验、测绘、消防用具等的购置、维修和摊销费。

(6) 职工福利费。指按照国家规定支出的现场管理人员职工福利费，以及由企业支付离退休职工的易地安家补助费、职工退职金、六个月以上的病假人员工资、按规定支付给离退干部的各项经费。职工发生工伤时企业依法在工伤保险基金之外支付的费用，其他在社会保险基金之外依法由企业支付给职工的费用。

(7) 劳动保护费。指按照国家有关部门规定标准发放的现场管理人员一般劳动防护用品的购置费及修理费、保健费、防暑降温费、高空作业及进洞津贴、技术安全措施以及洗澡用水、饮用水的燃料费等。

(8) 工会经费。指企业按照现场管理人员工资总额计提的工会经费。

(9) 职工教育经费。指企业为现场管理人员学习先进技术和提高文化水平按职工工资总额计提的费用。

(10) 保险费。指现场管理财产保险、管理用车辆等保险费用，高空、井下、洞内、水下、水上作业等特殊工种安全保险费、危险作业意外伤害保险费等。

(11) 税金。指应由施工项目承担的按规定交纳的房产税、管理用车辆使用税、印花税等。

(12) 其他。

6.1.2　施工成本的分类

根据建筑产品的特点和施工成本管理的要求，施工成本可进行以下划分。

1. 预算成本、计划成本和实际成本

按成本水平和作用不同分，施工成本可分为预算成本、计划成本和实际成本，如图 6 - 2 所示。

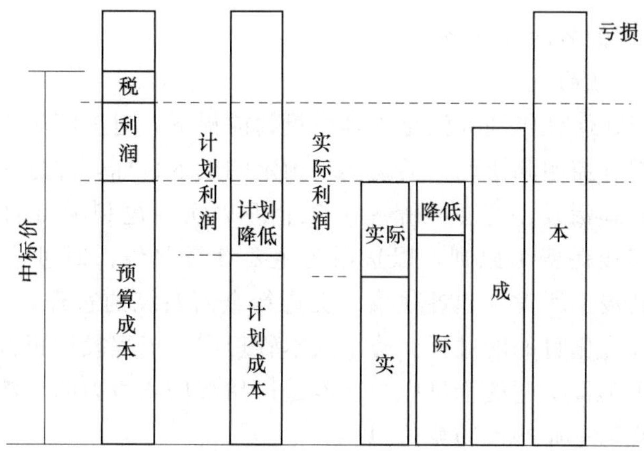

图 6 - 2　预算成本、计划成本和实际成本

预算成本，是按建筑安装工程实物量和国家（或地区、企业）制定的预算定额及取费标准计算的社会平均成本或企业平均成本，是在施工图预算的基础上分析、预测和计算而确定的。预算成本是施工企业投标报价中的成本。预算成本是控制成本支出、衡量和考核项目实际成本节约或超支的重要尺度。

计划成本，是在预算成本的基础上，依据企业自身的要求，结合施工项目的特征和具体情况，考虑降耗节约措施确定的成本，又称目标成本。计划成本是控制施工成本支出的标准，也是施工成本管理的目标。

实际成本，是工程项目在施工过程中实际发生的可以列入成本支出的各项费用的总和，是工程项目施工活动中劳动耗费的综合反映。实际成本可以检验计划成本的执行情况。

三种成本的比较，可以反映出施工成本管理的水平和成效。实际成本与计划成本比较，可以揭示成本的节约和超支情况。实际成本和预算成本比较则反映工程的盈亏。

2. 固定成本和变动成本

按生产费用和工程量关系来划分，施工成本可分为固定成本和变动成本。

固定成本，是指在一定期间和一定的工程量范围内，其发生的成本额不受工程量增减的影响而相对固定的成本。如折旧费、大修理费、管理人员工资、办公费等。固定是对总额而言的，分配到每个单位工程量上的费用则是变动的。

变动成本，是指发生总额随着工程量的增减而成正比例变动的成本，如直接用于工程的材料费、实行计件工资制的人工费等。变动，也是对总额而言的，对于每个单位工程量上的费用往往是不变的。

将施工过程中发生的全部费用划分为固定成本和变动成本，对于成本管理和成本决策具有重要作用。由于固定成本是维持生产能力所必需的费用，要降低单位工程量的固定费用，就需从通过提高劳动生产率，增加企业总工程量数额并降低固定成本的绝对值入手，降低变动成本只能从降低单位工程量的消耗定额入手。

施工成本还可按成本计算对象的不同划分为建设项目成本、单项工程成本、单位工程成本、分部工程成本和分项工程成本。

按工程完成的程度不同，施工成本可分为本期施工成本、已完施工成本、未完工程成本和竣工施工成本。

6.1.3　施工成本管理的概念和任务

6.1.3.1　施工成本管理的概念

施工成本管理指在保证工期和满足工程质量的前提下，对工程施工过程中所发生的费用，通过计划、组织、控制和协调等活动实现预定的成本目标，并进一步寻求最大程度成本节约的一种科学管理活动。它主要是指施工企业以实现盈利为目的，结合本行业的特点，以施工过程中直接耗费为原则，以货币为主要计量单位，通过技术、经济和管理活动，对项目从开工到竣工所发生的各项收、支进行全面系统的管理，达到预定成本目标，实现项目施工成本最优化目的的过程。施工成本管理应从工程投标报价开始，直至竣工结算完成为止，贯穿于工程实施的全过程。成本是产品市场竞争力的经济表现，加强施工成本管理，就是提高施工企业的市场竞争力。

6.1.3.2　施工成本管理的任务

施工成本管理工作是根据工程项目施工成本管理的要求和特点，通过有效的管理活动，对所发生的各种成本信息，系统地预测、计划、控制、核算和分析等一系列工作，使工程项目施工过程中的各种要素，按照一定的目标运行，使工程项目施工的实际成本能够控制在预定的计划成本范围内。施工成本管理的任务如下：①成本估算预测，制定成本目标；②分解成本目标，编制成本计划；③成本计划实施过程中，进行实际成本控制，收集整理成本数据；④实施成本核算，比较成本节约超支；⑤进行成本分析，找出成本出现偏差的原因；⑥成本考核，并进行评定奖罚。

1. 施工成本预测

施工成本预测是施工成本管理的第一个环节，是根据成本信息和施工项目的具体情况，运用经验判断、统计分析及数学模型的方法等方法，对未来的成本水平及其可能发展趋势作出科学估计，其实质就是在施工以前对成本进行估算。在满足项目业主和企业自身要求的前提下，通过成本预测可以选择成本低、效益好的最佳成本方案。在施工成本形成过程中，通过成本预测，能够针对薄弱环节，加强成本控制，克服盲目性，提高预见性。具体说来施工成本预测是对施工项目计划工期内影响成本变化的各个因素进行分析，比照近期已完工施工项目或将完工施工项目的成本（单位成本），预测这些因素对工程成本中有关项目（成本项目）的影响程度，从而预测出工程的单位成本或总成本。施工成本预测是施工企业投标的依据，是正确确定成本目标和编制成本计划的前提，是成本管理的重要环节。

2. 施工成本计划

在进行成本管理活动前应编制施工成本计划，按照成本计划来开展成本管理活动。成本计划是目标成本的一种形式，是设立目标成本的依据。施工成本计划是在成本预测的基础上，以货币形式编制工程项目在计划期内的生产费用、成本水平、成本降低率以及为降低成本所采取的主要措施和规划的书面方案。施工成本计划编制应该有具体的数量、质量和效益指标，它是建立施工成本管理责任制、开展成本控制和核算的基础，是项目降低成本的指导性文件。施工成本计划应在工程开工前编制完成，以便将计划成本目标分解落实，为各项成本的执行提供明确的目标、控制手段和管理措施，因此施工成本计划是施工成本预控的重要手段。施工成本计划在本项目任务二会作详细讲解。

3. 施工成本控制

施工成本控制是施工企业全面成本管理的重要环节，指在施工成本形成过程中，对施工中实际发生的各项费用开支，进行有效的指导、监督、调节和限制，及时纠正已经出现或将要出现的不利偏差，尽力保持有利偏差，使各项生产费用控制在计划范围内，保证成本目标的实现。

具体说来，施工成本控制是对施工成本的各影响因素加强管理，采取各种有效措施，将施工中实际发生的各种消耗和支出严格控制在成本计划范围内；对成本报表统计汇总，随时揭示和及时反馈，严格审查各项费用是否符合标准；计算实际成本和计划成本之间的差异，对差异进行分析和查找差异产生的原因，进而采取措施消除偏差及损失浪费现象。施工成本控制应贯穿项目从投标到竣工验收的全过程，应按动态控制原理对实际施工成本的发生过程进行有效控制。施工成本控制可分为事先控制、事中控制和事后控制。施工成本控制在本项目任务三会作详细讲解。

4. 施工成本核算

施工成本管理需要正确及时地核算施工过程中发生的各项费用，计算施工项目的实际成本，即进行施工成本核算。施工成本一般以单位工程为成本核算对象。施工成本核算所提供的各种成本信息，是成本预测、成本计划、成本控制、成本分析和成本考核各个环节的依据。施工成本核算包括两个基本环节：一是按照规定的成本开支范围对施工费用进行归集和分配，计算出施工费用的实际发生额；二是根据成本核算对象，采用适当的方法，计算出该施工项目的总成本和单位成本。通过施工成本核算可以确定成本节约超支情况，为及时改善成本管理提供依据。施工成本核算在本项目任务四会作详细介绍。

5. 施工成本分析

施工成本分析是指利用施工成本核算的资料，对成本的形成过程和影响成本升降的因素进行专门分析，找出成本节约和超支的原因，为降低成本提供途径（有利偏差的挖掘和不利偏差的纠正）。具体说来，施工成本分析是将成本核算出的实际成本与计划成本、预算成本及类似项目的实际成本进行比较，了解成本的变动情况，分析研究影响成本变动的因素，检查成本计划的合理性，深入揭示成本变动的规律，以便有效进行成本控制。成本分析是一个动态的活动，它贯穿于施工成本管理的全过程。成本分析会在本项目任务四作详细讲解。

6. 施工成本考核

施工成本考核是对施工成本形成中的各责任者，按施工成本目标责任制的有关规定，将成本的实际指标与计划、定额、预算进行对比和考核，评定各责任者业绩和成本计划完成情况，并给予相应的奖罚。成本考核一般在施工项目完成后进行，也可以分阶段或按项目施工节点进行，它是确认成本管理效果的有效手段，是成本管理的最后一个环节。及时公正的成本考核可以有效地调动每一位员工在各自岗位上努力完成目标成本的积极性，为降低施工成本和增加企业的积累做出自己的贡献。反之如果不能正常及时进行成本的考核工作，前面的成本预测、成本控制、成本核算及成本分析都将得不到及时正确的评价，这不仅会挫伤有关人员的积极性，而且会给以后的成本管理带来不可估量的损失。

综上所述，施工成本管理的每一个环节都是相互联系和相互作用的。成本预测是成本决策的前提，成本计划是成本决策确定目标的具体化。成本控制则是对成本计划的实施进行控制和监督，保证决策中成本目标的实现，而成本核算又是对成本计划是否实现的最后检验。成本核算所提供的成本信息又对下一个施工项目成本预测和决策提供基础资料。成本考核是实现成本目标责任制的保证和实现决策目标的重要手段。

6.1.4　施工成本管理的措施

为了取得施工成本管理的理想效果，应当从多方面采取措施实施管理，这些措施可归纳为组织措施、技术措施、经济措施和合同措施。

1. 组织措施

组织措施指从施工成本管理的组织方面采取措施。

施工成本管理不仅是专业成本管理人员的工作，企业自上到下各级人员都应负有成本控制责任，即应明确各级人员任务和职能分工，权利和责任。也就是说施工成本控制是全员的活动，如实行项目经理责任制，落实施工成本管理的组织机构和人员，明确各级施工成本管理人员的任务和职能分工、权利和责任。它要求企业从施工成本管理的组织方面采取领导亲自抓、员工全参与，使成本管理深入基层、落实到人。

组织措施的另一方面是编制施工成本控制工作计划，确定合理、详细的工作流程。要做好施工采购规划，通过生产要素的优化配置、合理使用、动态管理，有效控制实际成本；加强施工定额管理和施工任务单管理，控制活劳动和物化劳动的消耗；加强施工调度，避免因施工计划不周和盲目调度造成窝工损失、机械利用率降低、物料积压等而使施工成本增加。

组织措施是其他各类措施的前提和保障，而且一般不需要增加什么费用，运用得当可以收到良好的效果。施工成本管理工作只有建立在科学管理的基础上，具备合理的管理体制、完善的规章制度、稳定的作业秩序、完整准确的信息传递，才能取得成效。

2. 技术措施

施工方案不同，不但会影响项目的工期和质量目标，也会显著影响项目的成本。在施工成本管理中，要十分注重技术和方案对于降低成本的重要作用，因为一方面技术的提高或新技术的采用，必然大幅度提高劳动效率和节省材料，从而节约成本。另一方面是通过优化施工方案来提高工效，缩短工期则节省大笔的机械及周转料具的租赁费及项目的管理费，有利于降低项目成本。

施工过程中降低成本的技术措施包括：进行技术经济分析，确定最佳的施工方案；在满足功能要求的前提下，结合施工方法，进行材料使用的比选，选择代用、改变配合比、使用添加剂等方法来达到降低材料消耗费用的目的；结合项目的施工组织设计及自然地理条件，降低材料的库存成本和运输成本；确定最合适的施工机械、设备使用方案；先进的施工技术的应用、新材料的运用、新开发机械设备的使用等都是有效降低成本的技术途径。

技术措施对解决施工成本管理过程中的技术问题是不可缺少的，对纠正施工成本管理目标偏差也有相当重要的作用。但在实践中要注意从技术角度选定方案时要充分分析论证其经济效果，要避免仅从技术角度选定方案而忽视对其经济效果的分析论证。因此，运用技术措施的关键，一是要能提出多个不同的技术方案，二是要对不同的技术方案进行技术经济分析。

3. 经济措施

经济措施资管理中是最容易被员工所接受和采用的措施。成本管理人员应编制资金使用计划，确定、分解施工成本管理目标；对施工成本管理目标进行风险分析，从而制定防范性对策；对各种资金使用认真做好支出计划，并在施工中严格控制各项开支；及时准确地记录、收集、整理、核算实际发生的成本；对各种变更，及时做好删减账，及时落实业主签证，及时结算工程款。负责人对于组织制定的成本考核奖惩制度要严格兑现，透明奖惩结果将职工的经济利益与成本控制效果紧密联系，使经济措施的激励效益发挥出来。同时要用计划统计手段对经营成果进行数据分析，通过偏差分析和未完工程预测，发现一些潜在的问题将引起未完工程施工成本增加，对这些问题要主动控制，及时采取预防措施。由此可见，经济措施的运用绝不仅仅是财务人员的事情。

4. 合同措施

施工成本管理要以合同为依据，采用合同措施控制施工成本，应贯穿从合同谈判开始到合同终结的整个合同周期。在合同谈判阶段施工企业就应对各种合同结构模式进行分析、比较，合同谈判中要争取选用适合于工程规模、性质和特点的合同结构模式。其次对合同条款中的一切影响成本和效益的因素，特别是潜在的风险因素，应提前仔细考虑，通过对引起成本变动的风险因素的识别和分析，采取必要的风险对策，如通过合理的方式，增加承担风险的个体数量，降低损失发生的比例，并最终使得这些策略反映在合同的具体条款中。在合同执行期间，合同管理的措施要密切注视对方的合同执行情况，以寻求合同索赔的机会，同时也要密切关注自己履行合同的情况，以防被对方索赔。实施合同措施时要具体做好工程施工记录，保存各种文件图纸，特别是注有实际施工变更情况的图纸，注意积累素材，为正确处理可能发生的索赔提供依据。

施工成本管理是项目施工成本活动从开始到结束的一系列按一定程序或步骤完成的流程性管理活动，是一个贯穿整个施工企业纵向和横向全方位生产经营活动的循环过程，在这个过程中人人都应负有成本责任，因此企业必须要建立标准可行的成本管理体系，并制定详细的成本计划与指标，配以严格的成本管理制度相呼应，做到连续不断地进行成本计划、实施、检查、处置循环管理，才能取得企业成本管理的可持续发展。

【知识技能点小结】

施工成本由直接成本和间接成本构成。施工成本管理是为实现预定的成本目标并寻求成本进一步节约的管理活动。它包括成本预测、成本计划、成本控制、成本核算、成本分析和成本考核。进行成本有效管理可以运用组织、技术、经济、合同四个方面的措施。

【知识技能训练】

一、单项选择题

1. 施工成本管理就是要在（　　）情况下，采取相应措施，把成本控制在计划范围内。

A 保证工期和确保质量优良　　B 保证工期和满足质量要求

C 缩短工期和确保质量优良　　D 缩短工期和满足质量要求

2. 工程项目施工成本管理过程中，完成成本预测以后，应进行以下工作：①成本计划；②成本核算；③成本控制；④成本考核；⑤成本分析。其顺序为（　　）。

A ①→③→②→⑤→④　　B ①→②→③→④→⑤

C ①→③→④→②→⑤　　D ①→④→②→③→⑤

3. 编制项目经理责任制、编制工作流程图等措施是施工成本管理的（　　）。

A 技术措施　　B 组织措施　　C 经济措施　　D 合同措施

二、多项选择题

1. 关于施工成本管理，下列说法正确的是（　　）。

A 施工成本计划是成本预测的依据

B 施工成本管理应从工程投标报价开始直至竣工结算完成为止

C 施工成本一般以分项工程为成本核算对象

D 成本分析时，对于偏差的控制，分析是关键，纠偏是核心

E 成本考核是实现成本目标责任制的最后检验

2. 下列施工成本管理措施中，属于经济措施的有（　　）。

A 编制资金使用计划　　B 选用最合适的施工机械

C 及时准确记录、收集、整理、核算实际发生的成本

D 编制施工成本控制工作计划　　E 防止分包商的索赔

三、填空题

1. 按生产费用和工程量的关系，施工成本由（　　）和（　　）构成。

2. 施工成本管理应从多方面采取措施，具体包括（　　）、（　　）、（　　）和（　　）。

任务6.2 施工成本计划

施工成本计划是施工成本管理的一项重要内容，是施工企业经营的重要组成部分。施工成本计划是以货币形式预先编制施工项目在计划期内的生产费用与成本的总水平，以及通过施工成本计划事先确定成本降低率以及为降低成本所采取的主要措施和规划的书面

方案。

施工成本计划的编制以成本预测为基础，关键是确定目标成本，并要使得成本目标最终实现。但是施工成本计划的编制又不能照搬投标期间的预测成本，因为施工目标成本必须符合中标以后的实际情况，应随着合同条件、施工组织方案、建筑市场等环境和条件的变化，经分析、比较、判断后作出相应调整。因此施工项目成本计划的编制不是一个绝对的固定方案，是一个相对动态的过程。

6.2.1 施工成本计划的类型

对于一个施工项目而言，其成本计划是一个不断深化的过程。在这一过程中的不同阶段形成深度和作用不同的成本计划，按其作用可分为三类。

1. 竞争性成本计划

竞争性成本计划是工程项目投标及签订合同阶段的估算成本计划。竞争性成本计划的编制是以招标文件中的合同条件、投标者须知、技术规程、设计图纸或工程量清单等为依据，以有关价格条件说明为基础，结合调研和现场考察获得的情况，根据本企业的工料消耗标准、技术和管理水平、价格资料和费用指标，对本企业完成招标工程所需要支出的全部费用的估算。在投标报价过程中，虽也着力考虑降低成本的途径和措施，但总体上较为粗略。

2. 指导性成本计划

指导性成本计划是选派项目经理阶段的预算成本计划，是项目经理的责任成本目标，又称概念性计划，是自上而下确定目标的计划。它是以合同标书为依据，按照企业的预算定额标准制定的设计预算成本计划，且一般情况下只是确定责任总成本指标。

3. 实施性成本计划

实施性成本计划是项目施工准备阶段的预算成本计划，是自下而上的结构分解计划。它是以项目实施方案为依据，以落实项目经理责任目标为出发点，采用企业的施工定额通过施工预算的编制而形成的实施性施工成本计划，实施性成本计划要制定比较详细的工作结构分解图，尽可能把每一个阶段的项目目标及实施措施细化到计划中去。施工成本计划主要指的就是实施性成本计划。

以上三类计划共同构成施工成本计划，其中竞争性成本计划是项目投标阶段企业带有成本战略目的的计划，它奠定了整个施工成本的基本水平与框架；指导性成本计划是竞争性成本计划的进一步深化，是施工企业在进一步根据项目特点经过认真考察、计算得来的一个目标成本计划；实施性成本计划则是具体的实施方案计划，是可控制的、可操作的具体的现场计划。

6.2.2 施工成本计划的编制依据和原则

6.2.2.1 施工成本计划的编制依据

成本计划的制定必须根据国家政策、市场信息和企业内部资料，预测市场变化，作出自身计划，广泛搜集资料并进行归纳整理是编制成本计划的必要步骤，搜集的资料即编制成本计划的依据。这些编制依据如下：

（1）国家和有关部门关于编制成本计划的规定。

（2）已签订的工程承包合同、分包合同（或估价书）、结构件外加工计划和合同以及企业下达的成本降低额、降低率和其他有关技术经济指标。

(3) 有关人工、材料、机械台班市场价与企业颁布的材料指导价、企业内部机械台班价格、劳动力内部挂牌价格。

(4) 施工项目的施工图预算、施工预算。

(5) 施工组织设计或施工方案和拟采用的降低施工成本的措施。

(6) 施工项目使用的机械设备生产能力及其利用情况。

(7) 施工项目的材料消耗、物资供应、劳动工资、周转设备租赁价格及劳动效率、摊销损耗标准等计划资料。

(8) 计划期内的物资消耗定额、劳动工时定额、费用定额等资料。

(9) 以往同类项目成本计划的实际执行情况及有关技术经济指标完成情况的分析资料。

(10) 同行业同类项目的成本、定额、技术经济指标资料及增产节约的经验和有效措施。

(11) 本企业的历史先进水平和当时的先进经验及采取措施的历史资料。

(12) 国外同类项目的先进成本水平情况等资料，以及其他相关资料。

此外，还应深入分析当前情况和未来的发展趋势，了解影响成本升降的各种因素，研究克服不利因素和降低成本的具体措施，为编制成本计划提供丰富具体可靠的资料。

6.2.2.2 施工成本计划的编制原则

1. 兼容先进性和可操作性原则

成本计划的编制必须从施工企业实际组织措施与技术措施情况出发，使得计划既保持一定的先进性，又能具有可行的激励性，它要比已经达到的实际成本要低，但又是经过努力可以达到的。

2. 弹性原则

由于建筑产品施工的复杂性和长期性，在计划实施时很可能发生一些在编制计划时未预料到的变化，所以提前编制计划时要考虑到计划实施时的环境变化，对不确定因素要充分关注，保持计划有一定的应变余地，使编制的成本计划可以与现实施工匹配实施，确实起到引导作用。

3. 可比性原则

成本计划应与实际成本、前期成本保持可比性，所采用的计算方法应与核算方法一致，才能进行有效的分析。

4. 与其他计划相协调的原则

成本计划的编制必须要充分考虑到工程项目的施工组织计划、材料供应计划、财务计划及进度计划，因为这几种计划都相互影响对方的实施效果，所以编制成本计划时要考虑达到全局综合平衡发展。

6.2.3 施工成本计划的编制程序和内容

6.2.3.1 施工成本计划的编制程序

施工项目的成本计划工作，是一项非常重要的工作，不应仅仅把它看做是几张计划表的编制，更重要的是项目成本管理的决策过程。编制成本计划的程序，因项目的规模大小、管理要求不同而不同，大中型项目一般采用分级编制的方式，即先由各部门提出部门成本计划，再由项目经理部汇总编制全项目工程的成本计划；小型项目一般采用集中编制方式，即由项目经理部先编制各部门成本计划，再汇总编制全项目的成本计划。无论采用哪种方式，都应按以下程序进行成本计划的编制。

(1) 编制成本计划前进行测算工作，提出成本降低目标。经过认真搜集和整理有关工程项目的成本资料，结合相关政策、建筑市场和企业能力等来分析这些资料，仔细地研究平衡试算，最终提出较为科学的成本降低目标。

(2) 成本计划草案的编制。这一阶段应当在总会计师的具体领导下，由财务部门牵头，会同计划、预算、技术等有关部门进行，紧紧围绕企业经营方针和目标，收集和整理与成本相关的基础预测资料；依据计划年度的施工生产任务、物资供应、劳动工资、技术组织措施等计划和预算定额、劳动定额、工资水平以及本企业历史上各项消耗指标，并参考同行业先进成本水平和技术经济指标等。这一环节中最重要的是从技术措施上要结合施工组织设计的编制过程，通过不断地优化施工技术方案和合理配置生产要素，进行工料机消耗的分析，制定一系列节约成本和挖潜措施，即选定技术上可行、经济上合理的最优降低成本方案。

(3) 编制正式成本计划。结合企业进度计划、质量计划等其他计划，同时结合企业为了实现对其他所有项目的资源综合利用的整体安排，达到企业各项计划综合平衡之后，才能编制正式的施工成本计划。同时，成本计划指标经过试算平衡后，如果已经达到了降低成本计划指标的要求，可以将成本确定的指标进行分解，向企业内部各部门、各层次提出降低成本要求和各自所承担的具体指标及指标控制数值。这样通过成本计划把目标成本层层分解，落实到施工过程的每个环节，以调动全体职工的积极性，有效地落实成本计划、进行成本控制。

6.2.3.2　施工成本计划的编制内容

1. 编制说明

对工程的范围、投标竞争过程及合同条件、承包人对项目经理提出的责任成本目标、施工成本计划编制的指导思想和依据等的具体说明。

2. 施工成本计划的指标

施工成本计划的指标应经过科学的分析预测确定，可以采用对比法、因素分析法等方法来测定。一般有以下三类指标：

(1) 成本计划的数量指标。

1) 按子项目汇总的工程项目计划总成本指标。

2) 按分部汇总的各单位工程（或子项目）计划成本指标。

3) 按人工、材料机械等汇总的各主要生产要素计划成本指标。

(2) 成本计划的质量指标。如施工项目总成本降低率，是项目经理部施工成本的考核指标，可采用如下公式：

1) 设计预算成本计划降低率＝设计预算总成本计划降低额/设计预算总成本

2) 责任目标成本计划降低率＝责任目标总成本计划降低额/责任目标总成本

(3) 成本计划的效益指标。如工程项目成本降低额，相当于给施工成本节约制定了一个目标值：

1）设计预算成本计划降低额＝设计预算总成本－计划总成本

2）责任目标成本计划降低额＝责任目标总成本－计划总成本

3. 施工成本计划的表格

（1）计划成本岗位责任分解表，见表6－1。

表6－1　　计划成本岗位责任分解表

按构成要素分解	按岗位责任制分解工作内容		按岗位责任制分解成本计划
人工费	××岗位	负责定额工作日或工程量	具体定量控制条例 附具体措施条例
	××岗位	…	…
机械费	××岗位	负责机械使用时间及数量	具体定量控制条例 附具体措施条例
	××岗位	…	…
安全设施费	××岗位	负责安全设施	具体定量控制条例 附具体措施条例
	××岗位	…	…
…	…	…	…

（2）降低成本技术组织措施计划表。施工技术部门应根据该合同预计的施工任务和目标成本，结合技术水平和管理水平，以及工程的特点，编制降低成本技术组织措施计划。如对材料费成本项目而言准备采取的技术措施、管理措施及其他节约措施等；对人工费、材料费和机械使用费的节约拟采取的措施等，最后对间接费用的降低也要研究出节约措施。各归口部门将编制的各项费用节约措施交施工技术部门汇总，并进一步审查、充实各项技术组织措施的合理性、可行性，然后汇总各成本项目的降低成本额。该表基本格式见表6－2。

表6－2　　降低成本技术组织措施计划表

编制单位：　　　　　　　　　　　　　　　　　　　　　　　　单位：万元

编号	措施项目	措施内容	工程量		工程内容	计算方法	降低成本额				
			单位	数量			人工费	材料费	机械费	措施费	间接费
2											
2.1											
2.2											
…	…										
	小计										
	合计										

（3）工程成本计划表。该表是在以上各表完成的基础上编制的，集中反映了整个项目在计划期内的计划成本及降低情况，见表6－3。

表6-3　　工程成本计划表

编制单位：　　　　单位：万元

项目编号	项目名称	工程量	单价	人工费	材料费	机械使用费	其他直接费	间接费	单位成本	工程总成本
3										
3.1										
3.2										
…	…									
	小计									

6.2.4 施工成本计划的编制方法

施工成本计划的编制以成本预测为基础，关键是确定目标成本。计划的制定，需结合施工组织设计的编制过程，通过不断地优化施工技术方案和合理配置生产要素，进行工、料、机消耗的分析，制定一系列节约成本和挖潜措施，确定施工成本计划。一般情况下，施工成本计划总额应控制在目标成本的范围内，并使成本计划建立在切实可行的基础上。

施工总成本目标确定后，还需通过编制详细的实施性施工成本计划把目标成本层层分解，落实到施工过程的每个环节，有效地进行成本控制。施工成本计划的编制方法有：按施工成本组成编制施工成本计划；按施工项目组成编制施工成本计划；按施工进度编制施工成本计划。

6.2.4.1 按施工成本构成编制施工成本计划

在按照施工成本构成编制成本计划时，把成本分解为人工费、材料费、施工机械使用费、其他直接费、间接费等主要支出项目后，要对各个项目再加以详细分解，并对计划中各种子项目计划支出作出估算说明。以材料费为例，应说明：钢材、木材、水泥、砂石、加工订货制品等主要材料和加工预制品的计划用量、价格，模板摊销列入成本的幅度，脚手架等租赁用品计划付多少款，材料采购发生的成本差异是否列入成本等。只有制定详细的指标，才能起到在实际施工中对成本加以控制与考核的目的，否则没有具体目标的计划是不能起到真正控制作用的。

6.2.4.2 按项目组成编制施工成本计划

按照目前的项目组成分解结构来编织施工成本计划，又称工作分解法，在国外被简称为WBS。它的特点是主要以施工图中的工程实物量为基础，以本企业做出的项目施工组织设计及技术方案为依据。其具体步骤是：首先把整个工程项目逐级分解为若干个单位工程，再把每个单位工程依次分解为若干个分部工程，最后分解为便于进行单位工料成本估算的分项工程或工序，套以实际价格和计划的人工、材料、机械等消耗定额，计算工料机消耗量，并进行工料汇总，然后统一以货币形式估算出工程项目的实际成本费用。最后按分项自下而上估算、汇总，从而得到整个工程项目的估算，并据以确定成本目标。估算汇总后还要考虑风险系数与物价指数，对估算结果加以修正。

利用上述系统在进行成本计划时，工作划分得越细、越具体，价格和工程量的确定越容易，除了自上而下逐级展开工作分解之外，还要对人工费、材料费、机械费等主要支出项目加以横向分解，例如应把钢材、木材、水泥等主要材料费的计划用量分解到各个更细的阶段和环节，以便在实际施工中加以控制与考核，因为在此基础上分级分类编制的工程项目的成本计划才是具体实施时成本控制的直接依据。

6.2.4.3　按工程进度编制施工成本计划

编制按施工进度的施工成本计划，通常可利用控制项目进度的网络图进一步扩充而得。即在建立网络图时，一方面确定完成各项工作所需花费的时间，另一方面同时确定完成这一工作的合适的施工成本支出计划。在实践中，将工程项目分解为既能方便地表示时间，又能方便地表示施工成本支出计划的工作是不容易的，通常如果项目分解程度对时间控制合适的话，则对施工成本支出计划可能分解过细，以至于不可能对每项工作确定其施工成本支出计划，反之亦然。因此在编制网络计划时，应在充分考虑进度控制对项目划分要求的同时，还要考虑确定施工成本支出计划对项目划分的要求，做到二者兼顾。

按工程进度编制施工成本计划的表现形式是通过对施工成本目标按时间进行分解，在网络计划基础上，可获得项目进度计划的横道图，并在此基础上编制成本计划。其表示方式有两种：一种是利用时间-成本累计曲线（S形曲线）表示，如图6-3所示；另一种是在时标网络图上按月编制的成本计划，如图6-4所示。其中时间-成本累计曲线的绘制步骤如下：

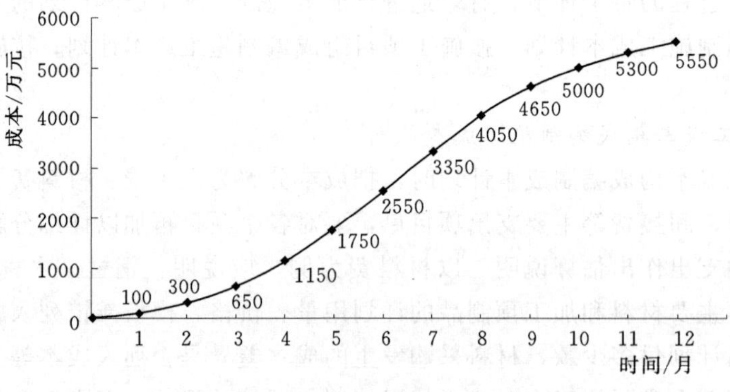

图6-3　时间-成本累计曲线（S形曲线）

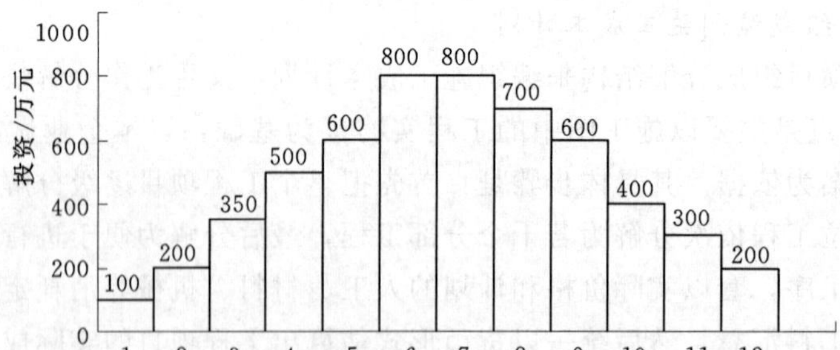

图6-4　时标网络图上按月编制的成本计划

(1) 确定工程项目进度计划，编制进度计划的横道图。

(2) 根据每单位时间内完成的实物工程量或投入的人力、物力和财力，计算单位时间

（月或旬）的成本，在时标网络图上按时间编制成本支出计划。

（3）计算规定时间 t 计划累计支出的成本额，其计算方法为：各单位时间计划支出额累加求和，可按下式计算：

$$Q_t = \sum_{n=1}^{t} q_n$$

式中　Q_t——某时间 t 计划累计支出额；

q_n——单位时间 n 的计划支出额；

t——某规定计划时刻。

（4）按各规定时间的 Q_t 值，绘制S形曲线。

一般工作中编制月度项目施工成本计划，是指项目某一月度根据施工进度计划所编制的项目施工成本收入、支出计划，以便及时与月度项目施工计划相对比，及时发现问题尽早纠偏。它包括根据施工进度计划而做出的各种资源消耗量计划、各项现场管理费收入及支出计划，属于现场控制性计划，是项目经理部继续进行各项成本控制工作的依据。

【应用实例6-1】　已知某施工项目的数据资料见表6-4，绘制该项目的时间-成本累计曲线。

表6-4　　工程数据资料

编码	项目名称	最早开始时间/月份	工期/月	成本强度/（万元/月）
11	A	1	1	20
12	B	2	3	15
13	C	4	5	30
14	D	8	3	20
15	E	10	2	30
16	F	11	2	20
17	G	11	1	30
18	H	12	1	20
19	I	12	1	10
20	J		1	10

【实例解答】

（1）确定施工项目进度计划，编制进度计划的横道图，如图6-5所示。

（2）在横道图上按时间编制成本计划，如图6-6所示。

（3）计算规定时间 t 计划累计支出的成本额。

根据公式：$Q_t = \sum_{n=1}^{t} q_n$，可得如下结果：

$$Q_1=20, Q_2=35, Q_3=50, \cdots, Q_{10}=305, Q_{11}=385, Q_{12}=435$$

（4）绘制S形曲线，如图6-7所示。

编码	项目名称	最早开始时间/月	成本强度/(万元/月)	工程进度/月											
				1	2	3	4	5	6	7	8	9	10	11	12
11	A	1	20												
12	B	2	15												
13	C	4	30												
14	D	8	20												
15	E	10	30												
16	F	11	20												
17	G	11	30												
18	H	12	20												
19	I	12	10												
20	J		10												…

图6-5　进度计划横道图

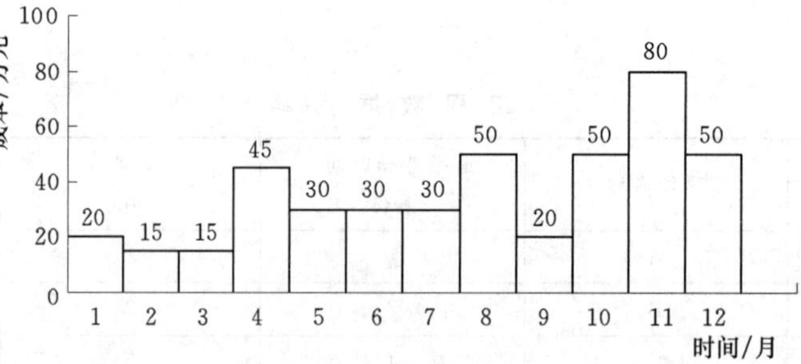

图6-6　横道图上按时间编制的成本计划

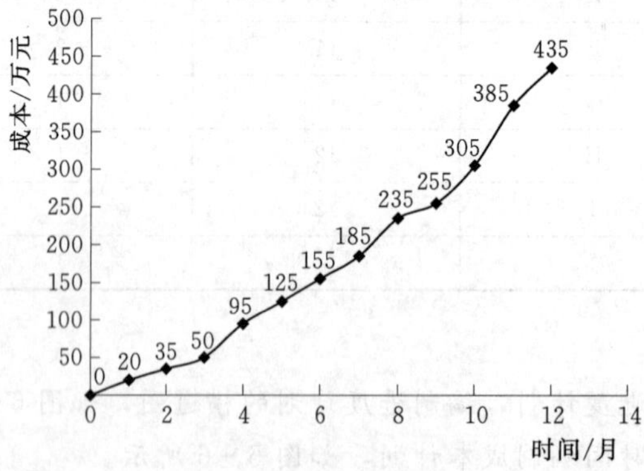

图6-7　S形曲线

以上三种编制施工成本计划的方法并不是相互独立的，在实践中，往往是将这几种方法结合起来使用，从而达到扬长避短的效果。例如：将按项目组成分解项目总施工成本与按施工成本构成分解项目总施工成本两种方法相结合，横向按施工成本构成分解，纵向按项目组成分解，反之亦可。这种分解方法有助于检查各分部分项工程施工成本构成是否完整，有无重复计算或漏算；同时还有助于检查各项具体的施工成本支出的对象是否明确或落实，并且可以从数字上校核分解的结果有无错误。或者还可将按项目组成分解项目总施工成本计划与按施工进度分解项目总施工成本计划结合起来，一般纵向按项目组成分解，横向按施工进度分解。

另外成本计划管理的指标与措施一般情况下是不变的，但也有其相对动态的一个方面，例如编制施工成本计划应注意在每个子计划期末，根据实际施工成本计划的完成情况作出及时的核算和分析，对原施工成本计划进行适当改进。如果出现工程变更，或工程施工中客观条件发生较大变化时应立即重新编制施工成本计划，使计划条件要与实际工程实施条件相符，才能真正起到对工程施工成本控制的指导作用。

【知识技能点小结】

施工成本计划是施工成本管理的一个重要环节，是实现降低施工成本任务的指导性文件。施工成本计划的类型有竞争性成本计划、指导性成本计划和实施性成本计划。施工成本计划的编制内容有编制说明、指标和有关表格。可按施工成本构成、项目组成和工程进度来编制施工成本计划，这三种方法一般结合起来使用。

【知识技能训练】

一、单项选择题

1.（　　）是工程项目投标及签订合同阶段的估算成本计划。

A 竞争性成本计划　　B 指导性成本计划

C 实施性成本计划　　D 工艺性成本计划

2. 施工成本计划的编制以成本预测为基础，关键是确定（　　）。

A 预算成本　　B 目标成本　　C 计划成本　　D 实际成本

二、多项选择题

建设工程项目施工成本计划的编制依据有（　　）。

A 建设投资估算书　　B 投标报价文件

C 施工组织设计或施工方案　　D 施工成本预测资料

E 施工招标公告

任务6.3　施 工 成 本 控 制

施工成本控制通常是指在施工成本的形成过程中，对生产经营所消耗的人力资源、物资资源和费用开支，进行指导、监督、调节和限制，及时纠正将要发生和已经发生的偏差，把各项生产费用控制在成本计划的范围内，以保证成本目标的实现。

6.3.1　施工成本控制的依据

施工成本控制的依据如下：

1. 工程承包合同

施工成本控制要以工程承包合同为依据，围绕降低工程成本这个目标，从预算收入和实际成本两方面，努力挖掘增收节支潜力，以求获得最大的经济效益。

2. 施工成本计划

施工成本计划是根据施工项目的具体情况制定的施工成本控制方案，既包括预定的具体成本控制目标，又包括实现控制目标的措施和规划，是施工成本控制的指导文件。

3. 进度报告

进度报告提供了每一时刻工程实际完成量、工程施工成本实际支付情况等重要信息。施工成本控制工作是通过实际成本与施工成本计划相比较，找出二者之间的差别，分析偏差产生的原因，从而采取改进措施以后的工作。此外，进度报告还有助于管理者及时发现工程实施中存在的隐患，并在事态还未造成重大损失之前采取有效措施，尽量避免损失。

4. 工程变更

在项目的实施过程中，由于各方面的原因，工程变更是很难避免的。工程变更一般包括设计变更、进度计划变更、施工条件变更、技术规范与标准变更、施工次序变更、工程数量变更等。一旦出现变更，工程量、工期、成本都必将发生变化，从而使得施工成本控制工作变得更为复杂和困难。因此，施工成本管理人员就应当通过对变更要求当中各类数据的计算、分析，随时掌握变更情况，包括已发生工程量、将要发生工程量、工期是否拖延、支付情况等重要信息，判断变更以及变更可能带来的索赔额度等。

除了上述几种施工成本控制工作的主要依据以外，有关施工组织设计、分包合同文本等也都是施工成本控制的依据。

6.3.2　施工成本控制的步骤

确定了施工成本计划之后，在实施的过程中不能只照搬计划指标，必须定期地进行施工成本计划值与实际值的比较，当实际值偏离计划值时，分析产生偏差的原因，采取适当的纠偏措施，以确保施工成本控制目标的实现。因此，施工成本控制分为比较、分析、预测、纠偏和检查五个步骤。

1. 比较

按照某种确定的方式将施工成本计划值与实际值逐项进行比较，以发现施工成本是否已超支。

2. 分析

在比较的基础上，对比较的结果进行分析，以确定偏差的严重性及偏差产生的原因。这一步是施工成本控制工作的核心，其主要目的是找出产生偏差的原因，从而采取有针对性的措施，减少或避免相同原因的再次发生或减少由此造成的损失。

3. 预测

根据项目实施情况估算整个项目完成时的施工成本，预测的目的在于为决策提供支持。

4. 纠偏

当工程项目的实际施工成本出现了偏差，应当根据工程的具体情况、偏差分析和预测的结果，采取适当的措施，以期达到使施工成本偏差尽可能小的目的。纠偏是施工成本控制中最具实质性的一步。只有通过纠偏，才能最终达到有效控制施工成本的目的。

5. 检查

指对工程的进展进行跟踪和检查，及时了解工程进展状况以及纠偏措施的执行情况和效果，为今后的工作积累经验。

6.3.3 施工成本控制的方法

施工成本的影响因素众多，对施工成本的控制可采用施工成本的过程控制法、赢得值法等。

6.3.3.1 施工成本的过程控制法

施工成本控制是在成本发生和形成的过程中对成本进行的监督检查，成本的发生与形成是一个动态的过程，这就决定了成本的控制也是一个动态的过程，也可称为成本的过程控制。施工成本过程控制的对象与内容如下：

1. 人工费的控制

人工费的控制实行“量价分离”的方法，将作业用工及零星用工按照定额工日的一定比例综合确定用工数量与单价，通过劳务合同进行控制。

加强劳动定额管理，提高劳动生产率、降低工程耗用人工工时，是控制人工费支出的主要手段。

2. 材料费的控制

材料费的控制是施工降低成本的重要环节。材料费一般占建筑安装工程造价的60%左右，做好材料的管理，降低材料费用是降低施工成本的最重要的途径。材料费的控制同样按照“量价分离”的原则，从材料的用量和材料价格两方面进行控制。

(1) 材料用量的控制。在保证符合设计规格和质量标准的前提下，合理使用材料和节约使用材料，通过定额管理、计量管理等手段以及施工质量控制，避免返工等，有效控制材料物资的消耗。

1) 限额领料控制。对于有消耗定额的材料，项目以消耗定额为依据，实行限额发料制度。对于没有消耗定额的材料，则实行计划管理和按指标控制的办法，根据长期实际耗用，结合当月具体情况和节约要求，制定领用材料指标，据以控制发料。超过限额领用的材料，必须经过一定的审批手续方可领用。施工班组严格实行限额领料，控制用料，凡超额使用的材料，由班组自负费用，节约的可以由项目部与施工班组分成，使员工充分认识到节约与自身利益相联系，在日常工作中主动掌握节约材料的方法，降低材料废品率。

2) 计量控制。为准确核算项目实际材料成本，保证材料消耗准确，在各种材料进场时，项目材料员必须准确计量，查明是否发生损耗或短缺，如有发生要查明原因，明确责任。发料过程中，要严格计量，防止多发或少发。

3) 以钱代物，包干控制。在材料使用过程中，对部分小型及零星材料（如铁钉、铁丝等）采用以钱代物、包干控制的办法。其具体做法是：根据工程量结算出所需材料，将其折算成现金，每月结算时发给施工班组，一次包死，班组需要用料时，再从项目材料员购买，超支部分由班组自负，节约部分归班组所得。

4) 技术措施控制。采用先进的施工工艺等可降低材料消耗，例如改进材料配合比设计，合理使用化学添加剂；精心施工，控制构筑物和构件尺寸，减少材料消耗；改进装卸作业，节约装卸费用，减少材料损耗，提高运输效率；经常分析材料使用情况，核定和修订材料消耗定额，使施工定额保持平均先进水平。

（2）材料价格的控制。材料价格主要由材料采购部门在采购中加以控制。由于材料价格是由买价、运杂费、运输中的合理损耗等所组成，因此控制材料价格，主要是通过市场信息、询价，应用竞争机制和经济合同手段等控制材料、设备、工程用品的采购价格，包括买价、运费和耗损等。

1）买价控制。买价的变动主要由市场因素引起，但在内部控制方面，应事先对供应商进行考察，建立合格供应商名册。采购材料时，必须在合格供应商名册中选定供应商，实行货比三家，在保质保量的前提下，争取最低买价。同时实现项目监督，项目对材料部门采购的物资有权过问与询价，对买价过高的物质，可以根据双方签订的横向合同处理。此外，材料部门对各个项目所需的物资可以分类批量采购，以降低买价。

2）运费控制。合理组织材料运输，就近购买材料，选用最经济的运输方法，借以降低成本。为此，材料采购部门要求供应商按规定的包装条件和指定的地点交货，供应单位如降低包装质量，则按质论价付款，因变更指定地点所增加的费用均由供应商自付。

3）损耗控制。要求项目现场材料验收人员及时严格办理验收手续，准确计量，以防止将损耗或短缺计入材料成本。

材料管理工作是一项业务性较强、工作量较大的工作，降低材料单价和减少消耗量绝不是以次充好、偷工减料，而是在保质、保量、按期、配套地供应施工生产所需材料的基础上，监督和促进材料的合理使用，进一步达到材料成本最低的目标。

3. 施工机械使用费的控制

合理选择和使用施工机械设备对施工成本控制具有十分重要的意义。施工机械一般通过租赁方式使用，因此，必须合理配备施工机械，提高机械设备的利用率和完好率。施工机械使用费的控制主要从台班数量和台班单价两方面控制。为有效控制施工机械使用费支出，主要从以下几个方面进行控制：

（1）合理安排施工生产，加强设备租赁计划管理，减少因安排不当引起的设备闲置。

（2）加强机械设备的调度工作，尽量避免窝工，提高现场设备利用率。

（3）加强现场设备的维护保养，降低大修、经常性修理等各项开支，保障机械的正常工作，避免因不正确使用造成机械设备的停置。

（4）做好机上人员与辅助生产人员的协调与配合，实行超产奖励方法，加强培训提高机上人员技能，提高施工机械台班产量。

（5）加强配件管理，建立健全配件领发料制度，严格按油料消耗定额控制油料消耗。

4. 施工分包费用的控制

施工分包费用的控制是施工成本控制的重要工作之一，项目经理部在确定施工方案的初期就要确定需要分包的工程范围。对分包费用的控制，主要是要做好分包工程的询价、订立平等互利的分包合同、建立稳定的分包关系网络、加强施工验收和分包结算等工作。

6.3.3.2　赢得值法

工程成本与进度之间的联系非常紧密，进度超前、滞后都会影响成本支出的大小。赢得值法是美国国防部于1967年首次确立的一种对工程项目的费用和进度进行综合分析控制的方法，是目前国际上采用较多的一种方法。

赢得值法的核心是将项目在任一时间的计划指标、完成状况和资源耗费综合度量，也就是说将进度转化为货币来测量工程的进度。赢得值法的价值在于将项目的进度和费用综合度量，从而能准确描述项目的进展状态，能全面衡量工程进度、成本状况。赢得值法的另一个重要优点是可以预测项目可能发生的工期滞后量和费用超支量，从而及时采取纠正措施，为项目管理和控制提供了有效手段，它是对项目进度和费用进行综合控制的一种有效方法。

1. 赢得值法的三个基本参数

(1) 已完工作预算费用BCWP，它是指项目实施过程中某阶段按实际完成工作量及预算定额计算出来的费用，业主正是根据这个值为承包人完成的工作量支付相应的费用，也就是承包人获得（挣得）的金额，故称赢得值或挣得值：

已完工作预算费用(BCWP)＝已完成工作量×预算单价

(2) 计划工作预算费用BCWS，是指项目实施过程中某阶段计划要求完成的工作量所需的预算费用，主要是反映进度计划应当完成的工作量（用费用表示）：

计划工作预算费用(BCWS)＝计划工作量×预算单价

(3) 已完工作实际费用ACWP，是指项目实施过程中某阶段实际完成的工作量实际消耗的费用，主要是反映项目执行的实际消耗指标：

已完工作实际费用(ACWP)＝已完成工作量×实际单价

2. 赢得值法的四个评价指标

在以上三个基本参数的基础上，可以确定赢得值法的四个评价指标，它们都是时间的函数。

(1) 费用偏差CV，是已完工作预算费用与已完工作实际费用之差：

费用偏差(CV)＝已完工作预算费用(BCWP)－已完工作实际费用(ACWP)

当费用偏差CV为负值时，表示实际费用超出预算费用，即超支。反之当CV为正值时表示实际费用低于预算费用，表示有节余或效率高。若CV为0，表示项目按计划执行。

(2) 进度偏差SV，是已完工作与计划工作预算费用之差：

进度偏差（SV)＝已完工作预算费用(BCWP)－计划工作预算费用(BCWS)

当进度偏差SV为负值时，表示进度延误，即实际进度落后于计划进度。当SV为正值时，表示进度提前，即实际进度快于计划进度。若SV为0，表明进度与计划一致。

(3) 费用绩效指数CPI，是指挣得值与实际费用之比：

费用绩效指数(CPI)＝已完工作预算费用(BCWP)/已完工作实际费用(ACWP)

当CPI＜1时，表示实际费用高于预算费用，即超支。当CPI＞1时，表示实际费用低于预算费用，即节支。若CPI＝1则表示实际费用与预算费用吻合，即项目费用按计划进行。

(4) 进度绩效指数SPI，是指项目挣得值与计划值之比：

进度绩效指数(SPI)＝已完工作预算费用(BCWP)/计划工作预算费用(BCWS)

当SPI＜1时，表示进度延误，即实际进度落后于计划进度。当SPI＞1时，表示进度提前，即实际进度快于计划进度。若 SPI＝1 表示实际进度等于计划进度。

6.3.3.3 偏差分析的表达方法

偏差分析可以采用不同的表达方法，常用的有横道图法、表格法和曲线法。

1. 横道图法

用横道图法进行费用偏差分析，是用不同的横道标识已完工作预算费用（BCWP）、计划工作预算费用（BCWS）和已完工作实际费用（ACWP），横道的长度与其金额成正比例，它反映的信息量较少，一般在管理高层应用。

2. 表格法

表格法是进行偏差分析最常用的一种方法，它将项目编号、名称、各费用参数以及费用偏差数综合归纳入一张表格中，并且直接在表格中进行比较。由于各偏差参数都在表中列出，使得费用管理者能够综合地了解并处理这些数据，并且通过对指标和参数的及时监控分析，准确掌握工程项目的成本、进度状况和趋势，进而采取纠偏措施使项目能控制在基准范围内。

用表格法进行偏差分析不仅具有灵活、适用性强的优势，可根据实际需要设计表格，进行增减项，而且信息量大，可以反映偏差分析所需的资料，有利于费用控制人员及时采取针对性措施，加强控制；就目前发展来说表格处理还可借助于计算机，从而节约大量数据处理所需的人力，并大大提高速度。

【应用实例6－2】 某工程有土方开挖、土方回填、石方开挖三个项目，其费用偏差分析表见表6－5。

表6－5　费用偏差分析表

项目编码	(1)	01	02	03
项目名称	(2)	土方开挖	土方回填	石方开挖
单位	(3)			
预算(计划)单价	(4)			
计划工作量	(5)			
计划工作预算费用(BCWS)	(6)＝(5)×(4)	30	30	40
已完成工作量	(7)			
已完工作预算费用(BCWP)	(8)＝(7)×(4)	30	40	40
实际单价	(9)			
其他款项	(10)			
已完工作实际费用(ACWP)	(11)＝(7)×(9)＋(10)	30	50	50
费用局部偏差 CV	(12)＝(8)－(11)	0	－10	－10
费用绩效指数 CPI	(13)＝(8)÷(11)	1	0.8	0.8
费用累计偏差	(14)＝∑(12)	－20		
进度局部偏差 SV	(15)＝(8)－(6)	0	10	0
进度绩效指数 SPI	(16)＝(8)÷(6)	1	1.33	1
进度累计偏差	(17)＝∑(15)	10		

从表格中反映的各个参数值与指标值可以看出，石方开挖的SV =0，CV<0，说明实际进度与计划进度同步，但费用已经超支，说明控制不太得力；而土方回填SV>0，CV<0，说明虽然实际进度比计划进度要快，但费用出现超支，也应当采取措施来纠偏。

3. 曲线法

在项目实施过程中，赢得值法的三个参数可以形成三条曲线，如图6-8所示，横坐标表示时间，纵坐标则表示费用。BCWS曲线即计划工作预算费用曲线，表示项目投入的费用随时间的推移在不断积累，直至项目结束达到它的最大值，所以曲线呈S形状。ACWP曲线即已完成工作实际费用曲线，同样是进度的时间参数，随项目推进而不断增加的，也是呈S形的曲线。

图6-8中的CV=BCWP-ACWP，由于两项参数均以已完工作为计算基准，所以两项参数之差，反映项目进展的费用偏差。SV=BCWP-BCWS，由于两项参数均以预算值（计划值）作为计算基准，所以两者之差，反映项目进展的进度偏差。

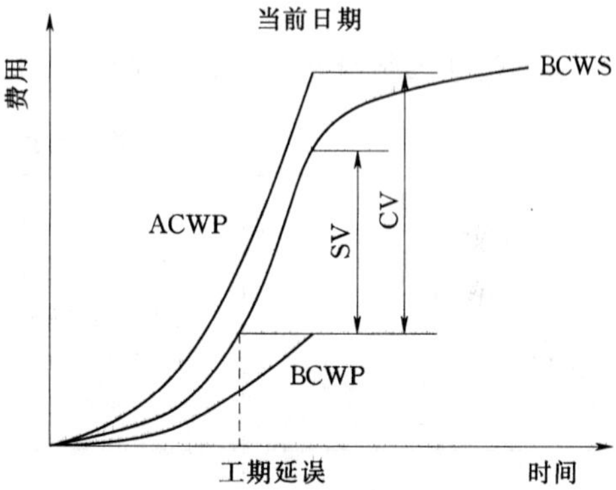

图6-8 赢得值法评价曲线

利用赢得值法评价曲线进行费用进度评价，可以直观地看出项目进展状态，若发现问题能及时采取措施，修正错误，以达到有效配置资源、按时完成任务、控制成本的目的。如图中所示的项目，其表现出来的CV与SV均小于0，这表示项目执行效果不佳，即费用超支、进度延误，应采取相应的补救措施。

6.3.3.4 费用偏差原因分析与纠偏措施

1. 费用偏差原因分析

一般来说，产生费用偏差的原因如表6-6所示。

表6-6 产生费用偏差的原因表

费用偏差分析	物价上涨	人工涨价
		材料涨价
		设备涨价
		利率、汇率变化
	设计原因	设计错误
		设计漏项
		设计标准变化
		图纸提供不及时
		其他
	业主原因	业主增加内容
		投资规划不当
		组织不落实
		建设手续不全
		协调不佳
		未及时提供合同中的施工所需
		其他

续表

<table>
<tr><td rowspan="2">费用偏差分析</td><td>施工原因</td><td>施工方案不当
材料代用
施工质量有问题
赶进度
工期拖延
其他</td></tr>
<tr><td>客观原因</td><td>自然因素
基础处理
法规变化
社会原因
其他</td></tr>
</table>

2. 纠偏措施

赢得值法参数分析与对应措施表，如表6-7所示。

表6-7　　　　赢得值法参数分析与对应措施表

图　型	三参数关系	分　析	措　施
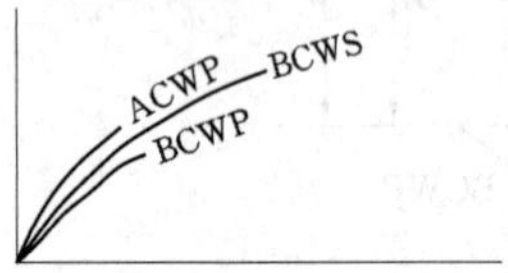	ACWP＞BCWS＞BCWP SV＜0，CV＜0	效率低 进度较慢 投入超前	用工作效率高的人员更换一批工作效率低的人员
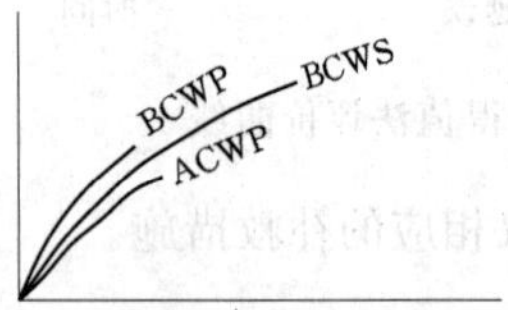	BCWP＞BCWS＞ACWP SV＞0，CV＞0	效率高 进度较快 投入延后	若偏离不大，维持现状
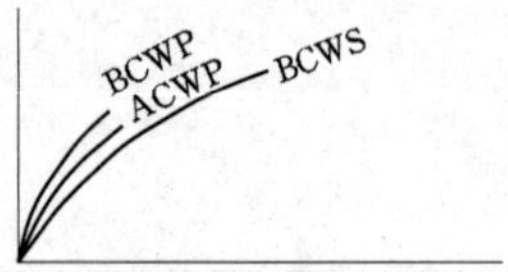	BCWP＞ACWP＞BCWP SV＞0，CV＞0	效率较高 进度快 投入超前	抽出部分人员，放慢进度
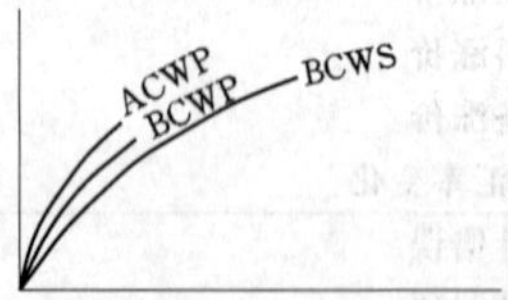	ACWP＞BCWP＞BCWP SV＞0，CV＜0	效率较低 进度较快 投入超前	抽出部分人员，增加少量骨干人员
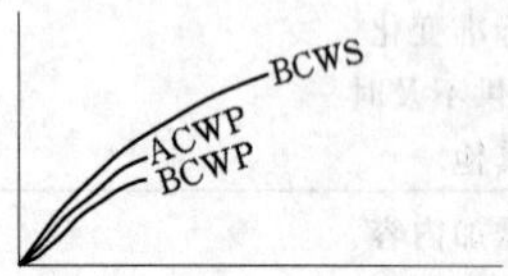	BCWS＞ACWP＞BCWP SV＜0，CV＜0	效率较低 进度慢 投入延后	增加高效人员投入
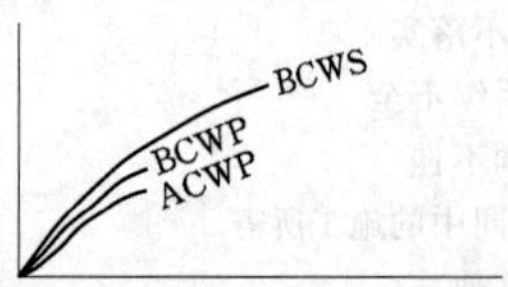	BCWS＞BCWP＞ACWP SV＜0，CV＞0	效率较高 进度较慢 投入延后	迅速增加人员投入

通过三个基本值的对比，可以对工程的实际进展情况作出明确的测定和衡量，有利于对工程进行监控，也可以清楚地反映出工程管理和工程技术水平的高低。

赢得值法实际上是两个比较与两个评价。一个是通过 BCWP 和 BCWS 的定量比较，得出施工工作对于计划进度是提前完成还是落后进度的评价，估计出该任务是否能按时完成。另一个是通过 BCWP 和 ACWP 的定量比较，得出施工支出对于计划是节约还是超支的评价。

这种结合成本与进度综合控制的关键是随时发现差异和低效率就积极地着手解决，以期降低对整个项目的影响。

施工成本控制的基本前提是预先制定的施工成本计划和控制基准，一旦项目目标确定，如何控制成本，节约支出，让每一项支出均控制在测算目标范围之内就成为项目成本管理者的首要任务。施工成本控制贯穿于项目施工的始终，从实施的开始，就须制定降低成本的具体目标和方法，从而随着工程进度发展实施有计划、有措施地支出控制，并且及时、定期地把控制成果与控制基准相比照，并结合其他可能的改变，及时采取必要的纠正措施，修正或更新成本计划，预测出项目完成时成本是否超出预算、进度会提前或落后，而且这种监控必须贯穿于工程项目的整个过程之中。

【知识技能点小结】

施工成本控制要以工程承包合同为依据，施工成本计划是成本控制的指导文件，工程变更也是施工成本控制的依据。施工成本控制的步骤为比较、分析、预测、纠偏和检查。施工成本的过程控制包括人工费的控制、材料费的控制、施工机械使用费的控制和施工分包费用的控制。施工成本控制的赢得值法三个基本参数为已完工作预算费用（BCWP）、计划工作预算费用（BCWS）和已完工作实际费用（ACWP）。根据这三个基本参数可得四个评价指标，分别为费用偏差（CV）、进度偏差（SV）、费用绩效指数（CPI）和进度绩效指数（SPI）。偏差分析的方法有横道图法、表格法和曲线法。

【知识技能训练】

一、单项选择题

1. 施工成本控制的基本步骤为（　）。

A 比较→纠偏→分析→预测→检查　　B 比较→分析→预测→纠偏→检查

C 比较→预测→分析→检查→纠偏　　D 比较→检查→预测→纠偏→分析

2. 应用 S 形曲线法进行施工成本偏差分析时，已完工作实际成本曲线与已完工作预算成本曲线的竖向距离表示（　　）。

A 成本累计偏差　　B 进度累计偏差

C 进度局部偏差　　D 成本局部偏差

3. 施工成本中的人工费的控制，实行（　）的方法。

A 计量控制　　B 指标控制　　C 量价分离　　D 包干控制

二、计算题

某土方工程于 2010 年 10 月签订施工合同，11 月正式施工。合同约定，土方工程综合单价为 75 元/m^3，按月结算，结算价按工程所在地当月土方工程价格指数进行调整；11 月计划工程量为 5000m^3，到月底检查时，经工程师确认的承包商实际完成工程量为 4600m^3；2010 年 10 月签约时土方工程的价格指数为 100，11 月份的价格指数为 108。试计算该工程 11 月的费用偏差和进度偏差。

任务 6.4 施工成本核算与分析

施工成本核算是施工项目进行成本预测、制定成本计划和实行成本控制所需信息的重要来源，是施工项目进行成本分析和成本考核的基本依据。施工成本核算是施工成本管理中最基本的职能，离开了成本核算，就谈不上成本管理，也就谈不上其他职能的发挥。

6.4.1 施工成本核算的对象和内容

6.4.1.1 施工成本核算的对象

施工成本一般以每一独立编制施工图预算的单位工程为成本核算对象，但也可以按照承包工程项目的规模、工期、结构类型、施工组织和施工现场等情况，结合成本管理要求，灵活划分成本核算对象。一般来说有以下几种划分方法：

(1) 一个单位工程由几个施工单位共同施工时，各施工单位都应以同一单位工程为成本核算对象，各自核算自行完成的部分。

(2) 规模大、工期长的单位工程，可以将工程划分为若干部位，以分部位的工程作为成本核算对象。

(3) 同一建设项目，又由同一施工单位施工，并在同一施工地点，属同一结构类型，开竣工时间相近的若干单位工程，可以合并作为一个成本核算对象。

(4) 改建、扩建的零星工程，可以将开竣工时间相接近，属于同一建设项目的各个单位工程合并作为一个成本核算对象。

(5) 土石方工程、打桩工程，可以根据实际情况和管理需要，以一个单项工程为成本核算对象，或将同一施工地点的若干个工程量较少的单项工程合并，作为一个成本核算对象。

成本核算对象确定后，各种经济、技术资料归集必须与此统一，一般不要中途变更，避免造成施工成本核算不实、结算漏账和经济责任不清。

6.4.1.2 施工成本核算的内容

施工成本核算的基本内容如下：

(1) 人工费核算。

(2) 材料费核算。

(3) 周转材料费核算。

(4) 结构件费核算。

(5) 机械使用费核算。

(6) 其他直接费核算。

(7) 施工间接费核算。

（8）分包工程成本核算。

（9）项目月度施工成本报告编制。

6.4.2　施工成本核算的基础工作

为了科学有序地开展施工成本核算，分清责任，合理考核，应做好以下基础工作：

（1）建立原始记录制度。原始记录是反映企业生产经营情况的资料，包括：材料物资记录，如收料单、领料单、材料盘点清单等；劳动工资记录，如水、电费及劳务支出等各种发票、账单等。原始记录不完整、不真实，将直接影响成本核算。

（2）建立财产物资管理制度。如收发、领退、转移、清查、盘点、索赔等制度。

（3）制定先进合理的企业定额。企业定额是施工企业根据其职工素质在正常生产条件下人力、物力、财力的消耗标准。定额应该是平均先进的、合理可行的、多数职工经过努力能达到的水平。定额水平过高和过低都不利于开展正常的成本控制和核算工作。

（4）建立施工成本核算制。施工成本核算制是明确施工成本核算的原则、范围、程序、方法、内容、责任及要求的制度。项目管理必须建立成本核算制，它和项目经理责任制等共同构成了项目管理的运行机制。

（5）培训成本核算人员。成本核算人员很多不是财会专业人员，是兼职人员，缺乏财会专业知识。故对成本核算人员进行培训，使其掌握成本核算知识是十分必要的。

【应用实例 6-3】 某水利工程公司中标承包某施工项目，该项目承包成本（预算成本）、成本计划降低率和实际成本见表 6-8。

表 6-8　　某水利施工项目的成本项目和成本内容　　单位：万元

成本项目	成本内容						
	预算成本	计划降低率/%	计划降低额	计划成本	实际成本	实际降低额	实际降低率/%
	①	②	③	④	⑤	⑥	⑦
人工费	100.00	1			99.00		
材料费	700.00	7			642.60		
机械使用费	40.00	5			38.00		
其他直接费	160.00	5			150.40		
管理费	150.00	6			139.50		
项目总成本	1150.00	6			1069.50		

问题：

（1）计划降低额、计划成本、实际降低额和降低率如何计算？

（2）计算计划降低额、计划成本、实际降低额和降低率是多少？

（3）该项目总成本计划降低额任务为多少？是否完成？

【实例解答】 成本计算见表 6-9。

表6-9　　某水利施工项目成本计算　　单位：万元

成本项目	成本内容						
	预算成本	计划降低率/%	计划降低额	计划成本	实际成本	实际降低额	实际降低率/%
	①	②	③=①×②	④=①-③	⑤	⑥=①-⑤	⑦=⑥÷①
人工费	100.00	1	1.00	99.00	99.00	1.00	1
材料费	700.00	7	49.00	651.00	642.60	57.40	8.2
机械使用费	40.00	5	2.00	38.00	38.00	2.00	5
其他直接费	160.00	5	8.00	152.00	150.40	9.60	6
管理费	150.00	6	9.00	141.00	139.50	10.50	7
项目总成本	1150.00	6	69.00	1081.00	1069.50	80.50	7

经计算可知，该项目总成本计划降低额任务为69.00万元，总成本实际降低额为80.50万元，总成本计划降低额任务超额完成。其值如下：

项目总成本超计划完成的成本降低额 = 80.50－69.00 = 11.50(万元)。

6.4.3 施工成本分析的依据

施工成本分析，就是根据会计核算、业务核算和统计核算提供的资料，对施工成本的形成过程和影响成本升降的因素进行分析，以寻求进一步降低成本的途径；另一方面，通过成本分析，可从账簿、报表反映的成本现象看清成本的实质，从而增强项目成本的透明度和可控性，为加强成本控制，实现项目成本目标创造条件。施工成本分析的依据是会计核算、业务核算和统计核算。

1. 会计核算

会计核算主要是价值核算，会计是对一定单位的经济业务进行计量、记录、分析和检查，做出预测，参与决策，实行监督，旨在实现最优经济效益的一种管理活动。它通过设置账户、复式记账、填制和审核凭证、登记账簿、成本计算、财产清查和编制会计报表等一系列有组织有系统的方法，来记录企业的一切生产经营活动，然后据以提出一些用货币来反映的有关各种综合性经济指标的数据。由于会计记录具有连续性、系统性、综合性等特点，所以它是施工成本分析的重要依据。

2. 业务核算

业务核算是各业务部门根据业务工作的需要而建立的核算制度，它包括原始记录和计算登记表，如单位工程及分部分项工程进度登记，质量登记，工效、定额计算登记，物资消耗定额记录，测试记录等。业务核算的范围比会计、统计核算要广，会计和统计核算一般是对已经发生的经济活动进行核算，而业务核算，不但可以对已经发生的，而且还可以对尚未发生或正在发生的经济活动进行核算，看是否可以做，是否有经济效果。它的特点是，对个别的经济业务进行单项核算。例如各种技术措施、新工艺等项目，可以核算已经完成的项目是否达到原定的目的，取得预期的效果，也可以对准备采取措施的项目进行核算和审查，看是否有效果，值不值得采纳，随时都可以进行。业务核算的目的在于迅速取得资料，在经济活动中及时采取措施进行调整。

3. 统计核算

统计核算是利用会计核算资料和业务核算资料，把企业生产经营活动客观现状的大量数据，按统计方法加以系统整理，表明其规律性。它的计量尺度比会计核算宽，可以用货币计算，也可以用实物或劳动量计量。因为它通过全面调查和抽样调查等特有的方法，不仅对大量的经济现象进行主要研究，也很重视个别典型事例的研究，所以不仅能提供绝对数指标，还能提供相对数和平均数指标，可以计算当前的实际水平，确定变动速度，可以预测发展的趋势。

在施工企业一切部门中，对一切人员的全部经济活动，应进行全面的核算。在工作中以生产经营部门为核心进行计划与统计核算，以财务部门为核心进行会计核算，以技术部门为核心进行业务技术核算，通过会计核算，统计核算和业务核算三种方法，达到对施工企业经济活动的各种指标进行分类和综合核算的目的。

6.4.4 施工成本分析的方法

施工成本分析是在成本核算的基础上采取一定的方法，对所发生的成本进行比较分析，检查成本发生的合理性，找出成本的变动规律，寻求降低成本的途径。由于施工成本涉及的范围很广，需要分析的内容也很多，应该在不同的情况下采取不同的分析方法。我们把它分为成本分析的基本方法与综合成本分析方法。

6.4.4.1 成本分析的基本方法

1. 比较法

比较法，又称“指标对比分析法”，是成本分析的主要方法。就是通过技术经济指标的对比，检查目标的完成情况，分析产生差异的原因和影响程度，进而采取有效措施进行成本控制，并挖掘内部潜力的方法。这种方法，具有通俗易懂、简单易行、便于掌握的特点，因而得到了广泛的应用，但在应用时必须注意各技术经济指标的可比性。比较法的应用，通常有下列形式：

（1）实际指标与目标指标对比。通过这种对比，可以检查目标的完成情况，分析完成目标的积极因素和影响目标完成的原因，以便及时采取措施，保证成本目标的实现。在进行实际指标与目标指标对比时，还应注意目标本身的质量，如果目标本身出现问题，则应调整目标，重新正确评价实际工作的成绩。

（2）本期实际指标与上期实际指标对比。通过这种对比，可以看出各项技术经济指标的变动情况，反映施工项目管理水平的提高程度。

（3）与本行业平均水平、先进水平对比。通过这种对比，可以反映本项目的技术管理和经济管理与行业的平均水平和先进水平的差距，进而采取措施赶超标杆企业，力争先进水平。

2. 因素分析法

因素分析法又称连环置换法，这种方法可用来分析各种因素对成本的影响程度。在进行分析时，首先要假定构成成本的众多因素中的一个因素发生了变化，而其他因素则不变，然后逐个替换，分别比较其计算结果，以确定各个因素的变化对成本的影响程度。因素分析法的计算步骤如下：

（1）确定分析对象，并计算出实际与目标数的差异。

（2）确定该指标是由哪几个因素组成的，并按其相互关系进行排序（排序规则是：先实物量，后价值量；先绝对值，后相对值）。

（3）以目标数为基础，将各因素的目标数相乘，作为分析替代的基数。

（4）将各个因素的实际数按照前面的排列顺序进行替换计算，并将替换后的实际数保留下来。

（5）将每次替换计算所得的结果，与前一次的计算结果相比较，两者的差异即为该因素对成本的影响程度。

（6）各个因素的影响程度之和，应与分析对象的总差异相等。

【应用实例6-4】 商品混凝土目标成本为443040元，实际成本为473697元，比目标成本增加30657元，资料见表6-10。

表6-10 **商品混凝土目标成本与实际成本对比表**

项目	单位	目标	实际	差额
产量	m^3	600	630	+30
单价	元	710	730	+20
损耗率	%	4	3	-1
成本	元	443040	473697	+30657

【实例解答】

（1）分析对象是商品混凝土的成本，实际成本与目标成本的差额为30657元。该指标是由产量、单价、损耗率三个因素组成的，其排序见表6-10。

（2）以目标数443040元（600×710×1.04）为分析替代的基础。

第一次替代产量因素，以630替代600：

$$630\times710\times1.04=465192(元)$$

第二次替代单价因素，以730替代710，并保留上次替代后的值：

$$630\times730\times1.04=478296(元)$$

第三次替代损耗率因素，以1.03替代1.04，并保留上两次替代后的值：

$$630\times730\times1.03=473697(元)$$

（3）计算差额：

第一次替代与目标数的差额＝465192－443040＝22152(元)

第二次替代与第一次替代的差额＝478296－465192＝13104(元)

第三次替代与第二次替代的差额＝473697－478296＝－4599(元)

（4）产量增加使成本增加了22152元，单价提高使成本增加了13104元，而损耗率下降使成本减少了4599元。

（5）各因素的影响程度之和＝22152＋13104－4599＝30657(元)，与实际成本与目标成本的总差额相等。

为了使用方便，企业也可以通过运用因素分析表来求出各因素变动对实际成本的影响程度，其具体形式见表6-11。

表 6-11　　商品混凝土成本变动因素分析表

顺　序	连环替代计算	差异/元	因素分析
目标数	600×710×1.04		
第一次替代	630×710×1.04	22152	由于产量增加 $30m^3$ 成本增加 22152 元
第二次替代	630×730×1.04	13104	由于单价提高 20 元成本增加 13104 元
第三次替代	630×730×1.03	−4599	由于损耗率下降 1%成本减少 4599 元
合计	22152＋13104－4599＝30657	30657	

3. 差额计算法

差额计算法是因素分析法的一种简化形式，它利用各个因素的目标值与实际值的差额来计算其对成本的影响程度。

4. 比率法

比率法是指用两个以上的指标的比例进行分析的方法。它的基本特点是：先把对比分析的数值变成相对数，再观察其相互之间的关系。常用的比率法有相关比率、构成比率法、动态比率法。

（1）相关比率法。由于项目经济活动的各个方面是相互联系、相互依存，又相互影响的，因而可以将两个性质不同而又相关的指标加以对比，求出比率，并以此来考察经营成果的好坏。例如：产值和工资是两个不同的概念，但它们的关系又是投入与产出的关系。在一般情况下，都希望以最少的工资支出完成最大的产值。因此，用产值工资率指标来考核人工费的支出水平，就很能说明问题。

（2）构成比率法。构成比率法又称比重分析法或结构对比分析法。通过构成比率，可以考察成本总量的构成情况及各成本项目占成本总量的比重，同时也可看出量、本、利的比例关系（即预算成本、实际成本和降低成本的比例关系），从而为寻求降低成本的途径指明方向。

（3）动态比率法。动态比率法就是将同类指标不同时期的数值进行对比，求出比率，以分析该项指标的发展方向和发展速度。动态比率的计算，通常采用基期指数和环比指数两种方法。

6.4.4.2 综合成本的分析方法

所谓综合成本，是指涉及多种生产要素，并受多种因素影响的成本费用，如分部分项工程成本，月（季）度成本、年度成本等。这些成本都是在施工过程中逐步形成的，与生产经营联系密切，做好其成本分析工作，对提高项目的经济效益有很大裨益。

1. 分部分项工程成本分析

由于施工项目包括很多分部分项工程，通过主要分部分项工程成本的系统分析，可以基本上了解项目成本形成的全过程，所以分部分项工程成本分析是施工项目成本分析的基础。分部分项工程成本分析的对象为已完成分部分项工程。分析的方法是：进行预算成本、目标成本和实际成本的“三算”对比，分别计算实际偏差和目标偏差，分析偏差产生的原因，为今后的分部分项工程成本寻求节约途径。

2. 月（季）度成本分析

月（季）度成本分析，是施工项目定期的、经常性的中间成本分析，月（季）度成本分析的依据是当月（季）的成本报表。坚持每月（季）一次的成本分析制度，可以及时发现问题，以便按照成本目标指定的方向进行监督和控制，保证项目成本目标的实现。这对于具有一次性特点的施工项目来说，有着特别重要的意义。月（季）度成本分析的方法，通常有以下几个方面：

（1）通过实际成本与预算成本的对比，分析当月（季）的成本降低水平；通过累计实际成本与累计预算成本的对比，分析累计的成本降低水平，预测实现项目成本目标的前景。

（2）通过实际成本与目标成本的对比，分析目标成本的落实情况，以及目标管理中的问题和不足，进而采取措施，加强成本管理，保证成本目标的落实。

（3）通过对各成本项目的成本分析，可以了解成本总量的构成比例和成本管理的薄弱环节。例如：在成本分析中，发现人工费、机械费和间接费等项目大幅度超支，就应该对这些费用的收支配比关系认真研究，并采取对应的增收节支措施，防止今后再超支。如果是属于规定的"政策性"亏损，则应从控制支出着手，把超支额压缩到最低限度。

（4）通过主要技术经济指标的实际与目标对比，分析产量、工期、质量、"三材"节约率、机械利用率等对成本的影响。

（5）通过对技术组织措施执行效果的分析，寻求更加有效的节约途径。

（6）分析其他有利条件和不利条件对成本的影响。

3. 年度成本分析

年度成本分析的依据是年度成本报表，其分析内容除了月（季）度成本分析的六个方面以外，重点是针对下一年度的施工进展情况规划切实可行的成本管理措施，以保证施工项目成本目标的实现。施工成本要求一年结算一次，不得将本年成本转入下一年度。而项目成本则以项目的寿命周期为结算期，要求从开工到竣工到保修期结束连续计算，最后结算出成本总量及其盈亏。由于水利工程项目的施工周期一般都比较长，除了要进行月（季）度成本的核算和分析外，还要进行年度成本的核算和分析。这不仅是为了满足企业汇编年度成本报表的需要，同时也是施工成本管理的需要。因为通过年度成本的综合分析，可以总结一年来成本管理的成绩和不足，为今后的成本管理提供经验和教训。

4. 竣工成本的综合分析

一般有几个单位工程而且是单独进行成本核算（即成本核算对象）的施工项目，其竣工成本分析应以各单位工程竣工成本分析资料为基础，再加上项目经理部的经营效益（如资金调度、对外分包等所产生的效益）进行综合分析。如果施工项目只有一个成本核算对象（单位工程），就以该成本核算对象的竣工成本资料作为成本分析的依据。

单位工程竣工成本分析，应包括：竣工成本分析，主要资源节超对比分析，主要技术节约措施及经济效果分析。

通过以上分析，可以全面了解单位工程的成本构成和降低成本的来源，对企业今后在同类工程的成本管理中有很好的参考价值。

【知识技能点小结】

施工成本核算的对象一般为单位工程，也可根据工程实际情况灵活划分核算对象。施工成本核算的基本内容包括人工费核算、材料费核算、周转材料费核算、结构件费核算、机械使用费核算、其他直接费核算、施工间接费核算、分包工程成本核算和项目月度施工成本报告编制。施工成本分析的依据是会计核算、业务核算和统计核算提供的资料。施工成本分析的基本方法有比较法、因素分析法、差额计算法、比率法。综合施工成本的分析方法有分部分项成本分析、月（季）度成本分析、年度成本分析和竣工成本分析。

【知识技能训练】

一、单项选择题

1. 施工成本一般以（　　）为成本核算对象。

A 单项工程　　B 单位工程　　C 分部工程　　D 分项工程

2. 施工成本分析的基础是（　　）。

A 分部分项工程成本分析　　B 单位工程成本分析

C 单项工程成本分析　　D 月（季）度成本分析

3. 为施工成本分析提供依据的各种核算中，（　　）的范围是最广的。

A 业务核算　　B 会计核算　　C 统计核算　　D 资金核算

二、多项选择题

1. 下列费用核算中，属于施工成本核算的有（　　）。

A 结构件费核算　　B 管理费核算

C 其他直接费核算　　D 独立费核算

E 间接费核算

2. 施工成本分析的基本方法包括（　　）。

A 比较法　　B 表格法

C 横道图法　　D 连环置换法

E 比率法

3. 在分部分项工程成本分析的过程中“三算”对比是指（　　）之间的比较。

A 预算成本　　B 动态成本

C 目标成本　　D 实际成本

E 偏差成本

任务 6.5　降低施工成本的途径

降低施工成本应该从加强施工管理、技术管理、劳动工资管理、机械设备管理、材料管理、费用管理以及正确划分成本中心，使用先进的成本管理方法和考核手段入手，制定既开源又节流，或者说既增收又节支方针，从两个方面来降低施工成本，如果只开源不节流，或者只节流不开源，都不太可能达到降低成本的目的，至少不会有理想的成本降低效果。

（1）重视图纸会审，积极提出修改意见。

在项目建设过程中，施工单位必须按图施工。但是，图纸是由设计单位按照用户要求和项目所在地的自然地理条件（如水文地质情况等）设计的，施工单位应该在满足用户要求和保证工程质量的前提下，联系项目施工的主客观条件，对设计图纸进行认真的会审，并提出积极的修改意见，在取得用户和设计单位的同意后，修改设计图纸，同时办理增减账。

在会审图纸的时候，对于结构复杂、施工难度高的项目，更要加倍认真，并且要从方便施工，有利于加快工程进度和保证工程质量，又能降低资源消耗、增加工程收入等方面综合考虑，提出有科学根据的合理化建议，争取业主、监理单位、设计单位的认同。

（2）加强合同预算管理，增加工程预算收入。

1）深入研究招标文件、合同内容，正确编制施工图预算。在编制施工图预算的时候，要充分考虑可能发生的成本费用，将其全部列入施工图预算，然后通过工程款结算向甲方取得补偿。

2）把握合同规定的“开口”项目，增加预算收入。

一般来说，按照设计图纸和预算定额编制的施工图预算，必然受预算定额的制约，很少有灵活伸缩的余地；而“开口”项目的取费则有比较大的潜力，是项目增收的关键。例如，合同规定，待图纸出齐后，由甲乙双方共同制定加快工程进度、保证工程质量的技术措施，费用按时结算。按照这一规定，项目经理和工程技术人员应该联系工程特点，充分利用自己的技术优势，采用先进的新技术、新工艺和新材料，经甲方签证后实施，这些措施，应符合以下要求：既能为施工提供方便，有利于加快施工进度，又能提高工程质量，还能增加预算收入。再比如，合同规定，预算定额缺项的项目，可由乙方参照相近定额，经监理工程师复核后报甲方认可。这种情况，在编制施工图预算时是常见的，需要项目预算员参照相近定额进行换算。在定额换算的过程中，预算员就可根据设计要求，充分发挥自己的业务技能，提出合理的换算依据，以此来摆脱原有的定额偏低的约束。

3）重视工程变更资料，及时办理增减账。由于设计、施工和业主使用要求等种种原因，工程变更是项目施工过程中经常发生的事情，是不以人们的意志为转移的。随着工程的变更，必然会带来工程内容的增减和施工工序的改变，从而也必然会影响成本费用的变更。因此，项目承包方应就工程变更对既定施工方法、机械设备使用、材料供应、劳动力调配和工期目标等的影响程度，以及为实施变更内容所需要的各种资源进行合理估价。及时办理增减账手续，并通过工程款结算从甲方取得补偿。

（3）制定先进的、经济合理的施工方案。

施工方案主要包括四项：施工方法的确定、施工机具的选择、施工顺序的安排和流水施工的组织。施工方案不同，工期就会不同，所需机具也不同，因而发生的费用也会不同。因此，正确选择施工方案是降低施工成本的关键所在。

制定施工方案要以合同工期和项目要求为依据，联系项目的规模、性质、复杂程度、现场条件、装备情况、人员素质等因素综合考虑。可以同时制定几个施工方案，倾听现场施工人员的意见，以便从中优选最合理、最经济的一个。

必须强调，施工项目的施工方案，应该同时具有先进性和可行性。如果只先进不可行，不能在施工中发挥有效的指导作用，那就不是最佳施工方案。

（4）认真落实技术组织措施。

落实技术组织措施，走技术与经济相结合的道路，以技术优势来取得经济效益，是降低施工成本的又一个关键。一般情况下，项目应在开工以前根据工程情况制定技术组织措施计划，作为降低成本计划的内容之一列入施工组织设计。在编制月度施工作业计划的同时，也可按照作业计划的内容编制月度技术组织措施计划。

为了保证技术组织措施计划的落实，并取得预期的效果，应在项目经理的领导下明确分工：由工程技术人员定措施，材料人员供材料，现场管理人员和生产班组负责执行，财务成本员结算节约效果，最后由项目经理根据措施执行情况和节约效果对有关人员实行奖励，形成落实技术组织措施的一条龙。

必须强调，在结算技术组织措施执行效果时，除要按照定额数据等进行理论计算外，还要做好节约实物的验收，防止“理论上节约、实际上超用”的情况发生。

(5) 组织均衡施工，加快施工进度。

凡是按时间计算的成本费用，如项目管理人员的工资和办公费，现场临时设施费和水电费，以及施工机械和周转设备的租赁费等，在加快施工进度、缩短施工周期的情况下，都会有明显的节约。除此之外，还可从业主那里得到一笔相当可观的提前竣工奖。因此，加快施工进度也是降低施工成本的有效途径之一。

为了加快施工进度，将会增加一定的成本支出。例如：在组织两班制施工的时候，需要增加夜间施工的照明费、夜点费和工效损失费；同时，还将增加模板的使用量和租赁费。在签订合同时，应根据业主和赶工要求，将赶工费列入施工图预算。如果事先并未明确，而由业主在施工中临时提出的赶工要求，则应请监理工程师和业主签证，费用按实结算。

【知识技能点小结】

施工成本降低的途径有重视图纸会审，积极提出修改意见，加强合同预算管理，增加工程预算收入，制定先进的、经济合理的施工方案，认真落实技术组织措施和组织均衡施工，加快施工进度。

【知识技能训练】

简答题

施工成本降低的途径有哪些？

项目7 水利工程施工合同管理

【项目目标】

掌握合同成立的两个必经程序——邀约和承诺；掌握合同履行的原则；掌握水利水电工程标准施工招标文件合同条款的内容；掌握FIDIC土木工程条件的主要内容；掌握施工索赔的程序。

【项目要求】

知识要点	能力要求	所占分值（100分）	自评分数
合同的概念及基本知识点	理解合同是一种合意的内涵，理解合同的特征	5	
合同的三要素	理解合同法律关系的主体、客体、内容	5	
合同的订立	理解合同订立必经的要约与承诺两个程序	10	
合同的履行	理解合同履行的抗辩权和合同保全；掌握合同履行过程中的违约责任	5	
FIDIC施工合同条件	了解FIDIC施工合同条件主要条款的内容	10	
水利水电工程施工合同文件	掌握水利水电工程标准施工招标文件合同条款的内容	15	
水利水电工程标准施工招标文件通用合同条件的主要内容	能运用合同条款解决实际问题	25	
工程索赔的概念	理解索赔与反索赔的概念	5	
索赔的分类及处理	掌握索赔的干扰事件、索赔证据的收集、索赔报告的整理	20	

【引例】 江垭水利枢纽工程建设中，世界银行提供的贷款占原总投资概算的1/3，世界银行规定在项目实施过程中采用国际通用的FIDIC条款，作为合同管理的基础条款，确定由项目法人任命的“工程师”（监理）对工程项目的施工进行合同管理、项目法人按

FIDIC条款要求为江垭工程的监理单位创造了良好的外部环境，赋予监理工程师相应的职责和权力，为监理按合同规定控制项目进度、质量和投资提供了保障，避免了常见的业主和工程师职责不清的问题，初步形成了“小业主、大监理”的格局。按照我国的建设管理体制要求和国际惯例，江垭工程从建设开始就实行“项目法人责任制、招标投标制和建设监理制”，并参照FIDIC条款，实行全面的合同管理，通过国际国内竞争性招标，并以合同方式组织工程项目建设，充分发挥国际咨询专家的咨询作用，弥补了业主本身处理国际工程索赔经验的不足，同时将索赔和补偿一起考虑，大大减少了商务工作量，取得了双方满意的双赢结果。

任务7.1 合同基础知识

7.1.1 合同的概念

根据我国《合同法》，合同是平等主体的自然人、法人及其他经济组织之间设立、变更、终止民事权利义务关系的协议。

在市场经济中，财产的流转主要依靠合同。特别是工程项目，标的大、履行时间长、协调关系多，合同尤为重要。合同作为一种协议，其本质是一种合意，必须是两个或两个以上当事人意思表示一致的民事法律行为，因此，合同的缔结必须由双方当事人协商一致才能成立。合同当事人作出的意思表示必须合法，这样合同才能具有法律的约束力。

合同具有以下法律特征：

（1）合同是一种法律行为。

（2）合同是两个或两个以上当事人意愿表示一致的法律行为。

（3）合同当事人的法律地位平等。

（4）合同是当事人的合法行为。

水利水电工程的项目施工合同指建设工程施工合同，又称建筑安装合同，是发包人（建设单位）和承包人（施工单位）为完成商定的建设工程，明确相互权利、义务关系的协议。

7.1.2 合同的要素

合同法律关系是指由合同法律法规所调整的、在民事流转过程中所产生的权利义务关系。合同法律关系包括合同法律关系的主体、合同法律关系的客体、合同法律关系内容三个要素。这三要素构成了合同法律关系，缺少其中任何一个要素都不能构成合同法律关系，改变其中任何一个要素就改变了原来设定的法律关系。

合同法律关系主体是参加合同法律关系，享有相应权利、承担相应义务的当事人，合同法律关系的主体可以是自然人、法人、其他组织。自然人是指基于出生而成为民事法律关系主体的有生命的人。根据自然人的年龄和精神健康状况，可以将自然人分为：完全民事行为能力，限制民事行为能力人和无民事行为能力人。法人是具有民事权利能力和民事行为能力，依法独立享有民事权利和承担民事义务的组织。法人应当具备以下条件：依法成立，有必要的财产或者经费，有自己的名称，能够独立承担民事责任。法人的法定代表人是自然人，他依照法律或者法人组织章程的规定，代表法人行使职权。法人以它的主要办事机构所在地为住所。法人可以分为企业法人和非企业法人两大类，非企业法人包括行政法人、事业法人、社团法人。法人以外的其他组织也可以成为合同法律关系的主体，主要包括：法人的分支机构，不具备法人资格的联营体、合伙企业、个人独资企业等。这些组织应当是合法成立、有一定组织机构和财产，但又不具备法人资格的组织。

合同法律关系的客体主要包括物、行为、智力成果。法律意义上的物是指可分为人们控制，并具有经济价值的生产资料和消费资料，分为动产和不动产、流通物与限制流通物、特定物与种类物等。如建筑材料、建设设备等都可以成为合同法律关系的客体。货币作为一般等价物也可以是法律意义上的物。行为多表现为完成一定的工作，这些行为都可以成为合同法律关系的客体，如勘察设计、施工安装等。智力成果是通过人的智力活动所创造出来的精神成果，包括知识产权、技术秘密及在特定情况的公知技术，如专利权、计算机软件等。

合同法律关系的内容是指合同约定和法律规定的权利义务。权利是指合同法律关系主体在法定范围内，按照合同的约定有权按照自己的意志做出某种行为。义务是指合同法律关系主体必须按法律规定或约定承担应负的责任。义务和权利是相互对应的，相应主体应自觉履行相对应的义务，否则，义务人应承担相应的法律责任。

7.1.3　合同的订立

7.1.3.1　合同的形式

按照合同的表现形式，合同可分为书面合同、口头合同及默示合同。

《合同法》在合同形式上的要求是以不要式为原则的。当然，这种合同形式的不要式原则并不排除对于一些特殊的合同，法律要求应当采用规定的形式（这种规定形式往往是书面形式），比如建设工程合同。

7.1.3.2　合同订立的过程

《合同法》第十三条规定："当事人订立合同，采用要约、承诺方式。"要约与承诺，是当事人订立合同必经的程序，也即当事人双方就合同的一般条款经过协商一致并签署书面协议的过程。

1. 要约

（1）要约的概念和条件。

要约是指一方当事人以缔结合同为目的，向相对人所作的意思表示。发出要约的人称为要约人，受领要约的人称为受要约人。

要约的构成要件：要约必须由特定的当事人作出；要约必须向要约人希望与之订立合同的受要约人发出；要约的内容必须具体确定；要约必须具有订立合同的目的。要约具有法律约束力，要约生效后，要约人不得擅自撤回或更改。

在建设工程合同签订过程中，承包方向发包方递交投标文件的投标行为就是一种要约行为，投标文件中应包含建设工程合同具备的主要条款，如工程造价、工程质量、工程工期等内容，作为要约的投标对承包方具有法律约束力，表现在承包方在投标生效后无权修改或撤回投标以及一旦中标就必须与发包方签订合同，否则要承担相应责任等。

（2）要约邀请。要约邀请是指希望他人向自己发出要约的意思表示。要约邀请并不是合同成立过程中的必经过程，它是当事人订立合同的预备行为，在法律上无须承担责任。

这种意思表示的内容往往不确定，不含有合同得以成立的主要内容，也不含相对人同意后受其约束的表示。

在《合同法》中，要约邀请行为属于事实行为而一般没有法律约束力，只有经过被邀请的一方作出要约并经邀请方承诺后，合同方能成立。在实践中，要约邀请一般表现在：广告、商品价目表、商店标价陈列商品等。在建设工程合同签订的过程中，发包方发布招标公告或招标邀请书的行为就是一种要约邀请行为，其目的在于邀请承包方投标。建设工程合同签订程序有一个显著的特点：受要约人（承诺人）是特定的，而要约人是不特定的。

要约与要约邀请的区别在于要约是希望和他人订立合同的意思表示，以订立合同为目的；要约邀请是希望他人向自己发出要约的意思表示，以促成对方向自己发出要约为目的；要约一般针对特定的相对人，而要约邀请一般针对不特定多数人；要约的内容具体确定，要约邀请的内容一般不确定，仅表达希望对方向自己发出要约的意思。

（3）要约的效力。

《合同法》规定，要约到达受要约人时生效。

要约的生效时间，因要约的不同形式而有所不同。

1）对话形式的要约，自受要约人了解时生效。所谓“对话形式”，指相对人可以同步受领的形式。

2）非对话形式的要约，自到达受要约人时生效。

3）采用数据电文形式进行要约的，收件人指定特定系统接收数据电文的，该数据电文进入该特定系统的时间，视为到达时间；未指定特定系统的，该数据电文进入收件人的任何系统的首次时间，视为到达时间。

要约对要约人的效力，是指要约一经生效，即对要约人产生约束力，要约人不得随意撤回、撤销或者改变该要约。要约对受要约人的效力，受要约人可以承诺，一经承诺，合同生效。

（4）要约的撤回与撤销。

要约撤回是指要约在发生法律效力之前，欲使其不发生法律效力而取消要约的意思表示。《合同法》第17条规定，要约可以撤回。但是要注意撤回的时间限制：撤回要约的通知应当在要约到达受要约人之前或者与要约同时到达受要约人。

要约撤销是指要约在发生法律效力之后，要约人欲使其丧失法律效力而取消该项要约的意思表示。要约可以撤销，撤销要约的通知应当在受要约人发出承诺通知之前到达受要约人。但有下列情形之一的，要约不得撤销：第一，要约人确定承诺期限或者以其他形式明示要约不可撤销；第二，受要约人有理由认为要约是不可撤销，并已经为履行合同做了准备工作。可以认为，要约撤销是一种特殊的情况，且撤销通知必须在受要约人发生承诺通知之前到达受要约人，因为承诺发出，合同即告成立。

2. 承诺

（1）承诺的概念和条件。

承诺指受要约人完全同意要约的意思表示。它是受要约人愿意按照要约的内容与要约人订立合同的允诺。承诺的内容必须与要约完全一致，否则将视为拒绝要约或反要约。

承诺必须由受要约人向要约人作出，并且承诺必须在要约的存续期间内作出。

根据《合同法》规定，如果承诺对要约的内容作出非实质性变更的，除了要约人及时表示反对或者要约明确规定承诺不得对要约的内容作出任何变更的，该承诺有效；合同的内容，以承诺的内容为准。

承诺不能对要约的内容作出实质性（如标的、数量、质量、价款和酬金、履行期限、履行地点和方式、违约责任和争议解决办法等）变更，并非不能对要约的内容作出非实质性更改。对要约的内容作出非实质性更改包括：对非主要条款作出了变更；承诺人对要约的主要条款未表示异议，但添加了一些建议或表达了一些愿望；如果承诺中添加了一些法律规定的义务等。

（2）承诺超期。

承诺超期指受要约人在超过承诺期限而发出的承诺，即迟到的承诺，要约人可以承认其效力，但必须及时通知受要约人，否则受要约人会认为承诺并未生效或者视为自己发出了新要约而企盼要约人的承诺。

（3）承诺延误。

承诺延误指受要约人在承诺期限内而发出承诺，按照通常情形能够及时到达要约人，但因其他原因承诺到达要约人时超过承诺期限的，除要约人及时通知受要约人因承诺超期不接受该承诺的以外，该承诺有效。

（4）承诺撤回。

承诺撤回是承诺人阻止或者消灭承诺发生法律效力的意思表示。承诺可以撤回，撤回承诺的通知应当在承诺通知到达要约人之前或者与承诺通知同时到达要约人。

（5）承诺生效。

承诺的通知到达要约人时生效，承诺生效时合同成立。承诺生效与合同成立是密不可分的法律事实。

【应用实例7-1】 甲公司向包括乙公司在内的十余家公司发出投标邀请书。乙公司在规定时间内递交了投标书。甲公司经过决标，确定乙公司中标，并向其发出中标通知书。请分析甲公司投标邀请书、乙公司投标书、甲公司的中标通知书各属于合同订立过程中的什么行为。

【实例解答】 甲公司的投标邀请书是要约邀请，乙公司的投标书是要约，甲公司的中标通知书是承诺。

7.1.4　合同的类型

7.1.4.1　合同的类型

（1）按照标约的不同，工程承包合同主要分如下几种。

1）交钥匙承包合同。

交钥匙承包合同也称统包合同，或建设全过程承包合同。采用这种承包方式，建设单位一般只提出建设要求和竣工期限，要求承包单位对项目可行性研究、项目建成投产或使用实行全过程总承包。由承包单位作为项目主持人将各项建设工作分包给设计、施工、设备物资供应单位。自己负责各项建设活动的计划、组织、协调和监督工作。这种承包方式要求业主与承包单位密切配合，涉及决策性质的重大问题仍应由业主或其上级主管部门作出决策。

2）设计合同。

设计合同是业主与设计单位或工程咨询单位之间为该项目的设计工作而签订的合同。我国勘察设计合同，系根据批准的设计任务书由建设单位与设计单位签订的，明确规定了提交设计文件及施工、采购合同文件的内容。时间和质量要求及其他必要的资料、协作条件等。勘察与设计任务不由同一单位承担时，建设单位应分别与勘测单位和设计单位签订相应的合同。经业主同意，主体设计的承担人可以将设计任务中的专业设计部分分包给专业设计单位，但它仍应对项目的设计工作负全部责任。

3）工程施工合同。

由于承包施工任务的范围不同，基本上可以分为施工总包合同、分别承包合同、施工分包合同、劳务分包合同、劳务合同等几种。这种合同层次是项目法组织施工的需要。

a. 施工总包合同。它是业主将整个项目的施工工作交给一个有能力的施工企业来负责而与该企业签订的施工总承包合同。总包单位对施工任务实行层层分包，与专业分包和劳务分包单位签订分包合同，在总包对整个工程施工的计划组织协调下共同完成施工任务。

b. 分别承包合同。它是业主将整个工程的施工任务采用分阶段分项目招标发包时，分别与承包各阶段或工程分项施工任务的主要承包单位签订的合同。各主要承包人直接向业主负责。

c. 工程分包合同。在层层分包的体系中，总包制中的总包，分别直接发包的各个承包商，以及各个分包商为履行合同，均需要将其承担的部分施工任务分包给专业性更强的专业承包商承担，并与之签订分包合同，并在合同执行过程中协调监督分包商的工作。分包商须对其分包的部分工程或单项工程提供材料、设备和劳务，为完成该分包合同规定的任务承担一切责任。分包商只对总承包商承担义务并在总承包商那里享有一定的权利，不直接和业主发生关系，但要承担总包商对业主承担的有关义务。

d. 劳务分包合同。承包商承包施工任务，往往本身只有技术和管理力量，而缺乏劳务，因此将工程的施工任务以劳务分包的形式包给由劳务公司，或综合性工程公司组成的劳务队伍。由总包商提供技术、装备和材料，按总包商的计划、技术要求，由乙方组织劳务进行施工。这种合同就叫劳务分包合同。合同甲方应按工程进度及时向乙方提供施工材料、施工机械、施工技术并支付价款，合同乙方应及时派遣足够的施工和管理人员，组织劳力进行施工，保证工程质量、按期完成施工任务。工程任务完成后，乙方除获得以固定总价方式结算的合同价款外，还可能分享到甲方利润。

e. 劳务合同。从本质上讲它是一种雇佣合同，是业主或承包商或分包商为建设某一工程施工任务，因缺少劳力而与劳务提供者签订雇佣所需人员的合同。乙方在商定的各种条件下，按照合同甲方的进度要求向甲方提供其所需的人员，由雇主组织安排从事劳务工作。每个受雇人员以工作时间为单位向雇主领取一定的报酬。这种合同的特点是劳务提供者不承担任何风险，也不分享雇主的利润。而仅由甲方付给劳务提供者一笔管理费。

劳务合同分成建制和个别劳务合同两种，前者是派遣单位根据业主或总承包商的具体要求，配备全套人马的劳务队伍供甲方组织使用。个别劳务合同就是按雇主需要派遣个别或少量专业技术人员进行服务。

4）材料供应合同。

根据建设单位或施工单位商定的分工，建设单位或施工单位按年度计划与生产厂商、预制构配件加工厂签订供应合同。

5）设备供应与安装合同。

为完成永久工程的设备供应及安装工程部分，建设单位可根据具体情况，与设备供应商（或设备成套公司）或制造厂家签订五种范围不同的合同。

a. 单纯设备供应合同。这是一种设备的买卖合同。

b. 设备供应与安装合同。它是一种承包合同，承包人除供应设备外，还负责设备的安装和对安装完毕的设备进行试车验收等项工作。

c. 单纯安装合同。它是承包性服务合同，它可计工收费也可以总价承包。

d. 监督安装合同。这是业主愿意自己组织成套设备安装，设备供应商根据与业主签订的合同，派出工程师及其他技术人员进行技术援助，对安装工作进行指导与监督。

e. 成套设备服务合同。这实际上是设备供应与咨询服务的综合性合同。对于复杂的或采用新技术的工程项目，业主可委托设备制造公司除了供应成套设备以外，可以在出让许可证、指导安装、监督施工、进行试生产、培训技术人员等项工作各方面进行综合服务。

6）建设施工管理合同。

聘请工程建设经理对项目建设进行全过程管理，由业主与工程建设经理的派遣单位（工程咨询公司，工程建设公司等）签订服务性合同，向业主提供项目可行性研究及与设计阶段有关的市场、技术、费用等方面的咨询服务，招标文件与招标签订合同方面的服务并承担在施工阶段监理工程师所负责的施工管理与合同监督工作。与传统的工程师不同，建设经理参与了项目全过程，并全面领导和组织项目建设工作，在施工阶段不仅负责合同监督工作，而且要负责组织整个施工现场各个承包商及有关单位和个人协调地进行施工工作等项施工管理工作。

7）监理合同。

工程项目实行监理的，发包人应当与监理人订立委托监理合同。业主与监理单位签订的委托监理合同，与其在工程建设实施阶段所签订的其他合同相比较，最大区别表现在标的性质上。勘察设计合同、施工合同的标的是智力成果或物质成果，而监理合同的标的是服务，即监理工程师凭据自己的知识、经验、技能，受业主委托为其所签订的其他合同的履行实施监督和管理的职责。

由于监理合同的特殊性，作为合同一方当事人的监理单位，仅仅是接受业主委托，对业主签订的施工合同的履行实施监理，其目的也仅限于通过自己的服务活动获得酬金，而不同于上述合同的承包方是以经营为目的，通过自己的技术、管理等手段获取利润。监理单位与承包单位是监理与被监理的关系，双方没有经济利益的关系。

8）咨询服务合同。

由咨询单位为项目建设向业主提供业主所需各类服务而签订的咨询服务合同。包括项目建设前期的勘测、科研、试验、可行性研究、资金筹措、设计、采购招标发包咨询和项目施工监督、中间验收、试车投产、竣工验收，以及项目生产阶段的生产准备、人员培训、生产指导、经营管理等方面的专业咨询或综合性咨询服务。

(2) 按照工程价款的结算方式不同，可分为总价合同、单价合同两种类型。又称固定价格合同。

1) 总价合同。

总价合同是普遍采用的一种合同类型。即业主与承包人按议标和投标标价，经过谈判签订。承包人负责按合同总价完成合同规定的全部工程。其特点是承包人签订总价合同，要承担全部风险，不管实际支出，只能按总价结算工程价款，发包人也同意按合同总价付款而不管承包人遭受巨大损失或是取得异乎寻常的超额利润。

这种总价合同，适用于工期不长，物价变幅不会太大，设计深度满足精确计算工程量要求，施工条件稳定，建设工程的型式、规模、内容都很典型的工程，或是业主为了省事，愿意以较大富裕度价格发包的工程。

2) 单价合同。

这是水利土木工程中广泛采用的一种合同类型。承包人以合同确定的工程项目的工程单价向业主承包，负责完成施工任务，然后按实际发生的工程量和合同中规定的工程单价结算工程价款。这种合同又有纯单价合同与估计工程量单价合同之分。前者无论实际工程量变化多大，其单价不变。后者系发包人按估计工程量让投标人报价，当实际工程量与估计工程量相差过大，超过规定的幅度时，允许调整单价以补偿承包人因施工力量不足或过剩所造成的损失。

这种合同适用于招标时尚无详细图纸或设计内容尚不十分明确，只是结构型式已经确定，工程量还不够准确的情况。当采用总承包合同时，可以一部分项目采用总价合同，另一部分项目采用单价合同，水利水电工程的主体工程项目，一般采用单价合同。

7.1.4.2 合同类型的选择

合同结算类型的选择，取决于下列因素：

(1) 业主的意愿。有的业主宁愿多出钱，一次以总价合同包死，以免以后加强对承包人的监督而带来的麻烦。

(2) 工程设计的具体、明确程度。如果承包合同不能规定得比较明确。双方都不会同意采用固定价格合同，可以采用单价合同。

(3) 项目的规模及其复杂程度。规模大而复杂的项目，承包风险较大，不易估算准确，不宜采用固定价格合同。

(4) 工程项目技术先进性程度。若属新技术开发项，甲乙方过去都没有这方面的经验。不宜采用固定价格合同。

(5) 承包人的意愿和能力。有的工程项目，对承包人来说已有相当的建设经验，如果要它建设这种类似的工程项目，只要项目不太大，它是愿意也有能力采用固定价格合同来承包工程的。因为总价合同可以取得更多的利润。

(6) 工程进度的紧迫程度。招标过程是费时间的，对工程设计要求也高，所以工程进度太紧，一般不宜采用固定价格合同。

(7) 市场情况。如果只有一家承包人参加投标，又不同意采用固定价格合同，那么业主只能同意采用单价合同。如果有好几家承包人参加竞标，业主提出的要求，承包人均愿意考虑。当然如果承包人技术、管理水平高，信誉好，愿意采取什么合同，业主也会考虑。

(8) 甲方的工程监督力量如果比较弱，最好将工程由承包人以固定价格合同总承包。

(9) 外部因素或风险的影响。政治局势、通货膨胀、物价上涨、恶劣的气候条件等都会影响承包工程的合同结算方式。如果业主和承包人对工程建设期间这些影响无法估计，乙方一般不愿采用固定价格合同，除非业主愿意承担在固定价格中附加一笔相当大的风险费用（即预备费）。

一个项目究竟应该采取哪种合同形式不是固定不变的。有时候一个项目中各个不同的工程部分，或不同阶段就可能采取不同形式的合同。业主在制定项目分包合同规划时，必须根据实际情况，全面地反复地权衡各种利弊，作出最佳决策，选定本项目的分项合同种类和形式。

7.1.5 合同的履行

7.1.5.1 合同履行的概念和原则

1. 合同的履行的概念

合同的履行，是指合同的当事人按照合同的约定，全面完成各自承担的合同义务，使合同关系得以全部终止的行为及其过程。

只有通过合同的履行，当事人的权利义务才能得到实现。合同的履行也是合同效力的具体体现。

2. 合同履行的原则

(1) 全面履行的原则。全面履行原则是指当事人按照合同规定的标的、质量和数量、履行地点、履行价格、履行时间和履行方式等全面地完成各自应当履行的义务。

(2) 协作履行原则。协作履行原则是指当事人不仅适当履行自己的合同债务，而且应基于诚实信用原则的要求协助对方当事人履行其债务的履行原则。

(3) 经济合理原则。经济合理原则是指在合同的履行过程中，合同双方当事人应讲求经济效益，维护对方的利益。

(4) 情势变更原则。所谓情势变更原则是指在合同成立之后，被履行完毕之前，作为该项法律关系的基础的特定环境，由于不可归责于当事人的原因，发生了非当初所能预料得到的根本性变化，如果仍坚持原来的法律效力，将会产生显失公平的结果，明显有悖于诚实信用原则，因此，应当对原来的合同作相应的变更（如变更或解除合同等）的一项法律原则。

7.1.5.2 双务合同履行中的抗辩权

所谓抗辩权是指当事人一方依法对抗对方要求和主张的权利。合同履行中的抗辩权是指在双务合同中，在满足一定法定条件时，合同当事人一方可以对抗对方当事人的履行要求，暂时拒绝履行合同约定的义务的权利。抗辩权又可以分为同时履行抗辩权、后履行抗辩权及不安抗辩权三类。

1. 同时履行抗辩权

同时履行抗辩权（这里的“同时”是指一定的期限，不能机械地理解为同一时刻），又称不履行抗辩权，是指在合同中没有约定双方履行的先后顺序，而是在一定的期限内，双方当事人不分先后地履行各自的义务的行为。

《合同法》规定："当事人互负债务，没有先后履行顺序的应当同时履行。一方在对方未履行之前有权拒绝其履行要求。一方在对方履行债务不符合约定时，有权拒绝其响应的履行要求。"

2. 后履行抗辩权（后履行一方的抗辩权）

合同法规定，先履行的一方应当先履行自己的义务，当其未履行或者履行不符合合同的约定时，后履行的一方可以行使抗辩权，即有权拒绝先履行一方的履行请求。

3. 不安抗辩权（先履行一方的抗辩权）

不安抗辩权（先履行一方的抗辩权），是指按照合同规定，本应先履行义务的一方，在有确切证据证明对方的财产明显减少或难以对待给付时，他有权拒绝履行的权利，即中止履行。

《合同法》规定，当对方出现下列情况之一时，即可以行使不安抗辩权：①经营状况严重恶化；②转移财产、抽逃资金，以逃避债务；③丧失商业信誉；④有丧失或者可能丧失履行债务能力的其他情形等。

在中止履行后，对方当事人如在合理期限内未恢复履行能力，并且也未提供适当担保，先履行的一方可进而解除合同

7.1.5.3 合同的保全

合同的保全是指法律为防止合同债务人的财产不当减少，维护其财产状况，允许合同的债权人向债务人行使用一定权利的制度。合同的保全也可理解为法律所强制实施的一般担保，即债务人应以其所有的全部财产来保证其合同债务的履行。它可弥补保证、抵押、定金、留置等特殊担保及民事强制执行的不足。《合同法》所设立的合同保全有两种：代位权与撤销权。

1. 代位权

代位权是指因债务人怠于行使其到期债权［是指债务人不履行其对债权人的到期债务，又不以诉讼或者仲裁方式向其债务人（即次债务人）主张其享有的、具有金钱给付内容的到期债权，致使债权人的到期债权不能实现］，对债权人造成损害的，债权人可以向人民法院请求以自己的名义代位行使债务人的债权的权利。根据合同法的规定，专属于债务人的债权（指基于扶养、抚养、赡养、继承关系所产生的给付请求权和劳动报酬、退休金、抚恤金、安置费、人寿保险、人身伤害赔偿请求的权利）除外。

代位权的行使范围以债权人的债权为限，债权人行使代位权的必要费用，由债务人负担。

2. 撤销权

撤销权是指因债务人放弃其到期债权或者无偿转让财产，对债权人造成损害的，债权人可以请求人民法院撤销债务人的行为。债务人以明显不合理的低价转让财产，对债权人造成损害，并且受让人知道该情形的，债权人也可请求人民法院撤销债务人的行为。

撤销权的行使范围以债权人的债权为限。债权人行使撤销权的必要费用，由债务人负担。撤销权自债权人知道或者应当知道撤销事由之日起一年内行使。自债务人的行为发生

之日起五年内没有行使撤销权的，该撤销权消灭。

7.1.5.4 合同的终止

合同终止，是指合同当事人双方依法使相互间的权利义务关系终止。合同终止是合同关系的消灭。权利义务的终止不影响合同中结算和清理条款的效力。

下列原因可导致合同终止：债务已按照约定履行，合同解除，债务相互抵消，债务人依法将标的物提存，债权债务同归一方，债权人免除债务。

7.1.5.5 违约责任

1. 违约责任概念

违约责任，是指当事人任何一方不履行或者履行合同不符合约定的而应承担的法律责任。违约行为的表现形式包括不履行或者不适当履行。当事人一方不履行或者履行合同不符合约定的，应当承担继续履行、采取补救措施或者赔偿损失等违约责任；当事人双方都违反合同的，应当各自承担相应的责任。

合同法规定的承担违约责任是以补偿性为原则的，补偿性是指违约责任旨在弥补或者补偿因违约行为造成的损失。赔偿损失额应相当于因违约行为造成的损失，包括合同履行后可获得的利益。

2. 违约责任构成条件

我国《合同法》采取了严格责任条件，而非过错责任，即只要当事人有违约行为（不履行合同或者履行合同不符合约定）就要承担违约责任。但缔约过失、无效合同和可撤销合同适用过错责任。

违反合同而承担违约责任，是以合同有效为前提的。对部分无效合同中有效条款的不履行，仍应承担违约责任。所以，当事人承担违约责任的前提，必须是违反了有效的合同或者合同条款的有效部分。

3. 承担违约责任的形式

承担违约责任的形式包括：继续履行，采取补救措施，赔偿损失，支付违约金、定金法则。

约定的违约金低于造成损失的，当事人可以请求人民法院或者仲裁机构予以增加；约定的违约金过分高于造成损失的，当事人可以请求人民法院或者仲裁机构予以适当减少。

当事人既约定违约金又约定定金的，一方违约时，对方可以选择适用违约金或者定金条款；但是，二者不能合并使用。

7.1.5.6 合同争议的解决

合同争议又称合同纠纷，是指合同当事人对合同规定的权利和义务产生了不同的理解。采取一定的方式或者方法妥善解决争议的过程就称为合同争议处理。解决合同争议的方式有和解、调解、仲裁、诉讼四种。

1. 和解

和解是指当事人在自愿友好的基础上，互相沟通、互相谅解，从而解决纠纷的一种方式。和解具有如下优点：

(1) 简便易行，能经济、及时地解决纠纷。

(2) 有利于维护双方的友好合作关系，使合同能更好地得到履行。

(3) 有利于和解协议的执行。

2. 调解

调解是指在第三人（合同管理机关，社会团体等）的主持下，通过对当事人进行说服教育，促使双方互相作出适当的让步，平息争端，自愿达成协议，以求解决纠纷的方法。调解具有如下优点：

(1) 能较经济、及时地解决纠纷。

(2) 有利于消除当事人的对立情绪，维护双方的长期友好合作关系。

3. 仲裁

仲裁也称“公断”，是当事人双方在争议发生前或发生后达成协议（仲裁协议，仲裁受理与裁决的前提），自愿将争议交给第三者（仲裁机构）作出裁决，并附有自动履行义务的一种争议解决方式。

(1) 仲裁的原则。包括自愿、公平合理、依法独立进行和一裁终局等原则。

(2) 仲裁协议。包括请求仲裁的意思表示、仲裁事项和选定的仲裁委员会等三项内容。

(3) 开庭和裁决。仲裁一般应开庭进行，但当事人协议不开庭的，可不开庭；而由仲裁庭依据仲裁申请书、答辩书及其他材料做出裁决。裁决书自做出之日起发生法律效力。

(4) 申请撤销仲裁裁决。当事人有证据证明裁决有下列情况之一的，可以向仲裁委员会所在地的中级人民法院申请撤销仲裁裁决：①没有仲裁协议；②裁决的事项不属于仲裁协议的范围或者仲裁委员会无权仲裁的；③仲裁庭的组成或者仲裁程序违法的；④裁决所依据的证据是伪造的；⑤对方当事人隐瞒了足以影响公正裁决的证据的；⑥仲裁员在仲裁该案时有索贿、徇私舞弊、枉法裁决的等。

(5) 仲裁裁决的执行。当事人应当自觉履行裁决，如果一方当事人不履行，另一方当事人有权按照民事诉讼法的有关规定向法院申请执行。

4. 诉讼

如果当事人没有在合同中约定或发生争议后达成协议通过仲裁解决争议，则诉讼为解决争议的最终方式。

(1) 管辖。建设工程合同纠纷管辖，涉及地域管辖与级别管辖。对于一般的合同争议，由被告住所地或合同履行地人民法院管辖。对于建设工程合同的争议，由工程所在地的人民法院管辖。

(2) 证据。包括书证、物证、视听资料、证人证言、当事人的陈述、鉴定结论和勘验笔录等。

书证应提交原件，物证应提交原物。提交原件或原物的，可提交复制品、照片、副本、节录本。提交外文书证，必须附有中文译本。

对于视听资料，应辨别真伪，并结合本案的其他证据，审查能否作为认定事实的根据。

人民法院对于专门性问题认为需要鉴定的，应当交由法定鉴定部门或人民法院指定的鉴定部门鉴定。鉴定部门和鉴定人应当提供书面鉴定结论，在鉴定书上签名或盖章。

【知识技能点小结】

合同法律关系的主体、客体、内容三个要素构成了合同法律关系，缺少其中任何一个要素都不能构成合同法律关系。合同的订立必须经过要约和承诺两个程序。按照标约的不同，工程施工合同，可以分为施工总包合同、分别承包合同、施工分包合同、劳务分包合同、劳务合同几种；按照工程价款结算方式不同，可以分为总价合同、单价合同、工程成本加酬金合同和混合型合同四种类型。合同的履行是合同各方当事人按照合同的规定，全面履行各自义务，实现各自权利，使各方的目的得以实现的行为。合同的保全是指法律为防止合同债务人的财产不当减少，维护其财产状况，允许合同的债权人向债务人行使用一定权利的制度。当事人任何一方不履行合同义务或者不完全履行合同义务，就应当承担影响的法律责任。合同当事人对合同规定的权利和义务产生了不同的理解就会产生合同争议，解决合同争议的方式有和解、调解、仲裁、诉讼四种。

【知识技能训练】

一、单项选择题

1. 合同法律关系的客体是指（　　）。

A 合同的当事人　　B 合同双方的权利

C 合同双方的义务　　D 合同的标的

2. 工程建设单位与某设计单位签订合同，购买该设计单位已完成设计的图纸，该合同法律关系的客体是（　　）。

A 物　　B 财　　C 行为　　D 智力成果

3. 一方因重大误解订立了合同，他（　　）。

A 可以单方宣布合同无效　　B 可以拒绝履行合同

C 必须履行合同　　D 可以向法院请求撤销合同

4. 建设工程合同是承包人进行工程建设，发包人支付工程价款的合同，包括（　　）。

A 勘察、设计、施工　　B 监理、设计、施工

C 勘察、设计、监理　　D 设计、材料采购

二、多项选择题

1. 下列关于合同订立过程的说法中，正确的有（　　）。

A 发布招标公告是要约邀请　　B 发布招标公告是要约　　C 投标是要约

D 发出中标通知书是承诺　　E 发出中标通知书是新要约

2. 施工合同双方当事人对合同是否有效发生争议，可向（　　）请求撤销合同。

A 建设行政主管部门　　B 仲裁机构　　C 人民法院　　D 工程师　　E 设计单位

三、判断题

1. 施工承包合同是业主将整个项目的施工工作交给一个有能力的企业来负责而与该企业签订的施工总承包合。（　　）

2. 总价合同不可以调整。（　　）

任务 7.2 FIDIC 合同条件

7.2.1 FIDIC 施工合同条件简介

7.2.1.1 FIDIC 简介

FIDIC 是指国际咨询工程师联合会（Federation Internationale Des Ingenieurs Conseils）的法文名称的缩写，最早是于 1913 年由欧洲四个国家的咨询工程师协会组成的。自二次世界大战结束以来，已有全球各地 60 多个国家和地区的成员加入 FIDIC，中国在 1996 年正式加入。可以说 FIDIC 代表了世界上大多数独立的咨询工程师，是最具有权威性的咨询工程师组织，它推动了全球范围内的高质量的工程咨询服务业的发展。

F1DIC 的各专业委员会编制了许多规范性的文件，这些文件不仅 FIDIC 成员国采用，世界银行、亚洲开发银行、非洲开发银行的招标样本也常常采用。其中最常用的有《施工合同条件》《生产设备和设计—施工合同条件》《设计采购施工（EPC）/交钥匙工程合同条件》《简明合同格式》（国际上分别通称为 F1DIC“新红皮书”“新黄皮书”“银皮书”和“绿皮书”）。

7.2.1.2 F1D1C 系列合同条件的特点

1. 国际性、通用性和权威性

FIDIC 编制的合同条件（以下简称“FIDIC 合同条件”）是在总结国际工程合同管理各方面的经验教训的基础上制定的，并且不断地吸取各方意见加以修改完善。该合同合同条件是在总结各个地区、国家的业主、咨询工程师和承包商各方的经验的基础上编制出来的，是国际上一个高水平的通用性的文件。既可用于国际工程，稍加修改后又可用于国内工程，我国有关部委编制的合同条件或协议书范本都将 FIDIC 合同条件作为重要的参考文本。一些国际金融组织的贷款项目和一些国家和地区的国际工程项目也都采用了 FIDIC 合同条件。

2. 公正合理、职责分明

合同条件的各项规定具体体现了业主、承包商的义务、权利和职责以及工程师的职责和权限。由于 FIDIC 大量地听取了各方的意见和建议，因而其合同条件中的各项规定也体现了在业主和承包商之间风险合理分担的精神，并且在合同条件中倡导合同各方以坦诚合作的精神去完成工程。合同条件中对有关各方的职责既有明确的规定和要求，也有必要的限制，这一切对合同的实施都是非常重要的。

3. 程序严谨且易于操作

合同条件中对处理各种问题的程序都有严谨的规定，特别强调要及时处理和解决问题，以避免由于任一方拖拉而产生新的问题，另外还特别强调各种书面文件及证据的重要性，这些规定使各方均有章可循，并使条款中的规定易于操作和实施。

4. 通用条件和专用条件的有机结合

FIDIC 合同条件一般都分为两个部分，第一部分是“通用条件”（General Conditions）；第二部分是“特殊应用条件”（Conditions of Particular Application），也可称为“专用条件”。通用条件是指对某一类工程都通用，如 FIDIC《施工合同条件》对于各种类型的土木工程（如工业和民用房屋建筑、公路、桥梁、水利、港口、铁路等）均适用。

7.2.1.3 施工合同条件的适用范围

FIDIC《施工合同条件》适用于各类大型或复杂工程，主要工作为施工，业主负责大部分设计工作，由工程师来监理施工和签发支付证书，按工程量表中的单价来支付完成的工程量（即单价合同），风险分担均衡。

7.2.2 FIDIC《施工合同条件》

7.2.2.1 合同文件

通用条件的条款规定，构成对业主和承包商有约束力的合同文件包括以下几个方面的内容：

（1）合同协议书。

（2）中标函。

（3）投标函。

（4）合同专用条件。

（5）合同通用条件。

（6）规范。

（7）图纸。

（8）资料表以及其他构成合同部分的文件。

7.2.2.2 合同中的部分重要词语含义

1. 合同履行中涉及的几个阶段的概念

（1）合同工期。合同工期是所签合同内注明的完成全部工程或分步移交工程的时间，加上合同履行过程中因非承包商应负责原因导致变更和索赔事件发生后，经工程师批准顺延工期之和。

（2）施工期。施工期，是指从工程师按合同约定发布的“开工令”中指明的应开工之日起，至工程移交证书注明的竣工日止的日历天数为承包商的施工期。

（3）缺陷责任期。缺陷责任期即国内施工文本所指的工程保修期，自工程移交证书中写明的竣工日开始，至工程师颁发解除缺陷责任证书为止的日历天数。从开工之日起至颁发解除缺陷责任证书日止，承包商要对工程的施工质量负责。通常，次要部位工程通常为半年；主要工程及设备大多为一年；个别重要设备也可以约定为一年半。

（4）合同有效期。自合同签字日起至承包商提交给业主（建设单位，下同）的“结清单”生效日止，施工合同对业主和承包商均具有法律约束力。

2. 合同价格

合同价格指中标通知书中写明的，按照合同规定，为了工程的实施、完成及其任何缺陷的修补应付给承包商的金额。大多数情况下，因合同类型、可调价合同、发生应有业主承担责任的事件、承包商的质量责任、承包商延误工期或提前竣工、包含在合同价格之内的暂定金额等因素的影响，承包商完成合同规定的施工义务后，累计获得的工程款也不等于原定合同价格与批准的变更和索赔补偿款之和，可能比其多，也可能比其少。

3. 指定分包商

（1）指定分包商的概念。通用条件规定，业主有权将部分工程项目的施工任务或涉及提供材料、设备、服务等工作内容发包给指定分包商实施。所谓“指定分包商”是由业主（或工程师）指定、选定、完成某项特定工作内容并与承包商签订分包合同的特殊分包商。

合同内规定有承担施工任务的指定分包商，大多因业主在招标阶段划分合同包时，考虑到某部分施工的工作内容有较强的专业技术要求，一般承包单位不具备相应的技术能力，但如果以一个单独的合同对待又限于现场的施工条件，工程师无法合理地进行协调管理，为避免各独立承包商之间的施工干扰，则只能将这部分工作发包给指定分包商实施。由于指定分包商是与承包商签订分包合同，因而在合同关系和管理关系方面与一般分包商处于同等地位，对其施工过程中的监督、协调工作纳入承包商的管理之中。指定分包工作内容可能包括部分工程的施工；供应工程所需的货物、材料、设备、设计、提供技术服务等。

（2）指定分包商的特点。虽然指定分包商与一般分包商处于相同的合同地位，但二者并不完全一致，主要差异体现在以下几个方面：

1）选择分包单位的权利不同。承担指定分包工作任务的单位由业主或工程师选定，而一般分包商则有承包商选择。

2）分包合同的工作内容不同。指定分包工作属于承包商无力完成，不在合同约定应由承包商必须完成范围之内的工作。而一般分包商的工作则为承包商承包工作范围的一部分。

3）工程款的支付开支项目不同。为了不损害承包商的利益，给指定分包商的付款应从暂定金额内开支。而对一般分包商的付款，则从工程量清单中相应工作内容项内支付。

4）业主对指定分包商利益的保护不同。在合同条件内列有保护指定分包商的条款。通用条件第 59.5 款规定，承包商在每个月末报送工程进度款支付报表时，工程师有权要求他出示以前已按指定分包合同给指定分包商付款的证明。如果承包商没有合法理由而扣押了指定分包商上个月应得工程款的话，业主有权按工程师出具的证明从本月应得款内扣除这笔金额直接付给指定分包商。对于一般分包商则无此类规定，业主和工程师不介入一般分包合同履行的监督。

5）承包商对分包商违约行为承担责任的范围不同。除非由于承包商向指定分包商发布了错误的指示要承担责任外，指定分包商在任何违约行为给业主或第三者造成损害而导致索赔或诉讼时，承包商不承担责任；如果一般分包商有违约行为，业主将其视为承包商的违约行为，按照总包合同的规定追究承包商的责任。

7.2.2.3 风险责任的划分

1. 业主应承担的风险

合同履行过程中可能发生的某些风险是有经验的承包商在准备投标时无法合理预见的，就业主利益而言，不应要求承包商在其报价中计入这些不可合理预见风险的损害补偿费，以取得有竞争性的合理报价。合同履行过程中发生此类风险事件后，按承包商受到的实际影响给予补偿。

（1）合同条件规定的业主风险。属于业主的风险包括诸如战争、暴动等特殊风险；因业主在合同规定以外，使用或占用永久工程的某一区段或某一部分而造成的损失或损害；业主提供的设计不当造成的损失；一个有经验承包商通常无法预测和防范的任何自然力作用。因特殊风险事件发生导致合同的履行被迫终止时，业主应对承包商受到的实际损失（不包括利润损失）给予补偿。

（2）其他不能合理预见的风险。

1）如果遇到了现场气候条件以外的外界条件或障碍影响了承包商按预定计划施工，经工程师确认该事件属于有经验的承包商无法合理预见的情况，则承包商实际施工成本的增加和工期损失应得到补偿。

2）汇率变化对支付外币的影响。由于合同期内汇率的浮动变化是双方签约时无法预计的情况，不论采用何种方式业主均应承担汇率实际变化对工程总造价影响的风险，可能对其有利，也可能不利。

3）法令、政策变化对工程成本的影响。如果投标截止日期前第28天后，由于法律、法令和政策变化引起承包商实际投入成本的增加，应由业主给予补偿。若导致施工成本的减少，也由业主获得其中的好处。

2. 承包商应承担的风险

施工合同的当事人是业主和承包商，因此合同履行过程中发生的应由业主承担的风险以外的各种风险事件，均应由承包商承担。

7.2.2.4 FIDIC合同条件下的支付管理

工程的计量与支付条款是FIDIC合同条件的核心条款。FIDIC施工合同条件规定的支付结算和程序包括：预付款，每个月末支付工程进度款，竣工移交时办理竣工结算，解除缺陷责任后进行最终决算四大类。支付结算过程中涉及的费用又可分为两大类：一类是工程量清单中列明的费用；另一类属于工程量清单内未注明，但条款中有明确规定的费用，如变更工程款、物价浮动调整款、预付款、保留金、逾期付款利息、索赔款、违约赔偿款等。

（1）工程计量。FIDIC合同是单价合同，工程款的支付是根据承包商实际完成的工程量计算的。因此，工程计量显得格外重要。

1）除非合同中另有规定，否则，工程量均应计算净值。

2）工程量表中列出的工程量都是在图纸和规范的基础上估算出来的，工程实施后，实际完成的工程量要通过测量来核实并以此作为支付依据。工程师测量时应通知承包商一方派人参加。如承包商未能派人参加测量，即应承认工程师或由他批准的测量数据是正确的。有时，也可以在工程师的监督和管理下，由承包商进行测量，工程师审核签字确认。

3）在对永久工程进行测量时，工程师应在工作过程中准备好所需的记录和图纸，承包商应在接到参加该项工作的书面通知后14天内对这些记录和图纸进行审查并确认。若承包商未参加，则这些记录和图纸被认为是正确的。若承包商不同意这些记录和图纸，应及时向工程师提出申诉，由工程师进行复查、修改或确认。

4）对于工程量表中的包干项目，工程师可要求承包商在接到中标函后28天内将投标文件中的每一包干项目进行详细分解，提交给工程师一份包干项目分解表，以便在合同执行过程中按照该分解表的内容逐月付款。该分解表应得到工程师的批准。

（2）保留金。保留金是按合同约定从承包商所得工程款中扣减相应的一笔金额保留在业主手中，作为约束承包商严格履行合同义务的措施之一。保留金的扣留从首次支付工程进度款开始，用该月承包商有权获得的所有款项中减去调价款后的金额，乘以合同约定保留金的百分比作为本次支付时应扣留的保留金（通常为10%），逐月累计扣到合同约定的保留金最高限额为止（通常为5%）。

保留金的返还从颁发工程接收证书开始。颁发工程接收证书后，退还承包商一半保留金。颁发履约证书后，退还剩余的全部保留金。

（3）预付款。FIDIC 土木工程施工合同条件中，将预付款分为动员预付款和预付材料款两部分。

动员预付款是业主为了解决承包商进行施工时的资金短缺，从未来的工程款中提前支付的一笔款项。动员预付款的数额由承包商在投标书内确认，一般在合同价的10%～15%范围内。

同时，为了帮助承包商解决订购大宗主要材料和设备的资金周转，订购物资运抵施工现场经工程师确认合格后，按发票价值乘以合同约定的百分比（60%～90%）作为预付材料款，包括在当月应支付的工程进度款内。

预付材料款的扣还方式通常在 FIDIC 专用条件约定，具体规定在约定的后续月内（一般为三个月）每月按平均值扣还或从已计量支付的工程量内扣除其中的材料费等方法，直至扣完为止。

（4）计日工费。计日工费是指承包商在工程量清单的附件中，按工种或设备填报单价的日工劳务费和机械台班费，一般用于工程量清单中没有合适项目，且不能安排大批量的流水施工的零星附加工作。只有当工程师根据施工进展的实际情况，指示承包商实施以日计价的工作时，承包商才有权获得用工计价的付款。

（5）合同价格的调整。长期合同计价调价条款中，每次支付工程进度款均应按合同约定的方法计算价格调整费用。如果工程施工因承包商责任延误工期，则在合同约定的全部工程应竣工日后的施工期间内，不再考虑价格调整，各项指数采用应竣工日当月所采用值；对于不属于承包商责任的施工延期，在工程师批准的展延期限内仍应考虑价格调整。

（6）暂定金额。FIDIC 合同条件中暂定金额是指包括在合同中并在工程量表中以该名称标明，供工程任何不可预见事件施工的一项金额。该金额按照工程师的指示可能全部或部分地使用，或根本不予动用。

（7）支付工程进度款。

1）承包商报表并提出支付申请。进度付款，也称中间支付，应根据已完工作的单价按月进行支付。每个月的月末，承包商应按工程师规定的格式提交一式六份的本月支付报表，每份均由承包商代表签字，内容包括以下几个方面：截止当月末已实施的工程及承包商的文件的估算合同价值；根据法规及费用变化引起的调整价款，由于立法和费用变化应增加或减扣的任何款项；应扣减的保留金；根据预付款条款，为预付款的支付和偿还应增加或减扣的款项；为永久设备和材料应增加或减扣的款项；本月实施的永久工程的价值；对所有以前的支付证书中证明的款额的扣减；按合同或其他规定应付的其他任何的增加或减扣的款项。

2）工程师审核与签证。工程师接到报表后，要审查款项内容的合理性和计算的正确性。在承包商本月应得款的基础上，再扣除保留金、动员预付款，以及所有承包商责任而应扣减的款项后，据此签发中期支付的临时支付凭证。如果本月承包商应获得的支付金额小于投标书附件中规定的中期支付最小金额，工程师可不签发本月进度款的支付凭证，这笔进度款将接转下月一并支付。工程师的审查和签证工作，应在收到承包商报表后28天内完成。工程进度款的支付凭证属于临时支付凭证，工程师有权对以前签发过的证书进行修改。若对某项工作的完成情况不满意，也可以在后续证书内删去或减少这项工作的价值。

3）业主的支付。承包商的报表经过工程师认可并签发工程进度款的支付证书后，业主应在接到证书的28天内给承包商付款。如果逾期支付，将按投标书附件约定的利率计算延期付款利息。

(8) 竣工结算。在收到工程的接收证书后的84天内，成本核算应按工程师规定格式报送报表。报表内容主要包括：截止到工程接收证书中指明的竣工日期，根据合同完成全部工作的最终价值；承包商认为应该获得的其他款项，如要求的索赔款、应退还的部分保留金等；承包商认为根据合同应支付给他的估算总额。

工程师在接到竣工报表后，应对照竣工图详细核算工程量，对其他支付要求进行审查，然后再根据检查结果签署竣工结算的支付凭证。此项签证工作，工程师也应在收到竣工报表后28天内完成。业主依据工程师的签证予以支付。

7.2.2.5　FIDIC合同条件下的进度管理

1. 施工计划

(1) 承包人编制施工进度计划。合同履行过程中，一个准确的施工计划对合同涉及的有关各方都有重要的作用，不仅要求承包人按计划施工，而且工程师也应按计划做好保证施工顺利进行的协调管理工作；同时，也是判定业主是否延误移交施工现场、迟发图纸以及他应提供的材料、设备，成为影响施工应承担责任的依据。承包商在收到开工通知后28天内向工程师递交一份详细的施工进度计划。

(2) 进度计划的内容。一般应包括：①实施工程的进度计划；②每个指定分包商施工各阶段的安排；③合同中规定的重要检查、检验的次序和时间；④保证计划实施的说明文件。

(3) 进度计划的确认。承包商有权按照他认为最合理的方法进行施工组织，工程师不应干预。工程师对承包商提交的施工计划的审查主要涉及以下几个方面：

1）计划实施工程的总工期和重要阶段的里程碑工期是否与合同的约定一致。

2）承包商各阶段准备投入的机械和人力资源计划能否保证计划的实现。

3）承包商拟采用的施工方案与同时实施的其他合同是否有冲突或干扰等。

2. 工程师对施工进度的监督

(1) 月进度报告。为了便于工程师对合同的履行进行有效的监督和管理，以及协调各合同之间的配合，承包商每个月都应向工程师提交进度报告，说明前一阶段的进度情况和施工中存在的问题，以及下一阶段的实施计划和准备采取的相应措施。

(2) 施工进度计划的修订。当工程师发现实际进度与计划进度严重偏离时，不论实际进度是超前还是滞后于计划进度，为了使进度计划有实际指导意义，随时有权指示承包人编制改进的施工进度计划，并再次提交工程师认可后执行，新进度计划将代替原来的计划。

工程师在管理中应注意两点：一是，不论因何方应承担责任的原因导致实际进度与计划进度不符，承包人都无权对修改进度计划的工作要求额外支付；二是，工程师对修改后进度计划的批准，并不意味着承包商可以摆脱合同规定应承担的责任。

7.2.2.6 FIDIC合同条件下的质量管理

FIDIC合同条件中涉及质量控制的条款包括有关承包人员素质的规定、有关合同转让和分包的规定、有关施工现场材料和工程设备的规定、有关施工质量及验收的规定等。这些条款一般详细列入合同文件中。

1. 承包人员素质

工程的施工由承包人员完成，承包人员的素质是一切质量控制的基础。

2. 合同转让与分包

由于建设工程具有一次性和不可逆的特点，工程施工复杂而且期限长，不可能像对工业产品的检验那样只检验成品。确保工程质量是从复杂的承包人选择程序开始的（如公开招标）。业主选择了承包人，不仅仅是相信了承包人的质量承诺，更是对承包人的信誉、能力、技术水平的信任。因此，在合同履行中如果出现新的承包人，即便有质量承诺，业主仍无法相信工程能够达到合同质量要求。基于以上考虑，FIDIC合同条件对承包人进行合同转让、分包有严格的控制。

（1）合同的转让。如果没有业主的事先同意，承包人不得将合同或合同的任何部分、合同中的任何利益转让。因为业主是在资格预审、投标和评标之后选中承包人的，签订合同意味着业主对承包人的信任。

（2）工程的分包。分包的工程应是专业技术性较强，分包商在该专业更有专长和经验，分包有利于工程质量提高。但是，承包人不得将整个工程分包出去。除合同另有规定外，没有监理工程师同意，承包人也不得将工程的任何部分分包出去。经监理工程师的同意，承包人可以把工程、服务项目或材料设备的供应分包给其他人。这类不应解除合同规定的承包人的任何责任和义务，承包人应对任何分包商、分包商的代理人、雇员或工作的行为、违约、疏忽承担完全责任。

3. 材料、工程设备、工艺

施工中使用的材料、工程设备是确保工程质量的物质基础。一切材料、工程设备、工艺均应达到合同中所规定的品级，并符合监理工程师指示要求。承包人在制造、装配或准备地点，或在施工现场，或在合同规定的其他地点，供监理工程师进行检查。监理工程师及所需人员有随时进入施工现场的权力。如果在商定时间和地点，供检验的材料或设备未准备好，或检验结果不符合合同规定，则监理工程师可拒收材料或设备。

4. 质量验收

（1）承包人应严格按合同施工，并遵守监理工程师指示。

（2）隐蔽工程的检查。没有监理工程师批准，工程的任何部分均不得覆盖或使之无法查看。工程师应参加工程此类部分检查，且不得无故拖延。如果工程师认为无需检查，应通知承包人。如已覆盖，工程师可以要求检查，承包人应按工程师随时发出的指示，移去覆盖以待检查，随后恢复原状和使之完好。

(3) 监理工程师有权指令暂时停工。

5. 监理工程师在颁发移交证书前对工程的检查

(1) 地表应恢复原状。在监理工程师颁发移交证书前，承包人应将场地或地面恢复原状。在移交证书中对此作出规定，不能解除承包人自费恢复原状工作的责任。

(2) 颁发移交证书前对工程的检查。监理工程师在颁发移交证书前，应对工程进行全面检验。移交证书将确认工程已基本竣工，一般说，此种移交对仅于按预定目的被业主占有和使用的。

(3) 非承包人的原因造成妨碍竣工检验的处理。如果由于业主、监理工程师、业主雇佣的其他承包人的原因，使承包人不能进行竣工验收，则应认为业主已在本该进行竣工验收的日期接收到了工程。但是，如果工程基本上不符合合同要求，则不能认为工程已被接收；如果工程已被接收，则承包人仍应在缺陷责任期内进行竣工验收。

6. 缺陷责任期的质量控制

(1) 承包人对缺陷责任期满前出现的缺陷应当进行调查，并提交副本。

(2) 承包人应承担的工作包括：在移交证书注明的竣工日期之后，切实尽快地完成在当时尚未完成的工作；监理工程师（或以其名义）在期满前进行检查。指示承包人进行修补、重建或补救缺陷时，承包人应在责任期内或期满后14天内实施这些工作。当承包人未能在合理的时期内执行这些指示时，业主有权雇佣他人并付报酬。

(3) 颁发缺陷责任证书后，承包人和业主仍应对尚未履行的合同规定的义务承担责任。但是，此类未履行的义务只能是财务或管理方面的问题。为此目的，合同对双方仍然有效。

【应用实例7-2】 某承包商与业主签订了某小型水库加固工程施工承包合同，合同总价1200万元。合同约定，开工前业主向承包商支付10%的工程预付款；工程进度款按月支付，同时按工程进度款5%的比例预留保留金；当工程进度款积累计合同总价的40%时，从超过部分的工程进度款中按40%的比例扣回预付款，扣完为止。承包商提交并经监理工程师批准的施工进度计划如图7-1（单位：天）所示。

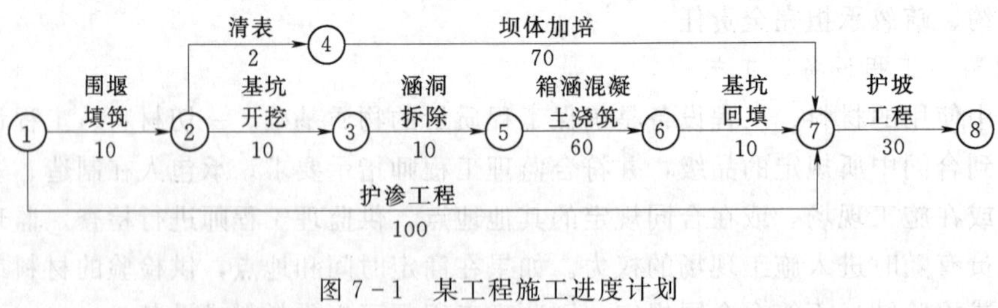

图7-1 某工程施工进度计划

施工过程中发生如下事件：

事件1：因料场征地纠纷，坝体加培推迟了20天开始。

事件2：因设备故障，防渗工程施工推迟5天完成。

事件3：箱涵混凝土浇筑施工中，因止水安装质量不合格，返工造成工作时间延长4天，返工费用2万元。

事件4：至2月底，承包商累计完成工程进度款为450万元；承包商提交3月份进度款支付申请报告，包括返工费用2万元和经监理机构确认的合同工程价款320万元。

问题：

(1) 指出网络计划的关键线路（节点表示）和计划工期。

(2) 分别指出事件1、事件2、事件3对工期的影响；指出上述事件对工期综合影响和承包商可索赔的工期。

(3) 计算3月份实际支付工程款。

【实例解答】

1. 关键线路共两条，分别是：①→②→③→⑤→⑥→⑦→⑧及①→⑦→⑧。计划工期：100＋30＝130（天）。

2. 事件1、2、3对工期的分别影响如下。

事件1是由于料场征地导致坝体加培工期延误20天，责任在业主方，由于坝体加培处于非关键线路有总时差18天，因此对工期的影响为2天。

事件2是由于设备故障导致防渗工程工期延误5天，责任在承包商方，由于防渗工程处于关键线路，因此对工期的影响为5天。

事件3是由于止水安装质量不合格导致箱涵混凝土浇筑工期延误4天，责任在承包商方，由于防渗工程处于关键线路，因此对工期的影响为4天。

上述事件对工期的综合影响为5天，承包商可提出2天索赔工期。

3. 月份实际支付工程款＝320×0.95－(450＋320－1200×0.4)×0.4＝188(万元)。

【知识技能点小结】

FIDIC合同是签约双方为共同达到一定目的、建立相互间的法律关系而确定的文字协议。FIDIC合同的最大特点是：程序公开、公平竞争、机会均等，一切都是透明的。从理论上讲，FIDIC合同对承包商、对业主、对咨询工程师（尽管不是合同的签约方）都是平等的，谁也不能凌驾于谁之上。因此，作为承包商，应尽量选用FIDIC合同，这样才能更好地保护自己的经济利益及合法权利。但是，FIDIC合同又坚持要形成买方市场，主张在“买”（业主）“卖”（承包商）双方的交往中，利用经济约束手段，维系对买方的有利条件。FIDIC合同的另一大特点是单价合同，讲究量价分离，验工计价，据实付款。

【知识技能训练】

一、单项选择题

1. FIDIC施工合同条件规定，从（　　）之日止的持续时间为缺陷通知期，承包商负有修复质量缺陷的义务。

A 开工日起至颁布发接收证书

B 开工令要求的开工日起至颁布发接收证书中指明的竣工

C 颁发接收证书日起至颁发履约证书

D 接收证书中指明的竣工日起至颁发履约证书

2. FIDIC《土木工程施工合同条件》主要适用于（　　）

A 总价合同　　B 单价合同　　C 成本加酬金合同　　D 混合价合同

3. 施工期间，已签发移交证书的部分区段，照管责任由（　）承担。

A 承包人　　B 监理人　　C 发包人　　D 发包人与承包人

4. 颁发整个工程的移交证书后 14 天内，发包人应将保留金总额的（　　）退还承包人。

A 30%　　B 40%　　C 50%　　D 80%

5. FIDIC 合同中，工程保修期应从（　　）算起。

A 颁发移交证书的日期　　B 工程移交证书中写明的完工日期

C 发包人接管工程之日　　D 承包人最后提交验收申请报告的日期

二、多项选择题

1. 关于 FIDIC《土木工程施工合同条件》的说法，正确的有（　　）。

A 该合同主要用于发包人设计的或咨询工程师设计的房屋建筑工程和土木工程的施工项目

B 一般情况下，单价可随各类物价的波动而调整

C 合同计价方式属于单价合同，不包含任何包干价格

D 由业主委派工程师管理合同

E 由业主监督工程进度、质量，签发支付证书、接受证书和履约证书，处理合同中的有关事项

2. 依据 FIDIC《土木工程施工合同条件》规定，工程师的职权范围包括（　　）。

A 修改进度计划　　B 控制使用暂列金额　　C 批准工程分包并审查分包商资质

D 发布变更指令　　E 审查承包商索赔要求

3. 在 FIDIC 合同条件中，工程接受证书的主要作用有（　　）。

A 指明竣工日期

B 转移工程照管责任

C 颁发证书日即缺陷责任期起始日

D 作为办理竣工结算的依据

E 意味着承包商与合同有关的实际义务已经完成

三、判断题

1. 如果工程师在工程管理中失误，其必须承担赔偿责任。（　　）

2. 只有工程圆满地通过了试运转考验，工程师颁发了工程接收证书才是对施工质量的最终确认。（　　）

3. 施工中遇到地下文物，造成工期延误和费用增加，承包人有权提出工期和经济索赔。（　　）

4. 承包商应执行工程师或托付助手对合同有关的任何事物发出的指示。（　　）

5. 工程进度款的支付凭证属于临时支付凭证，工程师有权对以前签发过的证书进行修改。（　　）

6. 承包商须对分包的部分工程承担一切责任。（　　）

7. 合同专用条件的法律地位高于合同通用条件。（　　）

任务 7.3　水利水电工程施工合同文件

7.3.1　水利水电工程施工合同文件简介

为了加强水利水电工程施工招标管理，规范资格预审文件和招标文件编制工作，在国家发展和改革委员会等九部委联合编制的《标准施工招标资格预审文件》和《标准施工招标文件》的基础上，结合水利水电工程特点和行业管理需要，水利部组织编制了《水利水电工程标准施工招标资格预审文件》（2009 年版）和《水利水电工程标准施工招标文件》（2009 年版）（简称为《水利水电工程标准文件》）。《水利水电工程标准施工招标文件》（2009 年版）分两册出版，第一册为为招标文件商务部分，第二册为招标文件技术标准和要求（合同技术条款）部分。《水利水电工程标准施工招标文件》（2009 年版）第二册中的通用合同条款是目前水利水电行业现行通用合同条款。

7.3.2　水利水电工程施工合同文件的主要内容

7.3.2.1　水利水电工程施工合同文件的构成

根据《水利水电工程标准施工招标文件》，合同文件指组成合同的各项文件，包括：协议书；中标通知书；投标函及投标函附录；专用合同条款；通用合同条款；技术标准和要求（合同技术条款）；图纸；已标价工程量清单；经合同双方确认进入合同的其他文件。上述次序也是解释合同的优先顺序。

（1）合同文件（或称合同）。指由发包人与承包人签订的为完成本合同规定的各项工作所列入本合同条件的全部文件和图纸，以及其他在协议书中明确列入的文件和图纸。

（2）协议。承包人按中标通知书规定的时间与发包人签订合同协议书。除法律另有规定或合同另有约定外，发包人和承包人的法定代表人或其委托代理人在合同协议书上签字并盖单位章后，合同生效。

（3）中标通知。指发包人正式向中标人授标的通知书。中标人确定后，发包人应发中标通知书给中标人，表明发包人已接受其投标并通知该中标人在规定的期限内派代表前来签订合同。若在签订合同前尚有遗留问题需要洽谈，可在发中标通知书前先发中标意向书，邀请对方就遗留问题进行合同谈判。一般说来，意向书仅表达发包人接受投标的意愿，但尚有一些问题需进一步洽谈，并不说明该投标人已中标。

（4）投标函及投标函附录。投标函指构成合同文件组成部分的由承包人填写并签署的投标函。投标函附录指附在投标函后构成合同文件的投标函附录。

（5）专用合同条款。专用合同条款是补充和修改通用合同条款中条款号相同的条款或当需要时增加的条款。通用合同条款与专用合同条款应对照阅读，一旦出现矛盾或不一致，则以专用合同条款为准，通用合同条款中未补充和修改的部分仍有效。

（6）通用合同条款。通用合同条款的编制依据是《中华人民共和国合同法》和《中华人民共和国标准施工招标文件》，其编制体系参照了国际通用的菲迪克施工合同条件，吸收了现行水利水电工程建设项目中有关质量、安全、进度、变更、索赔、计量支付、风险管理等方面的规定。

（7）技术标准和要求（合同技术条款）。列入施工合同的技术条款是构成施工合同的重要组成部分，专用合同条款和通用合同条款主要是划清发包人和承包人双方在合同中各自的责任、权利和义务，而技术条款则是双方责任、权利和义务在工程施工中的具体工作内容，也是合同责任、权利和义务在工程安全和施工质量管理等实物操作领域的具体延伸。技术条款是发包人委托监理人进行合同管理的实物标准，也是发包人和监理人在工程施工过程中实施进度、质量和费用控制的操作程序和方法。技术条款是投标人进行投标报价和发包人进行合同支付的实物依据。投标人应按合同进度要求和技术条款规定的质量标准，根据自身的施工能力和水平，参照行业定额，运用实物法原理编制其企业的施工定额，计算投标价进行投标；中标后，承包人应根据合同约定和技术条款的规定组织工程施工；在施工过程中，发包人和监理人则应根据技术条款规定的质量标准进行检查和验收，并按计量支付条款的约定执行支付。

(8) 图纸。指列入合同的招标图纸、投标图纸和发包人按合同约定向承包人提供的施工图纸和其他图纸（包括配套说明和有关资料）。列入合同的招标图纸已成为合同文件的一部分，具有合同效力，主要用于在履行合同中作为衡量变更的依据，但不能直接用于施工。经发包人确认进入合同的投标图纸亦成为合同文件的一部分，用于在履行合同中检验承包人是否按其投标时承诺的条件进行施工的依据，也不能直接用于施工。

(9) 已标价工程量清单。指构成合同文件组成部分的由承包人按照规定的格式和要求填写并标明价格的工程量清单。

7.3.2.2　水利水电工程施工合同通用合同条款的主要内容

1. 发包人的基本义务

(1) 根据《水利水电工程标准施工招标文件》(2009年版)，除合同另有约定外，发包人基本义务如下：

1) 遵守法律。

2) 发出开工通知。

3) 提供施工场地。

4) 协助承包人办理证件和批件。

5) 组织设计交底。

6) 支付合同价款。

7) 组织法人验收。

8) 专用合同条款约定的其他义务和责任。

(2) 发包人在履行上述义务和责任时，应注意以下几点：

1) 发包人在履行合同过程中应遵守法律，并保证承包人免于承担因发包人违反法律而引起的任何责任。

2) 发包人应及时向承包人发出开工通知。开工通知的具体要求如下：

a. 监理人应在开工日期7天前向承包人发出开工通知。监理人在发出开工通知前应获得发包人同意。

b. 工期自监理人发出的开工通知中载明的开工日期起计算。

c. 承包人应在开工日期后尽快施工。承包人在接到开工通知后14天内未按进度计划要求及时进场组织施工，监理人可通知承包人在接到通知后7天内提交一份说明其进场延误的书面报告，报送监理人。书面报告应说明不能及时进场的原因和补救措施，由此增加的费用和工期延误责任由承包人承担。

3）施工场地包括永久占地和临时占地。发包人提供施工场地的要求如下：

a. 发包人应在合同双方签订合同协议书后的 14 天内，将本合同工程的施工场地范围图提交给承包人。发包人提供的施工场地范围图应标明场地范围内永久占地与临时占地的范围和界限。

b. 发包人提供的施工用地范围在专用合同条款中约定。

c. 除专用合同条款另有约定外，发包人应按技术标准和要求（合同技术条款）的约定，向承包人提供施工场地内的工程地质图纸和报告，以及地下障碍物图纸等施工场地有关资料，并保证资料真实、准确、完整。

d. 发包人应协助承包人办理法律规定的有关施工证件和批件。

e. 发包人应根据合同进度计划，组织设计单位向承包人进行设计交底。

f. 发包人应按合同约定向承包人及时支付合同价款，包括按合同约定支付工程预付款和进度付款，工程通过完工验收后支付完工付款，保修期期满后及时支付最终结清款。

g. 发包人应按合同约定及时组织法人验收以及申请专项验收和政府验收。

h. 发包人提供材料和工程设备时，应注意以下几点：

（a）发包人提供的材料和工程设备，应在专用合同条款中写明材料和工程设备的名称、规格、数量、价格、交货方式、交货地点和计划交货日期等。

（b）承包人应根据合同进度计划的安排，向监理人报送要求发包人交货的日期计划。发包人应按照监理人与合同双方当事人商定的交货日期，向承包人提交材料和工程设备。

（c）发包人应在材料和工程设备到货 7 天前通知承包人，承包人应会同监理人在约定的时间内，赴交货地点共同进行验收。

（d）发包人提供的材料和工程设备运至交货地点验收后，由承包人负责接收、卸货、运输和保管。

（e）发包人要求向承包人提前交货的，承包人不得拒绝，但发包人应承担承包人由此增加的费用。

（f）承包人要求更改交货日期或地点的，应事先报请监理人批准，所增加的费用和（或）工期延误由承包人承担。

（g）发包人提供的材料和工程设备的规格、数量或质量不符合合同要求，或由于发包人原因发生交货日期延误及交货地点变更等情况的，发包人应承担由此增加的费用和（或）工期延误，并向承包人支付合理利润。

（h）材料费的处理有两种办法：若材料费包含在承包人签约合同价中，根据合同约定的计量规则计量（通常以监理人批准的领料计划作为领料和扣除的依据），按约定的材料预算价格（通常比该材料供应商中标价低）作为扣除价，由发包人在工程进度支付款中扣除发包人供应材料费。若材料费不包括在承包人签约合同价中，合同规定材料预算价格及其损耗率的计入和扣回方式，承包人只获得该材料预算价格带来的管理费率滚动产生的费用，材料费由发包人直接向材料供应商支付。

2. 监理人在合同中的作用

(1) 监理人的职责和权力。

1) 监理人角色。监理人是受发包人委托在施工现场实施合同管理的执行者。监理人按发包人与承包人签订的施工合同进行监理，监理人不是合同的第三方。

2) 监理人权力来源。监理人的权力范围在专用合同条款中明确。

3) 紧急事件的处置权。当监理人认为存在危及生命、工程或毗邻财产等安全的紧急事项时，在不免除合同约定的承包人责任的情况下，监理人可以指示承包人实施为消除或减少这种危险所必须进行的工作，即使没有发包人的事先批准（按约定需事先批准时），承包人也应立即遵照执行。

监理人应按变更的约定增加相应的费用，并通知承包人。

4) 监理人履行权力的限制。监理人发出的任何指示应视为已得到发包人的批准，但监理人无权免除或变更合同约定的发包人和承包人的权利、义务和责任。

5) 监理人的检查和检验。合同约定应由承包人承担的义务和责任，不因监理人对承包人提交文件的审查或批准，对工程、材料和设备的检查和检验，以及为实施监理作出的指示等职务行为而减轻或解除。

(2) 监理人的指示。

1) 监理人的指示应盖有监理人授权的现场机构章，并由总监理工程师或总监理工程师授权的监理人员签字。

2) 承包人收到监理人指示后应遵照执行。指示构成变更的，应按变更条款处理。

3) 在紧急情况下，总监理工程师或被授权的监理人员可以当场签发临时书面指示，承包人应遵照执行。承包人应在收到上述临时书面指示后24h内，向监理人发出书面确认函。监理人在收到书面确认函后24h内未予答复的，该书面确认函应被视为监理人的正式指示。

4) 除合同另有约定外，承包人只从总监理工程师或其授权的监理人员处取得指示。

5) 由于监理人未能按合同约定发出指示、指示延误或指示错误而导致承包人费用增加和（或）工期延误的，由发包人承担赔偿责任。

(3) 监理人的商定或确定权。

1) 合同约定总监理工程师对变更、价格调整、不可抗力、索赔等事项进行商定或确定时，总监理工程师应与合同当事人协商，尽量达成一致。不能达成一致的，总监理工程师应认真研究后审慎确定。

2) 总监理工程师应将商定或确定的事项通知合同当事人，并附详细依据。

3) 监理人的商定和确定不是强制的，也不是最终的决定。对总监理工程师的确定有异议的，构成争议，按照合同争议的约定处理。在争议解决前，双方应暂按总监理工程师的确定执行，按照合同争议的约定对总监理工程师的确定作出修改的，按修改后的结果执行。合同争议的处理方法有：友好协商解决，提请争议评审组评审，仲裁和诉讼。

3. 承包人的义务和责任

《水利水电工程标准施工招标文件》(2009年版）将承包人的义务和责任进行了合理划分。合同约定的承包人义务和责任反映了合同管理的主要方面。除合同约定外，承包人还须根据有关规定承担法定的义务和责任。

(1) 承包人基本义务

1) 遵守法律。承包人在履行合同过程中应遵守法律，并保证发包人免于承担因承包人违反法律而引起的任何责任。

2) 依法纳税。承包人应按有关法律规定纳税，应缴纳的税金包括在合同价格内。

3) 完成各项承包工作。承包人应按合同约定以及监理人指示，实施、完成全部工程，并修补工程中的任何缺陷。除合同条款另有约定外，承包人应提供为完成合同工作所需的劳务、材料、施工设备、工程设备和其他物品，并按合同约定负责临时设施的设计、建造、运行、维护、管理和拆除。

4) 对施工作业和施工方法的完备性负责。承包人应按合同约定的工作内容和施工进度要求，编制施工组织设计和施工措施计划，并对所有施工作业和施工方法的完备性和安全可靠性负责。

5) 保证工程施工和人员的安全。承包人应采取施工安全措施，确保工程及其人员、材料、设备和设施的安全，防止因工程施工造成的人身伤害和财产损失。承包人必须按国家法律法规、技术标准和要求，通过详细编制并实施经批准的施工组织设计和措施计划，确保建设工程能满足合同约定的质量标准和国家安全法规的要求。

6) 负责施工场地及其周边环境与生态的保护工作。

7) 避免施工对公众与他人的利益造成损害。承包人在进行合同约定的各项工作时，不得侵害发包人与他人使用公用道路、水源、市政管网等公共设施的权利，避免对邻近的公共设施产望干扰。承包人占用或使用他人的施工场地，影响他人作业或生活的，应承担相应责任。

8) 为他人提供方便。承包人应按监理人的指示为他人在施工场地或附近实施与工程有关的其他各项工作提供可能的条件。除合同另有约定外，提供有关条件的内容和可能发生的费用，由监理人商定或确定。

9) 工程的维护和照管。除合同另有约定外，合同工程完工证书颁发前，承包人应负责照管和维护工程。合同工程完工证书颁发时尚有部分未完工程的，承包人还应负责该未完工程的照管和维护工作，直至完工后移交给发包人为止。

10) 专用合同条款约定的其他义务和责任。

(2) 履约担保。

承包人应按招标文件的要求，在签约前提交履约担保，金额不超过签约合同价的10%，履约担保在发包人颁发合同工程完工证书前一直有效。发包人应在合同工程完工证书颁发后28天内将履约担保退还给承包人。

(3) 承包人项目经理要求。

1) 项目经理驻现场的要求。

a. 承包人应按合同约定指派项目经理，并在约定的期限内到职。

b. 承包人更换项目经理应事先征得发包人同意，并应在更换14天前通知发包人和监理人。

c. 承包人项目经理短期离开施工场地，应事先征得监理人同意，并委派代表代行其职责。

d. 监理人要求撤换不能胜任本职工作、行为不端或玩忽职守的承包人项目经理和其他人员的，承包人应予以撤换。

2）项目经理职责。

a. 项目经理应按合同约定以及监理人指示，负责组织合同工程的实施。

b. 在情况紧急且无法与监理人取得联系时，可采取保证工程和人员生命财产安全的紧急措施，并在采取措施后24小时内向监理人提交书面报告。

c. 承包人为履行合同发出的一切函件均应盖有承包人授权的施工场地管理机构章，并由承包人项目经理或其授权代表签字。

d. 承包人项目经理可以授权其下属人员履行其某项职责，但事先应将这些人员的姓名和授权范围通知监理人。

（4）地质资料复核。

1）发包人提供的现场资料。

a. 发包人应将其持有的现场地质勘探资料、水文气象资料提供给承包人，并对其准确性负责。

b. 承包人应对其阅读发包人提供的有关资料后所作出的解释和推断负责。

c. 承包人应对施工场地和周围环境进行查勘，并收集有关地质、水文、气象条件、交通条件、风俗习惯以及其他为完成合同工作有关的当地资料。

d. 在全部合同工作中，应视为承包人已充分估计了应承担的责任和风险。

2）不利物质条件。

a. 不利物质条件的界定原则。水利水电工程的不利物质条件，指在施工过程中遭遇诸如地下工程开挖中遇到发包人进行的地质勘探工作未能查明的地下溶洞或溶蚀裂隙和坝基河床深层的淤泥层或软弱带等，使施工受阻。

b. 不利物质条件的处理方法。承包人遇到不利物质条件时，应采取适应不利物质条件的合理措施继续施工，并及时通知监理人。承包人有权要求延长工期及增加费用。监理人收到此类要求后，应在分析上述外界障碍或自然条件是否不可预见及不可预见程度的基础上，按照变更的约定办理。

（5）承包人提供的材料和工程设备。

1）材料和工程设备的提供。水利水电工程所需材料宜由承包人负责采购；主要工程设备（如闸门、启闭机、水泵、水轮机、电动机）可由发包人另行组织招标采购。而对于电气设备、清污机、起重机、电梯等设备可根据招标项目具体情况在专用合同条款中进一步约定。

承包人负责采购、运输和保管完成合同工作所需的材料和工程设备的，承包人应对其采购的材料和工程设备负责。

2）承包人采购要求。承包人应按专用合同条款的约定，将各项材料和工程设备的供货人及品种、规格、数量和供货时间等报送监理人审批。承包人应向监理人提交其负责提供的材料和工程设备的质量证明文件，并满足合同约定的质量标准。

3）验收。对承包人提供的材料和工程设备，承包人应会同监理人进行检验和交货验收，查验材料合格证明和产品合格证书，并按合同约定和监理人指示，进行材料的抽样检验和工程设备的检验测试，检验和测试结果应提交监理人，所需费用由承包人承担。

4）材料和工程设备专用于合同工程。

a. 运入施工场地的材料、工程设备，包括备品备件、安装专用工器具与随机资料，必须专用于合同工程，未经监理人同意，承包人不得运出施工场地或挪作他用。

b. 随同工程设备运入施工场地的备品备件、专用工器具与随机资料，应由承包人会同监理人按供货人的装箱单清点后共同封存，未经监理人同意不得启用。承包人因合同工作需要使用上述物品时，应向监理人提出申请。

5）禁止使用不合格的材料和工程设备。

a. 监理人有权拒绝承包人提供的不合格材料或工程设备，并要求承包人立即进行更换。监理人应在更换后再次进行检查和检验，由此增加的费用和（或）工期延误由承包人承担。

b. 监理人发现承包人使用了不合格的材料和工程设备，应即时发出指示要求承包人立即改正，并禁止在工程中继续使用不合格的材料和工程设备。

（6）测量放线。

1）施工控制网。

除专用合同条款另有约定外，施工控制网由承包人负责测设，发包人应在本合同协议书签订后的14天内，向承包人提供测量基准点、基准线和水准点及其相关资料。承包人应在收到上述资料后的28天内，将施测的施工控制网资料提交监理人审批。监理人应在收到报批件后的14天内批复承包人。

承包人应负责管理施工控制网点。施工控制网点丢失或损坏的，承包人应及时修复。承包人应承担施工控制网点的管理与修复费用，并在工程竣工后将施工控制网点移交发包人。监理人需要使用施工控制网的，承包人应提供必要的协助，发包人不再为此支付费用。

2）施工测量。

承包人应负责施工过程中的全部施工测量放线工作，并配置合格的人员、仪器、设备和其他物品。监理人可以指示承包人进行抽样复测，当复测中发现错误或出现超过合同约定的误差时，承包人应按监理人指示进行修正或补测，并承担相应的复测费用。

3）基准资料错误的责任。

发包人应对其提供的测量基准点、基准线和水准点及其书面资料的真实性、准确性和完整性负责。发包人提供上述基准资料错误导致承包人测量放线工作的返工或造成工程损失的，发包人应当承担由此增加的费用和（或）工期延误，并向承包人支付合理利润。

承包人发现发包人提供的上述基准资料存在明显错误或疏忽的，应及时通知监理人。

4）补充地质勘探。

在合同实施期间，监理人可以指示承包人进行必要的补充地质勘探并提供有关资料。承包人为本合同永久工程施工的需要进行补充地质勘探时，须经监理人批准，并应向监理人提交有关资料，上述补充勘探的费用由发包人承担。承包人为其临时工程设计及施工的需要进行的补充地质勘探，其费用由承包人承担。

4. 施工合同管理

根据《水利水电工程标准施工招标文件》(2009年版),合同管理中有关安全生产、工程进度、质量、变更、合同价格调整、计量支付、保修、保险、不可抗力、违约、索赔等主要要求如下:

(1) 施工安全生产管理。

1) 发包人的施工安全责任。

a. 发包人应按合同约定履行安全职责。

b. 发包人委托监理人对承包人的安全责任履行情况进行监督和检查。监理人的监督检查不减轻承包人应负的安全责任。

c. 发包人应对其现场机构雇佣的全部人员的工伤事故承担责任,但由于承包人原因造成发包人人员工伤的,应由承包人承担责任。

d. 发包人应负责赔偿工程或工程的任何部分对土地的占用所造成的第三者财产损失,由于发包人原因在施工场地及其毗邻地带造成的第三者人身伤亡和财产损失。

e. 除专用合同条款另有约定外,发包人负责向承包人提供施工现场及施工可能影响的毗邻区域内供水、排水、供电、供气、供热、通信、广播电视等地下管线资料,气象和水文观测资料,拟建工程可能影响的相邻建筑物地下工程的有关资料,并保证有关资料的真实、准确、完整,满足有关技术规程的要求。

f. 发包人按照已标价工程量清单所列金额和合同约定的计量支付规定,支付安全作业环境及安全施工措施所需费用。

g. 发包人负责组织工程参建单位编制保证安全生产的措施方案。工程开工前,就落实保证安全生产的措施进行全面系统的布置,进一步明确承包人的安全生产责任。

h. 发包人负责在拆除工程和爆破工程施工14天前向有关部门或机构报送相关备案资料。

2) 承包人的施工安全责任。

a. 承包人应按合同约定履行安全职责,执行监理人有关安全工作的指示。承包人应编制施工安全技术措施提交监理人审批。

b. 承包人应加强施工作业安全管理,特别应加强易燃、易爆材料、火工器材、有毒与腐蚀性材料和其他危险品的管理,以及对爆破作业和地下工程施工等危险作业的管理。

c. 承包人应严格按照国家安全标准制定施工安全操作规程,配备必要的安全生产和劳动保护设施,加强对承包人人员的安全教育,并发放安全工作手册和劳动保护用具。

d. 承包人应按监理人的指示制定应对灾害的紧急预案,报送监理人审批。承包人还应按预案做好安全检查,配置必要的救助物资和器材,切实保护好有关人员的人身和财产安全。

e. 合同约定的安全作业环境及安全施工措施所需费用应遵守有关规定,并包括在相关工作的合同价格中。因采取合同未约定的安全作业环境及安全施工措施增加的费用,由监理人商定或确定。

f. 承包人应对其履行合同所雇佣的全部人员,包括分包人人员的工伤事故承担责任,但由于发包人原因造成承包人人员工伤事故的,应由发包人承担责任。

g. 由于承包人原因在施工场地内及其毗邻地带造成的第三者人员伤亡和财产损失，由承包人负责赔偿。

h. 承包人已标价工程量清单应包含工程安全作业环境及安全施工措施所需费用。

i. 承包人应建立健全安全生产责任制度和安全生产教育培训制度，制定安全生产规章制度和操作规程，保证本单位建立和完善安全生产条件所需资金的投入，对本工程进行定期和专项安全检查，并做好安全检查记录。

j. 承包人应设立安全生产管理机构，施工现场应有专职安全生产管理人员。专职安全生产人员应与投标文件承诺一致，专职安全生产人员应持证上岗并负责对安全生产进行现场监督检查。发现生产安全事故隐患，应当及时向项目经理和安全生产管理机构报告；对违章指挥、违章操作的，应当立即制止。

k. 承包人应负责对特种作业人员进行专门的安全作业培训，并保证特种作业人员持证上岗。特种作业人员指垂直运输作业人员、安装拆卸工、爆破作业人员、起重信号工、登高架设作业人员等与安全生产紧密相关的人员。

l. 承包人应在施工组织设计中编制安全技术措施和施工现场临时用电方案，基坑支护与降水工程、土方和石方开挖工程、模板工程、起重吊装工程、脚手架工程、拆除爆破工程、围堰工程和其他危险性较大的工程等专用合同条款约定的工程，应编制专项施工方案报监理人批准。对高边坡、深基坑、地下暗挖工程、高大模板工程施工方案，还应组织专家进行论证、审查，其中1/2专家应经发包人同意。

m. 承包人在使用施工起重机械和整体提升脚手架、模板等自升式架设设施前，应组织有关单位进行验收。

（2）进度管理。

1）合同进度计划。

a. 承包人应编制详细的施工总进度计划及其说明提交监理人审批。

b. 监理人应在约定的期限内批复承包人，否则该进度计划视为已得到批准。

c. 经监理人批准的施工进度计划称为合同进度计划，是控制合同工程进度的依据。

d. 承包人还应根据合同进度计划，编制更为详细的分阶段或单位工程或分部工程进度计划，报监理人审批。

2）合同进度计划的修订。

a. 不论何种原因造成工程的实际进度与合同进度计划不符时，承包人均应在14天内向监理人提交修订合同进度计划的申请报告，并附有关措施和相关资料，报监理人审批。

b. 监理人应在收到申请报告后的14天内批复。当监理人认为需要修订合同进度计划时，承包人应按监理人的指示，在14天内向监理人提交修订的合同进度计划，并附调整计划的相关资料，提交监理人审批。监理人应在收到进度计划后的14天内批复。

c. 不论何种原因造成施工进度延迟，承包人均应按监理人的指示，采取有效措施赶上进度。承包人应在向监理人提交修订合同进度计划的同时，编制一份赶工措施报告提交监理人审批。

d. 施工进度延迟在分清责任的基础上按合同约定处理。

3）开工。

a. 监理人应在开工日期7天前向承包人发出开工通知。监理人在发出开工通知前应获得发包人同意。工期自监理人发出的开工通知中载明的开工日期起计算。

b. 承包人应向监理人提交工程开工报审表，经监理人审批后执行。开工报审表应详细说明按合同进度计划正常施工所需的施工道路、临时设施、材料设备、施工人员等施工组织措施的落实情况以及工程的进度安排。

c. 若发包人未能按合同约定向承包人提供开工的必要条件，承包人有权要求延长工期。监理人应在收到承包人的书面要求后，与合同双方商定或确定增加的费用和延长的工期。

d. 承包人在接到开工通知后14天内未按进度计划要求及时进场组织施工，监理人可通知承包人在接到通知后7天内提交一份说明其进场延误的书面报告，报送监理人。书面报告应说明不能及时进场的原因和补救措施，由此增加的费用和工期延误责任由承包人承担。

4）完工。承包人应在约定的期限内完成合同工程。合同工程实际完工日期在合同工程完工证书中明确。

a. 发包人的工期延误。在履行合同过程中，由于发包人的原因造成工期延误的，承包人有权要求发包人延长工期和（或）增加费用，并支付合理利润。需要修订合同进度计划的，按照约定办理。

b. 异常恶劣的气候条件。异常恶劣气候条件的界定，应按当地政府气象部门的气象报告为准。当工程所在地发生危及施工安全的异常恶劣气候时，发包人和承包人应及时采取暂停施工或部分暂停施工措施。异常恶劣气候条件解除后，承包人应及时安排复工。

异常恶劣气候条件造成的工期延误和工程损坏，应由发包人与承包人参照不可抗力的约定协商处理。

c. 承包人的工期延误。由于承包人原因，未能按合同进度计划完成工作，或监理人认为承包人施工进度不能满足合同工期要求的，承包人应采取措施加快进度，并承担加快进度所增加的费用。由于承包人原因造成工期延误，承包人应支付逾期竣工违约金。逾期竣工违约金的计算方法在专用合同条款中约定。承包人支付逾期竣工违约金，不免除承包人完成工程及修补缺陷的义务。

d. 工期提前。发包人要求承包人提前完工，或承包人提出提前完工的建议能够给发包人带来效益的，应由监理人与承包人共同协商采取加快工程进度的措施和修订合同进度计划。发包人应承担承包人由此增加的费用，并向承包人支付专用合同条款约定的相应奖金。

发包人要求提前完工的，双方协商一致后应签订提前完工协议，协议内容包括：提前的时间和修订后的进度计划；承包人的赶工措施；发包人为赶工提供的条件；赶工费用（包括利润和奖金）。

5）暂停施工。

a. 承包人暂停施工的责任。因承包人违约引起的暂停施工包括：由于承包人原因为工程合理施工和安全保障所必需的暂停施工；承包人擅自暂停施工；承包人其他原因引起的暂停施工；专用合同条款约定由承包人承担的其他暂停施工。

这些暂停施工增加的费用和（或）工期延误由承包人承担。

b. 发包人暂停施工的责任。由于发包人原因引起的暂停施工造成工期延误的，承包人有权要求发包人延长工期和（或）增加费用，并支付合理利润。

属于下列任何一种情况引起的暂停施工，均为发包人的责任：由于发包人违约引起的暂停施工；由于不可抗力的自然或社会因素引起的暂停施工；专用合同条款中约定的其他由于发包人原因引起的暂停施工。

c. 监理人暂停施工指示。监理人认为有必要时，可向承包人作出暂停施工的指示，承包人应按监理人指示暂停施工。不论由于何种原因引起的暂停施工，暂停施工期间承包人应负责妥善保护工程并提供安全保障。由于发包人的原因发生暂停施工的紧急情况，且监理人未及时下达暂停施工指示的，承包人可先暂停施工，并及时向监理人提出暂停施工的书面请求。监理人应在接到书面请求后的24h内予以答复，逾期未答复的，视为同意承包人的暂停施工请求。

d. 暂停施工后的复工。暂停施工后，监理人应与发包人和承包人协商，采取有效措施积极消除暂停施工的影响。当工程具备复工条件时，监理人应立即向承包人发出复工通知。承包人收到复工通知后，应在监理人指定的期限内复工。承包人无故拖延和拒绝复工的，由此增加的费用和工期延误由承包人承担；因发包人原因无法按时复工的，承包人有权要求发包人延长工期和（或）增加费用，并支付合理利润。

e. 暂停施工持续56天以上。监理人发出暂停施工指示后56天内未向承包人发出复工通知，除了该项停工属于承包人责任外的情况外，承包人可向监理人提交书面通知，要求监理人在收到书面通知后28天内准许已暂停施工的工程或其中一部分工程继续施工。如监理人逾期不予批准，则承包人可以通知监理人，将工程受影响的部分视为可取消工作。如暂停施工影响到整个工程，可视为发包人违约。

由于承包人责任引起的暂停施工，如承包人在收到监理人暂停施工指示后56天内不认真采取有效的复工措施，造成工期延误，可视为承包人违约。

(3) 质量管理。

1) 承包人的质量管理。

a. 承包人应在施工场地设置专门的质量检查机构，配备专职质量检查人员，建立完善的质量检查制度。

b. 承包人应按编制工程质量保证措施文件，包括质量检查机构的组织和岗位责任、质量检查人员的组成、质量检查程序和实施细则等，提交监理人审批。

c. 承包人应加强对施工人员的质量教育和技术培训，定期考核施工人员的劳动技能，严格执行规范和操作规程。

d. 承包人应按合同约定对材料、工程设备以及工程的所有部位及其施工工艺进行全过程的质量检查和检验，并作详细记录，编制工程质量报表，报送监理人审查。

2) 监理人的质量检查。

a. 监理人有权对工程的所有部位及其施工工艺、材料和工程设备进行检查和检验。

b. 承包人应为监理人的检查和检验提供方便，包括监理人到施工场地，或制造、加工地点，或合同约定的其他地方进行察看和查阅施工原始记录。

c. 承包人应按监理人指示，进行施工场地取样试验、工程复核测量和设备性能检测，提供试验样品、提交试验报告和测量成果以及监理人要求进行的其他工作。

d. 监理人的检查和检验，不免除承包人按合同约定应负的责任。

3）工程隐蔽部位覆盖前的检查。

a. 通知监理人检查。经承包人自检确认的工程隐蔽部位具备覆盖条件后，承包人应通知监理人在约定的期限内检查。承包人的通知应附有自检记录和必要的检查资料。监理人应按时到场检查。经监理人检查确认质量符合隐蔽要求，并在检查记录上签字后，承包人才能进行覆盖。监理人检查确认质量不合格的，承包人应在监理人指示的时间内修整返工后，由监理人重新检查。

b. 监理人未到场检查。监理人未按约定的时间进行检查的，除监理人另有指示外，承包人可自行完成覆盖工作，并作相应记录报送监理人，监理人应签字确认。监理人事后对检查记录有疑问的，可重新检查。

c. 监理人重新检查。承包人覆盖工程隐蔽部位后，监理人对质量有疑问的，可要求承包人对已覆盖的部位进行钻孔探测或揭开重新检验，承包人应遵照执行，并在检验后重新覆盖恢复原状。经检验证明工程质量符合合同要求的，由发包人承担由此增加的费用和（或）工期延误，并支付承包人合理利润；经检验证明工程质量不符合合同要求的，由此增加的费用和（或）工期延误由承包人承担。

d. 承包人私自覆盖。承包人未通知监理人到场检查，私自将工程隐蔽部位覆盖的，监理人有权指示承包人钻孔探测或揭开检查，由此增加的费用和（或）工期延误由承包人承担。

（4）变更管理。

1）变更的范围和内容。在履行合同中发生以下情形之一，应进行变更：取消合同中任何一项工作，但被取消的工作不能转由发包人或其他人实施；改变合同中任何一项工作的质量或其他特性；改变合同工程的基线、标高、位置或尺寸；改变合同中任何一项工作的施工时间或改变已批准的施工工艺或顺序；为完成工程需要追加的额外工作；增加或减少专用合同条款中约定的关键项目工程量超过其工程总量的一定数量百分比。

2）变更权。在履行合同过程中，经发包人同意，监理人可按变更程序向承包人作出变更指示，承包人应遵照执行。没有监理人的变更指示，承包人不得擅自变更。

3）变更程序。

a. 变更的提出。在合同履行过程中，可能发生变更约定情形的，监理人可向承包人发出变更意向书。变更意向书应说明变更的具体内容和发包人对变更的时间要求，并附必要的图纸和相关资料。变更意向书应要求承包人提交包括拟实施变更工作的计划、措施和完工时间等内容的实施方案。发包人同意承包人根据变更意向书要求提交的变更实施方案的，由监理人发出变更指示。在合同履行过程中，发生变更情形的，监理人应向承包人发出变更指示。承包人收到监理人发出的图纸和文件，经检查认为其中存在变更情形的，可向监理人提出书面变更建议。变更建议应阐明要求变更的依据，并附必要的图纸和说明。监理人收到承包人书面建议后，应与发包人共同研究，确认存在变更的，应在收到承包人书面建议后的14天内作出变更指示。经研究后不同意作为变更的，应由监理人书面答复承包人。若承包人收到监理人的变更意向书后认为难以实施此项变更，应立即通知监理人，说明原因并附详细依据。监理人与承包人和发包人协商后确定撤销、改变或不改变原变更意向书。

b. 变更估价。除专用合同条款对期限另有约定外，承包人应在收到变更指示或变更意向书后的14天内，向监理人提交变更报价书，报价内容应根据约定的估价原则，详细开列变更工作的价格组成及其依据，并附必要的施工方法说明和有关图纸。变更工作影响工期的，承包人应提出调整工期的具体细节。监理人认为有必要时，可要求承包人提交要求提前或延长工期的施工进度计划及相应施工措施等详细资料。除专用合同条款对期限另有约定外，监理人收到承包人变更报价书后的14天内，根据约定的估价原则，按照商定或确定变更价格。

c. 变更指示。变更指示只能由监理人发出。变更指示应说明变更的目的、范围、变更内容以及变更的工程量及其进度和技术要求，并附有关图纸和文件。承包人收到变更指示后，应按变更指示进行变更工作。

d. 变更的估价原则。除专用合同条款另有约定外，因变更引起的价格调整按照本款约定处理。已标价工程量清单中有适用于变更工作的子目的，采用该子目的单价。已标价工程量清单中无适用于变更工作的子目，但有类似子目的，可在合理范围内参照类似子目的单价，由监理人商定或确定变更工作的单价。已标价工程量清单中无适用或类似子目的单价，可按照成本加利润的原则，由监理人商定或确定变更工作的单价。

4）暂估价。在工程招标阶段已经确定的材料、工程设备或工程项目，但又无法在当时确定准确价格，而可能影响招标效果的，可由发包人在工程量清单中给定一个暂估价。暂估价的管理要求如下：

a. 必须招标的暂估价项目。若承包人不具备承担暂估价项目的能力或具备承担暂估价项目的能力但明确不参与投标的，由发包人和承包人组织招标。若承包人具备承担暂估价项目的能力且明确参与投标的，由发包人组织招标。暂估价项目中标金额与工程量清单中所列金额差以及相应的税金等其他费用列入合同价格。必须招标的暂估价项目招标组织形式、发包人和承包人组织招标时双方的权利义务关系在专用合同条款中约定。

b. 不招标的暂估价项目。给定暂估价的材料和工程设备不属于依法必须招标的范围或未达到规定的规模标准的，应由承包人提供。经监理人确认的材料、工程设备的价格与工程量清单中所列的暂估价的金额差以及相应的税金等其他费用列入合同价格。

给定暂估价的专业工程不属于依法必须招标的范围或未达到规定的规模标准的，由监理人按照变更处理原则进行估价，但专用合同条款另有约定的除外。经估价的专业工程与工程量清单中所列的暂估价的金额差以及相应的税金等其他费用列入合同价格。

5）价格调整。

a. 人工、材料和设备等价格波动影响合同价格时，其调整公式如下：

$$\Delta P = P_0\left[A + \left(B_1\frac{F_{t1}}{F_{01}} + B_2\frac{F_{t2}}{F_{02}} + B_3\frac{F_{t3}}{F_{03}} + \cdots + B_n\frac{F_{tn}}{F_{0n}}\right) - 1\right]$$

式中 ΔP——需调整的价格差额；

P_0——付款证书中承包人应得到的已完成工程量的金额；此项金额应不包括价格调整、不计质量保证金的扣留和支付、预付款的支付和扣回；变更及其他金额已按现行价格计价的，也不计在内；

A——定值权重（即不调部分的权重）；

B_1，B_2，B_3，…，B_n——各可调因子的变值权重（即可调部分的权重），为各可调因子在投标函投标总报价中所占的比例；

F_{t1}，F_{t2}，F_{t3}，…，F_{tn}——各可调因子的现行价格指数，指付款证书相关周期最后一天的前42天的各可调因子的价格指数；

F_{01}，F_{02}，F_{03}，…，F_{0n}——各可调因子的基本价格指数，指基准日期的各可调因子的价格指数。

应用以上公式其基础数据来源为：价格调整公式中的各可调因子、定值和变值权重，以及基本价格指数及其来源在投标函附录价格指数和权重表中约定。价格指数应首先采用有关部门提供的价格指数，缺乏上述价格指数时，可采用有关部门提供的价格代替。

暂时确定调整差额在计算调整差额时得不到现行价格指数的，可暂用上一次价格指数计算，并在以后的付款中再按实际价格指数进行调整。

由于承包人原因未在约定的工期内完工的，则对原约定完工日期后继续施工的工程，在使用价格调整公式时，应采用原约定完工日期与实际完工日期的两个价格指数中较低的一个作为现行价格指数。

【应用实例7-3】 某工程某月实际完成工程价款100万元，价格调整公式中定值权重为0.2。本月参加调价的因素除人工费价格指数上升了20%外，其他未发生变化。人工费占合同调值部分的50%，不计其他，本月实际结算的工程款为多少万元？

【实例解答】 实际计算工程款为

$$P=100\times\left[0.2+\left(0.5\times\frac{1.2}{1}+0.5\times\frac{1}{1}\right)\times0.8\right]=108(万元)$$

b. 法律变化引起的价格调整。在基准日后，因法律变化导致承包人在合同履行中所需要的工程费用发生除物价波动以外的增减时，监理人应根据法律、国家或省、自治区、直辖市有关部门的规定，按商定或确定需调整的合同价款。

(5) 计量与支付。

1) 计量。

a. 单价子目的计量。已标价工程量清单中的单价子目工程量为估算工程量。结算工程量是承包人实际完成的，并按合同约定的计量方法进行计量的工程量。承包人对已完成的工程进行计量，向监理人提交进度付款申请单、已完成工程量报表和有关计量资料。监理人对承包人提交的工程量报表进行复核，以确定实际完成的工程量。对数量有异议的，可要求承包人进行共同复核和抽样复测。承包人应协助监理人进行复核并按监理人要求提供补充计量资料。承包人未按监理人要求参加复核，监理人复核或修正的工程量视为承包人实际完成的工程量。监理人认为有必要时，可通知承包人共同进行联合测量、计量，承包人应遵照执行。承包人完成工程量清单中每个子目的工程量后，监理人应要求承包人派员共同对每个子目的历次计量报表进行汇总，以核实最终结算工程量。监理人可要求承包人提供补充计量资料，以确定最后一次进度付款的准确工程量。承包人未按监理人要求派员参加的，监理人最终核实的工程量视为承包人完成该子目的准确土程量。监理人应在收到承包人提交的工程量报表后的 7 天内进行复核，监理人未在约定时间内复核的，承包人提交的工程量报表中的工程量视为承包人实际完成的工程量，据此计算工程价款。

b. 总价子目的计量。总价子目的分解和计量按照下述约定进行。总价子目的计量和支付应以总价为基础，不因价格调整因素而进行调整。承包人实际完成的工程量，是进行工程目标管理和控制进度支付的依据。承包人应按工程量清单的要求对总价子目进行分解，并在签订协议书后的 28 天内将各子目的总价支付分解表提交监理人审批。分解表应标明其所属子目和分阶段需支付的金额。承包人应按批准的各总价子目支付周期，对已完成的总价子目进行计量，确定分项的应付金额列入进度付款申请单中。监理人对承包人提交的上述资料进行复核，以确定分阶段实际完成的工程量和工程形象目标。对其有异议的，可要求承包人进行共同复核和抽样复测。除变更外，总价子目的工程量是承包人用于结算的最终工程量。

2）预付款。

a. 预付款的定义和分类。预付款用于承包人为合同工程施工购置材料、工程设备、施工设备、修建临时设施以及组织施工队伍进场等，分为工程预付款和工程材料预付款。预付款必须专用于合同工程。

b. 工程预付款的额度和预付办法。一般工程预付款为签约合同价的 10%，分两次支付，招标项目包含大宗设备采购的可适当提高但不宜超过 20%。

c. 工程预付款保函。承包人在第一次收到工程预付款的同时需提交等额的工程预付款保函（担保）；第二次工程预付款保函可用承包人进入工地的主要设备（其估算价值已达到第二次预付款金额）代替。当履约担保的保证金额度大于工程预付款额度，发包人分析认为可以确保履约安全的情况下，承包人可与发包人协商不提交工程预付款保函，但应在履约保函中写明其兼具预付款保函的功能。此时，工程预付款的扣款办法不变，但不能递减履约保函金额。工程预付款担保的担保金额可根据工程预付款扣回的金额相应递减。

d. 工程预付款的扣回与还清公式。

$$R=\frac{A}{(F_2-F_1)S}(C-F_1S)$$

式中 R——每次进度付款中累计扣回的金额；

A——工程预付款总金额；

S——签约合同价；

C——合同累计完成金额；

F_1——开始扣款时合同累计完成金额达到签约合同价的比例，一般取 20%；

F_2——全部扣清时合同累计完成金额达到签约合同价的比例，一般取 80%～90%。

上述合同累计完成金额均指价格调整前未扣质量保证金的金额。

【应用实例 7-4】 某工程项目施工合同采用《水利水电标准施工招标文件》，合同价 2000 万元，合同工期 12 个月，工程预付款为合同价格的 10%，工程开工前由发包人一次付清，按合同扣还公式，$F_1=20\%$，$F_2=90\%$，合同实施到第3个月时，累计扣还工程预付款50万元，合同实施到第4个月时，累计完成合同金额540万元，则第4个月应扣还的工程预付款是多少？

【实例解答】 4月份累计扣回的金额为

$$R=\frac{A}{(F_2-F_1)S}(C-F_1S)=\frac{2000\times10\%}{(90\%-20\%)\times2000}\times(540-20\%\times2000)=70(万元)$$

则第4个月应扣还。的工程预付款为70－50＝20（万元）。

3）工程进度付款。

a. 进度付款申请单内容。进度付款申请单内容包括截至本次付款周期末已实施工程的价款；变更金额；索赔金额；应支付的预付款和扣减的返还预付款；应扣减的质量保证金；根据合同应增加和扣减的其他金额。

b. 进度付款证书和支付时间。监理人在收到承包人进度付款申请单以及相应的支持性证明文件后的14天内完成核查，经发包人审查同意后，出具经发包人签认的进度付款证书。发包人应在监理人收到进度付款申请单后的28天内，将进度应付款支付给承包人。发包人不按期支付的，按专用合同条款的约定支付逾期付款违约金。监理人出具进度付款证书，不应视为监理人已同意、批准或接受了承包人完成的该部分工作。进度付款涉及政府投资资金的，按照国库集中支付等国家相关规定和专用合同条款的约定办理。

4）质量保证金。

a. 扣留。从第一个付款周期在付给承包人的工程进度付款中（不包括预付款支付和扣回）扣留5%～8%，直至达到规定的质量保证金总额。一般情况下，质量保证金总额为签约合同价的2.5%～5%。

b. 退还。合同工程完工证书颁发后14天内，发包人将质量保证金总额的一半支付给承包人。在工程质量保修期满时，发包人将在30个工作日内核实后将剩余的质量保证金支付给承包人。在工程质量保修期满时，承包人没有完成缺陷责任的，发包人有权扣留与未履行责任剩余工作所需金额相应的质量保证金余额，并有权延长缺陷责任期，直至完成剩余工作为止。

5）完工结算。

a. 完工付款申请单。承包人应在合同工程完工证书颁发后28天内，向监理人提交完工付款申请单，并提供相关证明材料。完工付款申请单应包括下列内容：完工结算合同总价、发包人已支付承包人的工程价款、应扣留的质量保证金、应支付的完工付款金额。

b. 完工付款证书及支付时间。监理人在收到承包人提交的完工付款申请单后的14天内完成核查，提出发包人到期应支付给承包人的价款送发包人审核并抄送承包人。发包人应在收到后14天内审核完毕，由监理人向承包人出具经发包人签认的完工付款证书。监理人未在约定时间内核查，又未提出具体意见的，视为承包人提交的完工付款申请单已经监理人核查同意。发包人未在约定时间内审核又未提出具体意见的，监理人提出发包人到期应支付给承包人的价款视为已经发包人同意。发包人应在监理人出具完工付款证书后的14天内，将应支付款支付给承包人。发包人不按期支付的，将逾期付款违约金支付给承包人。承包人对发包人签认的完工付款证书有异议的，发包人可出具完工付款申请单中承包人已同意部分的临时付款证书。完工付款涉及政府投资资金的，按照国库集中支付等国家相关规定和专用合同条款的约定办理。

6）最终结清。

a. 最终结清申请单。工程质量保修责任终止证书签发后，承包人应按监理人批准的格式提交最终结清申请单。

b. 最终结清证书和支付时间。监理人收到承包人提交的最终结清申请单后的 14 天内，提出发包人应支付给承包人的价款送发包人审核并抄送承包人。发包人应在收到后 14 天内审核完毕，由监理人向承包人出具经发包人签认的最终结清证书。监理人未在约定时间内核查，又未提出具体意见的，视为承包人提交的最终结清申请已经监理人核查同意。发包天未在约定时间内审核又未提出具体意见的，监理人提出应支付给承包人的价款视为已经发包人同意。发包人应在监理人出具最终结清证书后的 14 天内，将应支付款支付给承包人。发包人不按期支付的，将逾期付款违约金支付给承包人。最终结清付款涉及政府投资资金的，按照国库集中支付等国家相关规定和专用合同条款的约定办理。最终结清后，发包人的支付义务结束。

【应用实例 7-5】 某水利工程业主与承包商签订了工程施工合同，合同中包含两个子项目，甲项估算工程量为 2300m^3，乙项为 3200m^3，经协商合同单价甲项 180 元/m^3，乙项为 160 元/m^3，承包合同约定：

1. 开业前业主应向承包商支付合同价的 20%预付款。
2. 业主自第 1 个月起，从承包商工程款中按 5%比例扣留保留金。
3. 当子工程实际工程量超过估算工程量 10%，可进行调价，调整系数为 0.9。
4 根据市场情况规定价格调整系数平均按 1.2 计算。
5. 监理工程师签发月度付款最低金额为 25 万元。
6. 预付款在最后两个月扣除，每月扣 50%。

承包商每月实际完成并经监理工程师签证确认工程量见表 7-1。

问题：

（1）预付款是多少？

（2）各月工程量价款是多少？监理工程师签证工程款是多少？实际签发付款凭证金额是多少？

表 7-1 **某水利工程确认工程量表** 单位：m^3

月 份	1	2	3	4
甲项	500	800	800	600
乙项	700	900	800	600

【实例解答】

（1）估算合同总价为 2300×180＋3200×160＝92.6（万元）

（2）工程预付款金额为 92.6×20%＝18.52（万元）

（3）计算如下：

1）第一个月：

工程量价款为500×180+700×160=20.2(万元)

应签证的工程款为20.2×1.2×(1-5%)=23.028(万元)

由于合同规定每月签发付款的最低金额为25万元，故本月不予签发付款凭证。

2）第二个月：

工程量价款为800×180+900×160=28.8(万元)

应签证的工程款为28.8×1.2×(1-5%)=32.832(万元)

本月实际签发的付款凭证金额为23.028+32.832=55.86(万元)

3）第三个月：

工程量价款为800×180+800×160=27.2(万元)

应签证的工程款为27.2×1.2×(1-5%)=31.008(万元)

应扣工程预付款为18.52×50%=9.26(万元)

该月应支付的净金额为31.008-9.26=21.748(万元)<25(万元)

由于未达到最低结算金额，故本月不予签发付款凭证。

4）第四个月：

甲项工程累计完成工程量为2700m^3，较估算工程量2300m^3差额大于10%。

$$2300\times(1+10\%)=2530(m^3)$$

超过10%的工程量为2700-2530=170（m^3）

其单价应调整为180×0.9=162(元/m^3)

故甲项工程量价款为(600-170)×180+170×162=10.494(万元)

乙项累计完成工程量为3000m^3，与估计工程量3200m^3相差未超过10%，故不予调整。

乙项工程量价款为600×160=9.6(万元)

本月完成甲、乙两项工程量价款为10.494+9.6=20.094(万元)

应扣工程预付款为18.52×50%=9.26(万元)

应签证的工程款为20.094×1.2×(1-5%)-9.26=13.647(万元)

本期实际签发的付款凭证金额为21.748+13.647=35.395(万元)

(6) 保修。

1）缺陷责任期（工程质量保修期）的起算时间。

a. 除专用合同条款另有约定外，缺陷责任期（工程质量保修期）从工程通过合同工程完工验收后开始计算。

b. 在合同工程完工验收前，已经发包人提前验收的单位工程或部分工程，若未投入使用，其缺陷责任期（工程质量保修期）也从工程通过合同工程完工验收后开始计算。

c. 若已投入使用，其缺陷责任期（工程质量保修期）从通过单位工程或部分工程投入使用验收后开始计算。缺陷责任期（工程质量保修期）的期限在专用合同条款中约定。

2）工程质量保修责任终止证书。

a. 合同工程完工验收或投入使用验收后，发包人与承包人应办理工程交接手续，承包人应向发包人递交工程质量保修书。

b. 工程质量保修期满后30个工作日内，发包人应向承包人颁发工程质量保修责任终止证书，并退还剩余的质量保证金，但保修责任范围内的质量缺陷未处理完成的应除外。

c. 水利水电工程质量保修期通常为 1 年，河湖疏浚工程无工程质量保修期。

（7）保险。

1）工程保险。除专用合同条款另有约定外，承包人应以发包人和承包人的共同名义向双方同意的保险人投保建筑工程一切险、安装工程一切险。其具体的投保内容、保险金额、保险费率、保险期限等有关内容在专用合同条款中约定。

2）人员工伤事故的保险。

a. 承包人员工伤事故的保险。承包人应依照有关法律规定参加工伤保险，为其履行合同所雇用的全部人员，缴纳工伤保险费，并要求其分包人也进行此项保险。

b. 发包人员工伤事故的保险。发包人应依照有关法律规定参加工伤保险，为其现场机构雇用的全部人员，缴纳工伤保险费，并要求其监理人也进行此项保险。

c. 人身意外伤害险。发包人应在整个施工期间为其现场机构雇用的全部人员，投保人身意外伤害险，缴纳保险费，并要求其监理人也进行此项保险。承包人应在整个施工期间为其现场机构雇用的全部人员，投保人身意外伤害险，缴纳保险费，并要求其分包人也进行此项保险。

d. 第三者责任险。第三者责任系指在保险期内，对因工程意外事故造成的、依法应由被保险人负责的工地上及毗邻地区的第三者人身伤亡、疾病或财产损失（本工程除外），以及被保险人因此而支付的诉讼费用和事先经保险人书面同意支付的其他费用等赔偿责任。在缺陷责任期终止证书颁发前，承包人应以承包人和发包人的共同名义，投保第三者责任险，其保险费率、保险金额等有关内容在专用合同条款中约定。

e. 其他保险。除专用合同条款另有约定外，承包人应为其施工设备、进场的材料和工程设备等办理保险。

（8）不可抗力。

1）不可抗力的确认。

a. 不可抗力是指承包人和发包人在订立合同时不可预见，在工程施工过程中不可避免发生并不能克服的自然灾害和社会性突发事件，如地震、海啸、瘟疫、水灾、骚乱、暴动、战争和专用合同条款约定的其他情形。

b. 不可抗力发生后，发包人和承包人应及时认真统计所造成的损失，收集不可抗力造成损失的证据。合同双方对是否属于不可抗力或其损失的意见不一致的，由监理人商定或确定。发生争议时，按争议的约定办理。

2）不可抗力的通知。

a. 合同一方当事人遇到不可抗力事件，使其履行合同义务受到阻碍时，应立即通知合同另一方当事人和监理人，书面说明不可抗力和受阻碍的详细情况，并提供必要的证明。

b. 如不可抗力持续发生，合同一方当事人应及时向合同另一方当事人和监理人提交中间报告，说明不可抗力和履行合同受阻的情况，并于不可抗力事件结束后 28 天内提交最终报告及有关资料。

3）不可抗力后果及其处理。

a. 不可抗力造成损害的责任。除专用合同条款另有约定外，不可抗力导致的人员伤亡、财产损失、费用增加和（或）工期延误等后果，由合同双方按以下原则承担：永久工程，包括已运至施工场地的材料和工程设备的损害，以及因工程损害造成的第三者人员伤亡和财产损失由发包人承担；承包人设备的损坏由承包人承担；发包人和承包人各自承担其人员伤亡和其他财产损失及其相关费用；承包人的停工损失由承包人承担，但停工期间应监理人要求照管工程和清理、修复工程的金额由发包人承担；不能按期竣工的，应合理延长工期，承包人不需支付逾期竣工违约金。发包人要求赶工的，承包人应采取赶工措施，赶工费用由发包人承担。

b. 延迟履行期间发生的不可抗力。合同一方当事人延迟履行，在延迟履行期间发生不可抗力的，不免除其责任。

c. 避免和减少不可抗力损失。不可抗力发生后，发包人和承包人均应采取措施尽量避免和减少损失的扩大，任何一方没有采取有效措施导致损失扩大的，应对扩大的损失承担责任。

d. 因不可抗力解除合同。合同一方当事人因不可抗力不能履行合同的，应当及时通知对方解除合同。合同解除后，承包人应撤离施工场地。已经订货的材料、设备由订货方负责退货或解除订货合同，不能退还的货款和因退货、解除订货合同发生的费用，由发包人承担，因未及时退货造成的损失由责任方承担。

（9）违约。

1）承包人违约。在履行合同过程中发生的下列情况属承包人违约：承包人私自将合同的全部或部分权利转让给其他人，或私自将合同的全部或部分义务转移给其他人；承包人未经监理人批准，私自将已按合同约定进入施工场地的施工设备、临时设施或材料撤离施工场地；承包人使用了不合格材料或工程设备，工程质量达不到标准要求，又拒绝清除不合格工程；承包人未能按合同进度计划及时完成合同约定的工作，已造成或预期造成工期延误；承包人在缺陷责任期（工程质量保修期）内，未能对合同工程完工验收鉴定书所列的缺陷清单的内容或缺陷责任期（工程质量保修期）内发生的缺陷进行修复，而又拒绝按监理人指示再进行修补；承包人无法继续履行或明确表示不履行或实质上已停止履行合同；承包人不按合同约定履行义务的其他情况。

2）发包人违约。在履行合同过程中发生的下列情形，属发包人违约：发包人未能按合同约定支付预付款或合同价款，或拖延、拒绝批准付款申请和支付凭证，导致付款延误的；发包人原因造成停工的；监理人无正当理由没有在约定期限内发出复工指示，导致承包人无法复工的；发包人无法继续履行或明确表示不履行或实质上已停止履行合同的；发包人不履行合同约定其他义务的。

（10）索赔。

1）承包人索赔。

a. 承包人提出索赔程序。承包人应在知道或应当知道索赔事件发生后28天内，向监理人递交索赔意向通知书，并说明发生索赔事件的事由。承包人未在前述28天内发出索赔意向通知书的，丧失要求追加付款和（或）延长工期的权利。承包人应在发出索赔意向通知书后28天内，向监理人正式递交索赔通知书。索赔通知书应详细说明索赔理由以及要求追加的付款金额和（或）延长的工期，并附必要的记录和证明材料。索赔事件具有连续影响的，承包人应按合理时间间隔继续递交延续索赔通知，说明连续影响的实际情况和记录，列出累计的追加付款金额和（或）工期延长天数。在索赔事件影响结束后的 28 天内，承包人应向监理人递交最终索赔通知书，说明最终要求索赔的追加付款金额和延长的工期，并附必要的记录和证明材料。

b. 承包人索赔处理程序。监理人收到承包人提交的索赔通知书后，应及时审查索赔通知书的内容、查验承包人的记录和证明材料，必要时监理人可要求承包人提交全部原始记录副本。监理人应商定或确定追加的付款和（或）延长的工期，并在收到上述索赔通知书或有关索赔的进一步证明材料后的 42 天内，将索赔处理结果答复承包人。承包人接受索赔处理结果的，发包人应在作出索赔处理结果答复后 28 天内完成赔付。承包人不接受索赔处理结果的，按争议约定办理。

c. 承包人提出索赔的期限。承包人接受了完工付款证书后，应被认为已无权再提出在合同工程完工证书颁发前所发生的任何索赔。承包人提交的最终结清申请单中，只限于提出合同工程完工证书颁发后发生的索赔。提出索赔的期限自接受最终结清证书时终止。

2）发包人的索赔。

发生索赔事件后，监理人应及时书面通知承包人，详细说明发包人有权得到的索赔金额和（或）延长缺陷责任期的细节和依据。发包人提出索赔的期限和要求与承包人索赔相同，延长工程质量保修期的通知应在工程质量保修期届满前发出。监理人商定或确定发包人从承包人处得到赔付的金额和（或）工程质量保修期的延长期。承包人应付给发包人的金额可从拟支付给承包人的合同价款中扣除，或由承包人以其他方式支付给发包人。承包人对监理人发出的索赔书面通知内容持异议时，应在收到书面通知后的 14 天内，将持有异议的书面报告及其证明材料提交监理人。监理人应在收到承包人书面报告后的 14 天内，将异议的处理意见通知承包人，并执行赔付。若承包人不接受监理人的索赔处理意见，可按合同争议的规定办理。

【应用实例 7-6】 某泵站工程，业主与总承包商、监理单位分别签订了施工合同、监理合同。总承包商经业主同意将土方开挖、设备安装与防渗工程分别分包给专业性公司，并签订了分包合同。

施工合同中说明：土石方 686m^3，建设工期 250 天，2002 年 9 月 1 日开工，工程造价 3165 万元。

合同约定了结算方法；合同价款调整范围为业主认定的工程量增减、设计变更和洽商；安装配件、防渗工程的材料费调整依据为本地区工程造价管理部门公布的价格调整文件。

问题：

（1）总承包商于 8 月 25 日进场，进行开工前的准备工作。原定 9 月 1 开工，因业主办理伐树手续而延误至 6 日才开工，总承包商要求工期顺延 5 天。此项要求是否成立？根据是什么？

（2）土方公司在基础开挖中遇有地下文物，采取了必要的保护措施。为此，总承包商请土方公司向业主要求索赔，对否？为什么？

(3) 在基础回填过程中，总承包商已按规定取土样，试验合格。监理工程师对填土质量表示异议，责成总承包商再次取样复验，结果合格。总承包商要求监理单位支付试验费。对否？为什么？

(4) 总承包商对混凝土搅拌设备的加水计量器进行改进研究，在本公司试验室内进行实验，改进成功用于本工程，总包单位要求此项试验费由业主支付。监理工程师是否批准？为什么？

(5) 结构施工期间，总承包商经总监理工程师同意更换了原项目经理，组织管理一度失调，导致封顶时间延误8天。总承包商以总监理工程师同意为由，要求给予适当工期补偿。你认为是否可以得到？为什么？

(6) 监理工程师检查防渗工程，发现止水安装不符合要求，记录并要求防渗公司整改。防渗公司整改后向监理工程师进行了口头汇报，监理工程师即签证认可。事后发现仍有部分有误，需进行返工。问返修的经济损失由谁承担？监理工程师有什么不妥之处？

(7) 在做基础处理时，经中间检查发现施工不符合设计要求，防渗公司也自认为难以达到合同规定的质量要求，就向监理工程师提出终止合同的书面申请，你认为监理工程师应如何协调处理？

(8) 在进行结算时，总承包商根据已标价的工程量清单，要求安装配件费用按发票价计取，业主认为应按合同条件中约定计取，为此发生争议。你认为监理工程师应支持哪种意见？为什么？

【实例解答】

(1) 成立。因为属于业主责任（或业主未及时提供施工现场）。

(2) 不对。因为土方公司为分包，与业主无合同关系。

(3) 不对。因按规定，此项费用应由业主支付。

(4) 不批。因为此项支出应由总包单位承担。

(5) 得不到。虽然总监同意更换，不等同于免除总承包商应负的责任。

(6) 经济损失由防水公司承担。

监理工程师的不妥之处：

1) 不能凭口头汇报签证认可，应到现场复验。

2) 不能直接要求防渗公司整改，应要求总承包商整改。

3) 不能根据分包单位的要求进行签证，应根据总包单位的申请进行复验、签证。

(7) 监理工程师应采取如下协调处理措施：

1) 监理工程师应拒绝直接接受分包单位终止合同申请。

2) 应要求总包单位与分包单位双方协商，达成一致后解除合同。

3) 要求总承包商对不合格工程返工处理。

(8) 应支持业主意见，因为合同约定：安装配件材料费调整依据为本地区工程造价管理部门公布的价格调整文件。

【知识技能点小结】

施工招标文件的主要任务是根据国家法律法规确立的公开、公正、公平和诚实信用原则，制定招投标的工作规则，以及约定合同双方的责任、权利和义务，在水利水电工程的施工招标、工程合同管理以及施工质量控制起到很重要的作用，也对工程参建各方的工作起到约束和规范作用。

【知识技能训练】

案例分析题

某水利工程，在施工图纸没有完成前，业主将工程发包给一家总承包单位，因设计工作还未完成，所以承包范围内待施工的工程虽性质明确，但是还难以确定工程量。为了减少双方的风险，双方通过协商，决定采用总价合同形式签订施工合同。合同中的部分条款如下：

(1) 乙方不能将工程转包，但允许分包，也允许分包单位将分包的工程再次分包给其他施工单位。

(2) 甲方向乙方提供施工场地的水文与工程地质、地下主要管网路线以及施工设计图纸等资料，供乙方参考使用。

(3) 乙方向监理工程师提供施工组织设计，经监理工程师批准后组织施工。

(4) 乙方按监理工程师批准的施工组织设计组织施工，乙方不承担因此引起的工期延误和费用增加的责任。

(5) 无论监理工程师是否参加隐蔽工程的验收，当其提出对已经隐蔽的工程重新检验的要求时，乙方应按要求进行开挖，并在检验合格后重新进行覆盖或者修复。检验如果合格，甲方承担由此发生的经济支出，赔偿乙方的损失并相应顺延工期。检验如果不合格，乙方则应承担由此发生的费用，但应顺延工期。

问题：

(1) 该合同条款中第 1 条合适吗？为什么？

(2) 该合同条款中第 2 条合适吗？为什么？

(3) 该合同条款中第 4 条合适吗？为什么？

(4) 该合同条款中第 5 条合适吗？为什么？

(5) 该工程采用总价合同形式是否恰当？为什么？

任务 7.4　施工合同的索赔管理

7.4.1　索赔的概念及特征

7.4.1.1　概念

工程索赔是指在建设工程施工合同履行中，根据法律、合同规定及惯例，当事人一方由于另一方未履行合同所规定的义务而遭受损失时，向另一方提出赔偿要求的行为。在工程建设的各个阶段，都有可能发生索赔，但在施工阶段索赔发生较多。

工程索赔是双向的，发包人（建设单位）和承包人（施工单位）都可能向对方提出索赔要求。一般来讲，发包人索赔额较小，而且处理方便，可以通过冲账、扣拨工程款、扣保证金等实现对承包人的索赔；而承包人对发包人的索赔则比较困难一些。

通常情况下，工程索赔是指承包人在合同实施过程中，对非自身原因造成的工程延期、费用增加而要求发包人给予补偿损失的一种权利要求，称其为承包人的施工索赔（简称施工索赔）。发包人对属于承包人应承担责任造成的损失而向承包人要求的赔偿主张，称为发包人的反索赔（简称反索赔）。

建设工程的承包是一项复杂的系统工程，持续周期长、可变因素多、涉及的相关主体众多，在实施过程中可能会遇到各种各样的问题，为维护承包商的正当权益，建设领域的工程索赔已成为国际惯例。根据《建设工程施工合同（示范文本）》（GF—2013—0201）的固定索赔，指的是在合同履行过程中，对于并非自己的过错，而是应由对方承担责任的情况造成的实际损失，向对方提出经济补偿和（或）工期顺延的要求。索赔在一般情况下都可以通过协商方式友好解决，若双方无法达成妥协时，争议可通过仲裁解决。

建设工程合同索赔制度的意义如下：

（1）可以成为建设工程当事人维护自己权益、避免损失、提高效益的重要手段。目前建筑市场上，发包方处于优势地位，承包方在激烈的竞争中，可以通过“中标靠低价，赚钱靠索赔”的做法，谋求合理合法的利润。

（2）可以确保建设工程合同得到切实履行。

（3）可以督促提高建设工程项目的管理水平。索赔是专业性很强的活动，只有通过强化项目管理，认真研究合同，了解合同约定的赔偿范围、条件和方法，严格进行合同管理，为索赔提供充分的依据、论据和数据，才能获得成功。

7.4.1.2 建设工程索赔的特点

（1）索赔是双向的，承包人和发包人可以相互索赔。在实际工作中，“索赔”是双向的，建设单位和施工单位都可能提出索赔要求。通常情况下，索赔是指承包商（施工单位）在合同实施过程中，对非自身原因造成的工程延期、费用增加而要求业主给予补偿损失的一种权利要求，承包商是工程项目的承建者，在整个项目施工的全过程中始终面临设计问题、设备材料问题、不能按期支付等矛盾，因而提出索赔较为频繁。而业主（建设单位）对于属于施工单位因工期、质量等问题应承担责任造成的，且实际发生了损失，向施工单位要求赔偿，称为反索赔。

（2）索赔以发生实际损失为前提。索赔的本质属性在于，非过错方对自己的经济损失有权要求过错方弥补，因此，“无损失无索赔”。

（3）索赔的性质属于经济补偿行为，而不是惩罚。索赔的目的是弥补实际损失，因此体现为补偿性，而非惩罚性。

需要注意的是，索赔不以对方的违约行为为前提条件。只要索赔方没有过错，而根据约定应当由对方承担责任的情况造成实际损失的，都有权向对方提出索赔。

7.4.1.3 索赔的基本条件

1. 客观性

（1）干扰事件客观存在。

（2）干扰事件的影响存在。

（3）造成工期拖延、承包商经济损失。

（4）有证据证明。

2. 合法性

按合同、法律或交易习惯规定应予补偿。

3. 合理性

(1) 索赔要求符合合同规定。

(2) 符合实际情况。

(3) 索赔值的计算符合以下几方面。

1) 符合合同规定的计算方法和计算基础。

2) 符合公认的会计核算原则。

3) 符合工程惯例。

4) 干扰事件、责任、干扰事件的影响与索赔值之间有直接的因果关系，索赔要求符合逻辑。

4. 及时性

(1) 出现索赔事件应提出索赔意向通知。

(2) 索赔事件结束后的一段时间内应提出正式索赔报告，如国内施工合同文本规定应在出现索赔事件后的28天内提意向通知，索赔事件结束后的28天内提正式索赔报告，否则失去索赔的机会。

7.4.2 索赔的分类及处理

7.4.2.1 索赔的分类

1. 按索赔的合同依据分类

(1) 合同中明示的索赔。合同中明示的索赔是指承包商所提出的索赔要求，在该工程项目的合同文件中有文字依据，承包商可以据此提出索赔要求，并取得经济补偿。这些在合同文件中有文字规定的合同条款，称为明示条款。

(2) 合同中默示的索赔。

合同中默示的索赔，即承包商的该项索赔要求，虽然在工程项目的合同条件中没有专门的文字叙述，但可以根据该合同条件的某些条款的含义，推论出承包商有索赔权。这种索赔要求，同样有法律效力，有权得到相应的经济补偿。这种有经济补偿含义的条款，在合同管理工作中被称为"默示条款"或称为"隐含条款"。

默示条款是一个广泛的合同概念，它包含合同明示条款中没有写入、但符合双方签订合同时设想的愿望和当时环境条件的一切条款。这些默示条款，或者从明示条款所表述的设想愿望中引申出来，或者从合同双方在法律上的合同关系引申出来，经合同双方协商一致，或被法律和法规所指明，都成为合同文件的有效条款，要求合同双方遵照执行。

2. 按索赔有关当事人分类

(1) 承包人同业主之间的索赔。这是承包施工中最普遍的索赔形式。最常见的是承包人向业主提出的工期索赔和费用索赔；有时，业主也向承包人提出经济赔偿的要求，即"反索赔"。

(2) 总承包人和分包人之间的索赔。总承包人和分包人，按照他们之间所签订的分包合同，都有向对方提出索赔的权利，以维护自己的利益，获得额外开支的经济补偿。分包人向总承包人提出的索赔要求，经过总承包人审核后，凡是属于业主方面责任范围内的事项，均由总承包人汇总编制后向业主提出；凡属总承包人责任的事项，则由总承包人同分包人协商解决。

（3）承包人同供货人之间的索赔。承包人在中标以后，根据合同规定的机械设备和工期要求，向设备制造厂家或材料供应人询价订货，签订供货合同。

供货合同一般规定供货商提供的设备的型号、数量、质量标准和供货时间等具体要求。如果供货人违反供货合同的规定，使承包人受到经济损失时，承包人有权向供货人提出索赔，反之亦然。

（4）承包人与保险人之间索赔。工程保险索赔是被保险人投保的目的，一旦工程保险标的遭受损失，被保险人将向保险人要求经济赔偿，达到恢复正常施工、保障被保险人财务稳定的目的。索赔是被保险人行使权利的具体体现，它是指被保险人在遭受保险责任范围内的损失后，按照双方签订的保险合同有关规定，向保险人申请经济补偿的过程。

3. 按索赔目的分类

（1）工期索赔。由于非承包人责任的原因而导致施工进程延误，要求批准展延合同工期的索赔，称为工期索赔。工期索赔形式上是对权利的要求，以避免在原定合同竣工日不能完工时，被业主追究拖期违约责任。一旦获得批准合同工期延展后，承包人不仅免除了承担拖期违约赔偿费的严重风险，而且可能提前工期得到奖励，最终仍反映在经济收益上。

（2）费用索赔。费用索赔的目的是要求经济补偿。当施工的客观条件改变导致承包人增加开支，要求对超出计划成本的附加开支给予补偿，以挽回不应由他承担的经济损失。

4. 按索赔的处理方式分类

（1）单项索赔。单项索赔是针对某一干扰事件提出的。索赔的处理是在合同实施的过程中，干扰事件发生时，或发生后立即执行，它由合同管理人员处理，并在合同规定的索赔有效期内提交索赔意向书和索赔报告，它是索赔有效性的保证。

单项索赔通常处理及时，实际损失易于计算。例如，工程师指令将某分项工程混凝土改为钢筋混凝土，对此只需提出与钢筋有关的费用索赔即可。

单项索赔报告必须在合同规定的索赔有效期内提交工程师，由工程师审核后交业主，由业主作答复。

（2）总索赔。总索赔又叫一揽子索赔或综合索赔。一般在工程竣工前，承包人将施工过程中未解决的单项索赔集中起来，提出一篇总索赔报告。合同双方在工程交付前后进行最终谈判，以一揽子方案解决索赔问题。

1）通常在如下几种情况下采用一揽子索赔：

a. 在施工过程中，有些单项索赔原因和影响都很复杂，不能立即解决，或双方对合同的解释有争议，而合同双方都要忙于合同实施，可协商将单项索赔留到工程后期解决。

b. 业主拖延答复单项索赔，使施工过程中的单项索赔得不到及时解决。在国际工程中，有的业主就以拖的办法对待索赔，常常使索赔和索赔谈判旷日持久，导致许多索赔要求集中起来。

c. 在一些复杂的工程中，当干扰事件多，几个干扰事件同时发生，或有一定的连贯性，互相影响大，难以一一分清，则可以综合在一起提出索赔。

2）总索赔特点。

a. 处理和解决都很复杂，由于施工过程中的许多干扰事件搅交在一起，使得原因、责任和影响分析很为艰难。索赔报告的起草、审阅、分析、评价难度大。

由于解决费用、时间补偿的拖延，这种索赔的最终解决还会连带引起利息的支付、违约金的扣留、预期的利润补偿；工程款的最终结算等问题。这会加剧索赔解决的困难程度。

b. 为了索赔的成功，承包人必须保存全部的工程资料和其他作为证据的资料，这使得工程项目的文档管理任务极为繁重。

c. 索赔的集中解决使索赔额集中起来，造成谈判的困难。由于索赔额大，双方都不愿或不敢作出让步，所以争执更加激烈。通常在最终一揽子方案中，承包商往往必须作出较大让步，有些重大的一揽子索赔谈判一拖几年，花费大量的时间和金钱。

对索赔额大的一揽子索赔，必须成立专门的索赔小组负责处理。在国际承包工程中，通常聘请法律专家、索赔专家，或委托咨询公司、索赔公司进行索赔管理。

d. 由于合理的索赔要求得不到解决，影响承包人的资金周转和施工速度，影响承包人履行合同的能力和积极性。这样会影响工程的顺利实施和双方的合作。

5. 按索赔事件的影响分类

(1) 工期拖延索赔。由于发包人未能按合同规定提供施工条件，如未及时交付设计图纸、技术资料、场地、道路等；或非承包人原因发包人指令停止工程实施；或其他不可抗力因素作用等原因，造成工程中断，或工程进度放慢，使工期拖延，承包人对此提出索赔。

(2) 不可预见的外部障碍或条件索赔。如果在施工期间，承包人在现场遇到一个有经验的承包人通常不能预见到的外界障碍或条件，例如地质与预计的（发包人提供的资料）不同，出现未预见到的岩石、淤泥或地下水等。

(3) 工程变更索赔。由于发包人或工程师指令修改设计、增加或减少工程量、增加或删除部分工程、修改实施计划、变更施工次序，造成工期延长和费用损失，承包人对此提出索赔。

(4) 工程终止索赔。由于某种原因，如发包人违约，使工程被迫在竣工前停止实施，并不再继续进行，使承包人蒙受经济损失，因此提出索赔。

(5) 业主风险和特殊风险引起的索赔。如不可抗拒的自然力、战争、敌对行动、入侵、叛乱、暴乱、军事政变、核燃料、核辐射、核泄漏等；音速或超音速飞行器产生压力波；业主提前使用或占用工程的未完工交付的任何一部分致使破坏；纯粹由于设计所产生的事故或破坏，并且设计不是由承包商负责等。

(6) 其他索赔。如货币贬值、汇率变化、物价和工资上涨、政策法令变化、发包人推迟支付工程款等原因引起的索赔。

7.4.2.2　索赔的处理

1. 承包商对索赔的处理

(1) 索赔工作流程。索赔工作是指对一个（或一批）具体的干扰事件进行索赔所涉及的工作。它包括许多内容和过程。当索赔事件发生，承包人就应该进行索赔处理工作，直到正式向工程师和业主提交索赔报告。承包商的索赔工作程序如图 7-2 所示。

(2) 索赔意向通知。在索赔事件发生后，承包人应抓住索赔机会，迅速作出反应。承

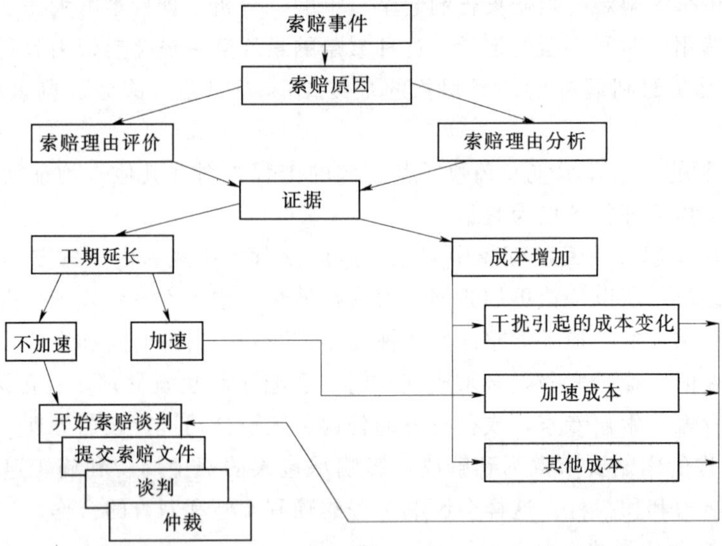

图 7-2　索赔工程程序示意图

包人应在索赔事件发生后的 28 天内向工程师递交索赔意向通知，声明将对此事件提出索赔。该意向通知是承包人就具体的索赔事件向工程师和业主表示的索赔愿望和要求。如果超过这个期限，工程师和业主有权拒绝承包人的索赔要求。这一阶段，承包商内部应该做的工作包括以下内容：

1）事态调查，即寻找索赔机会。通过对合同实施的跟踪、分析、诊断，发现了索赔机会，则应有尽有对它进行详细的调查和跟踪，以了解事件经过、前因后果，掌握事件详细情况。在实际工作中，事态调查可以用合同事件调查表进行。

2）干扰事件原因分析，即分析这些干扰事件由谁引起的，它的责任该由谁来负担。

3）索赔根据，即索赔理由，主要是指合同条文。必须按合同判明这些干扰事件是否违反合同，是否在合同规定的赔（补）偿范围之内。只有符合合同规定的索赔要求才有合法性，才能成立。

4）损失调查，即为干扰事件的影响分析。

5）收集证据。一经干扰事件发生，承包商就应抓紧证据的收集工作，并在干扰事件持续期间一直保持有完整的当时记录，这是索赔有效的前提条件。

6）起草索赔报告。索赔报告是上述各项工作的结果和总括。

（3）索赔机会。在合同实施过程中经常会发生一些非承包商责任的，而且承包商不能影响的确良干扰事件。它们不符合“合同状态”，造成施工工期的拖延和费用的增加，是承包商的索赔机会。

1）业主或他的代理人、工程师等有明显的违反合同，或未正确地履行合同责任的行为。

2）承包商自己的行为违约，已经或可能完不成合同责任，但究其原因却在业主或他的代理人等。由于合同双方的责任是互相联系、互为条件的，如果承包商违约的原因是业主造成，同样是承包商的索赔机会。

3）工程环境与“合同状态”的环境一致，或者与原标书规定不一致，出现“异常”情况和一些特殊问题。

4）合同双方对合同条款的理解发生争执，或发现合同缺陷、图纸出错等。

5）业主和工程师作出变更指令，双方召开变更会议，双方签署了会谈纪要、备忘录、修正案、附加协议。

6）在合同监督和跟踪中发现工程实施偏离合同，如月形象进度与计划不搭，成本大幅度增加，工程停滞，质量标准提高，工程量增加，施工计划打乱，施工现场紊乱，实际的合同实施不符合合同事件表中的内容，存在差异等。

（4）索赔证据。证据作为索赔文件的一部分，关系到索赔的成败。证据不足或没有证据，索赔是不能成立的。证据又是对方反索赔攻击的重点之一，所以承包商必须有足够的证据证明自己的索赔要求。

索赔证据在合同签订和合同实施过程中产生，在工程过程中常见的索赔证据如下：

1）招标文件、合同文本及附件，其他的各种签约（备忘录，修正案等），业主认可的工程实施计划，各种工程图纸（包括图纸修改指令），技术规范等。承包商的报价文件，包括各种工程预算和其他作为报价依据的资料，如环境调查资料、标前会议和澄清会议资料等。

2）来往信件，如业主的变更指令，各种认可信、通知、对承包商问题的答复信等。这里注意，商讨性的和意向性的信件通常不能作为变更指令或合同变更。

3）各种会谈纪要。在标前会议上、在决标前的澄清会议上，以及在实施的日常协调会议上业主对承包商问题的书面答复，或双方签署的会议纪要等。

4）施工进度计划和实际施工进度记录。包括总进度计划、开工后业主工程师批准的详细的进度计划、每月进度修改计划、实际施工进度记录、月进度报表等。

5）施工现场的工程文件，如施工记录、施工备忘录、施工日报、工长或检查员的工作日记、监理工程师填写的施工记录和各种签证等。

6）工程照片。照片作为证据最清楚和直观。照片上应注明日期。索赔中常用的有，表示工程进度的照片，隐蔽工程覆盖前的照片，业主责任造成返工和工程损坏的照片等。

7）气候报告。如果遇到恶劣的天气，应作记录，并请工程师签证。

8）工程中的各种检查验收报告和各种技术鉴定报告。工程水文地质勘探报告，土质分析报告，文物和化石的发现记录等。

9）工地的交接记录（应注明交接日期，场地平整情况，水、电、路情况等），图纸和各种资料交接记录。

10）建筑材料和设备的采购、订货、运输、进场，使用方面的记录、凭证和报表等。

11）市场行情资料，包括市场价格、官方的物价指数、工资指数、中央银行的外汇比率等公布材料。

12）各种会计核算资料。包括：工资单、工资报表、工程款账单，各种收付款原始凭证，总分类账目、管理费用报表，工程成本报表等。

13）国家法律、法令、政策文件。如因工资税增率加，提出索赔，索赔报告中只需引用文号、条款编号即可，而在索赔报表后附上复印件。

索赔证据必须具有真实性、全面性、及时性及法律证明效力。

(5) 索赔报告。索赔报告是上述各项工作的结果和总括。它表达了承包人的索赔要求和支持这个要求的详细依据。它决定了承包人索赔的地位，是索赔要求能否获得有利和合理解决的关键。

索赔报告是向对方提出索赔要求的书面文件，是承包商对索赔事件处理的结果。业主的反应——认可或反驳——就是针对索赔报告。调解人和仲裁人只有通过索赔报告了解和分析合同实施情况和承包商的索赔要求，评价它的合理性，并据此作出决议。

2. 工程师对索赔的处理

(1) 工程师审核承包人的索赔申请。接到承包人的索赔意向通知后，工程师应建立自己的索赔档案，密切关注事件的影响，检查承包商的同期记录时，随时就记录内容提出他的不同意见或他希望应予以增加的记录项目。

在接到正式索赔报告以后，认真研究承包商报送的索赔资料。首先在不确认责任归属的情况下，客观分析事件发生的原因，重温合同的有关条款，研究承包商的索赔证据，并检查他的同期记录；其次通过对事件的分析，工程师再依据合同条款划清责任界限，必要时还可以要求承包人进一步提供补充资料。尤其是对承包人与业主或工程师都负有一定责任的事件影响，更应划出各方应该承担合同责任的比例。最后再审查承包人提出的索赔补偿要求，剔除其中的不合理部分，拟定自己计算的合理索赔款额和工期延展天数。

《建设工程施工合同（示范文本）》(GF—2013—0201) 规定，工程师收到承包人递交的索赔报告和有关资料后，应在28天内给予答复，或要求承包人进一步补充索赔理由和证据。如果在28天内既未予答复，也未对承包人作进一步要求的话，则视为承包人提出的该项索赔要求已经认可。

(2) 索赔成立条件。

工程师判定承包人索赔成立的条件如下：

1) 与合同相对照，事件已造成了承包人施工成本的额外支出，或直接工期损失。

2) 造成费用增加或工期损失的原因，按合同约定不属于承包人的行为责任或风险责任。

3) 承包人按合同规定的程序提交了索赔意向通知和索赔报告。

上述三个条件没有先后主次之分，应当同时具备。只有工程师认定索赔成立后，才按一定程序处理。

(3) 工程师与承包人协商补偿。

工程师核查后初步确定应予以补偿的额度，往往与承包人的索赔报告中要求的额度不一致，甚至差额较大。主要原因大多为对承担事件损害责任的界限划分不一致；索赔证据不充分；索赔计算的依据和方法分歧较大等，因此双方应就索赔的处理进行协商。通过协商达不成共识的话，承包商仅有权得到所提供的证据满足工程师认为索赔成立那部分的付款和工期延展。不论工程师通过协商与承包人达到一致，还是他单方面作出的处理决定，批准给予补偿的款额和延展工期的天数如果在授权范围之内，则可将此结果通知承包商，并抄送业主。补偿款将计入下月支付工程进度款的支付证书内，延展的工期加到原合同工期中去。如果批准的额度超过工程师权限，则应报请业主批准。

对于持续影响时间超过 28 天以上的工期延误事件，当工期索赔条件成立时，对承包人每隔 28 天报送的阶段索赔临时报告审查后，每次均应作出批准临时延长工期的决定，并于事件影响结束后 28 天内承包人提出最终的索赔报告后，批准延展工期总天数。应当注意的是，最终批准的总延展天数，不应少于以前各阶段已同意延展天数之和。规定承包人在事件影响期间必须每隔 28 天提出一次阶段索赔报告，可以使工程师能及时根据同期记录批准该阶段应予延展工期的天数，避免事件影响时间太长而不能准确确定索赔值。

（4）工程师索赔处理决定。

在经过认真分析研究与承包人、业主广泛讨论后，工程师应该向业主和承包人提出自己的《索赔处理决定》。工程师收到承包人送交的索赔报告和有关资料后，于 28 天内给予答复，或要求承包人进一步补充索赔理由和证据。工程师在 28 天内未予答复或未对承包人作出进一步要求，则视为该项索赔已经认可。

工程师在《索赔处理决定》中应该简明地叙述索赔事项、理由和建议给予补偿的金额及（或）延长的工期。《索赔评价报告》则是作为该决定的附件提供的。它根据工程师所掌握的实际情况详细叙述索赔的事实依据、合同及法律依据，论述承包人索赔的合理方面及不合理方面，详细计算应给予的补偿。《索赔评价报告》是工程师站在公正的立场上独立编制的。

工程师在拟就《索赔处理决定》时，应该考虑到发出《索赔处理决定》之后可能出现的情况：承包人会有什么意见？如果承包人对《索赔处理决定》有异议，将采取什么对策？因此，工程师在《索赔处理决定》和《索赔评价报告》中可能需要有意保留某些情况，防止一开始就把所有情况告诉承包人而可能带来的被动局面。

通常，工程师的处理决定不是终局性的，对业主和承包人都不具有强制性的约束力。在收到工程师的《索赔处理决定》后，无论业主还是承包人，如果认为该处理决定不公正，都可以在合同规定的时间内提请工程师重新考虑。工程师不得无理拒绝这种要求。一般来说，对工程师的处理决定，业主不满意的情况很少，而承包人不满意的情况较多。承包人如果持有异议，他应该提供进一步的证明材料，向工程师进一步表明为什么其决定是不合理的。有时甚至需要重新提交索赔申请报告，对原报告做一些修正，补充或做一些让步。如果工程师仍然坚持原来的决定，或承包人对工程师的新决定仍不满，则可以按合同中的仲裁条款提交仲裁机构仲裁。

3. 业主审查索赔处理

当工程师确定的索赔额超过其权限范围时，必须报请业主批准。

业主首先根据事件发生的原因、责任范围、合同条款审核承包商的索赔申请和工程师的处理报告，再依据工程建设的目的、投资控制、竣工投产日期要求以及针对承包人在施工中的缺陷或违反合同规定等的有关情况，决定是否批准工程师的处理意见，而不能超越合同条款的约定范围。例如，承包人某项索赔理由成立，工程师根据相应条款规定，既同意给予一定的费用补偿，也批准展延相应的工期。但业主权衡了施工的实际情况和外部条件的要求后，可能不同意延展工期，而宁可给承包人增加费用补偿额，要求他采取赶工措施，按期或提前完工。这样的决定只有业主才有权作出。索赔报告经业主批准后，工程师即可签发有关证书。

承包人接受最终的索赔处理决定，索赔事件的处理即告结束。如果承包人不同意，就会导致合同争议。通过协商双方达到互谅互让的解决方案，是处理争议的最理想方式。如达不成谅解，承包人有权提交仲裁解决。

【应用实例 7-7】　某堤防工程，发包人与承包人依据《水利水电标准施工招标文件》签订了施工承包合同，合同中的项目包括土方填筑和砌石护坡。其中土方填筑 200 万 m^3，单价为 10 元/m^3；砌石护坡 10 万 m^3，单价 40 元/m^3。合同规定：

(1) 工程量清单中单项工程量的变化超过 20%时按变更处理。

(2) 工程施工计划为先填筑，填筑全部完成后再砌石护坡。

(3) 发包人指定的采石场距工程现场 10km，承包人的运输强度为 500m^3/天。

在土方施工中，由于以下原因引起停工：

(1) 合同规定发包人移交施工现场的时间为当年的 10 月 3 日，由于发包人的原因，实际移交时间延误到 10 月 8 日晚。

(2) 10 月 6 日至 15 日工地连降大雨，属于不利自然条件，在降雨期间全部暂停施工。

(3) 10 月 28 日至 11 月 2 日，承包人施工设备发生故障，主体施工发生施工暂停。

土方填筑实际完成 300 万 m^3，经合同双方协商，对超过合同规定百分比的工程量，单价增加了 3 元/m^3；土方填筑工程量的增加未延长填筑作业天数。

承包人填筑设备停产一天损失 1 万元，人工费 8000 元。

在工程施工中，承包人在发包人指定的采石场开采了 5 万 m^3 后，该采石场再无石料可采，监理工程师指示承包人自行寻找采石场。

承包人另寻采石场发生合理费用 5000 元。

新采石场距工程现场 30km，经合同双方协商，石料运输距离每增加 1km，运费增加 1 元/m^3。

采石场变更后，由于运距增加，承包人的运输强度变为 400m^3/天。

采石场变更以后，造成施工设备利用率不足并延长了砌石护坡的工作天数，经合同双方协商，从使用新料场开始，按照 2000 元/天补偿承包人的损失。

工程延期中，承包人的管理费、保险费、保函费等损失为 5000 元/天。

问题：

(1) 监理工程师应批准工程延期多少天？

(2) 土方填筑应结算的工程款是多少？

(3) 承包人应得到费用补偿为多少？

【实例解答】

(1) 应批准工期延期 37 天。

1) 因天气原因、移交场地延误等原因（属于不可抗力和发包人应承担的停工责任）造成从 10 月 4 日至 10 月 15 日施工暂停，工期延误 12 天。

2) 由于料场变化，运输能力不足，影响填筑工程延长工期：25 天。

应批准工期延长：$12+25=37$(天)

(2) 土方填筑按原单价结算的工程量。

$$200\times(1+20\%)=240(\text{万 m}^3)$$

按新单价结算的工程量：$300-240=60(\text{万 m}^3)$

土方填筑应结算工程款：$240\times10+60\times(10+3)=3180$(万元)

(3) 承包人应得到费用补偿。

1) 由于石料运输距离增加而增加的费用为

$$1\text{ 元/m}^3\times(10-5)\text{万 m}^3\times(30-10)\text{km}=100\text{ 万元}$$

2) 由于石料运输能力不足应给承包人的补偿为

$$2000\text{ 元/天}\times(10\text{ 万}-5\text{ 万})/400=25\text{ 万元}$$

3) 发包人应负责的停工期间设备停产的损失。

10 月 4 日至 10 月 15 日的 12 天停工期间，10 月 4 日至 10 月 5 日（2 天）由于发包人移交场地原因造成，属于应补偿费用的停工。

10 月 6 日至 10 月 8 日属于“共同性延误”，以先发生因素确定延误责任（发包人移交场地延误在前）。

10 月 9 日至 10 月 15 日，由于异常天气引起的停工，属于不予费用补偿的停工（7 天）。

因此，应予补偿费用的停工共计 5 天，

补偿费为 $5\times(1+0.8)=9$(万元)

4) 工期延长后管理费、保险费、保函费等费用的损失补偿。

$$0.5\times(5+25)=15\text{ 万元}$$

5) 承包人另寻采石场发生合理费用 0.5 万元。

承包人应得到费用补偿合计：$100+25+9+15+0.5=149.5$(万元)

7.4.2.3　索赔与工程变更

工程变更是对原工程设计作出任何方面的变更，而由监理工程师指令承包商实施。承包商完成变更工作后，业主应予以支付。从这个意义上讲，工程变更支付与索赔相类似，都是在工程量清单以外，业主对承包商的额外费用进行补偿。但是，二者是有区别的，主要表现在以下两方面：

(1) 起因与内容上的不同。索赔是承包商为履行合同，由于不是承包商的原因或责任受到损失而要求的补偿；而工程变更是承包商接受监理工程师的指令，完成了与合同有关但又不是合同规定的额外工作，为此而取得业主的支付。

(2) 处理与费用上的不同。一般说，工程变更是事先处理，即监理工程师在下达工程变更指令时，通常已事先与业主、承包商就工期或金额的补偿问题进行过协商，而把协商结果包括在指令之内下达给承包商；而索赔则是事后处理，即承包商由于事件发生受到了损失，因而提出要求，再经业主同意取得补偿的。

从补偿的费用说，工程变更是多做或少做了某些工作，其补偿除了工程成本外还应包括相应的利润；而索赔则纯属赔偿损失，其费用只计成本而不包括利润。

【知识技能点小结】

工程索赔是指在建设工程施工合同履行中，根据法律、合同规定及惯例，当事人一方由于另一方未履行合同所规定的义务而遭受损失时，向另一方提出赔偿要求的行为。一般多为承包商向业主索赔。在合同履行过程中，承包商应在干扰事件发生后，及时抓住索赔机会，并针对干扰事件进行调查，搜集和整理索赔证据。证据不足或没有证据，索赔是不能成立的。工程索赔过程中，应处理好程序上的问题：索赔意向书的递交、索赔报告的提出等。

【知识技能训练】

一、单项选择题

1. 下列关于建设工程索赔的说法，正确的是（　　）。

A 承包人可以向发包人索赔，发包人不可以向承包人索赔

B 索赔按处理方式的不同分为工期索赔和费用索赔

C 工程师在收到承包人送交的索赔报告的有关资料后 28 天未予答复或未对承包人作进一步要求，视为该项索赔已经认可

D 索赔意向通知发出后的 14 天内，承包人必须向工程师提交索赔报告及有关资料

2. 建设工程索赔通常是指在工程合同履行过程中，合同当事人一方因对方（　　）或者由于其他非自身因素而受到经济损失或权利损害，通过合同规定的程序向对方提出经济或时间补偿要求的行为。

A 不履行或未能正确履行合同　　B 未签订合同

C 不履行合同　　D 未能正确履行合同

二、多项选择题

1. 承包商可以就下列（　　）事件的发生向业主提出索赔。

A 施工中遇到地下文物被迫停工

B 施工机械大修，误工 3 天

C 材料供应商延期交货

D 业主要求提前竣工，导致工程成本增加

E 设计图纸错误，造成返工

2. 索赔可以从不同角度分类，如按索赔事件的影响分类，可分为（　　）。

A 单项索赔和综合索赔

B 工期拖延索赔和工程变更索赔

C 工期索赔和费用索赔

D 发包人和承包人、承包人与分包人之间的索赔

E 工程变更和工程终止索赔

三、案例题

某工程在施工过程中发生如下事件：

1. 基坑开挖后发现有古河道，须将河道中的淤泥清除并对地基进行二次处理。

2. 业主因资金困难，在应支付工程月进度款的时间内未支付，承包方停工 20 天。

3. 在主体施工期间，施工单位与某材料供应商签定了钢筋供销合同，在合同内约定：如供方不能按约定时间供货，每天赔偿订购方合同价万分之五的违约金。供货方因原材料问题未能按时供货，拖延 10 天。

在上述事件发生后，承包方及时向业主提交了工期和费用索赔要求文件，向供货方提出了费用索赔要求。

问题：

(1) 施工单位的索赔能否成立？为什么？

(2) 按索赔当事人分类，索赔可分为哪几种？

(3) 在工程施工中，通常可以提供的索赔证据有哪些？

项目8 水利工程施工安全管理

【项目目标】

理解施工安全管理的概念和特点；掌握施工安全管理的原则和程序；了解施工安全管理体系；熟悉水利工程施工安全管理规定；掌握水利工程施工相关人员安全职责；掌握施工安全控制措施；掌握安全事故处理的原则和程序；了解水利工程文明工地建设的要求。

【项目要求】

知识要点	能力要求	所占分值（100分）	自评分数
施工安全管理基础知识	理解施工安全管理的概念； 掌握施工安全管理的原则和程序	10	
施工安全管理体系	了解施工安全管理体系	10	
水利工程施工安全管理规定与职责	熟悉水利工程施工安全管理规定； 掌握水利工程施工相关人员安全职责	30	
施工安全控制	掌握施工安全控制措施	20	
安全事故处理	能识别水利工程安全事故类别并正确处理	20	
水利工程文明工地建设的要求	了解文明工地建设的要求	10	

【引例】

某高土石坝坝体施工项目，业主与施工总承包单位签订了施工总承包合同，并委托了工程监理单位实施监理。施工总承包完成桩基工程后，将深基坑支护工程的设计委托给了专业设计单位，并自行决定将基坑的支护和土方开挖工程分包给了一家专业分包单位施工，专业设计单位根据业主提供的勘察报告完成了基坑支护设计后，即将设计文件直接给了专业分包单位，专业分包单位在收到设计文件后编制了基坑支护工程和降水工程专项施工组织方案，施工组织方案经施工总承包单位项目经理签字后即由专业分包单位组织了施工。专业分包单位在施工过程中，由负责质量管理工作的施工人员兼任现场安全生产监督工作。土方开挖到接近基坑设计标高时，总监理工程师发现基坑四周地表出现裂缝，即向施工总承包单位发出书面通知，要求停止施工，并要求立即撤离现场施工人员，查明原因后再恢复施工，但总承包单位认为地表裂缝属正常现象没有予以理睬。不久基坑发生严重坍塌，并造成4名施工人员被掩埋，经抢救3人死亡，1人重伤。事故发生后，专业分包单位立即向有关安全生产监督管理部门上报了事故情况。经事故调查组调查，造成坍塌事故的主要原因是由于地质勘察资料中未标明地下存在古河道，基坑支护设计中未能考虑这一因素造成的。事故中直接经济损失 80 万元，于是专业分包单位要求设计单位赔偿事故损失 80 万元。

问题：

(1) 请指出上述整个事件中有哪些做法不妥，并写出正确的做法。

(2) 根据《水利工程建设安全生产管理规定》，施工单位应对哪些达到一定规模的危险性较大的工程编制专项施工方案？

(3) 本事故可定为哪种等级的事故？

(4) 这起事故的主要责任人是哪一方？并说明理由。

任务 8.1　施工安全管理基础知识

随着经济的高速增长和科学技术的飞速发展，生产力迅速提高，新技术、新材料、新能源不断涌现，新的产业和生产工艺不断诞生，但在生产力高速发展的同时，尤其是在市场竞争日益加剧的情况下，人们往往专注于追求低成本、高利润，而忽视了劳动者的劳动条件和环境的改善，甚至以牺牲劳动者的生命安全为代价。

工程建设是一项劳动密集型的生产活动，施工人员众多，各工种交叉作业，机械施工和手工操作并进，高空、水下、井下等危险作业多，施工现场在露天和野外，环境复杂，劳动条件差，不安全因素多，更容易产生安全事故。因此在工程施工过程中，加强施工安全管理就更为重要。

8.1.1　施工安全管理概述

8.1.1.1　施工安全管理的概念

施工安全管理是施工企业全体职工及各部门同心协力，把专业技术、生产管理、数理统计和安全教育结合起来，建立起从签订施工合同，进行施工组织设计、现场平面布置等施工准备工作开始，到施工的各个阶段，直至工程竣工验收活动全过程的安全管理体系，采用行政的、经济的、法律的、技术的和教育等手段，有效地控制设备事故、人员伤亡事故和职业危害的发生，实现安全生产、文明施工。

8.1.1.2　施工安全管理的目的

施工安全管理的目的是通过影响生产的具体因素的状态控制，使生产因素中的不安全行为和状态减少或消除，防止和减少安全生产事故，保护作业者的安全，保障人民群众的生命和财产免受损失，使施工项目效益目标得以实现。

8.1.1.3　施工安全管理的内容

(1) 建立安全生产制度。安全生产制度必须符合国家和地区的有关政策、法规、条例和规程，并结合本施工项目的特点，明确各级各类人员安全生产责任制，要求全体人员必须认真贯彻执行。

(2) 贯彻安全技术管理。编制施工组织设计时，必须结合工程实际，编制切实可行的安全技术措施。要求全体人员必须认真贯彻执行。执行过程中发现问题，应及时采取妥善的安全防护措施。要不断积累安全技术措施在执行过程中的技术资料，进行研究分析，总结提高，以利于以后工程的借鉴。

(3) 坚持安全教育和安全技术培训。组织全体人员认真学习国家、地方和本企业的安全生产责任制、安全技术规程、安全操作规程和劳动保护条例等。新工人进入岗位之前要进行安全纪律教育，特种专业作业人员要进行专业安全技术培训，考核合格后方能上岗。要使全体职工经常保持高度的安全生产意识，牢固树立"安全第一"的思想。

(4) 组织安全检查。为了确保安全生产，必须要有监督监察。安全检查员要经常查看现场，及时排除施工中的不安全因素，纠正违章作业，监督安全技术措施的执行，不断改善劳动条件，防止工伤事故的发生。

(5) 进行事故处理。人身伤亡和各种安全事故发生后，应立即进行调查，了解事故产生的原因、过程和后果，提出鉴定意见。在总结经验教训的基础上，有针对性地制订防止事故再次发生的可靠措施。

(6) 将安全生产指标，作为签订承包合同时一项重要考核指标。

8.1.1.4 施工安全管理的特点

建筑产品不同于普通的工业产品，其特殊性决定了施工安全管理的特点，主要体现在以下几个方面：

1. 复杂性

工程建设由于生产人员、工具和设备的交叉和流动作业，同时受不同外部环境的影响多，使得安全管理很复杂，考虑稍有不慎就会容易出现问题。

2. 多样性

建筑产品的单件性，使得每个建设项目都要根据其实际情况，制定安全管理计划，决不可相互之间套用。

3. 多变性

一方面因建设项目的规模大，使得项目建设现场材料、设备和工具的流动性大；另一方面由于技术进步，项目不断引入新材料、新设备和新工艺，这都决定了安全管理的方法手段得多变以与时俱进。

4. 不符合性

建设工程市场在供大于求的情况下，业主经常会压低标价，造成施工单位对安全管理投入费用的减少，不符合安全管理要求的现象时有发生。

5. 协调性

项目施工涉及的内部专业多、外界单位广、综合性强。这就要求施工方做到各专业之间、单位之间相互配合，共同注意施工过程中接口部分的安全管理的协调性。

6. 持续性

建设工程项目一般具有建设周期长的特点，从设计、实施直至投产阶段，诸多工序环环相扣。前一道工序的隐患，可能在后续的工序中暴露，酿成安全事故。

7. 主观性

施工作业人员文化素质较低，并处在动态调整的不稳定状态中，从而给施工现场的安全管理带来很多的不利因素。

8.1.2　施工安全管理的基本原则

8.1.2.1　安全生产管理体制

我国安全生产管理体制为“企业负责、行业管理、国家监察、群众监督、劳动者遵章守纪”，这一体制体现了企业在安全生产工作中的主体地位。

8.1.2.2　“六个坚持”原则

1. 坚持管生产同时管安全

《建筑法》第四十四条规定：建筑施工企业必须依法参加对建筑安全生产的管理，执行安全生产责任制度，采取有效措施，防止伤亡和其他安全事故的发生。建筑企业的法人发表人对本企业的安全生产负责。

项目经理对合同工程项目生产经营过程中的安全生产负全面领导责任，是项目安全生产第一责任人。

2. 坚持安全生产管理的目的性

只有有针对性地控制人的不安全行为和物的不安全状态，消除或避免安全事故的发生，才能达到保护劳动者的安全和健康的目的。

3. 坚持贯彻预防为主的方针

《建筑法》规定，建筑工程安全生产管理必须坚持“安全第一、预防为主”的方针，建立健全安全生产的责任制度和群防群治制度。

4. 坚持“四全”动态管理

“四全”动态管理是指全员、全过程、全方位、全天候的动态安全管理。

5. 坚持安全管理重在控制

重点控制人的不安全行为、物的不安全状态和环境的不安全因素。

6. 坚持不断提高安全管理水平

在管理中总结经验教训、制定新的管理制度和方法，使安全管理不断得到发展提高。

8.1.2.3　正确处理安全生产的“五种”原则

1. 安全与危险并存原则

安全与危险在同一事物的运动中是相互对立的，相互依赖而存在的。因为有危险，才要进行安全管理，以防止危险。安全与危险并非等量并存、平静相处。随着事物的运动变化，安全与危险每时每刻都在变化着，进行着此消彼长的斗争。事物的状态将向斗争的胜方倾斜。可见，在事物的运动中，都不会存在绝对的安全或危险。

保持生产的安全状态，必须采取多种措施，以预防为主，危险因素是完全可以控制的。危险因素是客观的存在于事物运动之中的，自然是可知的，也是可控的。

2. 安全与生产的统一原则

生产是人类社会存在和发展的基础。如果生产中人、物、环境都处于危险状态，则生产无法顺利进行。因此，安全是生产的客观要求，自然，当生产完全停止，安全也就失去意义。就生产的目的性来说，组织好安全生产就是对国家、人民和社会最大的负责。

3. 安全与质量的包含原则

从广义上看，质量包含安全工作质量，安全概念也内含着质量，交互作用，互为因果。安全第一，质量第一，两个第一并不矛盾。安全第一是从保护生产因素的角度提出的，而质量第一则是从关心产品成果的角度而强调的。安全为质量服务，质量需要安全保证。生产过程丢掉哪一头，都要陷于失控状态。

4. 安全与速度互保原则

生产的蛮干、乱干，在侥幸中求得的快，缺乏真实与可靠，一旦酿成不幸，非但无速度可言，反而会延误时间。

速度应以安全做保障，安全就是速度。我们应追求安全加速度，竭力避免安全减速度。安全与速度成正比例关系。一味强调速度，置安全于不顾的做法是极其有害的。当速度与安全发生矛盾时，暂时减缓速度，保证安全才是正确的做法。

5. 安全与效益的兼顾原则

安全技术措施的实施，定会改善劳动条件，调动职工的积极性，焕发劳动热情，带来经济效益，足以使原来的投入得以补偿。从这个意义上说，安全与效益完全是一致的，安全促进了效益的增长。

8.1.3　施工安全管理的程序

施工安全管理的程序如下。

(1) 确定项目的安全目标。按"目标管理"方法在以项目经理为首的项目管理系统内进行分解，从而确定每个岗位的安全目标，实现全员安全控制。

(2) 编制项目安全技术措施计划。对生产过程中的不安全因素，用技术手段加以消除和控制，并用文件化的方式表示，这是"预防为主"方针的具体体现，是进行工程项目安全控制的指导性文件。

(3) 安全技术措施计划的实施。包括建立健全安全生产责任制度、设置安全生产设施、进行安全教育和培训、沟通和交流信息、通过安全控制使生产作业的安全状况处于受控状态。

(4) 安全技术措施计划的验证。包括安全检查、纠正不符合情况，并做好检查记录工作。根据实际情况补充和修改安全技术措施。

(5) 持续改进。持续改进，直至完成建设工程项目的所有工作。

【知识技能点小结】

工程施工过程中，加强施工安全管理非常重要。施工安全管理包括建立安全生产制度、贯彻安全技术管理、坚持安全教育和安全技术培训、组织安全检查、进行事故处理和安全生产指标考核。施工安全管理要坚持安全生产管理体制、"六个坚持"原则、安全生产的"五种"原则等基本原则。施工安全管理的程序为确定项目的安全目标，编制项目安全技术措施计划，安全技术措施计划的实施，安全技术措施计划的验证和持续改进。

【知识技能训练】

一、单项选择题

1.《建筑法》规定，建筑工程安全生产管理必须坚持（　　）的方针。

A 安全第一，预防为主　　　　B 质量第一，兼顾安全

C 安全至上　　　　　　　　　D 安全责任重于泰山

2. 安全管理的根本目的是（　　）。

A 消除隐患，杜绝事故　　　　B 避免造成人身伤亡，财产损失

C 提高企业安全生产管理水平

D 保证生产经营活动中的人身安全、财产安全，促进经济发展

3. 施工安全管理的程序包括：①安全技术措施计划的实施；②编制项目安全技术措施计划；③安全技术措施计划的验证；④确定项目的安全目标；⑤持续改进。其顺序为（　　）。

A ②→④→①→③→⑤　　　　B ④→②→①→③→⑤

C ④→②→③→①→⑤　　　　D ②→③→④→①→⑤

二、简答题

施工安全管理的基本原则有哪些?

任务 8.2　施工安全管理体系

建筑施工是一个极其复杂的过程，危险源众多，容易产生安全问题。安全施工是施工企业生产管理的头等大事。目前我国的安全生产形势仍然严峻，特别是建筑领域伤亡事故多发，安全生产基础薄弱，部分地方和施工企业安全意识不够，责任不落实，投入不够，安全生产监督管理机构监管工作亟待加强。因此，建立一套完善的施工安全管理体系势在必行。

8.2.1　施工安全管理体系概述

8.2.1.1　施工安全管理体系的概念

施工安全管理体系，实质上是一种安全管理模式，目的是为了提高企业管理水平，促进经济发展，体系运行借助一系列标准，采取 PDCA 原则方法实现安全管理的良性循环，使安全管理朝着科学化、规范化、法制化发展。

8.2.1.2　施工安全管理体系的作用

建立安全管理体系的作用在于从组织上、制度上保证企业的生产安全。

8.2.1.3　施工安全管理体系的目标

（1）尽力使员工面临的风险减少到最低限度，并最终实现预防和控制工伤事故、职业病及其他损失的目标。

（2）通过实施施工安全管理体系直接或间接获得经济效益。

（3）实现以人为本的安全管理。

（4）提升企业的品牌和形象，安全生产是反映企业品牌的重要指标。

（5）促进施工管理现代化。

8.2.2　施工安全管理体系的建立

8.2.2.1　领导决策

最高管理者亲自决策，以便获得各方面的支持和在体系建立过程中所需的资源保证。

8.2.2.2　成立工作组

最高管理者或授权管理者代表成立工作小组负责建立体系。工作小组的成员要覆盖组织的主要职能部门，组长最好由管理者代表担任，以保证小组对人力、资金、信息的

获取。

8.2.2.3 人员培训

培训的目的是使有关人员了解建立体系的重要性，了解标准的主要思想和内容。根据对不同人员的培训要求，可将参加培训的人员分为四个层次，即：最高管理层；中层领导及技术负责人；具体负责建立体系的主要骨干人员；普通员工。

在开展工作之前，参与建立和实施管理体系的有关人员及内审员应接受安全管理体系标准及相关知识的培训。

8.2.2.4 初始状态评审

初始状态评审是对组织过去和现在的安全信息、状态进行收集、调查分析、识别和获取现有的适用的法律法规和其他要求，进行危险源辨识和风险评价。评审的结果将作为确定安全方针、制定管理方案、编制体系文件的基础。

初始状态评审的内容如下：

（1）辨识工作场所中的危险源和环境因素。

（2）明确适用的有关安全的法律、法规和其他要求。

（3）评审组织现有的管理制度，并与标准进行对比。

（4）评审过去的事故，进行分析评价，以及检查组织是否建立了处罚办法和预防措施。

（5）了解相关方对组织在安全管理工作的看法和要求。

8.2.2.5 制定方针、目标、指标的管理方案

方针是组织对其安全行为的原则和意图的声明，也是组织自觉承担其责任和义务的承诺。方针不仅为组织确定了总的指导方向和行动准则，而且是评价一切后续活动的依据，并为更加具体的目标和指标提供一个框架。

安全目标、指标的制定是组织为了实现其在安全方针中所体现出的管理理念及其对整体绩效的期许与原则，与企业的总目标相一致。目标和指标制定的依据和准则如下：

（1）依据并符合方针。

（2）考虑法律、法规和其他要求。

（3）考虑自身潜在的危险和重要环境因素。

（4）考虑商业机会和竞争机遇。

（5）考虑可实施性。

（6）考虑监测考评的现实性。

（7）考虑相关方的观点。

管理方案是实现目标、指标的行动方案。为保证安全管理体系目标的实现，需结合年度管理目标和企业客观实际情况，策划制定安全管理方案，方案中应明确旨在实现目标指标的相关部门的职责、方法、时间表以及资源的要求。

8.2.2.6 管理体系策划与设计

体系策划与设计是依据制定的方针、目标和指标、管理方案确定组织机构职责和筹划各种运行程序。文件策划的主要内容如下：

（1）确定文件结构。

(2) 确定文件编写格式。

(3) 确定各层文件名称及编号。

(4) 制定文件编写计划。

(5) 安排文件的审查、审批和发布工作。

8.2.2.7 体系文件编写

体系文件包括管理手册、程序文件、作业文件三个层次。

1. 体系文件编写的原则

安全管理体系是系统化、结构化、程序化的管理体系，是遵循PDCA管理模式并以文件支持的管理制度和管理办法。

体系文件编写应遵循以下原则：

(1) 标准要求的要写到。

(2) 文件写到的要做到。

(3) 做到的要有有效记录。

2. 管理手册的编写

管理手册是对组织整个管理体系的整体性描述，它为体系的进一步展开以及后续程序文件的制定提供了框架要求和原则规定，是管理体系的纲领性文件。手册可使组织的各级管理者明确体系概况，了解各部门的职责权限和相互关系，以便统一分工和协调管理。

管理手册除了反映组织管理体系需要解决的问题所在，也反映了组织的管理思路和理念。同时也向组织内外部人员提供了查询所需文件和记录的途径，相当于体系文件的索引。

其主要内容如下：

(1) 方针、目标、指标、管理方案。

(2) 管理、运行、审核和评审工作人员的主要职责、权限和相互关系。

(3) 关于程序文件的说明和查询途径。

(4) 关于管理手册的管理、评审和修订工作的规定。

3. 程序文件的编写

程序文件的编写应符合以下要求：

(1) 程序文件要针对需要编制程序文件体系的管理要素。

(2) 程序文件的内容可按"4W1H"的顺序和内容来编写，即明确程序中管理要素由谁做(Who)，什么时间做(When)，在什么地点做(Where)，做什么(What)，怎么做(How)。

(3) 程序文件一般格式可按目的和适用范围、引用的标准及文件、术语和定义、职责、工作程序、报告和记录的格式以及相关文件等的顺序来编写。

4. 作业文件的编写

作业文件是指管理手册、程序文件之外的文件，一般包括作业指导书（操作规程）、管理规定、监测活动准则及程序文件引用的表格。其编写的内容和格式与程序文件的要求基本相同。在编写之前应对原有的作业文件进行清理，摘其有用，删除无关。

8.2.2.8　文件的审查、审批和发布

文件编写完成后应进行审查，经审查、修改、汇总后进行审批，然后发布。

图8-1为某工程安全管理体系框图。

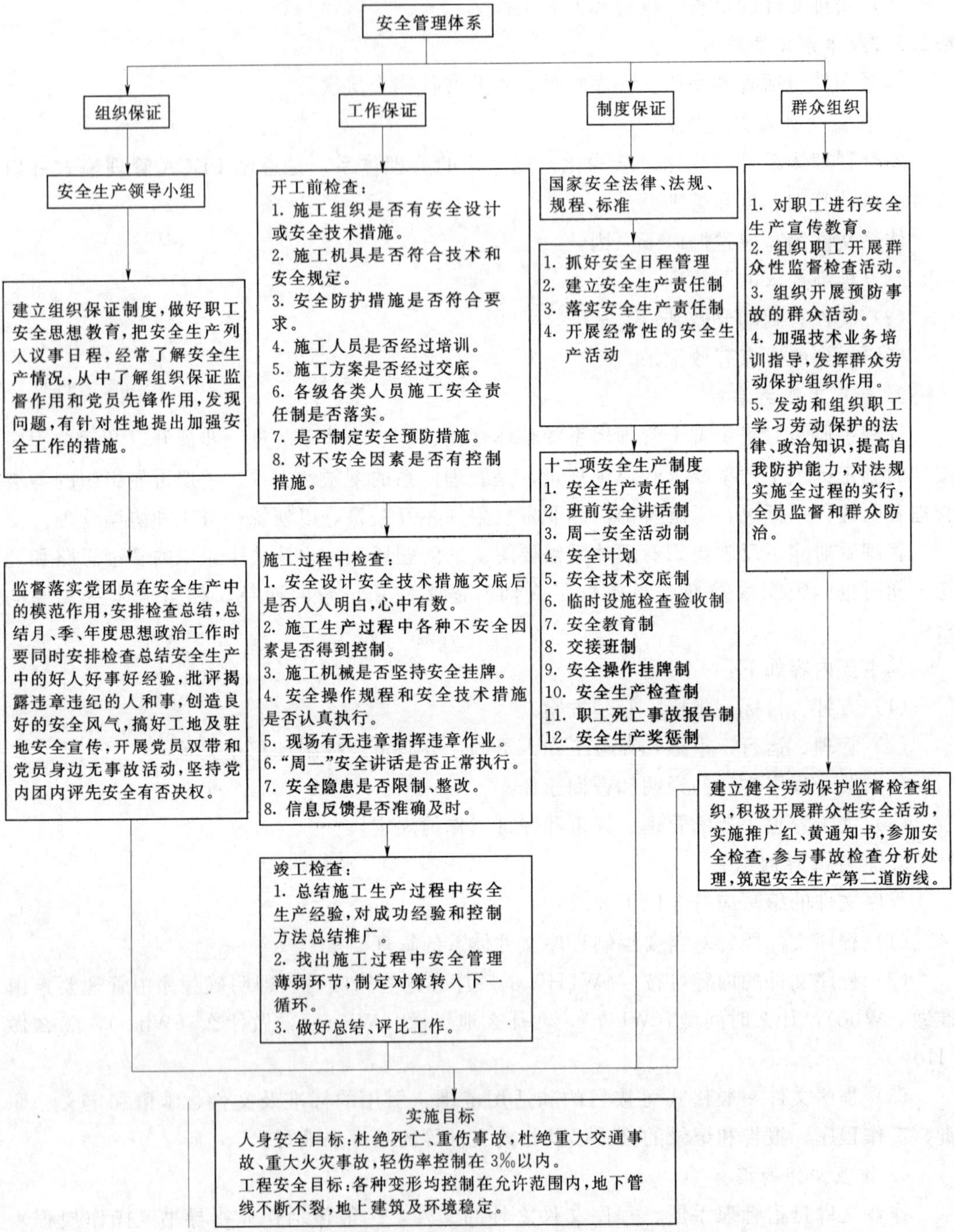

图8-1　某工程安全管理体系框图

8.2.3 施工安全管理体系的运行

8.2.3.1 管理体系的运行

体系运行是指按照已建立体系的要求来组织实施，重点围绕培训意识和能力，信息交流，文件管理，执行控制程序，监测，不符合、纠正和预防措施，记录等活动推进体系的运行工作。在管理组织建立的基础上，体系运行活动主要内容如下：

1. 培训意识和能力

由主管培训的部门根据体系、体系文件（培训意识和能力程序文件）的要求，制定详细的培训计划，明确培训的组织部门、时间、内容、方法和考核要求。

2. 信息交流

信息交流是确保各要素构成一个完整的、动态的、持续改进的体系和基础，应关注信息交流的内容和方式。

3. 文件管理

（1）对现有有效文件进行整理编号，方便查询索引。

（2）对适用的规范、规程等行业标准应及时购买补充，对适用的表格要及时发放。

（3）对在内容上有抵触的文件和过期的文件要及时作废并妥善处理。

4. 执行控制程序文件的规定

体系的运行离不开程序文件的指导，程序文件及其相关的作业文件在组织内部都具有法定效力，必须严格执行，才能保证体系正确运行。

5. 监测

为保证体系正确有效地运行，必须严格监测体系的运行情况。监测中应明确监测的对象和监测的方法。

6. 不符合、纠正和预防措施

体系在运行过程中，不符合的出现是不可避免的，包括事故也难免要发生，关键是相应的纠正与预防措施是否及时有效。

7. 记录

在体系运行过程中及时按文件要求进行记录，如实反映体系运行情况。

8.2.3.2 管理体系的维持

1. 内部审核

内部审核是组织对其自身的管理体系进行的审核，是对体系是否正常进行以及是否达到了规定的目标所作的独立的检查和评价，是管理体系自我保证和自我监督的一种机制。内部审核要明确提出审核的方式方法和步骤，形成审核日程计划，并发至相关部门。

2. 管理评审

管理评审是由组织的最高管理者对管理体系的系统评价，判断组织的管理体系面对内部情况的变化和外部环境是否充分适应有效，由此决定是否对管理体系做出调整，包括方针、目标、机构和程序等。

管理评审中应注意：

（1）信息输入的充分性和有效性。

（2）评审过程充分严谨，应明确评审的内容和对相关信息的收集、整理，并进行充分的讨论和分析。

(3) 评审结论应该清楚明了，表述准确。

(4) 评审中提出的问题应认真进行整改，不断持续改进。

3. 合规性评价

为了履行合规性承诺，合规性评价分公司级和项目组级评价两个层次进行。

项目组级评价，由项目经理组织有关人员对施工中应遵守的法律法规和其他要求的执行情况进行一次合规性评价。当某个阶段施工时间超过半年时，合规性评价不少于一次。项目工程结束时应针对整个项目工程进行系统的合规性评价。

公司级评价每年进行一次，制定计划后由管理者代表组织企业相关部门和项目组，对公司应遵守的法律法规和其他要求的执行情况进行合规性评价。

各级合规性评价后，对不能充分满足要求的相关活动或行为，通过管理方案或纠正措施等方式进行逐步改进。上述评价和改进的结果，应形成必要的记录和证据，作为管理评审的输入。

管理评审时，最高管理者应结合上述合规性评价的结果、企业的客观管理实际、相关法律法规和其他要求，系统评价体系运行过程中对适用法律法规和其他要求的遵守执行情况，并由相关部门或最高管理者提出改进要求。

【知识技能点小结】

施工安全管理体系，实质上是一种安全管理模式。施工安全管理体系的建立包括领导决策，成立工作组，人员培训，初始状态评审，制定方针、目标、指标的管理方案，管理体系策划与设计，体系文件编写，文件的审查、审批和发布。安全管理体系运行活动有培训意识和能力，信息交流，文件管理，执行控制程序文件的规定，监测，不符合、纠正和预防措施，记录。管理体系的维持包括内部审核、管理评审和合规性评价。

【知识技能训练】

简答题

简述建立健全施工安全管理体系的意义。

任务 8.3　水利工程施工安全管理规定与职责

8.3.1　水利工程施工安全生产管理规定

为了加强水利工程建设安全生产监督管理，明确安全生产责任，防止和减少安全生产事故，保障人民群众生命和财产安全，根据《中华人民共和国安全生产法》《建设工程安全生产管理条例》等法律、法规，结合水利工程的特点，水利部制定了《水利工程建设安全生产管理规定》，于 2005 年 9 月 1 日起施行。

《水利工程建设安全生产管理规定》，简称《安全生产管理规定》，包括总则，项目法人的安全生产责任，勘察（测）、设计、建设监理及其他有关单位的安全责任，施工单位的安全责任，监督管理，生产安全事故的应急救援和调查处理，附则。《安全生产管理规定》第四十条规定："违反本规定，需要实施行政处罚的，由水行政主管部门或者流域管理机构按照《建设工程安全生产管理条例》的规定执行。"

8.3.1.1　水利工程施工单位的安全生产责任

《水利工程建设安全生产管理规定》按施工单位、施工单位的相关人员以及施工作业人员等三个方面，从保证安全生产应当具有的基本条件出发，对施工单位的资质等级、机构设置、投标报价、安全责任，施工单位有关负责人的安全责任以及施工作业人员的安全责任等做出了具体规定，主要有：

(1) 施工单位从事水利工程的新建、扩建、改建、加固和拆除等活动，应当具备国家规定的注册资本、专业技术人员、技术装备和安全生产等条件，依法取得相应等级的资质证书，并在其资质等级许可的范围内承揽工程。

(2) 施工单位应当依法取得安全生产许可证后，方可从事水利工程施工活动。

(3) 施工单位主要负责人依法对本单位的安全生产工作全面负责。施工单位应当建立健全安全生产责任制度和安全生产教育培训制度，制定安全生产规章制度和操作规程，保证本单位建立和完善安全生产条件所需资金的投入，对所承担的水利工程进行定期和专项安全检查，并做好安全检查记录。

(4) 施工单位的项目负责人应当由取得相应执业资格的人员担任，对水利工程建设项目的安全施工负责，落实安全生产责任制度、安全生产规章制度和操作规程，确保安全生产费用的有效使用，并根据工程的特点组织制定安全施工措施，消除安全事故隐患，及时、如实报告生产安全事故。

(5) 施工单位在工程报价中应当包含工程施工的安全作业环境及安全施工措施所需费用。对列入建设工程概算的上述费用，应当用于施工安全防护用具及设施的采购和更新、安全施工措施的落实、安全生产条件的改善，不得挪作他用。

(6) 施工单位应当设立安全生产管理机构，按照国家有关规定配备专职安全生产管理人员。施工现场必须有专职安全生产管理人员。

专职安全生产管理人员负责对安全生产进行现场监督检查。发现生产安全事故隐患，应当及时向项目负责人和安全生产管理机构报告；对违章指挥、违章操作的，应当立即制止。

(7) 施工单位在建设有度汛要求的水利工程时，应当根据项目法人编制的工程度汛方案、措施制定相应的度汛方案，报项目法人批准；涉及防汛调度或者影响其他工程、设施度汛安全的，由项目法人报有管辖权的防汛指挥机构批准。

(8) 垂直运输机械作业人员、安装拆卸工、爆破作业人员、起重信号工、登高架设作业人员等特种作业人员，必须按照国家有关规定经过专门的安全作业培训，并取得特种作业操作资格证书后，方可上岗作业。

(9) 施工单位应当在施工组织设计中编制安全技术措施和施工现场临时用电方案，对下列达到一定规模的危险性较大的工程应当编制专项施工方案，并附具安全验算结果，经施工单位技术负责人签字以及总监理工程师核签后实施，由专职安全生产管理人员进行现场监督：

1) 基坑支护与降水工程。

2) 土方和石方开挖工程。

3) 模板工程。

4）起重吊装工程。

5）脚手架工程。

6）拆除、爆破工程。

7）围堰工程。

8）其他危险性较大的工程。

对前款所列工程中涉及高边坡、深基坑、地下暗挖工程、高大模板工程的专项施工方案，施工单位还应当组织专家进行论证、审查。

（10）施工单位在使用施工起重机械和整体提升脚手架、模板等自升式架设设施前，应当组织有关单位进行验收，也可以委托具有相应资质的检验检测机构进行验收；使用承租的机械设备和施工机具及配件的，由施工总承包单位、分包单位、出租单位和安装单位共同进行验收。验收合格的方可使用。

（11）施工单位的主要负责人、项目负责人、专职安全生产管理人员应当经水行政主管部门安全生产考核合格后方可任职。

施工单位应当对管理人员和作业人员每年至少进行一次安全生产教育培训，其教育培训情况记人个人工作档案。安全生产教育培训考核不合格的人员，不得上岗。

施工单位在采用新技术、新工艺、新设备、新材料时，应当对作业人员进行相应的安全生产教育培训。

8.3.1.2　水利工程生产安全事故应急救援和调查处理

关于生产安全事故的应急救援，《安全生产法》第十八条规定生产经营单位的主要负责人应组织制定并实施本单位的生产安全事故应急救援预案；第二十二条规定生产经营单位的安全生产管理机构以及安全生产管理人员应组织或者参与拟订本单位安全生产规章制度、操作规程和生产安全事故应急救援预案；第七十七条规定县级以上地方各级人民政府应当组织有关部门制定本行政区域内生产安全事故应急救援预案，建立应急救援体系；第七十八条规定生产经营单位应当制定本单位生产安全事故应急救援预案，与所在地县级以上地方人民政府组织制定的生产安全事故应急救援预案相衔接，并定期组织演练；第七十九条规定建筑施工单位应当建立应急救援组织；建筑施工单位应当配备必要的应急救援器材、设备和物资，并进行经常性维护、保养，保证正常运转。

《建设工程安全生产管理条例》第四十七条规定："县级以上地方人民政府建设行政主管部门应当根据本级人民政府的要求，制定本行政区域内建设工程特大生产安全事故应急救援预案。"第四十八条规定："施工单位应当制定本单位生产安全事故应急救援预案，建立应急救援组织或者配备应急救援人员，配备必要的应急救援器材、设备，并定期组织演练。"

1. 水利工程建设安全生产应急救援的要求

根据上述规定结合水利工程建设特点以及水利工程建设管理体系的实际情况，《水利工程建设安全生产管理规定》有关水利工程建设安全生产应急救援的要求主要有以下几点：

（1）各级地方人民政府水行政主管部门应当根据本级人民政府的要求，制定本行政区域内水利工程建设特大生产安全事故应急救援预案，并报上一级人民政府水行政主管部门备案。流域管理机构应当编制所管辖的水利工程建设特大生产安全事故应急救援预案，并报水利部备案。

(2) 项目法人应当组织制定本建设项目的生产安全事故应急救援预案，并定期组织演练。应急救援预案应当包括紧急救援的组织机构、人员配备、物资准备、人员财产救援措施、事故分析与报告等方面的方案。

(3) 施工单位应当根据水利工程施工的特点和范围，对施工现场易发生重大事故的部位、环节进行监控，制定施工现场生产安全事故应急救援预案。实行施工总承包的，由总承包单位统一组织编制水利工程建设生产安全事故应急救援预案，工程总承包单位和分包单位按照应急救援预案，各自建立应急救援组织或者配备应急救援人员，配备救援器材、设备，并定期组织演练。

2. 生产安全事故的调查处理

关于生产安全事故的调查处理，《水利工程建设安全生产管理规定》根据《安全生产法》以及《建设工程安全生产管理条例》的有关规定结合水利工程建设的特点，提出以下主要要求：

(1) 施工单位发生生产安全事故，应当按照国家有关伤亡事故报告和调查处理的规定，及时、如实地向负责安全生产监督管理的部门以及水行政主管部门或者流域管理机构报告；特种设备发生事故的，还应当同时向特种设备安全监督管理部门报告。接到报告的部门应当按照国家有关规定，如实上报。

(2) 实行施工总承包的建设工程，由总承包单位负责上报事故。发生生产安全事故，项目法人及其他有关单位应当及时、如实地向负责安全生产监督管理的部门以及水行政主管部门或者流域管理机构报告。

(3) 发生生产安全事故后，有关单位应当采取措施防止事故扩大，保护事故现场。需要移动现场物品时，应当做出标记和书面记录，妥善保管有关证物。

水利工程建设生产安全事故的调查、对事故责任单位和责任人的处罚与处理，按照有关法律、法规的规定执行。

8.3.2 水利工程施工单位相关人员安全生产职责

8.3.2.1 各级领导人员安全生产职责

1. 项目经理

项目经理是施工项目管理的核心人物，也是安全生产的首要责任者，要对全体职工的安全负责。所以，项目经理必须具有"安全第一，预防为主"的指导思想，并掌握安全技术知识，熟知国家的各项有关安全生产的规定、标准，以及当地和上级的安全生产制度，要树立法制观念，自觉贯彻执行安全生产的方针、政策、规章制度和各项劳动保护条例，确保施工的安全。

项目经理的主要安全生产职责如下：

(1) 在组织与指挥生产过程中，认真执行劳动保护和安全生产的政策、法令和规章制度。

(2) 建立安全管理机构，主持制定安全生产条例。

(3) 审查安全技术措施，定期研究解决安全生产中的问题。

(4) 组织安全生产检查和安全教育，建立安全生产奖惩制度。

(5) 主持总结安全生产经验和重大事故教训。

2. 技术负责人

技术负责人的主要安全生产职责如下：

(1) 对安全生产和劳保方面的技术工作负全面领导责任。

(2) 在组织编制施工组织设计或施工方案时，应同时编制相应的安全技术措施。

(3) 当采用新工艺、新材料、新技术、新设备时，应制定相应的安全技术操作规程。

(4) 解决施工生产中安全技术问题。

(5) 制订改善工人劳动条件的有关技术措施。

(6) 对职工进行安全技术教育，参加重大伤亡事故的调查分析，提出技术鉴定意见和改进措施。

3. 作业队长

作业队长的主要安全生产职责如下：

(1) 对施工项目的安全生产负直接领导责任。

(2) 在组织施工生产的同时，要认真执行安全生产制度，并制订实施细则。

(3) 进行分项、分层、分工种的安全技术交底。

(4) 组织工人学习安全技术操作规程，做到不违章作业。

(5) 要经常检查施工现场，发现隐患要及时处理，发生事故要立即上报，并参加事故调查处理。

4. 班组长

班组长的主要安全生产职责如下：

(1) 模范地遵守安全生产规章制度，熟悉并掌握本工种的安全技术规程。

(2) 带领本班组人员遵章作业，认真执行安全措施，发现班组成员思想或身体状况反常，应采取措施或调离危险作业部位。

(3) 定期组织安全生产活动，进行安全生产及遵章守纪的教育，发生工伤或事故应立即上报。

8.3.2.2 各专业人员安全生产职责

1. 施工员

施工员的主要安全生产职责如下：

(1) 认真贯彻施工组织设计或施工方案中安全技术措施计划。

(2) 遵守有关安全生产的规章制度。

(3) 加强施工现场管理，建立安全生产、文明施工的良好生产秩序。

2. 技术员

技术员的主要安全生产职责如下：

(1) 严格遵照国家有关安全的法令、规程、标准、制度，编制设计、施工和工艺方案，同时编制相应的安全技术措施。

(2) 在采用新工艺、新技术、新材料、新设备及施工条件变化时，要编制安全技术操作规程。

(3) 负责安全技术的专题研究和安全设备、仪表的技术鉴定。

3. 材料员

材料员的主要安全生产职责如下：

(1) 保证按时供应安全技术措施所需要的材料、工具设备。

(2) 保证新购买的安全网、安全帽、安全带及其他劳动保护用品、用具符合安全技术和质量标准。

(3) 对各类脚手架要定期检查，保证所供应的用具和材料的质量。

4. 财务员

财务员的主要安全生产职责是：按照国家规定，提供安全技术措施费用，并监督其合理使用，不准挪作他用。

5. 劳资员

劳资员的主要安全生产职责如下：

(1) 配合有关部门做好新工人、调换新工作岗位的工人和特殊工种的工人，进行安全技术培训和考核工作。

(2) 严格控制加班加点，对于因工伤或患职业病的职工建议有关部门安排适当工作。

6. 安全员

安全员的主要安全生产职责如下：

(1) 做好安全生产管理和监督检查工作。

(2) 贯彻执行劳动保护法规。

(3) 督促实施各项安全技术措施。

(4) 开展安全生产宣传教育工作。

(5) 组织安全生产检查，研究解决施工生产中的不安全因素。

(6) 参加事故调查，提出事故处理意见，制止违章作业，遇有险情有权暂停生产。

【知识技能点小结】

《水利工程建设安全生产管理规定》对施工单位的资质等级、机构设置、投标报价、安全责任，施工单位有关负责人的安全责任以及施工作业人员的安全责任等做出了具体规定。《建设工程安全生产管理条例》规定："施工单位应当制定本单位生产安全事故应急救援预案，建立应急救援组织或者配备应急救援人员，配备必要的应急救援器材、设备，并定期组织演练。"水利工程施工单位相关人员安全生产职责一是各级领导人员安全生产职责，包括项目经理、技术负责人、作业队长和班组长；二是各专业人员安全生产职责，包括施工员、技术员、材料员、财务员、劳资员和安全员。

【知识技能训练】

一、单项选择题

施工企业在编制施工组织设计时，达到一定规模的危险性较大的工程，(　　)。

A 应当确定项目施工人员安全技能要求

B 应当确定防护用品类型和标准

C 应当确定安全技术措施

D 应当编制专项施工方案，并附具安全验算结果

二、多项选择题

施工单位在采用新技术、新工艺、新设备、新材料时，应当对作业人员进行相应的安全生产教育培训。

1. 根据《建设工程安全生产管理条例》规定，下列分部分项工程应当编制专项施工方案的有（　）。

A 基坑支护与降水工程　　B 土方开挖工程

C 钢筋工程　　D 模板工程

E 脚手架工程

2. 施工单位的（　　）应当经建设行政主管部门或者其他有关部门考核合格后方可任职。

A 法定代表人　　B 主要负责人

C 项目负责人　　D 专职安全生产管理人员

E 安全员

任务8.4　施工安全控制

施工安全控制是施工安全管理体系得以正常、有效运行的有力保障，是保证企业的生产安全必不可少的环节。

8.4.1　危险源的辨识与风险评价

8.4.1.1　危险源概述

1. 危险源的定义

危险源是可能导致人身伤害或疾病、财产损失、工作环境破坏或这些情况组合的危险因素和有害因素。危险因素是强调突发性和瞬间作用的因素，有害因素则强调在一定时期内的慢性损害和累积作用。

危险源是安全控制的主要对象，所以，有人把安全控制也称为危险控制或安全风险控制。

2. 危险源的分类

在实际生活和生产过程中的危险源以多种多样的形式存在，危险源导致事故可归结为能量的意外释放或有害物质的泄漏。根据危险源在事故发生发展中的作用把危险源分为两大类。即第一类危险源和第二类危险源。

(1) 第一类危险源。可能发生意外释放的能量的载体或危险物质称作第一类危险源。能量或危险物质的意外释放是事故发生的物理本质。通常把产生能量的能量源或拥有能量的能量载体作为第一类危险源来处理。

(2) 第二类危险源。造成约束、限制能量措施失效或破坏的各种不安全因素称作第二类危险源。在生产、生活中，为了利用能量，人们制造了各种机器设备，让能量按照人们的意图在系统中流动、转换和做功为人类服务，而这些设备设施又可以看成是限制约束能量的工具。正常情况下，生产过程中的能量或危险物质受到约束或限制，不会发生意外释放，即不会发生事故。但是，一旦这些约束或限制能量或危险物质的措施受到破坏或失效

（故障），则将发生事故。第二类危险源包括人的不安全行为、物的不安全状态和不良环境条件三个方面。

3. 危险源与事故

事故的发生是两类危险源共同作用的结果，第一类危险源是事故发生的前提，第二类危险源的出现是第一类危险源导致事故的必要条件。在事故的发生和发展过程中，两类危险源相互依存、相辅相成。第一类危险源是事故的主体，决定事故的严重程度，第二类危险源出现的难易，决定事故发生的可能性大小。

8.4.1.2 危险源的辨识

危险源辨别的方法有询问交谈、现场观察、查阅有关记录、获取外部信息、工作任务分许、安全检查表、危险与操作性研究、事故树分析、故障树分析等方法。这些方法各有特点和局限性，往往采用两种或两种以上的方法辨识危险源。以下简单介绍常用的两种方法。

1. 专家调查法

专家调查法是通过向有经验的专家咨询、调查，辨识、分析和评价危险源的方法，其优点是简便、易行，其缺点是受专家的知识、经验和占有资料的限制，可能出现遗漏。常用的方法有：头脑风暴法（Brainstorming）和德尔菲（Delphi）法。

头脑风暴法是通过专家创造性的思考，从而产生大量的观点、问题和议题的方法。其特点是多人讨论，集思广益，可以弥补个人判断的不足，常采取专家会议的方式来相互启发、交换意见，使危险、危害因素的辨识更加细致、具体。常用于目标比较单纯的议题，如果涉及面较广、包含因素多，可以分解目标，再对单一目标或简单目标使用本方法。

德尔菲法是采用背对背的方式对专家进行调查，其特点是避免了集体讨论中的从众性倾向，更代表专家的真实意见。要求对调查的各种意见进行汇总统计处理，再反馈给专家反复征求意见。

2. 安全检查表（SCL）法

安全检查表（Safety Check List）实际上就是实施安全检查和诊断项目的明细表。运用已编制好的安全检查表，进行系统的安全检查，辨识工程项目存在的危险源。检查表的内容一般包括分类项目、检查内容及要求、检查以后处理意见等。可以用“是”“否”作回答或“√”“×”符号做标记，同时注明检查日期，并由检查人员和被检单位同时签字。

安全检查表法的优点是：简单易懂、容易掌握，可以事先组织专家编制检查项目，使安全检查做到系统化、完整化。缺点是一般只能做出定性评价。

8.4.1.3 危险源的风险评价

风险评价是评估危险源所带来的风险大小及确定风险是否可容许的全过程。根据评价结果对风险进行分级，按不同级别的风险有针对性地采取风险控制措施。以下介绍两种常用的风险评价方法。

（1）方法1：将安全风险的大小用事故发生的可能性（p）与发生事故后果的严重程度（f）的乘积来衡量，即

$$R=pf$$

式中 R——风险大小；

p——事故发生的概率（频率）；

f——事故后果的严重程度。

根据上述的估算结果，可按表8-1对风险的大小进行分级。

表8-1　　风险分级表

风险级别（大小）＼后果 f ＼可能性 p	轻度损失（轻微伤害）	中度损失（伤害）	重大损失（严重伤害）
很大	Ⅲ	Ⅳ	Ⅴ
中等	Ⅱ	Ⅲ	Ⅳ
极小	Ⅰ	Ⅱ	Ⅲ

注　Ⅰ表示可忽略风险；Ⅱ表示可允许风险；Ⅲ表示中度风险；Ⅳ表示重大风险，Ⅴ表示不允许风险。

（2）方法2：将可能造成安全风险的大小用事故发生的可能性（L）、人员暴露于危险环境中的频繁程度（E）和事故后果（C）三个自变量的乘积衡量，即

$$S=LEC$$

式中 S——风险大小；

L——事故发生的可能性，按表8-2所给的定义取值；

E——人员暴露于危险环境中的频繁程度，按表8-3所给的定义取值；

C——事故后果的严重程度，按表8-4所给的定义取值。

此方法因为引用了 L、E、C 三个自变量，故也称为LEC方法。

根据经验，危险性（S）的值在20分以下可忽略风险；危险性（S）的分值在20～70之间为可容许风险；危险性（S）的分值在70～160之间为中度风险；危险性（S）的分值在160～320之间为重大风险；危险性（S）的分值大于320的为不容许风险。

表8-2　　事故发生的可能性（L）

分数值	事故发生的可能性	分数值	事故发生的可能性
10	必然发生的	0.5	很不可能、可以设想
6	相当可能	0.2	极不可能
3	可能、但不经常	0.1	实际不可能
1	可能性极小、完全意外		

表8-3　　暴露于危险环境的频繁程度（E）

分数值	人员暴露于危险环境的频繁程度	分数值	人员暴露于危险环境的频繁程度
10	连续暴露	2	每月一次暴露
6	每天工作时间内暴露	1	每年几次暴露
3	每周一次暴露	0.5	非常罕见的暴露

表8-4　　发生事故产生的后果（C）

分数值	事故发生造成的后果	分数值	事故发生造成的后果
100	大灾难、许多人死亡	7	严重、重伤
40	灾难、多人死亡	3	较严重、受伤较重
15	非常严重、一人死亡	1	引人关注、轻伤

8.4.1.4　危险源的控制

1. 第一类危险源的控制方法

（1）防止事故发生的方法：消除危险源、限制能量或危险物质、隔离。

（2）避免或减少事故损失的方法：隔离、个体防护、设置薄弱环节、使能量或危险物质按人们的意图释放、避难与援救措施。

2. 第二类危险源的控制方法

（1）减少故障：增加安全系数、提高可靠性、设置安全监控系统。

（2）故障——安全设计：包括故障——消极方案（即故障发生后，设备、系统处于最低能量状态，直到采取校正措施之前不能运转）；故障——积极方案（即故障发生后，在没有采取校正措施之前使系统、设备处于安全的能量状态之下）；故障——正常方案（即保证在采取校正行动之前，设备、系统正常发挥功能）。

8.4.2　建立健全安全管理制度

8.4.2.1　安全生产责任制度

安全生产责任制是最基本的安全管理制度，是所有安全管理制度的核心。安全生产责任制是按照安全生产管理方针和“管生产的同时必须管安全”“安全生产人人有责”的原则，明确各级领导和各职能部门及各类人员在安全生产方面应做的事情和应负责任的一种制度。有了安全生产责任制，就能把安全与生产从组织形式上统一起来，做到安全工作层层有分工，事事有人管，人人有专责，办事有标准，工作有检查、考核，从而增强了各级人员的安全责任心，使安全管理纵向到底、横向到边、专管成线、群管成网、责任明确、协调配合、共同努力，真正把安全生产工作落到实处。

实践证明，只有实行严格的安全生产责任制，才能真正实现企业的全员、全方位、全过程的安全管理，把施工过程中各方面的事故隐患消灭在萌芽状态，减少或避免事故的发生。同时，还使上至领导干部，下到班组工人都明白该做什么，怎样做，负什么责，做好工作的标准是什么，为搞好安全施工提供基本保证。

8.4.2.2　安全生产许可证制度

《安全生产许可证条例》规定国家对建筑施工企业实施安全生产许可证制度。其目的是为了严格规范安全生产条件，进一步加强安全生产监督管理，防止和减少生产安全事故。

企业进行生产前，应当依照该条例的规定向安全生产许可证颁发管理机关申请领取安全生产许可证，并提供《安全生产许可证条例》规定的相关文件、资料。

8.4.2.3　政府安全生产监督检查制度

政府安全生产监督检查制度是指国家法律、法规授权的行政部门，代表政府对企业的安全生产过程实施监督管理。《建设工程安全生产管理条例》中对建设工程安全监督管理有相关规定。

8.4.2.4　安全生产教育培训制度

由于工程项目施工不安全因素众多，为使职工适应施工作业环境，实现安全生产目标，要求职工具有坚实的安全生产基本知识和基本技能，养成安全作业规范化习惯。为此，必须有计划开展安全教育工作，不断提高各级领导干部和全体职工的安全技术水平。

安全生产教育培训制度是企业对职工进行安全法律、法规、规范、标准、安全知识和操作规程培训教育的规定，是提高职工安全意识的重要手段，是企业安全管理的一项重要内容。

安全生产教育培训制度内容包括：定期和不定期安全教育的时间；应受教育的人员，如管理人员、特种作业人员和企业员工；教育的内容和形式，如新员工上岗前的三级（公司、项目、班组）安全教育、改变工艺或变换岗位时的安全教育。对危险性较大的特殊工种必须经过专门的培训机构培训合格后持证上岗，每年还必须进行一次安全操作规程的训练和再教育。对采用新工艺、新设备、新技术和变换工种的人员，进行安全操作规程和安全知识的培训和教育。

8.4.2.5　安全措施计划制度

安全措施计划制度是指企业进行生产活动时，必须编制安全措施计划，它是企业有计划的改善劳动条件和安全卫生设施、防止工伤事故的重要措施之一，对企业加强劳动保护、改善劳动条件、保障职工的安全、促进企业生产经营的发展都起着积极作用。

8.4.2.6　特种作业人员持证上岗制度

《建设工程安全生产管理条例》第二十五条规定："垂直运输机械作业人员、起重机械安装拆卸工、爆破作业人员、起重信号工、登高架设作业人员等特种作业人员，必须按照国家有关规定经过专门的安全作业培训，并取得特种作业操作资格证以后，方可上岗作业。"

8.4.2.7　专项施工方案专家论证制度

对达到一定规模的危险性较大的分部分项工程应编制专项施工方案，并附具安全验算结果，经施工单位技术负责人、总监理工程师签字后实施，由专职安全生产管理人员进行现场监督。对涉及深基坑、地下暗挖工程、高大模板工程的专项施工方案，施工单位还应组织专家进行论证、审查。

8.4.2.8　危及施工安全的工艺、设备、材料淘汰制度

《建设工程安全生产管理条例》第四十五条规定："国家对严重危及施工安全的工艺、设备、材料实行淘汰制度。具体目录由国务院建设行政主管部门会同国务院其他有关部门制定并公布。"

严重危及施工安全的工艺、设备、材料是指不符合生产安全要求，极有可能导致生产安全事故发生，致使人民生命和财产遭受重大损失的工艺、设备和材料。我国实行此制度，有利于保障生产安全，同时也体现了优胜劣汰的市场经济规律，有利于提高生产经营单位的工艺水平，促进设备更新。

8.4.2.9 施工起重机械使用登记制度

施工起重机械使用登记制度是对施工起重机械的使用进行监督和管理的一项重要制度，能够有效防止不合格机械和设备投入使用，还有利于监管部门及时掌握施工起重机械和整体提升脚手架、模板等自升式架设设施的使用情况，便于监督管理。

8.4.2.10 安全检查制度

企业进行安全检查可以及时了解和掌握各时期安全生产情况，及时发现不安全因素，及时消除安全隐患，从而使安全工作做到防患于未然。安全检查制度的制定使安全生产检查工作经常化、制度化。

8.4.2.11 生产安全事故报告和调查处理制度

《建设工程安全生产管理条例》第五十条规定："施工单位发生生产安全事故，应当按照国家有关伤亡事故报告和调查处理的规定，及时、如实地向负责安全生产监督管理的部门、建设行政主管部门或者其他有关部门报告；特种设备发生事故的，还应当同时向特种设备安全监督管理部门报告。接到报告的部门应当按照国家有关规定，如实上报。实行施工总承包的建设工程，由总承包单位负责上报事故。"

一旦发生安全事故，及时报告有关部门是及时组织抢救的基础，也是认真进行调查分清责任的基础。事故处理后，对事故发生原因进行调查和处理，能够吸取教训，保证后续工作的安全进行。

8.4.2.12 "三同时"制度

"三同时"制度是指凡是我国境内新建、改建、扩建的基本建设项目（工程），技术改建项目（工程）和引进的建设项目，其安全生产设施必须符合国家规定的标准，必须与主体工程同时设计、同时施工、同时投入生产和使用。安全生产设施主要是指安全技术方面的设施、职业卫生方面的设施、生产辅助性设施。

8.4.2.13 安全预评价制度

安全预评价是在建设工程项目前期，应用安全评价的原理和方法对工程项目的危险性、危害性进行预测性评价。开展安全预评价工作，是贯彻落实"安全第一、预防为主"方针的重要手段，是企业实施科学化、规范化安全管理的工作基础。科学、系统地开展安全评价工作，不仅直接起到了消除危险有害因素、减少事故发生的作用，有利于全面提高企业的安全管理水平，而且有利于系统地、有针对性地加强对不安全状况的治理、改造，最大限度地降低安全生产风险。

8.4.2.14 意外伤害保险制度

根据《建筑法》第四十八条规定，建筑职工意外伤害保险是法定的强制性保险。建筑施工企业应当为施工现场从事施工作业和管理的人员，在施工活动过程中发生的人身意外伤亡事故提供保障，办理建筑意外伤害保险、支付保险费，范围应当覆盖整个项目。

8.4.3 施工安全技术措施和安全技术交底

8.4.3.1 施工安全技术措施

1. 施工安全技术措施的一般要求

（1）施工安全技术措施必须在工程开工前制定。

(2) 施工安全技术措施要有全面性。

(3) 施工安全技术措施要有针对性。

(4) 施工安全技术措施应力求全面、具体、可靠。

(5) 施工安全技术措施必须包括应急预案。

(6) 施工安全技术措施要有可行性和可操作性。

2. 施工安全技术措施的主要内容

(1) 进入施工现场的安全规定。

(2) 地面及深槽作业的防护。

(3) 高处及立体交叉作业的防护。

(4) 施工用电安全。

(5) 施工机械设备的安全使用。

(6) 在采取"四新"技术时，有针对性的专门安全技术措施。

(7) 有针对自然灾害预防的安全措施。

(8) 预防有毒、有害、易燃、易爆等作业造成危害的安全技术措施。

(9) 现场消防措施。

安全技术措施中必须包含施工总平面图，在图中必须对危险的油库、易燃材料库、变电设备、材料和构配件的堆放位置、塔式起重机、物料提升机（井架、龙门架）、施工用电梯、垂直运输设备位置、搅拌台的位置等按照施工需求和安全规程的要求明确定位，并提出具体要求。

安全技术措施应制定和完善施工安全操作规程，编制各施工工种，特别是危险性较大工种的安全施工操作要求，作为规范和检查考核员工安全生产行为的依据。

对结构复杂、施工难度大、专业性较强的工程项目，除制定项目总体安全保证计划外，还必须制定单位工程或分部分项工程的安全技术措施；对高处作业、井下作业等专业性强的作业，电器、压力容器等特殊工种作业，应制定单项安全技术规程，并应对管理人员和操作人员的安全作业资格和身体状况进行合格检查。

施工安全技术措施包括安全防护设施的设置和安全预防措施，主要有17方面的内容，如防火、防毒、防爆、防洪、防尘、防雷击、防触电、防坍塌、防物体打击、防机械伤害、防起重设备滑落、防高空坠落、防交通事故、防寒、防暑、防疫、防环境污染等方面措施。

8.4.3.2　安全技术交底

1. 安全技术交底的内容

安全技术交底是一项技术性很强的工作，对于贯彻设计意图、严格实施技术方案、按图施工、循规操作、保证施工质量和施工安全至关重要。

安全技术交底的主要内容如下：

(1) 本施工项目的施工作业特点和危险点。

(2) 针对危险点的具体预防措施。

(3) 应注意的安全事项。

(4) 相应的安全操作规程和标准。

(5) 发生事故后应及时采取的避难和急救措施。

2. 安全技术交底的要求

(1) 项目经理部必须实行逐级安全技术交底制度，纵向延伸到班组全体作业人员。

(2) 技术交底必须具体、明确，针对性强。

(3) 技术交底的内容应针对分部分项工程施工中给作业人员带来的潜在危险因素和存在问题。

(4) 应优先采用新的安全技术措施。

(5) 对于涉及“四新”项目或技术含量高、技术难度大的单项技术设计，必须经过两阶段技术交底，即初步设计技术交底和实施性施工图技术设计交底。

(6) 应将工程概况、施工方法、施工程序、安全技术措施等向工长、班组长进行详细交底。

(7) 定期向有两个以上作业队和多工种进行交叉施工的作业队伍进行书面交底。

(8) 保持书面安全技术交底签字记录。

3. 安全技术交底的作用

(1) 让一线作业人员了解和掌握该作业项目的安全技术操作规程和注意事项，减少因违章操作而导致事故的可能。

(2) 安全技术交底是安全管理人员在项目安全管理工作中的重要环节。

(3) 安全管理内业的内容要求，同时做好安全技术交底也是安全管理人员自我保护的手段。

8.4.4 安全检查

安全检查的目的是识别和发现不安全因素，揭示和消除事故隐患，加强防护措施，预防事故发生，安全检查是安全控制的重要措施。安全检查工作具有经常性、专业性和群众性特点。通过检查提高广大职工的安全意识，促进企业对劳动保护和安全生产方针、政策、规章、制度的贯彻落实，解决安全生产上存在的问题，有利于改善企业的劳动条件和安全生产状况，预防工伤事故发生；通过互相检查、相互督促、交流经验，取长补短，进一步推动企业搞好安全生产。

8.4.4.1 安全检查的类型

根据安全检查的对象、要求、时间的差异，可以分为以下类型。

1. 日常安全检查

日常安全检查是每天都进行的，贯穿于施工生产过程的检查。工作人员必须在工作前，对所用的施工机械设备和工具进行仔细检查，发现问题立即上报；下班前，还必须进行班后检查，做好设备的维修保养和清整场地等工作，保证交接安全。各级领导和各级安全管理人员，应在各自业务范围内经常深入现场，进行安全检查，发现不安全问题，及时督促有关部门解决，以辨别生产过程中一切物的不安全状态和人的不安全行为，并加以控制。

2. 定期安全检查

定期安全检查是指企业按安全制度中规定的日期和周期进行的安全检查。每次检查可根据企业的具体情况决定检查的内容。检查人员要深入施工现场或岗位实地进行检查，及时发现问题，消除事故隐患。

3. 季节性安全检查

季节性安全检查是根据季节特点和对企业安全工作的影响，企业安全管理部门组织有关人员进行的检查。春季防风沙、防火检查；雨季防触电、防中暑、防工伤事故、防淹溺、防洪、防倒塌、防车祸、防中毒检查；冬季防冻、防滑、防火灾、防爆炸、防中毒、防触电、防机械伤害检查。

4. 节假日及其前后安全检查

节假日前职工安全生产的思想松懈，易发生事故，应进行防火、防爆、文明施工等方面的综合检查，发现隐患及时排除。节假日期间，工作人员人员较少，容易放松思想警惕，发生意外，且一旦发生意外事故，难以进行有效的救援和控制。故节假日必须安排专业安全管理人员进行安全检查，对重点部位要进行巡视。节假日后为防止职工纪律松弛，应对遵章守纪状况及节前所查隐患整改落实情况进行检查。

5. 全面安全检查

由企业领导负责，根据企业的生产特点和安全情况，组织发动广大职工群众进行检查，同时组织各有关职能部门及工会组织的专业人员进行认真细致全面检查。全面安全检查包括安全管理方针、管理组织机构及其安全管理的职责、安全设施、操作环境、防护用品、运输管理、危险品管理、火灾预防、安全教育和安全检查制度等内容。对全面检查的结果必须进行汇总分析，详细探讨所出现的问题及相应对策。

6. 专业性安全检查

专业性安全检查是对易发生事故的设备、场所或操作工序，组织有关专业技术人员或委托有关专业检查单位，进行安全检查。如企业每年应对压力容器、电气设备、机械设备、安全装备、监测仪器、危险物品、防护器具、消防设施、运输车辆、防尘防毒等分别进行专业检查，检查时应有方案，有明确的检查重点和具体的检查手段和方法。

8.4.4.2 安全检查的内容

安全检查的内容主要是查思想，查管理、查制度，查隐患，查整改，查事故处理。

（1）查思想。就是检查企业各级领导和广大职工的安全意识和安全生产素质。对安全管理工作的认识程度，对建立健全安全管理和安全规章制度的重视程度，对安全检查中发现的安全问题或安全隐患的处理态度等。

（2）查管理、查制度。就是检查企业安全生产管理是否有效，安全管理规章制度是否建立健全，是否落实到具体的工程项目施工任务中。

（3）查隐患。重点检查施工现场的作业环境、劳动条件、生产设施设备、安全设施、操作行为、劳动防护用品的使用是否符合规程标准，重点检查重大危险源和重要环境因素是否已辨识并采取了有效的控制措施。当发现危及人身安全与健康的重大不安全因素时，必须立即采取紧急撤离、停工等应急措施。

（4）查整改。检查对过去查出的安全问题是否提出具体整改要求，进行整改的效果如何，对企业安全生产起到监督检查作用。

（5）查事故处理。检查企业对发生的安全事故是否及时、准确地向上级报告，是否按

“四不放过”原则进行严肃认真地处理。

【知识技能点小结】

危险源分为第一类危险源和第二类危险源。危险源辨识的方法有专家调查法和安全检查表法。第一类危险源和第二类危险源控制方法不同。建立健全安全管理制度是安全控制的重要措施，包括安全生产责任制度，安全生产许可证制度，政府安全生产监督检查制度，安全生产教育培训制度，安全措施计划制度，特种作业人员持证上岗制度，专项施工方案专家论证制度，危及施工安全的工艺、设备、材料淘汰制度，施工起重机械使用登记制度，安全检查制度，生产安全事故报告和调查处理制度，“三同时”制度，安全预评价制度，意外伤害保险制度。制定施工安全技术措施和进行安全技术交底是安全控制的重要环节。安全检查有日常安全检查、定期安全检查、季节性安全检查、节假日及其前后安全检查、全面安全检查、专业性安全检查。安全检查的内容主要是查思想，查管理、查制度，查隐患，查整改，查事故处理。

【知识技能训练】

一、单项选择题

1. 关于第一类和第二类危险源的说法，正确的是（　　）。

A 第一类危险源和第二类危险源共同决定风险的等级

B 第二类危险源是事故发生的最根本原因

C 第一类危险源将直接导致事故发生

D 人的不安全行为属于第一类危险源

2. （　　）是最基本的安全管理制度，是所有安全管理制度的核心。

A 安全生产检查制度　　B 安全生产教育制度

C 安全生产责任制度　　D 安全措施计划制度

3. 凡是我国境内新建、改建、扩建的工程的安全生产设施必须与主体工程（　　）。

A 同时设计、同时施工、同时投入生产和使用

B 同时开工

C 同时验收

D 同时立项

二、多项选择题

属于安全技术交底的内容有（　　）。

A 本施工项目的施工作业特点和危险点

B 应注意的安全事项

C 发生事故后应及时采取的避难和急救措施

D 安全事故责任的划分

E 针对危险点的具体预防措施

三、简答题

安全检查的类型和内容有哪些？

任务8.5　安全事故处理

施工现场一旦发生安全事故，应当立即实施抢险救援特别是抢救人员，迅速控制事态，防止事故进一步扩大，并依法向有关部门报告事故。事故调查处理应当坚持实事求是、尊重科学的原则，及时、准确地查清事故经过、事故原因和事故损失，查明事故性质，认定事故责任，总结经验教训，提出整改措施，并对事故责任者依法追究责任。

8.5.1　安全事故的分类

明确安全事故的分类，区分不同事故级别所规定的报告和调查处理要求，是顺利开展安全事故报告和调查处理工作的前提。

依据《水利工程建设重大质量与安全事故应急预案》规定，按事故的严重程度和影响范围，将水利工程建设质量与安全事故分为Ⅰ、Ⅱ、Ⅲ、Ⅳ四级：

1. Ⅰ级（特别重大质量与安全事故）

已经或者可能导致死亡（含失踪）30人以上（含本数，下同），或重伤（中毒）100人以上，或需要紧急转移安置10万人以上，或直接经济损失1亿元以上的事故。

2. Ⅱ级（特大质量与安全事故）

已经或者可能导致死亡（含失踪）10人以上、30人以下（不含本数，下同），或重伤（中毒）50人以上、100人以下，或需要紧急转移安置1万人以上、10万人以下，或直接经济损失5000万元以上、1亿元以下的事故。

3. Ⅲ级（重大质量与安全事故）

已经或者可能导致死亡（含失踪）3人以上、10人以下，或重伤（中毒）30人以上、50人以下，或直接经济损失1000万元以上、5000万元以下的事故。

4. Ⅳ级（较大质量与安全事故）

已经或者可能导致死亡（含失踪）3人以下，或重伤（中毒）30人以下，或直接经济损失1000万元以下的事故。

8.5.2　安全事故处理的原则

国家对发生事故后的“四不放过”处理原则，其具体内容如下：

1. 事故原因未查清不放过

要求在调查处理安全事故时，首先要把事故原因分析清楚，找出导致事故发生的真正原因，未找到真正原因决不轻易放过，并搞清楚各因素之间的因果关系才算达到事故原因分析的目的，避免今后类似事故的发生。

2. 事故责任人未受到处理不放过

这是安全事故责任追究制的具体体现，对事故责任者要严格按照安全事故责任追究的法律法规的规定进行严肃处理；不仅要追究事故直接责任人的责任，同时要追究有关负责人的领导责任。当然，处理事故责任者必须谨慎，避免事故责任追究的扩大化。

3. 事故责任人和职工未受到教育不放过

使事故责任者和广大群众了解事故发生的原因及所造成的危害，并深刻认识到搞好安全生产的重要性，从事故中吸取教训，提高安全意识，改进安全管理工作。

4. 事故防范整改措施未落实不放过

必须针对事故发生的原因，提出防止相同或类似事故发生的切实可行的预防措施，并督促事故发生单位加以实施。只有这样，才算达到了事故调查和处理的最终目的。

8.5.3 安全事故处理的程序

（1）迅速抢救伤员并保护事故现场。

事故发生后，事故现场有关人员应当立即向本单位负责人报告；单位负责人接到报告后，应当于1小时内向上级主管部门以及事故发生地县级以上水行政主管部门报告。并有组织、有指挥地抢救伤员、排除险情；防止人为或自然因素的破坏，防止事故蔓延扩大，做好标识，保护好现场，便于事故原因的调查。

（2）组织调查组，开展事故调查。

事故发生后，应及时组织有关部门和单位成立调查组，进行事故调查。调查组应迅速到现场进行及时、全面、准确和客观的调查。事故调查组应查明事故发生的经过、原因、人员伤亡情况及直接经济损失，认定事故的性质和事故责任，提出对事故责任者的处理建议，总结事故教训，提出防范和整改措施，提交事故调查报告。

（3）分析事故原因。

通过调查分析，查明事故经过，分析事故原因，包括人、物、生产管理和技术管理等方面的原因。通过直接和间接地分析，确定事故的直接责任者、间接责任者和主要责任者。

（4）制定防范整改措施。

根据事故原因分析，制定整改措施以及防止类似事故再次发生的预防措施。根据事故后果和事故责任者应负的责任提出处理意见。

（5）提交事故调查报告。

事故调查报告应包括以下内容：

1）事故发生单位概况。

2）事故发生经过和事故救援情况。

3）事故造成的人员伤亡和直接经济损失。

4）事故发生的原因和事故性质。

5）事故责任的认定以及对事故责任者的处理建议。

6）事故防范和整改措施。

（6）事故的审理和结案。

重大事故、较大事故、一般事故、负责事故调查的人民政府应当自收到事故调查报告之日起15日内作出批复；特别重大事故，30日内作出批复，特殊情况下，批复时间可以适当延长，但延长的时间最长不超过30日。

有关机关应当按照人民政府的批复，依照法律、行政法规规定的权限和程序，对事故发生单位和有关人员进行行政处罚，对负有事故责任的国家工作人员进行处分。事故发生单位应当按照负责事故调查的人民政府的批复，对本单位负有事故责任的人员进行处理。负有事故责任的人员涉嫌犯罪的，依法追究刑事责任。

事故处理的情况由负责事故调查的人民政府或者其授权的有关部门、机构向社会公布，依法应当保密的除外。事故调查处理的文件记录应长期完整保存。

【知识技能点小结】

《水利工程建设重大质量与安全事故应急预案》规定，水利工程建设质量与安全事故分为Ⅰ级（特别重大质量与安全事故）、Ⅱ级（特大质量与安全事故）、Ⅲ级（重大质量与安全事故）和Ⅳ级（较大质量与安全事故）四级。事故处理的“四不放过”原则为事故原因未查清不放过、事故责任人未受到处理不放过、事故责任人和职工未受到教育不放过、事故整改措施未落实不放过。事故处理的程序为迅速抢救伤员并保护事故现场；组织调查组，开展事故调查；分析事故原因；制定防范整改措施；提交事故调查报告；事故的审理和结案。

【知识技能训练】

案例分析题

在某水利工程施工工地，施工单位根据施工需要兴建的临时办公用房是一座四层砖混建筑物。第一层楼的一端是车间，另一端为原材料库房，库房内存放了木材、海绵和油漆等物品。车间与原材料库房用铁栅栏和木板隔离。搭在铁栅栏上的电线没有采用绝缘管穿管绝缘，原材料库房电闸的保险丝用两根铁丝替代。第二层楼是包装、检验车间及办公室。第三层楼为成品库。第四层楼为职工宿舍。由于原材料库房电线短路产生火花引燃库房内的易燃物，发生了火灾爆炸事故，导致17人死亡，20人受伤，直接经济损失80多万元。

问题：

（1）指出该临时办公用房在使用中的不妥之处。

（2）依据安全生产有关规定，施工单位负责人在接到事故报告后，应当做什么、不得做什么？

（3）事故调查组应由哪些部门组成？调查组的主要职责是什么？

（4）事故处理的基本程序是什么？

任务8.6 水利工程文明工地建设的要求

文明工地建设，能全面提高干部职工的思想道德素质和科学文化水平，充分调动各参建单位和全体建设者的积极性，大力倡导文明施工、安全施工，营造和谐建设环境，确保工程安全、资金安全、生产安全，更好地发挥水利工程在国民经济和社会发展中的重要支撑作用。文明工地建设对于施工企业树立的良好企业形象，提高企业效益，保证施工安全，保证工程质量，培养一支高素质的队伍具有重要的作用。

水利部组织对《水利建设工程文明工地创建管理暂行办法》（水精〔2012〕1号）进行修订，并引发了《水利建设工程文明工地创建管理办法》（水精〔2014〕3号），该办法共17条，提出了水利工程文明工地建设的要求。

8.6.1 文明工地创建标准

1. 体制机制健全

工程基本建设程序规范；项目法人责任制、招标投标制、建设监理制和合同管理制落实到位；建设管理内控机制健全。

2. 质量管理到位

质量管理体制完善，质量保证体系和监督体系健全，参建各方质量主体责任落实，严格开展质量检测、质量评定，验收管理规范；工程质量隐患排查到位，质量风险防范措施有力，工程质量得到有效控制；质量档案管理规范，归档及时完整，材料真实可靠。

3. 安全施工到位

安全生产责任制及规章制度完善；事故应急预案针对性、操作性强；施工各类措施和资源配置到位；施工安全许可手续健全，持证上岗到位；施工作业严格按相关规程规范进行，定期进行安全生产检查，无安全生产事故发生。

4. 环境和谐有序

施工现场布置合理有序，材料设备堆停管理到位；施工道路布置合理，维护常态跟进、交通顺畅；办公区、生活区场所整洁、卫生，安全保卫和消防措施到位；工地生态环境建设有计划、有措施、有成果；施工粉尘、噪声、污染等防范措施得当。

5. 文明风尚良好

参建各方关系融洽，精神文明建设组织、措施、活动落实；职工理论学习、思想教育、法制教育常态化、制度化，教育、培训效果好，践行敬业、诚信精神；工地宣传、激励形式多样，安全文明警示标牌等醒目；职工业余文体活动丰富，队伍精神面貌良好；加强党风廉政建设，严格监督，遵纪守法教育有力，保证干部安全有手段。

6. 创建措施有力

文明工地创建计划方案周密，组织到位，制度完善，措施落实；文明工地创建参与面广，活动形式多样，创建氛围浓厚；创建内容、手段、载体新颖，考核激励有效。

有下列情形之一的，不得申报“文明工地”①干部职工中发生违纪、违法行为，受到党纪、政纪处分或被刑事处罚的；②发生较大及以上质量事故或生产安全事故的；③被水行政主管部门或有关部门通报批评或进行处罚的；④ 恶意拖欠工程款、农民工工资或引发当地群众发生群体事件，并造成严重社会影响的；⑤项目建设单位未严格执行项目法人责任制、招标投标制和建设监理制的；⑥项目建设单位未按照国家现行基本建设程序要求办理相关事宜的；⑦项目建设过程中，发生重大合同纠纷，造成不良影响的；⑧ 参建单位违反诚信原则，弄虚作假情节严重的。

8.6.2　文明工地创建与管理

文明工地创建在项目法人的统一领导下进行。项目法人应将文明工地创建工作纳入工程建设管理的总体规划，负责组织设计、施工、监理单位等参建各方将创建活动贯穿工程建设全过程，并制定创建工作实施计划，采取切实可行的措施，确保各项创建工作落到实处。

开展文明工地创建的单位，应做到组织机构健全，规章制度完善，岗位职责明确，档案资料齐全。

文明工地创建应有扎实的群众基础，广泛开展技能比武、文明班组、青年文明号、岗位能手等多种形式的创建活动。

文明工地创建要加强自身管理，根据新形势新任务的要求，创新内容、创新手段、创新载体。要搞好日常的检查考核，建立健全激励机制，不断巩固提高创建水平。

获得文明工地的可作为水利建设市场主体信用、中国水利工程优质（大禹）奖和水利安全生产标准化评审的重要参考。

8.6.3　文明工地申报

文明工地实行届期制，每两年通报一次。在上一届期已被命名为文明工地的，如符合条件，可继续申报下一届。

(1) 自愿申报。凡满足前述文明工地标准且符合下列申报条件的水利建设工地，即开展文明工地创建活动半年以上；工程项目已完成的工程量，应达全部建筑安装工程量的20%及以上，或在主体工程完工一年以内；工程进度满足总体进度计划要求。

申报文明工地的项目，原则上是以项目建设管理单位所管辖的一个工程项目或其中的一个或几个标段为单位的工程项目（或标段）为一个文明建设工地。

(2) 考核复核。县级及以上水行政主管部门负责受理文明工地创建申请，对申报单位进行现场考核，并逐级向上一级水行政主管部门推荐。省、自治区、直辖市水利（水务）厅（局）文明办会同建管部门进行复核，本着优中选优的原则提出推荐名单，经本单位文明委同意后报水利部。

流域机构所属的工程项目，由流域机构文明办会同建管部门进行考核，提出推荐名单并经流域机构文明委同意后报水利部。

水利部直属工程项目，由项目法人直接向水利部申报。

(3) 公开公示。水利部文明委审议通过后，在水利部相关媒体上进行为期一周的公示，接受公众监督。公示期间有异议的，由水利部文明办、建设与管理司组织复核。

(4) 发文通报。对符合条件的“文明工地”工程项目，正式发文予以通报。

【知识技能点小结】

文明工地创建标准包括质量管理、综合管理、安全管理、施工区环境四方面标准。文明工地实行届期制，每两年通报一次。按照自愿申报、考核复核、公开公示、发文通报的程序进行。

【知识技能训练】

简答题

文明工地建设的意义是什么？

项目9　水利工程施工环境管理

【项目目标】

理解施工环境管理体系，掌握环境管理在工程建设不同阶段的要求，掌握施工环境管理的措施。

【项目要求】

知识要点	能力要求	所占分值（100分）	自评分数
施工环境管理基础知识	理解环境管理的目的、任务和特点	10	
施工环境管理体系	理解环境管理体系相关知识	10	
环境管理要求	能明确不同建设阶段环境管理的要求	30	
施工环境管理措施	能结合施工现场对环境进行管理	50	

【引例】 某施工单位分别在某省会城市远郊和城区承接了两个标段的堤防工程施工项目，其中防渗墙采用钢板桩技术进行施工。施工安排均为夜间插打钢板桩，白天进行钢板桩防渗墙顶部的混凝土圈梁浇筑、铺土工膜、植草皮等施工。施工期间由多台重型运输车辆将施工材料及钢板桩运抵作业现场，临时散乱进行堆放。由于工程量任务量大、施工工期紧，施工单位调度大量运输车辆频繁来往于城郊之间，并且土料运输均出现超载，同时又正值酷暑季节，气候干燥，因此，运输过程中产生大量泥土和灰尘。

问题：

(1) 加强施工环境管理，应重点做好哪几方面的工作？

(2) 远郊施工环境布置应重点注意哪些方面？

(3) 城区施工环境布置应如何考虑？

(4) 分析本例施工期环境保护存在哪些主要问题？如何改进？

任务9.1　施工环境管理基础知识

9.1.1　环境管理的目的

随着经济的高速增长和科学技术的飞速发展，生产力迅速提高，新技术、新材料、新能源不断涌现，新的产业和生产工艺不断诞生。但在生产力高速发展的同时，尤其是在市场竞争日益加剧的情况下，人们往往专注于追求低成本、高利润，而忽视了环境的改善，甚至以破坏人类赖以生存的自然环境为代价。

施工项目环境管理就是在生产活动中，通过对环境因素的管理活动，使环境不受到污染，使资源得到节约。其目的是保护生态环境，使社会的经济发展与人类的生存环境相协调。控制作业现场的各种粉尘、废水、废气、固体废弃物以及噪声、振动对环境的污染和危害，考虑能源节约和避免资源的浪费。

9.1.2 环境管理的任务

环境管理的任务是建筑生产组织为达到建筑工程的环境管理的目的指挥和控制组织的协调活动，包括制定、实施、实现、评审和保持环境方针所需的组织结构、计划活动、职责、惯例、程序、过程和资源。

9.1.3 环境管理的特点

（1）建筑产品的固定性和生产的流动性及所受的外部环境影响因素，决定了环境管理的复杂性，稍有考虑不周就会出现问题。

（2）产品的多样性和生产的单件性决定了环境管理的多样性。由于每个建筑产品都要根据其特定要求进行施工，因此，对于每个施工项目都要根据其实际情况，制定环境管理计划，不可相互套用。

（3）产品生产过程的连续性和分工性决定了环境管理的协调性。在环境管理中要求各单位和各专业人员横向配合和协调，共同注意产品生产过程接口部分的环境管理的协调性。

（4）产品的委托性决定了环境管理的不符合性，这就要求建设单位和生产组织都必须重视对环保费用的投入，不可不符合环境管理的要求。

（5）产品生产的阶段性决定了环境管理的持续性。在施工项目从立项到投产所经历的各个阶段都要十分重视项目的环境问题，持续不断地对项目各个阶段可能出现的环境问题实施管理。

【知识技能点小结】

施工项目环境管理是在生产活动中，通过对环境因素的管理，使环境不受到污染，使资源得到节约的活动，目的是保护生态环境。环境管理具有复杂性、多样性、协调性、不符合性及持续性的特点。

【知识技能训练】

简答题

简述环境管理的目的。

任务9.2 施工环境管理体系

9.2.1 环境管理体系的背景

环境管理是随着科学技术的发展而产生的。科学技术的发展既带来了繁荣也带来了环境保护问题。环境保护的意识随着不断发生的环境问题的严重性而开始被许多国家重视。联合国于1972年发表了《人类环境宣言》。1992年又召开了环境与发展大会，发表了《关于环境与发展的宣言》（里约热内卢宣言）、《21世纪议程》《联合国气候变化框架条约》《联合国生物多样化公约》等。联合国的宣言提出了环境保护的重要性，提出了可持续发展的战略思想，得到了与会国家的承认，成为一个逐步形成的各国共识。

1993年国际标准化组织成立了环境管理技术委员会，开始了对环境管理体系的国际通用标准的制定工作。1996年公布了ISO14001《环境管理体系规范及使用指南》，以后又公布了若干标准，形成了体系。我国从1996年开始就以等同的方式，颁布了GB/T 24001—1996 idt ISO14001—1996《环境管理体系规范及使用指南》，目前采用的是GB/T 24001—2004《环境管理体系要求及使用指南》。

环境管理体系是一个组织内全面管理体系的组成部分，它包括为制定、实施、实现、评审和保持环境方针所需的组织机构、规划活动、机构职责、惯例、程序、过程和资源。还包括组织的环境方针、目标和指标等管理方面的内容。

9.2.2 环境管理体系的有关概念

环境管理的主要术语有以下几个：

（1）环境。环境是指组织运行活动的外部存在，包括空气、水、土地、自然资源、植物、动物、人以及它们之间的相互关系。

（2）环境因素。环境因素是指一个组织的活动、产品或服务中能与环境发生相互作用的要素。其中具有或能够产生重大环境影响的环境因素称为重要环境因素。

（3）环境影响。是指全部或部分地有组织的活动、产品或服务给环境造成的任何有害或有益的变化。

（4）环境管理体系。是指整个管理体系的一个组成部分，包括为制定、实施、实现、评审和保持环境方针所需的组织机构、计划活动、职责、惯例、程序、过程和资源。

（5）组织。组织是指具有自身职能和行政管理的公司、集团公司、商行、企事业单位、政府机构或社团，或是上述单位的部分或结合体，无论其是否法人团体、公营或私营。

（6）污染预防。旨在避免、减少或控制污染而对各种过程、惯例、材料或产品的采用，可包括再循环、处理、过程更改、控制机制、资源的有效利用和材料替代等。

（7）持续改进。是指强化环境管理体系的过程。目的是根据组织的环境方针，实现对整体环境表现（行为）的改进。

9.2.3 环境管理体系的基本内容

根据GB/T 24001—2004《环境管理体系要求及使用指南》，环境管理体系的基本内容由5个一级要素和17个二级要素构成，见表9-1。17个要素的内在关系如图9-1所示。

环境管理体系的各要素目的和意义如下。

1. 环境方针

（1）制定环境方针是最高管理者的责任。

（2）环境方针的内容必须包括对遵守法律及其他要求、持续改进和污染预防的承诺，并作为制定与评审环境目标和指标的框架。

（3）环境方针应适合组织的规模、行业特点，要有个性。

（4）环境方针在管理上要求形成文件，便于员工理解和相关方获取。

表9-1　　环境管理体系一级、二级要素表

	一　级　要　素	二　级　要　素
要素名称	1. 环境方针	1. 环境方针
	2. 规划（策划）	2. 环境因素 3. 法律和其他要求 4. 目标和指标 5. 环境管理方案
	3. 实施和运行	6. 组织结构和职责 7. 培训、意识和能力 8. 信息交流 9. 环境管理体系文件 10. 文件控制 11. 运行控制 12. 应急准备和响应
	4. 检查和纠正措施	13. 检测和测量 14. 不符合、纠正和预防措施 15. 记录 16. 环境管理体系审核
	5. 管理评审	17. 管理评审

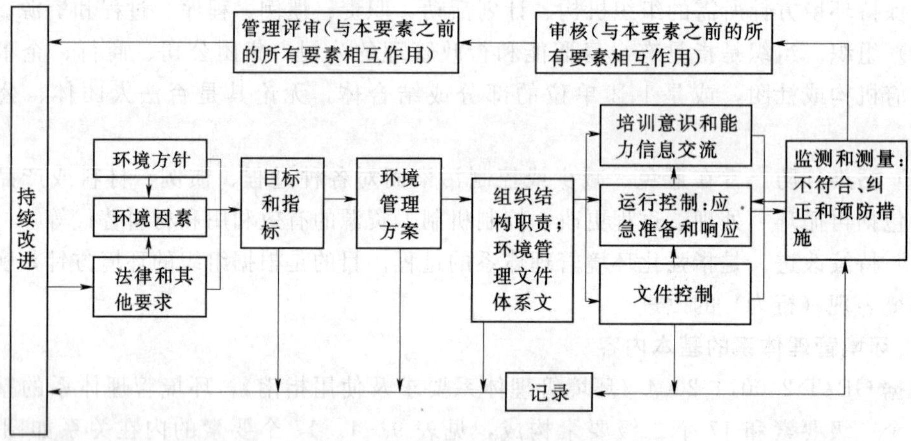

图9-1　环境管理体系要素关系图

2. 环境因素

（1）识别和评价环境因素，以确定组织的环境因素和重要环境因素。

（2）识别环境因素时要考虑到正常、异常和紧急“三种状态”、过去、现在、将来“三种时态”、向大气排放、向水体排放、废弃物处理、土地污染、原材料和自然资源的利用、其他当地环境问题。

（3）应及时更新环境方面的信息，以确保环境因素识别的充分性和重要环境因素评价的科学性。

3. 法律和其他要求

(1) 组织应建立并保持程序以保证活动、产品或服务中环境因素遵守法律和其他要求。

(2) 组织还应建立获得相关法律或其他要求的渠道，包括对变动信息的跟踪。

4. 目标和指标

(1) 组织内部各管理层次、各有关部门和岗位在一定的时期内均应有相应的目标和指标，并用文本表示。

(2) 组织在建立和评审目标时，应考虑的因素主要有：环境影响因素、遵守法律法规和其他要求的承诺、相关方要求等。

(3) 目标和指标应与环境方针中的承诺相呼应。

5. 环境管理方案

(1) 组织应制定一个或多个环境管理方案，其作用是保证环境目标和指标的实现。

(2) 方案的内容一般可以有：组织的目标、指标的分解落实情况，使各相关层次与职能在环境管理方案与其所承担的目标、指标相对应，并应规定实现目标、指标的职责、方法和时间等。

(3) 环境管理方案应随情况变化及时做相应修订。

6. 组织结构和职责

(1) 环境管理体系的有效实施要靠组织的所有部门承担相关的环境职责。

(2) 必须对每一层次的任务、职责、权限作出明确规定，形成文件并给予传达。

(3) 最高管理者应指定管理者代表并明确其任务、职责、权限。

(4) 管理者代表应做到：对环境管理体系建立、实施保持负责，并向最高管理者报告环境管理体系运行情况。

(5) 最高管理者应为环境管理体系的实施提供各种必要的资源。

7. 培训、意识和能力

(1) 组织应明确培训要求和需要特殊培训的工作岗位和人员。

(2) 建立培训程序，明确培训应达到的效果。

(3) 对可能产生重大影响的工作，要有必要的教育、培训、工作经验、能力方面的要求，以保证他们能胜任所负担的工作。

8. 信息交流

(1) 组织应建立对内对外双向信息交流的程序，其功能是：能在组织的各层次和职能间交流有关环境因素和管理体系的信息以及外部相关方信息的接收、成文、答复。

(2) 特别注意涉及重要环境因素的外部信息的处理并记录其决定。

9. 环境管理体系文件

(1) 环境管理体系文件应充分描述环境管理体系的核心要素及其相互作用。

(2) 应给出查询相关文件的途径，明确查找的方法，使相关人员易于获取有效版本。

10. 文件控制

(1) 组织应建立并保持有效的控制程序，保证所有文件的实施。

(2) 环境管理文件应注明日期（包括发布和修订日期）、字迹清楚、标志明确，妥善保管并在规定期间予以保留等要求；还应及时从发放和使用场所收回失效文件，防止误用。

(3) 应建立并保持有关制定和修改各类文件的程序。

(4) 环境管理体系重在运行和对环境因素的有效控制，应避免文件过于繁琐，以利于建立良好的控制系统。

11. 运行控制

(1) 运行控制是对组织环境管理体系实施控制的过程，其目的是实现组织方针和目标指标，其对象是与环境因素有关的运行与活动；其手段是编制控制程序。

(2) 组织的方针、目标和指标及重要环境因素有关的运行和活动，应确保它们在程序的控制下运行；当某些活动有关标准在第三层文件中已有具体规定时，程序可予以引用。

(3) 对缺乏程序指导可能偏离方针、目标、指标的运行应建立运行控制程序，但并不要求所有的活动和过程都建立相应的运行控制程序。

(4) 应识别组织使用的产品或服务中的重要环境因素，并建立和保持相应的文件程序，将有关程序与要求通报供方和承包方，以促使他们提供的产品或服务符合组织的要求。

12. 应急准备和向应

(1) 组织应建立并保持一套程序，使之能有效确定潜在的事故或紧急情况，并在其发生前予以预防，减少可能伴随的环境影响；一旦紧急情况发生时做出响应，尽可能地减少由此造成的环境影响。

(2) 组织应考虑可能会有的潜在事故和紧急情况（如组织在识别和评审重要环境因素时，就应包括这些方面的内容），采取预防和纠正的措施应针对潜在的和发生的原因。

(3) 必要时特别是在事故或紧急情况发生后，应对程序予以评审和修订，确保其切实可行。

(4) 可行时，定期按程序有关规定定期进行实验或演练。

13. 监测和测量

(1) 对环境管理体系进行例行监测和测量，既是对体系运行状况的监督手段，又是发现问题及时采取纠正措施，实施有效运行控制的首要环节。

(2) 组织应建立文件程序，其对象是：对可能具有重大环境影响的运行与活动的关键特性进行监测和测量，保证监测活动按规定进行。

(3) 监测的内容，通常包括：组织的环境绩效（如组织采取污染预防措施收到的效果，节省资源和能源的效果，对重大环境因素控制的结果等），有关的运行控制（对运行加以控制，监测其执行程序及其运行结果是否偏离目标和指标），目标、指标和环境管理方案的实现程度，为组织评价环境管理体系的有效性提供充分的客观依据。

(4) 对监测活动，在程序中应明确规定：如何进行例行监测，如何使用、维护、保管监测设备，如何记录和如何保管记录，如何参照标准进行评价，什么时候向谁报告监测结果和发现的问题等。

(5) 组织应建立评价程序，定期检查有关法律法规的持续遵循情况，以判断环境方针有关承诺的符合性。

14. 不符合、纠正与预防措施

(1) 组织应建立并保持文件程序，用来规定有关的职责和权限，对不符合进行处理与调查，采取措施减少由此产生的影响，采取纠正与预防措施并予以完成。

(2) 对于旨在消除已存在和潜在不符合所采取纠正或预防措施，应分析原因并与该问题的严重性和伴随的环境影响相适应。

(3) 对于纠正与预防措施所引起对程序文件的任何更改，组织均应遵照实施并予以记录。

15. 记录

(1) 组织应建立对记录进行管理的程序，明确对环境管理的标识、保存、处置的要求。

(2) 程序应规定记录的内容。

(3) 对记录本身的质量要求是字迹清楚、标识清楚、可追溯。

16. 环境管理体系审核

(1) 本条款所讲的“审核”是指环境管理内部审核。

(2) 组织应制定、保持定期开展环境管理体系内部审核的程序、方案。

(3) 审核程序和方案的目的，是判定其是否满足符合性（即环境管理体系是否符合对环境管理工作的预定安排和规范要求）和有效性（即环境管理体系是否得到正确实施和保持），向管理者报告管理结果。

(4) 对审核方案的编制依据和内容要求，应立足于所涉及活动的环境的重要性和以前审核的结果。

(5) 审核的具体内容，应规定审核的范围、频次、方法，对审核组的要求，审核报告的要求等。

17. 管理评审

(1) 管理评审是组织最高管理者的职责。

(2) 应按规定的时间间隔进行，评审过程要记录，结果要形成文件。

(3) 评审的对象是环境管理体系，目的是保证环境管理体系的持续适用性、充分性、有效性。

(4) 评审前要收集充分必要信息，作为评审依据。

9.2.4 环境管理体系的建立和运行

9.2.4.1 职业健康安全管理体系与环境管理体系的建立步骤

1. 领导决策

最高管理者亲自决策，以便获得各方面的支持和在体系建立过程中所需的资源保证。

2. 成立工作组

最高管理者或授权管理者代表成立工作小组负责建立体系。工作小组的成员要覆盖组织的主要职能部门，组长最好由管理者代表担任，以保证小组对人力、资金、信息的获取。

3. 人员培训

培训的目的是使有关人员了解建立体系的重要性，了解标准的主要思想和内容。

4. 初始状态评审

初始状态评审是对组织过去和现在的职业健康安全与环境的信息、状态进行收集、调查分析、识别和获取现有的适用的法律法规和其他要求，进行危险源辨识和风险评价、环境因素识别和重要环境因素评价。评审的结果将作为确定职业健康安全与环境方针、制定管理方案、编制体系文件的基础。初始状态评审的内容包括：

(1) 辨识工作场所中的危险源和环境因素。

(2) 明确适用的有关职业健康安全与环境法律、法规和其他要求。

(3) 评审组织现有的管理制度，并与标准进行对比。

(4) 评审过去的事故，进行分析评价，以及检查组织是否建立了处罚和预防措施。

(5) 了解相关方对组织在职业健康安全与环境管理工作的看法和要求。

5. 制定方针、目标、指标和管理方案

方针是组织对其职业健康安全与环境行为的原则和意图的声明，也是组织自觉承担其责任和义务的承诺。方针不仅为组织确定了总的指导方向和行动准则，而且是评价一切后续活动的依据，并为更加具体的目标和指标提供一个框架。

职业健康安全及环境目标、指标的制定是组织为了实现其在职业健康安全及环境方针中所体现出的管理理念及其对整体绩效的期许与原则，与企业的总目标相一致，目标和指标制定的依据和准则如下：

(1) 依据并符合方针。

(2) 考虑法律、法规和其他要求。

(3) 考虑自身潜在的危险和重要环境因素。

(4) 考虑商业机会和竞争机遇。

(5) 考虑可实施性。

(6) 考虑监测考评的现实性。

(7) 考虑相关方的观点。

管理方案是实现目标、指标的行动方案。为保证职业健康安全和环境管理体系目标的实现，需结合年度管理目标和企业客观实际情况，策划制定职业健康安全和环境管理方案，方案中应明确旨在实现目标指标的相关部门的职责、方法、时间表以及资源的要求。

6. 管理体系策划与设计

体系策划与设计是依据制定的方针、目标和指标、管理方案确定组织机构职责和筹划各种运行程序。文件策划的主要工作如下：

(1) 确定文件结构。

(2) 确定文件编写格式。

(3) 确定各层文件名称及编号。

(4) 制定文件编写计划。

(5) 安排文件的审查、审批和发布工作。

7. 体系文件编写

体系文件包括管理手册、程序文件、作业文件三个层次。

(1) 体系文件编写的原则。

职业健康安全与环境管理体系是系统化、结构化、程序化的管理体系，是遵循PDCA管理模式并以文件支持的管理制度和管理办法。

体系文件编写应遵循以下原则：标准要求的要写到、文件写到的要做到、做到的要有效记录。

(2) 管理手册的编写。

管理手册是对组织整个管理体系的整体性描述，它为体系的进一步展开以及后续程序文件的制定提供了框架要求和原则规定，是管理体系的纲领性文件。手册可使组织的各级管理者明确体系概况，了解各部门的职责权限和相互关系，以便统一分工和协调管理。

管理手册除了反映了组织管理体系需要解决的问题所在，也反映出了组织的管理思路和理念。同时也向组织内外部人员提供了查询所需文件和记录的途径，相当于体系文件的索引。

其主要内容包括：方针、目标、指标、管理方案；管理、运行、审核和评审工作人员的主要职责、权限和相互关系；关于程序文件的说明和查询途径；关于管理手册的管理、评审和修订工作的规定。

(3) 程序文件的编写程序文件的编写应符合以下要求：程序文件要针对需要编制程序文件体系的管理要素；程序文件的内容可按“4W1H”的顺序和内容来编写，即明确程序中管理要素由谁做（Who），什么时间做（When），在什么地点做（Where），做什么（What），怎么做（How）。程序文件一般格式可按照目的和适用范围、引用的标准及文件、术语和定义、职责、工作程序、报告和记录的格式以及相关文件等的顺序来编写。

(4) 作业文件的编制。

作业文件是指管理手册、程序文件之外的文件，一般包括作业指导书（操作规程）、管理规定、监测活动准则及程序文件引用的表格。其编写的内容和格式与程序文件的要求基本相同。在编写之前应对原有的作业文件进行清理，摘其有用，删除无关。

8. 文件的审查、审批和发布

文件编写完成后应进行审查，经审查、修改、汇总后进行审批，然后发布。

9.2.4.2 职业健康安全管理体系与环境管理体系的运行

1. 管理体系的运行

体系运行是指按照已建立体系的要求实施，其实施的重点围绕培训意识和能力，信息交流，文件管理，执行控制程序，监测，不符合、纠正和预防措施，记录等活动推进体系的运行工作。上述运行活动简述如下。

(1) 培训意识和能力。

由主管培训的部门根据体系、体系文件（培训意识和能力程序文件）的要求，制定详细的培训计划，明确培训的组织部门、时间、内容、方法和考核要求。

(2) 信息交流。

信息交流是确保各要素构成一个完整的、动态的、持续改进的体系和基础，应关注信息交流的内容和方式。

（3）文件管理。

对现有有效文件进行整理编号，方便查询索引；对适用的规范、规程等行业标准应及时购买补充，对适用的表格要及时发放；对在内容上有抵触的文件和过期的文件要及时作废并妥善处理。

（4）执行控制程序文件的规定。

体系的运行离不开程序文件的指导，程序文件及其相关的作业文件在组织内部都具有法定效力，必须严格执行，才能保证体系正确运行。

（5）监测。

为保证体系正确有效地运行，必须严格监测体系的运行情况。监测中应明确监测的对象和监测的方法。

（6）不符合、纠正和预防措施。

体系在运行过程中，不符合的出现是不可避免的，包括事故也难免要发生，关键是相应的纠正与预防措施是否及时有效。

（7）记录。

在体系运行过程中及时按文件要求进行记录，如实反映体系运行情况。

2. 管理体系的维持

（1）内部审核。

内部审核是组织对其自身的管理体系进行的审核，是对体系是否正常进行以及是否达到了规定的目标所作的独立的检查和评价，是管理体系自我保证和自我监督的一种机制。内部审核要明确提出审核的方式方法和步骤，形成审核日程计划，并发至相关部门。

（2）管理评审。

管理评审是由组织的最高管理者对管理体系的系统评价，判断组织的管理体系面对内部情况的变化和外部环境是否充分适应有效，由此决定是否对管理体系作出调整，包括方针、目标、机构和程序等。

管理评审中应注意以下问题：信息输入的充分性和有效性；评审过程充分严谨，应明确评审的内容和对相关信息的收集、整理，并进行充分的讨论和分析；评审结论应该清楚明了，表述准确；评审中提出的问题应认真进行整改，不断持续改进。

（3）合规性评价。

为了履行对合规性承诺，合规性评价分公司级和项目组级评价两个层次进行。

项目组级评价，由项目经理组织有关人员对施工中应遵守的法律法规和其他要求的执行情况进行一次合规性评价。当某个阶段施工时间超过半年时，合规性评价不少于一次。项目工程结束时应针对整个项目工程进行系统的合规性评价。

公司级评价每年进行一次，制定计划后由管理者代表组织企业相关部门和项目组，对公司应遵守的法律法规和其他要求的执行情况进行合规性评价。

各级合规性评价后，对不能充分满足要求的相关活动或行为，通过管理方案或纠正措施等方式进行逐步改进。上述评价和改进的结果，应形成必要的记录和证据，作为管理评审的输入。

管理评审时，最高管理者应结合上述合规性评价的结果、企业的客观管理实际、相关法律法规和其他要求，系统评价体系运行过程中对适用法律法规和其他要求的遵守执行情况，并由相关部门或最高管理者提出改进要求。

【知识技能点小结】

环境管理体系是在对环境管理标准化基础上建立的，它是一个组织内部管理体系的组成部分，包括为制定、实施、实现、评审和保持环境方针所需的组织机构、规划活动、机构职责、惯例、程序、过程、资源以及组织的环境方针、目标和指标等管理。环境管理体系的基本内容包括环境方针、规划、实施和运行、检查和纠正措施、管理评审5个一级要素和17个二级要素组成。

【知识技能训练】

一、填空题

1.（　　）是整个管理体系的一个组成部分，包括为制定、实施、实现、评审和保持环境方针所需的组织机构、计划活动、职责、惯例、程序、过程和资源。

2. 环境管理体系的基本内容包括环境方针、规划、（　　）和运行、检查和纠正措施、管理评审。

二、简答题

简述环境管理体系运行的基本过程。

任务9.3　环 境 管 理 要 求

9.3.1　建设工程项目决策阶段的要求

建设单位应按照有关建设工程法律法规的规定和强制性标准的要求，办理各种有关环境保护方面的审批手续。对需要进行环境影响评价的建设工程项目，应组织或委托有相应资质的单位进行建设工程项目环境影响评价。

9.3.2　工程设计阶段的要求

设计单位应按照有关建设工程法律法规的规定和强制性标准的要求，进行环境保护设施的设计，防止因设计考虑不周而导致对环境造成不良影响。

在进行工程设计时，设计单位应当考虑施工安全和防护需要，对涉及施工安全的重点部分和环节在设计文件中应进行注明，并对防范生产安全事故提出指导意见。

对于采用新结构、新材料、新工艺的建设工程和特殊结构的建设工程，设计单位应在设计中提出保障施工作业人员安全和预防生产安全事故的措施建议。

在工程总概算中，应明确工程安全环保设施费用、安全施工和环境保护措施费等。

设计单位和注册建筑师等执业人员应当对其设计负责。

9.3.3　工程施工阶段的要求

在工程施工阶段，环境管理重点在施工现场的环境保护，根据《中华人民共和国环境保护法》和《中华人民共和国环境影响评价法》，建设工程施工现场环境保护必须达到以下要求。

（1）涉及已发划定的自然保护法、风景名胜区、生活饮用水水源保护区及其他需要特别保护的区域时，应当符合国家有关法律法规及该区域内建设工程项目环境管理的规定，不得建设污染环境的工业生产设施；建设的工程项目设施的污染物排放不得超过规定的排放标准。已经建成的设施，其污染物排放超过排放标准的，限期整改。

（2）建设工程项目选址、选线、布局应当符合区域、流域规划和城市总体规划。

（3）开发利用自然资源项目，必须采取措施保护生态环境。

（4）应满足项目所在区域环境质量、功能和生态功能区划标准和要求。

（5）拟采取的污染防治措施应确保污染物排放达到国家和地方规定的排放标准；涉及可能产生放射性污染的，应采取有效预防和控制措施。

（6）建设工程应当采用节能、节水等有利于环境和资源保护的建筑设计方案、建筑材料、装修材料、建筑构配件及设备。禁止生产、销售和使用有毒、有害物质超过国家标准的建筑材料和装修材料。

（7）尽量减少建设工程中所产生的干扰周围生活环境的噪声。

（8）应采取生态保护措施，有效预防和控制生态破坏。

（9）建设工程项目中防治污染的设施，必须与主体工程同时设计、同时施工、同时投产。

（10）对环境可能造成重大影响，应当编制环境影响报告书的建设工程项目等应举行听证会。

（11）排放污染物的单位，必须依照国务院环境保护行政主管部门的规定申报登记。

（12）禁止引进不符合我国环境保护规定要求的技术和设备。

（13）任何单位不得将产生严重污染的生产设备转移给没有污染防治能力的单位使用。

9.3.4　项目验收试运行阶段的要求

项目竣工后，建设单位应向审批建设工程项目环境影响报告书、环境影响报告或者环境影响登记表的环境保护行政主管部门申请，对环保设施进行竣工验收。环保行政主管部门应在收到申请环保设施竣工验收之日起30日内完成验收。验收合格后，才能投入生产和使用。

对于需要试生产的建设工程项目，建设单位应当在项目投入试生产之日起3个月内向环保行政主管部门申请对其项目配套的环保设施进行竣工验收。

【知识技能点小结】

在工程建设的各个阶段，环境管理有不同的要求，在项目决策阶段，侧重有关环境的审批手续及项目环境影响评价；在设计阶段，侧重对环境保护的设计及概算；在施工阶段，要做好施工现场的安全控制；在项目验收试运行阶段，侧重项目环境影响报告的审批。

【知识技能训练】

一、单项选择题

1. 环保行政主管部门应在收到申请环保设施竣工验收之日起（　　）天内完成验收。

A 30　　B 20　　C 28　　D 14

2.（　　）应按照有关建设工程法律法规的规定和强制性标准的要求，办理各种有关环境保护方面的审批手续。

A 建设单位　　B 施工单位　　C 施工总承包单位　D 设计单位

二、简单题

工程施工阶段，施工现场环境保护应该达到哪些要求？

任务9.4 施工环境管理措施

9.4.1 施工现场空气污染的防治措施

水利水电工程施工对空气有影响最大的是施工粉尘，施工粉尘可采取以下措施防治。

（1）水利水电工程施工钻爆作业和需采取钻孔作业的施工现场，应采取以下措施降低粉尘污染：钻孔作业应优先采用带除尘装置的钻孔设备；使用不具备除尘装置的设备，必须采用湿钻或孔口喷水雾化的防护措施；露天爆破作业方式应优先选择凿裂爆破、预裂爆破、光面爆破和缓冲爆破技术和喷水降尘等措施，并合理布置炮孔、装药和填塞炮孔，实行微差爆破，以降低产尘量；地下工程应采用风流净化水幕、洒水喷雾等措施；净化水幕应安设在支护完好、壁面平整、无断裂破碎的巷道段内，水幕的控制方式可根据巷道条件选用光电式、触控式或各种机械传动的控制方式；隧洞回风带口应安装干式或湿式除尘装置来降低粉尘污染。

构筑物爆破拆除前，应编制扬尘控制措施计划；可采用清理积尘、淋湿地面、预湿墙体、屋面敷水袋、楼面蓄水、建筑外设高压喷雾状水系统、搭设防尘排栅等综合降尘措施；选择风力小的天气进行爆破作业。

（2）土石方挖填及装卸作业应采取以下措施降低粉尘污染：石方、沙质土挖填前，应洒水降尘，并避免随意甩渣；永久开挖坡面应及时进行封闭。堆渣宜采取挡护措施，土料堆积场地应采用密目网遮盖封闭；运输车辆装载土石方不宜超出车厢，车厢顶部应用篷布覆盖；主要施工交通运输道路路面应硬化，将现场路上遗洒的渣土、石块和粉屑应及时清除干净，并随时洒水降尘。

（3）水泥、石灰、粉煤灰等细颗粒材料运输宜采用密封罐车，采用敞篷车运输应用篷布遮盖。装卸、堆放中应防止物料流散。袋装水泥临时备料场宜建在有排浆引流的混凝土搅拌场或预制场内，就近使用。水泥、粉煤灰贮仓应安装报警信号器，所有的通气口应安装合适的收尘袋（收尘器）。

（4）天然骨料加工、人工骨料破碎加工应采用湿式生产工艺，制砂加工应采用半干式生产工艺。

（5）混凝土拌制应采取以下措施降低粉尘污染：选用拌和楼作为拌制设备时，应选用带有集尘装置的拌和楼。移动式、强制式拌和机应安制收尘装置；散装水泥、粉煤灰应采用螺旋机或风送管道进行密闭输送；砂石料存放场宜搭设砂石料棚，无条件搭设的，砂石料场应及时洒水湿润。

（6）金属防腐除锈处理应采取封闭作业。通气孔应设置集尘、降尘装置。

9.4.2　施工现场水污染的防治措施

水利水电工程施工废污水的处理应包括施工生产废水和施工人员生活污水处理，其中施工生产废水主要包括砂石料加工系统废水、混凝土拌和系统废水等。

1. 施工生产废水处理

(1) 砂石料加工系统废水处理系统宜采用二级沉淀，第一级沉淀构筑物应有合适积泥容积，在第一级沉淀构筑物前可设细沙回收装置。

(2) 基坑排水、灌浆工程施工废水可采用自然沉淀法，碱性基坑排水可采用加酸进行中和处理。

(3) 混凝土拌和系统废水处理应结合工程布置，就近设置平流沉淀池处理冲洗废水，宜加酸中和废水，沉淀处理后的上清液可循环使用。

(4) 机械修配系统及停车场冲洗废水应采用沉淀池、隔油池或油水分离器进行集中处置，废水中石油类浓度大于30mg/L时，宜设置油水分离器，以保障处理效果。

(5) 疏浚施工船舶产生的含油废水应经油水分离器处理达标后排放，严禁未经处理直接排放，船舶的残油、废油必须回收，严禁排入水体，船舶出现漏油情况时应及时处理，同时对进入水体的油污采取围栏、吸附等方法处理。

(6) 生产生活区内存放油类、电解液等的场所，应采取防水、防渗、围挡措施，防止因跑、冒、滴、漏污染水体。

在饮用水水源一级保护区和二级保护区内，不应设置施工废水、废浆排污口。一般河流水源地，生活饮用水水源取水口上游1000m至下游100m范围内的水域，不得排入施工废污水。大中型湖泊水源地，生活饮用水水源取水口半径500m范围内的水域，不得排入施工废污水。

2. 施工生活废水处理

施工生活污水包括食堂、澡堂、集体盥洗处、厕所排放的污水。生活污水可采用一体化成套处理设备、油水分离器、化粪池、沼气池、渗水隔离等设施处理达标后排放。

3. 施工降水影响控制措施

施工单位应根据批准的环境影响评价文件和环境保护设计文件中的施工降水影响预测和措施，结合降水工程区建筑物、构筑物、地下管线和取水设施分布情况，采取有效措施降低施工降水造成的环境影响，宜采用的措施包括：改进降水技术方法，基坑外建立或结合防渗设置护坡桩、防渗墙、桩墙、连续墙，边坡网护、喷护，人工回灌地下水等。

施工降水过程中，特别在基坑开挖时，应随时观察基坑边坡的稳定性，防止边坡产生流沙、流土、潜蚀、塌方等现象。滨海地区的降水工程，应注意防止海水入侵，防止淡水资源遭受污染。采用引渗井降水时，要求上部含水层的水质应符合下部含水层水质标准，以保护地下水资源。降水施工期间洗井抽出的淡水，应在现场基本澄清后排放，并应防止淤塞附近区域管网或污染地表水体。

9.4.3　施工现场的噪声控制

9.4.3.1　施工现场噪声的限值

声音是由物体振动产生的，当频率在20～20000Hz时，作用于人的耳膜而产生的感觉，称之为声音。由声构成的环境称为“声环境”。当环境中的声音对人类、动物及自然物没有产生不良影响时，就是一种正常的物理现象。相反，对人的生活和工作造成不良影响的声音就称之为噪声。

根据国家标准《建筑施工场界环境噪声排放标准》（GB 12523—2011）的要求，对建筑施工场界环境噪声设置了噪声限值如表9-2所示。在工程施工中，特别注意不得超过国家标准的限值。

表9-2 建筑施工场界环境噪声排放限值

时 段	昼间	夜间
噪声限值/dB(A)	70	55

9.4.3.2 施工现场的噪声控制措施

水利水电工程施工噪声主要包括管道噪声、设备噪声、爆破噪声、筛分系统噪声、混凝土拌和系统噪声、交通噪声等。施工现场噪声的噪声控制可从声源、传播途径、接收者防护等方面来考虑。

(1) 声源控制。从声源上降低噪声，这是防止噪声污染的最根本的措施。尽量采用低噪声设备和工艺代替高噪声设备与加工工艺，如采用低噪声振捣器、风机、电动空压机、电锯等。

在声源处安装消声器消声，如在通风机、鼓风机、压缩机、燃气机、内燃机及各类排气放空装置等进出风管的适当位置设置消声器。

(2) 传播途径的控制。在传播途径上控制噪声方法主要有以下几种：

吸声：利用吸声材料（大多由多孔材料制成）或由吸声结构形成的共振结构（如金属或木质薄板钻孔形成的空腔体等）吸收声能，降低噪声。

隔声：应用隔声结构，阻碍噪声向空间传播，将接收者与噪声声源分隔。隔声结构包括隔声室、隔声罩、隔声屏障、隔声墙等。

消声：利用消声器阻止噪声传播。允许气流通过的消声降噪是防治空气动力性噪声的主要装置。如对空气压缩机、内燃机产生的噪声等就采用这种装置。

减振降噪：对来自振动引起的噪声，通过降低机械振动减小噪声，如将阻尼材料涂在振动源上，或改变振动源与其他刚性结构的连接方式等。

(3) 接收者的防护。让处于噪声环境下的人员使用耳塞、耳罩等防护用品，减少相关人员在噪声环境中的暴露时间，以减轻噪声对人体的危害。

(4) 严格控制人为噪声。进入施工现场不得高声喊叫、无故甩打模板、乱吹哨，限制高音喇叭的使用，最大限度地减少噪声扰民。

(5) 控制强噪声作业的时间。凡在人口稠密区进行强噪声作业时，须严格控制作业时间，一般晚10点到次日早6点之间停止强噪声作业。确系特殊情况必须夜间施工时，尽量采取降低噪声措施，并会同建设单位找当地居委会、村委会或当地居民协调，出安民告示，求得群众谅解。

9.4.4 施工现场固体废物的处理

固体废物是生产、建设、日常生活和其他活动中产生的固态、半固态废弃物质。固体废物是一个极其复杂的废物体系。按照其化学组成可分为有机废物和无机废物；按照其对环境和人类健康的危害程度可以分为一般废物和危险废物。水利水电工程施工产生的固体废物包括工程弃渣、工程废弃物、生活垃圾、危险废物、物资设备包装物等。

9.4.4.1　施工工地上常见的固体废物

（1）建筑渣土：包括砖瓦、碎石、渣土、混凝土碎块、碎玻璃、废屑、废弃装饰材料等。

（2）废弃的散装建筑材料包括散装水泥、石灰等。

（3）生活垃圾：包括餐厨废物、丢弃食品、废纸、生活用具、玻璃、陶瓷碎片、废电池、废旧日用品、废塑料制品、煤灰渣、废交通工具等。

（4）设备、材料等的废弃包装材料。

9.4.4.2　施工现场固体废物的处理

（1）回收利用：回收利用是对固体废物进行资源化、减量化的重要手段之一。对建筑渣土可视其情况加以利用。废钢可按需要做金属原材料，对废电池等废弃物应分散回收，集中处理。

（2）减量化处理：减量化是对已经产生的固体废物进行分选、破碎、压实浓缩、脱水等减少其最终处置量，减低处理成本，减少对环境的污染，在减量化处理的过程中，也包括和其他处理技术相关的工艺方法，如焚烧、热解、堆肥等。

（3）焚烧技术：焚烧用于不适合再利用且不宜直接予以填埋处置的废物，尤其是对于受到病菌、病毒污染的物品，可以用焚烧进行无害化处理。焚烧处理应使用符合环境要求的处理装置，注意避免对大气的一次污染。

（4）稳定和固化技术：利用水泥、沥青等胶结材料，将松散的废物包裹起来，减小废物的毒性和可迁移性，使得污染减少。

（5）填埋：填埋是固体废物处理的最终技术，经过无害化、减量化处理的废物残渣集中到填埋场进行处置。填埋场应利用天然或人工屏障。尽量使需处置的废物与周围的生态环境隔离，并注意废物的稳定性和长期安全性。

9.4.5　项目引例解答

（1）加强施工环境规划和布置；建立施工环境保护制度；加强环境保护教育；加强环境保护措施的落实和改进。

（2）远郊施工合理规划进场运输路线，保持道路平整，设法保证道路通畅。对进出场土路应采取措施防止车辆行进过程中引起大量扬尘对环境的污染。安排专人调度和管理现场，指挥进场施工车辆卸料及停放，并及时清理施工剩余料或闲置机具，保持现场料具存放整洁。施工作业区与生活区分开设置，保证安全的施工和生活环境。

（3）城区施工现场较狭小，现场布置主要考虑合理规定进场车辆的运输线路，设法保证其通畅。安排专人管理卸料及其堆放，及时清理施工剩余料或闲置机具，保持现场料具存放整洁。施工场地出口应设洗车池清洁车辆，以防泥土污染城区。

运输土料、草皮等进入城市，还应对运输设备和装载量进行选择确定，防止土料、草皮在运输过程中散落对城市形成环境污染。施工作业区与生活区分开设置，保证安全的施工和生活环境。

（4）插打钢板桩施工时的噪声大，夜间施工影响市民休息，因此，在城区标段应尽量将插打钢板桩从夜间施工调整到白天施工，即便是为抢进度，确需夜间施工时，一般也应在夜晚 22 时前停止该项施工。现场材料、机具存放不合理，应设置专人负责场地环境，对施工现场料具、设备等进行集中堆放，并保持整洁。施工运输车辆出工地没有进行清洗措施，应在施工场地出口设洗车池清洁车辆，以防泥土污染城区。运土料车辆超载，应合理选择运输车辆，防止超载并形成土料运输遗洒。

【知识技能点小结】

施工现场环境管理从对空气污染、水污染、噪声污染防治以及固体废物处理等方面着手，对空气和水污染要有环境保护意识，做好平时防治措施；对噪声的控制，要从声源、传播途径、接受者防护方面考虑；对施工现场固体废物可采用回收利用、减量化处理、焚烧技术、稳定和固化技术、填埋等措施。

【知识技能训练】

简答题

1. 如何控制施工现场的噪声？

2. 如何处理施工现场的固体废弃物？

项目10　水利工程施工信息管理

【项目目标】

掌握信息管理的目的和任务；掌握施工项目报告系统；熟悉工程项目的管理信息系统；掌握工程项目文档资料管理。

【项目要求】

知识要点	能力要求	所占分值（100分）	自评分数
信息管理基础知识	掌握信息与信息管理的含义，了解信息管理的发展，掌握工程项目信息管理的意义及任务	30	
施工项目报告系统	掌握项目报告种类、作用及要求，了解施工项目报告系统	20	
施工项目信息管理系统	掌握施工项目信息管理系统的概念及功能，熟悉工程项目信息系统的建立过程，理解工程管理信息化的含义，了解其发展情况	20	
施工项目文档管理	掌握施工项目文档管理的任务及基本要求，熟悉项目文件资料的种类以及文件档案管理主要内容，了解施工文件立卷方法和要求，熟悉施工文件的归档	30	

【引例】 欧特克建筑工程分公司事业部总部大楼借助于信息技术建筑信息模型（Building Information Modeling，简称BIM）技术，并将可持续设计的理念贯穿其中，超过5000m^2的建筑由于采用了BIM技术，在业主、设计方、承包方等的协作之下仅用了8个月的时间就完成了设计、建筑、装修和试运行，而且将BIM应用到大楼的整体设计优化以后，大楼的建筑空间较传统设计增加了30%，每平方英尺的成本节省了29美元，项目建设达到了零索赔。通过BIM技术和可持续发展的设计理念，整个过程节约了大量传统设计和施工中由于更改设计和意外事件造成的资源和成本耗费。而且在设计中应用BIM就自然而然地关注到采光、电器配置和内部装修的设计，使员工都能够获得适当的自然光从而减少照明的能源消耗，而且室内用于装饰用的复杂几何木质构件直接从BIM模型中导出给当地的制造商，并由其进行制作。整个工程建设，充分运用了目前最先进的信息技术，成为人类建筑史一大飞跃。可见，信息、信息管理及信息技术的运用是工程项目施工中很重要的内容。

任务10.1 信息管理基础知识

从广义角度上讲，信息就是对客观事物的反映。从本质上看，信息是对社会、自然界的事物特征、现象、本质及规律的描述，它提供了有关现实世界事物的消息和知识，信息普遍存在于自然界、人类社会和思维领域中。从狭义的角度上讲，人们将信息定义为经过加工处理以后对客观事物产生影响的数据，它对接受者有用，对决策或行为具有现实或潜在的价值。

数据和信息经常被人们混淆。数据是反映客观实体的属性值，用数字、文字、声音、图像或者图形等形式表示，是记录事物的性质、形态、数量特征的抽象符号，是中性的概念。而信息则是被赋予一定含义的，经过加工处理以后的数据，例如报表、账本和图纸等等都是经过对数据加工处理以后产生的信息。数据和信息是相对概念，例如：对于施工企业来说，某个项目部的月结算报表是此项目部计经工作人员的信息，但是对于施工企业的总经理来说，它仅仅是原始的数据。如果说数据是原材料，信息就是成品，信息比数据更有价值、更高级，用途更广。

工程项目信息管理，指对工程项目信息进行收集、整理、分析、处置、储存和使用等活动。

在工程项目中，信息管理必不可少，只有切实做好信息管理工作，才能保证项目的相关人员及时获得所需的信息，在此基础上才能够进一步做好成本管理、进度管理、质量管理、安全管理和合同管理等各项管理工作，最终达到优质、低价、快速完成项目实施任务的目标。同时，由于建设项目管理是一种动态管理，需要及时地对大量的动态信息进行快速处理，这就需要借助于电子计算机这一现代化工具来进行，把信息管理和计算机应用有机地结合起来，充分发挥计算机的优势，为实现工程项目的动态管理服务。

在项目管理六大任务中，信息管理是相当重要的方面，但是普遍没有引起重视，甚至在许多项目的管理中是相当薄弱的。比如国际工程中，由于信息管理工作不规范、不到位、不重视造成的损失是相当惊人，因此，到国外参与过工程建设、与国际工程公司合作过的公司对此十分重视。我国从工业发达国家引进项目管理的概念、理论、组织、方法和手段，历时20年左右，取得了不少成绩，但是，在项目管理中最薄弱的工作环节还是信息管理。至今多数业主方和施工方的信息管理还相当落后，其落后表现在对信息管理的理解、组织、方法和手段还停留在传统的方式和模式上。

业主方和项目参与各方都有各自的信息管理任务，为充分利用和发挥信息资源的价值、提高信息管理的效率，以及实现有序的和科学的信息管理，各方都应编制各自的信息管理手册，以规范信息管理工作。信息管理手册是信息管理的核心指导文件。信息管理手册应描述和定义信息管理的任务（做什么?）、执行者（谁做?）、每项信息管理任务执行的时间（什么时候做?）和其工作成果（结果是什么?）等，它的主要内容如下：

（1）确定信息管理的任务（信息管理任务目录）。

（2）确定信息管理的任务分工表和管理职能分工表。

（3）确定信息的分类。

(4) 确定信息的编码体系和编码。

(5) 绘制信息输入输出模型（反映每一项信息处理过程的信息的提供者、信息的整理加工者、信息整理加工的要求和内容，以及经整理加工后的信息传递给信息的接受者，并用框图的形式表示）。

(6) 绘制各项信息管理工作的工作流程图，（如：信息管理手册编制和修订的工作流程，为形成各类报表和报告，收集信息、审核信息、录入信息、加工信息、信息传输和发布的工作流程，以及工程档案管理的工作流程等）。

(7) 绘制信息处理的流程图（如施工安全管理信息、施工成本控制信息、施工进度信息、施工质量信息、合同管理信息等的信息处理的流程）。

(8) 确定信息处理的工作平台（如以局域网作为信息处理的工作平台，或用门户网站作为信息处理的工作平台等）及明确其使用规定。

(9) 确定各种报表和报告的格式，以及报告周期。

(10) 确定项目进展的月度报告、季度报告、年度报告和工程总报告的内容及其编制原则和方法。

(11) 确定工程档案管理制度。

(12) 确定信息管理的保密制度，以及与信息管理有关的制度。

项目管理班子中各个工作部门的管理工作都与信息处理有关，他们承担一定的信息管理任务，而信息管理部门是专门从事信息管理的工作部门，其主要工作任务如下：①负责主持编制信息管理手册，在项目实施过程中进行信息管理手册必要的修改和补充，并检查和督促其执行；②负责协调和组织项目管理班子中各个工作部门的信息处理工作；③负责信息处理工作平台的建立和运行维护；④与其他工作部门协同组织收集、处理信息和形成各种反映项目进展和项目目标控制的报表和报告；⑤负责工程档案管理等。

工程项目数据量大，可以尽量利用信息技术的手段（主要指的是数据处理设备和网络）进行信息管理，其核心技术是基于网络的信息处理平台，即在网络平台上（如局域网，或互联网）进行信息处理。

【知识技能点小结】

本任务主要讲述信息、信息管理、工程项目信息管理基本概念，要求了解信息管理的发展历史和工程项目信息管理的任务，掌握工程项目信息管理指对工程项目信息进行收集、整理、分析、处置、储存和使用等活动。

【知识技能训练】

一、单项选择题

1. 工程项目信息管理的核心指导文件是（　　）。

A 信息编码体系　　B 信息分类标准　　C 信息管理手册　　D 信息处理方法

2. 通过信息技术在工程管理中的开发和应用能实现（　　），从而可提高数据传输的抗干扰能力，使数据传输不受距离限制并可提高数据传输的保真度和保密性。

A 信息处理和变换的程序化　　B 信息传输的数字化和电子化

C 信息流扁平化　　D 信息存储数字化和存储相对集中

二、简答题

1. 数据和信息之间有什么联系与区别?

2. 工程项目信息管理的目的是什么?其任务主要有哪些?

任务10.2 施工项目报告系统

10.2.1 工程项目中的报告

10.2.1.1 施工项目报告的种类

在工程中报告的形式和内容丰富多彩，是人们沟通的主要工具。报告的种类很多，例如：按时间可以分为日报、周报、月报、年报；针对项目结构的报告，如单位工程、单项工程、整个项目报告；专门的内容报告有质量报告、成本报告、工期报告等；特殊情况的报告，如风险分析报告、总结报告、特别事件报告等。

10.2.1.2 施工项目报告的作用

报告有以下几方面的作用：

(1) 作为决策的依据，通过报告可以使人们对项目计划和实施状况、目标完成程度十分清楚，这样可以预见未来，使决策简单化而且准确。报告首先是为决策服务的，特别是上层的决策。但报告的内容仅反映过去的情况，滞后很多。

(2) 用来评价项目，评价过去的工作以及阶段成果。

(3) 总结经验，分析项目中的问题，特别在每个项目结束时都应有一个内容详细的分析报告。

(4) 通过报告去激励各参加者，让大家了解项目成就。

(5) 提出问题，解决问题，安排后期的计划。

(6) 预测将来情况，提供预警信息。

(7) 作为证据和工程资料。报告便于保存，因而能提供工程的永久记录。

不同的参加者需要不同的信息内容、频率、描述、浓缩程度。必须确定报告的形式、结构、内容、采撷处理方式，为项目的后期工作服务。

10.2.1.3 施工项目报告的要求

为了项目组织间顺利沟通，起到报告的作用，报告必须符合如下要求：

(1) 与目标一致。报告的内容和描述必须与项目目标一致，主要说明目标的完成程度和围绕目标存在的问题。

(2) 符合特定的要求。这里包括各个层次的管理人员对项目信息需要了解的程度，以及各职能人员对专业工作和管理工作的需要。

(3) 规范化、系统化。即在管理信息系统中，应完善地定义报告系统结构和内容，对报告的格式，数据结构进行标准化。在项目中要求各参加者采用统一形式的报告。

(4) 处理简单化，内容清楚，各种人都能理解，避免造成理解和传输过程中的错误。

(5) 报告的侧重点要求。报告通常包括概况说明和重大的差异说明，主要的活动和事件的说明，而不是面面俱到。它的内容较多的是考虑到实际效用，如可信度，方便理解，而较少地考虑到信息的完整性。

10.2.2　工程项目报告系统

项目初期，在建立项目管理系统中必须包括项目的报告系统。这要解决两个问题：①罗列项目过程中应有的各种报告，并系统化；②确定各种报告的形式、结构、数据、采撷处理方式，并标准化。

图 10-1　金字塔的报告系统

在设计报告之前，应给各层次的人们列表提问：需要什么信息？应从何处来？怎样传递？怎样标识它的内容？

在编制工程计划时，就应当考虑需要的各种报告及其性质、范围和频次，可以在合同或项目手册中确定。

原始资料应一次性收集，以保证相同的信息、相同的来源。资料在纳入报告前应进行可信度检查，并将计划引入以便对比。

原则上，报告从最低层开始，它的资料最基础的来源是工程活动，包括工程活动的完成程度，工期、质量、人力、材料消耗、费用等情况的记录，以及试验验收检查记录。上层的报告应由上述职能部门总结归纳，按照项目结构和组织结构层层归纳、浓缩，作出分析和比较，形成金字塔形的报告系统，如图 10-1 所示。

这些报告都是不断浓缩形成的，如图 10-2 所示。

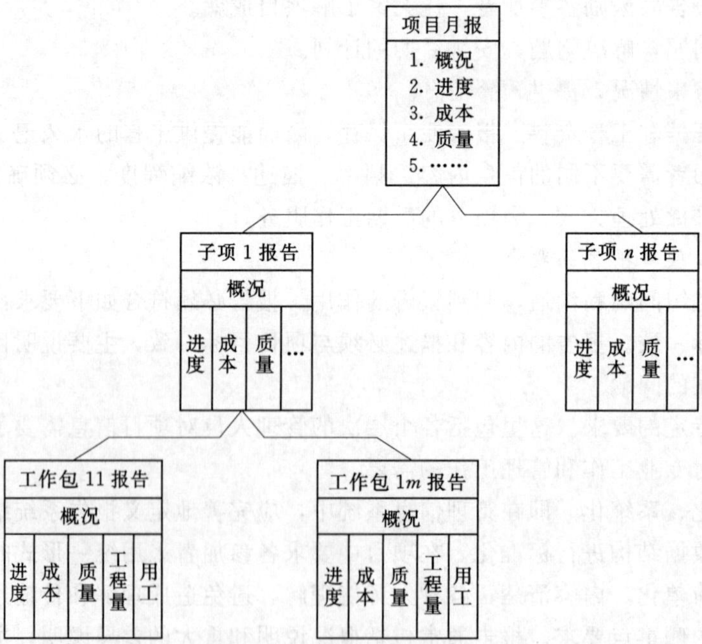

图 10-2　报告的浓缩

项目月报是最重要的项目总体情况报告，它的形式可以按要求设计，但内容比较固定，通常包括以下内容：

1. 概况

(1) 简要说明在本报告期中项目及主要活动的状况，例如：设计工作，批准过程，招标，施工，验收状况。

(2) 计划-实际总工期的对比，一般可以用不同颜色和图例对比，或采用前锋线方法。

(3) 总的趋向分析。

(4) 成本状况和成本曲线，包括层次有：整个项目总结报告；各专业范围或各合同；各主要部门。

(5) 项目形象进度。用图描述建筑和安装的进度。

(6) 对质量问题、工程量偏差、成本偏差、工期偏差的主要原因作说明。

(7) 说明下一报告期的关键活动。

(8) 下一报告期必须完成的工作包。

(9) 工程状况照片。

2. 项目进度详细说明

(1) 按分部工程列出成本状况和进度曲线实际和计划的对比，其表达形式上与上述(4)相同。

(2) 按每个单项工程列出以下内容：

1) 控制性工期的实际和计划对比（最近一次修改以来的），形式是横道图。

2) 其中关键性活动的实际和计划工期对比（最近一次修改以来的）。

3) 实际和计划成本状况对比。同样采取上述(4)所表示的范围及表达方式。

4) 工程状态。

5) 各种界面的状态。

6) 目前关键问题及解决的建议。

7) 特别事件说明。

8) 其他。

3. 预计工期计划

(1) 下阶段控制性工期计划。

(2) 下阶段关键活动范围内详细的工期计划。

(3) 以后几个月活动范围内详细的工期计划。

4. 按分部工程罗列各个施工单位

5. 项目组织状况说明

【知识技能点小结】

本任务主要讲述了施工中报告的种类、报告的作用、编写报告的要求及施工报告系统。

【知识技能训练】

简答题

1. 施工项目中报告有哪些种类？

2. 施工项目中报告的作用是什么？

任务10.3 施工项目信息管理系统

10.3.1 项目管理信息系统的概念及功能

项目管理信息系统（Project Management Information System，PMIS），是在工程项目管理中信息、信息流和信息处理各方面的总和。项目管理信息系统是一个由多个子系统组成的系统，它通过收集、储存及分析工程项目过程中的有关数据，辅助工程项目的管理人员和决策者规划、决策和检查，其核心是用于项目的目标控制。总体模式如图10-3所示。

施工项目管理信息系统的应用，主要是用计算机的手段，进行项目管理有关数据的收集、记录、存储、过滤和把数据处理的结果提供给项目管理班子的成员。它是项目进展的跟踪和控制系统，也是信息流的跟踪系统。20世纪70年代末期和80年代初期国际上已有项目管理信息系统的商品软件。

1. 项目管理信息系统的意义

项目管理信息系统现已被广泛地用于业主方和施工方的项目管理。应用项目管理信息系统的主要意义如下：

（1）实现项目管理数据的集中存储。

（2）有利于项目管理数据的检索和查询。

（3）提高项目管理数据处理的效率。

（4）确保项目管理数据处理的准确性。

（5）可方便地形成各种项目管理需要的报表。

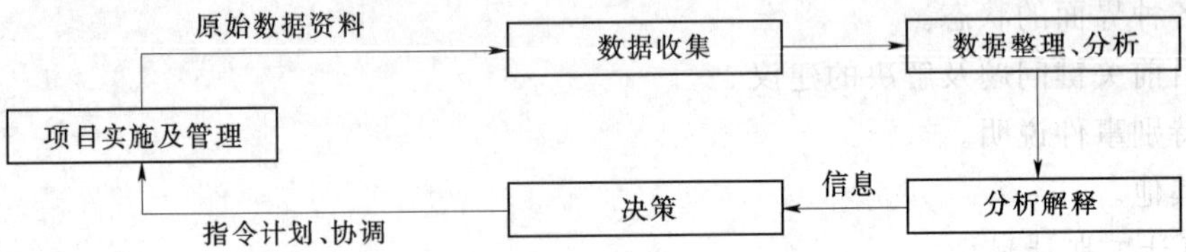

图10-3 项目管理信息系统总体模式

2. 项目管理信息系统的基本功能

项目管理信息系统应该实现的基本功能主要有：投资控制（业主方）或成本控制（施工方）、进度控制、质量控制、合同管理，有些项目管理信息系统还包括一些办公自动化的功能。

（1）投资控制。投资控制的功能主要包括：①项目的估算、概算、预算、标底、合同价、投资使用计划和实际投资的数据计算和分析；②进行项目的估算、概算、预算、标底、合同价、投资使用计划和实际投资的动态比较（如概算和预算的比较、概算和标底的比较、概算和合同价的比较、预算和合同价的比较等），并形成各种比较报表；③计划资金的投入和实际资金的投入的比较分析；④根据工程的进展进行投资预测；⑤提供多种

（不同管理平面）项目投资报表。

（2）成本控制。成本控制的功能主要包括：①投标估算的数据计算和分析；②计划施工成本；③计算实际成本；④计划成本与实际成本的比较分析；⑤根据工程的进展进行施工成本预测；⑥提供各种成本控制报表。

（3）进度控制。进度控制的功能包括：①计算工程网络计划的时间参数，并确定关键工作和关键路线；②绘制网络图和计划横道图；③编制资源需求量计划；④进度计划执行情况的比较分析；⑤根据工程的进展进行工程进度预测；⑥提供多种（不同管理平面）工程进度报表。

（4）质量控制。质量控制的功能主要包括：①项目建设的质量要求和质量标准的制定；②分项工程、分部工程和单位工程的验收记录和统计分析；③工程材料验收记录（包括机电设备的设计质量、建造质量、开箱检验情况、资料质量、安装调试质量、试运行质量、验收及索赔情况）；④工程涉及质量的鉴定记录；⑤安全事故的处理记录；⑥提供多种工程质量报表。

（5）合同管理。合同管理的功能主要包括：①合同基本数据查询；②合同执行情况的查询和统计分析；③标准合同文本查询和合同辅助起草；④提供各种合同管理报表。

10.3.2 项目管理信息系统的建立过程

1. 建立信息代码系统

将各类信息按信息管理的要求分门别类，并赋予能反映其主要特征的代码，一般有：顺序码、数字码、字符码和混合码等，用以表征信息的实体或属性；代码应符合唯一化、规范化、系统化、标准化的要求，以便利用计算机进行管理；代码体系应科学合理、结构清晰、层次分明，具有足够的容量、弹性和可兼容性，能满足工程项目施工管理需要。

2. 明确工程项目管理中的信息流程

根据工程项目管理工作的要求和对项目组织结构、业务功能及流程的分析，建立各单位之间、管理人员之间、上下级之间、内外之间的信息连接，并要保证信息流动的渠道畅通有序，使工程项目管理人员及时得到必要的信息，保证工程项目管理工作顺利进行。

3. 建立工程项目管理中的信息收集制度

对工程项目的各种原始信息来源、要收集的信息内容、标准、时间要求、传递途径、反馈的范围、责任人员的工作职责、工作程序等有关问题做出具体规定，形成制度，认真执行，以保证原始资料的全面性、及时性、准确性和可靠性。

4. 建立工程项目管理中的信息处理

信息处理主要包括信息的收集、加工、传输、存储、检索和输出等工作。

【应用实例 10-1】 中国葛洲坝集团公司作为水电建设行业管理领先的企业之一，很早就认识到信息化建设对企业经营管理与持续发展的巨大促进力，因此建立了较完善的综合项目管理信息系统。该系统主要由综合项目管理系统协同平台和相关子系统组成（包括招投标、进度、合同、成本、竣工、风险、质量安全环保等子系统），采用统一授权机制，各子系统之间实现网络互联与信息共享，同时满足项目管理过程中项目部、子分公司、集团三个层级的不同管理需要。中国葛洲坝集团各级管理机构的项目管理职责与主要工作内容如图10-4所示。

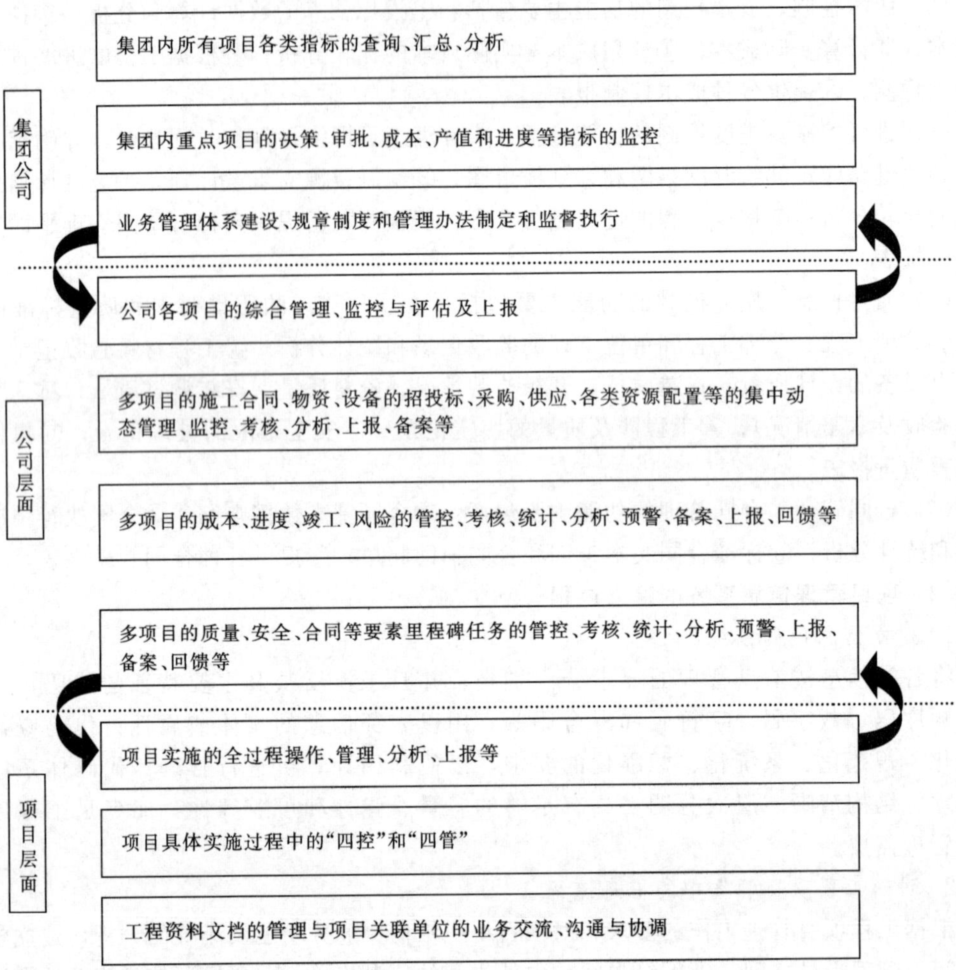

图10-4　项目管理职责与主要工作内容

根据公司信息化整体规划的要求，综合项目管理范围及所涉及组织部门以及业务范围和管理要求，公司管理系统的总体架构如图10-5所示。此构架基于采用“整体耦合、局部紧耦合”的信息系统SOA架构，运用先进的EAI技术，实现异构应用系统与系统基础平台的整合，以项目管理等模块为支撑，配合其他管理相关模块，建立共享的信息平台，推行系统的标准的数据和流程。

工程项目信息系统就是要满足信息参加者之间的信息流通和项目管理职能之间的信息流通。前者通常与项目的组织模式相似。在信息系统中，每个参加者为信息系统网络上的一个节点，他们都负责具体信息的收集（输入）、传递（输出）和信息处理工作。项目管理者要具体设计这些信息的内容、结构、传递时间、精确程序和其他要求。项目管理系统往往是一个复杂的系统，由许多子系统组成。按照管理职能划分，可以建立各个项目管理子系统，例如成本管理信息系统、合同管理信息系统、质量管理信息系统、材料管理信息系统，为专门的职能工作服务，用来解决专门信息的流通问题。

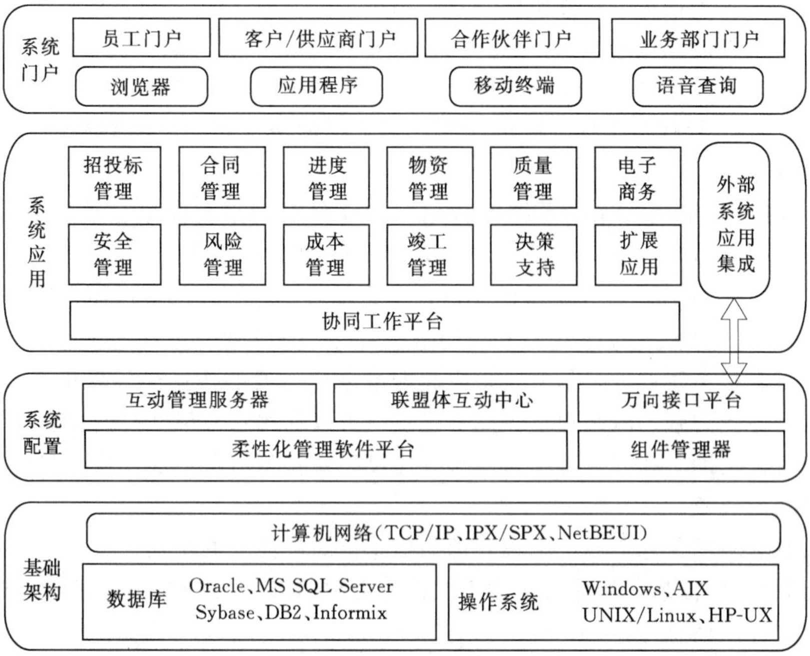

图 10-5 管理系统的总体构架

10.3.3 工程管理信息化

10.3.3.1 信息化的内涵

信息化指的是信息资源的开发和利用，以及信息技术的开发和应用。胡锦涛总书记在党的十七大报告中阐述立足社会主义初级阶段这个最大实际时指出：“要全面认识工业化、信息化、城镇化、市场化、国际化深入发展的新形势新任务，深刻把握我国发展面临的新课题新矛盾，更加自觉地走科学发展道路。”上述这“五化”中，比以往多了一个“信息化”，并且仅排在“工业化”之后，并且首次提出了信息化与工业化融合发展的崭新命题，对信息化重视程度不断提升，这对今后我国信息化推进和通信业发展必将产生重大而深远的影响。信息化是继人类社会农业革命、城镇化和工业化的又一个新的发展时期的重要标志。

我国实施国家信息化的总体思路是：以信息技术应用为导向；以信息资源开发和利用为中心；以制度创新和技术创新为动力；信息化与工业化融合发展，以信息化带动工业化；加快经济结构的战略性调整；全面推动领域信息化、区域信息化、企业信息化和社会信息化进程。

10.3.3.2 工程管理信息化

(1) 工程管理信息化的含义。工程管理信息化指的是工程管理信息资源的开发和利用，以及信息技术在工程管理中的开发和应用。工程管理信息化属于领域信息化的范畴，它和企业信息化也有联系。信息技术在工程管理中的开发和应用，包括在项目决策阶段的开发管理、实施阶段的项目管理和使用阶段的设施管理中开发和应用信息技术。

施工管理信息化是工程管理信息化的一个分支，其内涵是施工管理信息资源的开发和利用，以及信息技术在施工管理中的开发和利用。

(2) 工程管理信息化的发展。自20世纪70年代开始，信息技术经历了一个迅速发展的过程，信息技术在建设工程管理中的应用也有一个相应的发展过程：

1) 20世纪70年代，单项程序的应用，如工程网络计划的时间参数的计算程序，施工图预算程序等。

2) 20世纪80年代，程序系统的应用，如项目管理信息系统、设施管理信息系统 (Facility Management Information System，FMIS) 等。

3) 20世纪90年代，程序系统的集成，它是随着工程管理的集成而发展的。

4) 20世纪90年代末期至今，基于网络平台的工程管理。

目前，计算机在建设项目信息管理中起着越来越重要的作用。计算机具有储存量大、检索方便、计算能力强、网络通信便捷等优点，可以利用它来帮助我们管理项目，就是用项目管理软件"辅助"我们管理项目，形成建设项目管理信息系统，从而使建设项目的信息管理更加富有成效。

(3) 工程管理的信息资源。工程管理的信息资源包括以下几点：

1) 组织类工程信息，如建筑业的组织信息、项目参与方的组织信息、与建筑业有关的组织信息和专家信息等。

2) 管理类工程信息，如与投资控制、进度控制、质量控制、合同管理和信息管理有关的信息等。

3) 经济类工程信息，如建设物资的市场信息、项目融资的信息等。

4) 技术类工程信息，如与设计、施工和物资有关的技术信息等。

5) 法规类信息等。

在建设一个新的工程项目时，应重视开发和充分利用国内和国外同类或类似工程项目的有关信息资源。

(4) 工程管理信息化的意义。

1) 工程管理信息资源的开发和信息资源的充分利用，可吸取类似项目的正反两方面的经验和教训，许多有价值的组织信息、管理信息、经济信息、技术信息和法规信息将有助于项目决策期多种可能方案的选择，有利于项目实施期的项目目标控制，也有利于项目建成后的运行。

2) 通过信息技术在工程管理中的开发和应用，能实现信息存储数字化和存储相对集中、信息处理和变换的程序化、信息传输的数字化和电子化、信息获取便捷、信息透明度提高、信息流扁平化。

"信息存储数字化和存储相对集中"有利于项目信息的检索和查询，有利于数据和文件版本的统一，并有利于项目的文档管理。

"信息处理和变换的程序化"有利于提高数据处理的准确性，并可提高数据处理的效率。

"信息传输的数字化和电子化"可提高数据传输的抗干扰能力，使数据传输不受距离限制并可提高数据传输的保真度和保密性。

"信息获取便捷""信息透明度提高"以及"信息流扁平化"有利于项目参与方之间的

信息交流和协同工作。

3）工程管理信息化有利于提高工程项目的经济效益和社会效益，以达到为项目建设增值的目的。

【应用实例 10－2】 接上例，中国葛洲坝集团公司根据各公司网络情况，充分利用总部及二级单位的资源，采用图 10－6 所示的混合式模式。在葛洲坝总部和二级单位所在地同事部署数据服务器和应用服务器，建立数据同步，并定期上传分公司业务数据，总部和二级单位可通过集团管理模块追溯到下级单位 24h 内的实时数据。项目部可以通过内部网络或 Internet/Intranet 网络访问对应上级单位应用平台的业务功能。

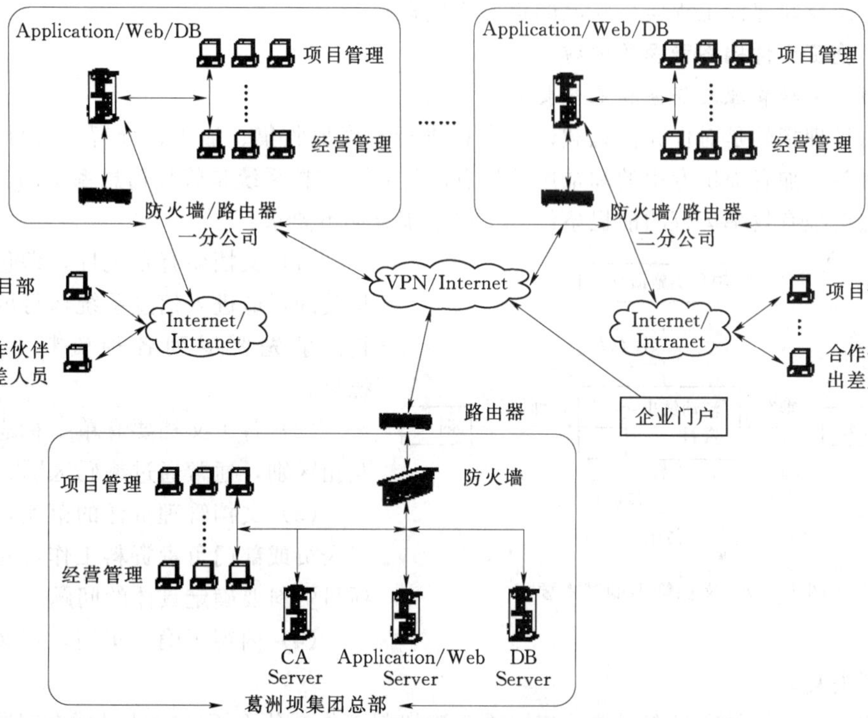

图 10－6 信息化平台网络拓扑图

通过信息化，建立公司内部标准业务流程，以支持将要运作的信息系统和系统标准功能，规范企业和所属各项目部、职能部门的运作，提高运营管理与决策的效率，增加信息的透明度，加强对各项目、职能部门的控制。

【知识技能点小结】

项目管理信息系统是在工程项目管理中信息、信息流和信息处理各方面的总和，工程管理信息化指的是工程管理信息资源的开发和利用，以及信息技术在工程管理中的开发和应用。应了解施工项目信息管理系统作用及建立过程，了解工程管理信息化的意义。

【知识技能训练】

简答题

1. 什么是施工项目信息管理系统？有何作用？

2. 工程管理信息化有何意义？

任务 10.4　施工项目档案管理

建设工程文件是反映建设工程质量和工作质量状况的重要依据，是评定工程质量等级的重要依据，也是单位工程在日后维修、扩建、改造、更新的重要档案材料。建设工程文件一般分为四大部分：工程准备阶段文档资料、监理文档资料、施工阶段文档资料、工程竣工文档资料。施工文档资料是城建档案的重要组成部分，是建设工程竣工验收的必要条件，是全面反映建设工程质量状况的重要文档资料。

10.4.1　施工文件档案管理的内容

10.4.1.1　文档管理的任务和基本要求

文档管理指的是对作为信息载体的资料进行有序地收集、加工、分解、编目、存档，并为项目各参加者提供专用的和常用的信息的过程。文档系统是管理信息系统的基础，是管理信息系统有效率运行的前提条件。文档系统有如下要求：

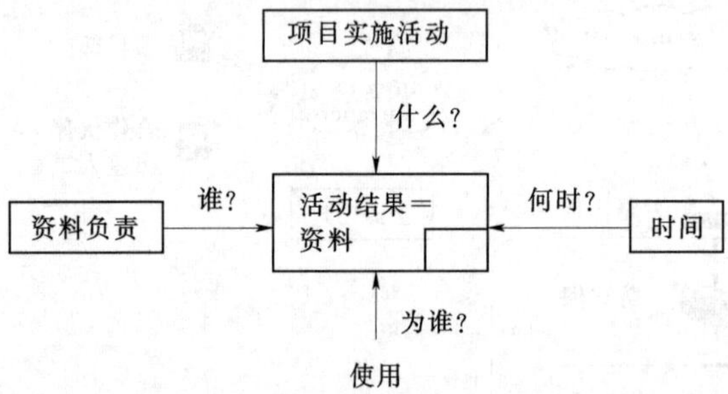

图 10-7　文档管理的基本要求

（1）文档要有系统性，即包括项目相关的，应进入信息系统运行的所有资料。事先要罗列各种资料并进行系统化。

（2）各个文档要有单一标志，能够互相区别，通常通过编码区别。

（3）文档管理责任的落实，即有专门人员或部门负责资料工作，对具体的项目资料要确定具体的问题。

（4）内容正确、实用，在文档处理过程中不失真。

因此，对具体的项目资料要确定：谁负责资料工作？什么资料？针对什么问题？什么内容和要求？何时收集、处理？向谁提供？如图 10-7 所示。

10.4.1.2　项目文件资料的种类

资料是数据或信息的载体，在项目实施过程中资料上的数据有两种：

（1）内容性数据。内容性数据为资料的实质性内容，如施工图纸上的图，信件的正文等。它的内容丰富，形式多样，通常有一定的专业意义，其内容在项目过程中可能有变更。

（2）说明性数据。说明性数据是为了方便资料的编目、分解、存档、查询，对各种资料做出说明和解释，用一些特征互相加以区别。它的内容一般在项目管理中不改变，由文档管理者设计。例如图标，各种文件说明、文件的索引目录等。具体的文档管理，如生成、编目、分解、存档等就是以说明性数据为基础的。

10.4.1.3　施工文件档案管理主要内容

施工文件档案管理主要包括工程施工技术管理资料、工程质量控制资料、工程施工质量验收资料、竣工图四大部分。具体如下。

1. 工程施工技术管理资料

工程施工技术管理资料是建设工程施工全过程中的真实记录，是施工各阶段客观产生的施工技术文件。主要内容如下：

（1）图纸会审记录文件。图纸会审记录是对已正式签署的设计文件进行交底、审查和会审，对提出的问题予以记录的文件。

（2）工程开工报告相关资料（开工报审表、开工报告）。开工报告是建设单位与施工单位共同履行基本建设程序的证明文件，是施工单位承建单位工程施工工期的证明文件。

（3）技术、安全交底记录文件。此文件是施工单位负责人把设计要求的施工措施、安全生产贯彻到基层乃至每个工人的一项技术管理方法。主要交底项目为：图纸交底、施工组织设计交底、设计变更和洽商交底、分项工程技术交底、安全交底。技术、安全交底只有当签字齐全后方可生效，并发至施工班组。

（4）施工组织设计（项目管理规划）文件。承包单位在开工前为工程所做的施工组织、施工工艺、施工计划等方面的设计，用来指导拟建工程全过程中各项活动的技术、经济和组织的综合性文件。参与编制的人员应在“会签表”上签字，交项目监理签署意见并在会签表上签字，经报审同意后执行并进行下发交底。

（5）施工日志记录文件。施工日志是项目经理部的有关人员对工程项目施工过程中的有关技术管理和质量管理活动以及效果进行逐日连续完整的记录。要求对工程从开工到竣工的整个施工阶段进行全面记录，要求内容完整，并能完整、全面地反映工程相关情况。

（6）设计变更文件。设计变更是在施工过程中，由于设计图纸本身差错，设计图纸与实际情况不符，施工条件变化，建设各方提出合理化建议，原材料的规格、品种、质量不符合设计要求等原因，需要对设计图纸部分内容进行修改而办理的变更设计文件。设计变更是施工图的补充和修改的记载，要及时办理，内容要求明确具体，必要时附图。不得任意涂改和事后补办。按签发的日期先后顺序编号，要求责任明确，签章齐全。

（7）工程洽商记录文件。工程洽商是施工过程中一种协调业主与施工单位、施工单位和设计单位洽商行为的记录。工程洽商分为技术洽商和经济洽商两种，通常情况下由施工单位提出。

（8）工程测量记录文件。工程测量记录是在施工过程中形成的确保建设工程定位、尺寸、标高、位置和沉降量等满足设计要求和规范规定的资料统称。包括：①工程定位测量记录文件；②施工测量放线报验表；③基槽及各层测量放线记录文件；④沉降观测记录文件。

（9）施工记录文件。施工记录是在施工过程中形成的，确保工程质量和安全的各种检查、记录的统称。主要包括：工程定位测量检查记录、预检记录、施工检查记录、冬期混凝土搅拌称量及养护测温记录、交接检查记录、工程竣工测量记录等。

（10）工程质量事故记录文件。包括工程质量事故报告和工程质量事故处理记录。

1）工程质量事故报告。发生质量事故应有报告，对质量事故进行分析，按规定程序报告。

2）工程质量事故处理记录。做好事故处理鉴定记录，建立质量事故档案，主要包括：

质量事故报告、处理方案、实施记录和验收记录。

(11) 工程竣工文件。包括竣工报告、竣工验收证明书和上程质量保修书。竣工报告是指工程项目具备竣工条件后，施工单位向建设单位报告，提请建设单位组织竣工验收的文件。竣工验收证明书是指工程项目按设计和施工合同规定的内容全部完工，达到验收规范及合同要求，满足生产、使用并通过竣工验收的证明文件。建设单位接到竣工报告后，由建设单位项目负责人组织设计单位，监理单位，勘察单位，施工总、分包单位及有关部门，以国家颁发的施工质量验收规范为依据，按设计和施工合同的内容对工程进行全面检查和验收，通过后办理《竣工验收证明书》。由施工单位填写，报建设、监理、设计等单位负责人签认。建设工程实行质量保修制度，工程承包单位在向建设单位提交工程竣工验收报告时，应当向建设单位出具质量保修书。质量保修书应当明确建设工程的保修范围、保修期限和保修责任等。

2. 工程质量控制资料

工程质量控制资料是建设工程施工全过程全面反映工程质量控制和保证的依据性证明资料。应包括原材料、构配件、器具及设备等的质量证明、合格证明、进场材料试验报告，施工试验记录，隐蔽工程检查记录等。

(1) 工程项目原材料、构配件、成品、半成品和设备的出厂合格证及进场检（试）验报告。

(2) 施工试验记录和见证检测报告。施工试验记录是根据设计要求和规范规定进行试验，记录原始数据和计算结果，并得出试验结论的资料统称。按照设计要求和规范规定应做施工试验。见证检测报告是指在建设单位或工程监理单位人员的见证下，由施工单位的现场试验人员对工程中涉及结构安全的试块、试件和材料在现场取样，并送至经过省级以上建设行政主管部门对其资质认可和质量技术监督部门对其计量认证的质量检测单位进行检测，并由检测单位出具的检测报告。

(3) 隐蔽工程验收记录文件。隐蔽工程验收记录是指为下道工序所隐蔽的工程项目，关系到结构性能和使用功能的重要部位或项目的隐蔽检查记录。

(4) 交接检查记录。不同工程或施工单位之间工程交接，当前一专业工程施工质量对后续专业工程施工质量产生直接影响时，应进行交接检查，填写《交接检查记录》。

3. 工程施工质量验收资料

工程施工质量验收资料是建设工程施工全过程中按照国家现行工程质量检验标准，对施工项目进行单位工程、分部工程、分项工程及检验批的划分，再由检验批、分项工程、分部工程、单位工程逐级对工程质量做出综合评定的工程质量验收资料。具体内容如下：

(1) 施工现场质量管理检查记录。为督促工程项目做好施工前准备工作，建设工程应按一个标段或一个单位（子单位）工程检查填报施工现场质量管理记录。施工单位项目经理部应建立质量责任制度、现场管理制度及检验制度，健全质量管理体系，配备施工技术标准，审查资质证书、施工图、地质勘察资料和施工技术文件等。按规定，在开工前由施工单位现场负责人填写《施工现场质量管理检查记录》。报项目总监理工程师（或建设单位项目负责人）检查，并做出检查结论。

(2) 单位（子单位）工程质量竣工验收记录。

（3）分部（子分部）工程质量验收记录文件。

分部（子分部）工程完成，施工单位自检合格后，应填报“________分部（子分部）工程质量验收记录表”，由总监理工程师（建设单位项目负责人）组织有关设计单位及施工单位项目负责人（项目经理）和技术、质量负责人等到场共同验收并签认。分部工程按部位和专业性质确定。

（4）分项工程质量验收记录文件。分项工程完成（即分项工程所包含的检验批均已完工），施工单位自检合格后，应填报“________分项工程质量验收记录表”，由监理工程师（建设单位项目专业技术负责人）组织项目专业技术负责人进行验收并签认。分项工程按主要工种、材料、施工工艺、设备类别等划分。

（5）检验批质量验收记录文件。检验批施工完成，施工单位自检合格后，应由项目专业质量检查员填报“________检验批质量验收记录表”，按照建设部施工质量验收系列标准表格执行。

4. 竣工图

竣工图是指工程竣工验收后，真实反映建设工程项目施工结果的图样。它是真实、准确、完整反映和记录各种地下和地上建筑物、构筑物等详细情况的技术文件，是工程竣工验收、投产或交付使用后进行维修、扩建、改建的依据，是生产（使用）单位必须长期妥善保存和进行备案的重要工程档案资料。承包人应根据施工合同约定，提交合格的竣工图。竣工图编制要求如下：

（1）各项新建、扩建、改建、技术改造、技术引进项目，在项目竣工时要编制竣工图。项目竣工图应由施工单位负责编制。如行业主管部门规定设计单位编制或施工单位委托设计单位编制竣工图的，应明确规定施工单位和监理单位的审核和签认责任。

（2）竣工图应完整、准确、清晰、规范，修改到位，真实反映项目竣工验收时的实际情况。

（3）如果按施工图施工没有变动的，由竣工图编制单位在施工图上加盖并签署竣工图章。

（4）一般性图纸变更及符合杠改或划改要求的变更，可在原图上更改，加盖并签署竣工图章。

（5）涉及结构形式、工艺、平面布置、项目等重大改变及图面变更面积超过35%的，应重新绘制竣工图。重绘图按原图编号，末尾加注“竣”字，或在新图图标内注明“竣工阶段”并签署竣工图章。

（6）同一建筑物、构筑物重复的标准图、通用图可不编入竣工图中，但应在图纸目录中列出图号，指明该图所在位置并在编制说明中注明；不同建筑物、构筑物应分别编制。

（7）竣工图图幅应按《技术制图复制图的折叠方法》（GB/T 10609.3—89）要求统一折叠。

（8）编制竣工图总说明及各专业的编制说明，叙述竣工图编制原则、各专业目录及编制情况。

10.4.2　施工文件的立卷

在工程建设活动中直接形成了很多具有归档保存价值的文字、图表、声像等各种形式的历史记录，称为建设工程档案（project archive），也可简称工程档案，必须要按照一定的原则和方法，将这些有保存价值的文件分门别类整理成案卷，这样的工作称为立卷(filing)，也称组卷。

10.4.2.1 施工文件立卷的原则和方法

（1）施工文件的立卷应该遵循的两个原则：①立卷应遵循工程文件的自然形成规律，保持卷内文件的有机联系，便于档案的保管和利用；②一个建设工程由多个单位工程组成时，工程文件应按单位工程组卷。

（2）施工文件的立卷可以采用的方法：①工程文件可按建设程序划分为工程准备阶段的文件、监理文件、施工文件、竣工图、竣工验收文件5部分；②工程准备阶段文件可按建设程序、专业、形成单位等组卷；③监理文件可按单位工程、分部工程、专业、阶段等组卷；④施工文件可按单位工程、分部工程、专业、阶段等组卷；⑤竣工图可按单位工程、专业等组卷；⑥竣工验收文件按单位工程、专业等组卷。

10.4.2.2 立卷过程中宜遵循的要求

（1）案卷不宜过厚，一般不超过40mm。

（2）案卷内不应有重份文件；不同载体的文件一般应分别组卷。

（3）文字材料按事项、专业顺序排列。同一事项的请示与批复、同一文件的印本与定稿、主件与附件不能分开，并按批复在前、请示在后，印本在前、定稿在后，主件在前、附件在后的顺序排列。

（4）图纸按专业排列，同专业图纸按图号顺序排列。

（5）既有文字材料又有图纸的案卷，文字材料排前，图纸排后。

10.4.3 施工文件的归档

归档（putting into record）是指文件形成单位完成其工作任务后，将形成的文件整理立卷后，按规定移交档案管理机构。

1. 施工文件归档应遵循的两个基本要求

（1）归档文件必须完整、准确、系统，能够反映工程建设活动的全过程。

（2）归档的文件必须经过分类整理，并应组成符合要求的案卷。

2. 施工文件归档的时间要求

（1）根据建设程序和工程特点，归档可以分阶段分期进行，也可以在单位或分部工程通过竣工验收后进行。

（2）勘察、设计单位应当在任务完成时，施工、监理单位应当在工程竣工验收前，将各自形成的有关工程档案向建设单位归档。

3. 施工文件归档的其他要求

（1）勘察、设计、施工单位在收齐工程文件并整理立卷后，建设单位、监理单位应根据城建档案管理机构的要求对档案文件完整、准确、系统情况和案卷质量进行审查。审查合格后向建设单位移交。

（2）工程档案一般不少于两套，一套由建设单位保管，一套（原件）移交当地城建档案馆（室）。

（3）勘察、设计、施工、监理等单位向建设单位移交档案时，应编制移交清单，双方签字、盖章后方可交接。

（4）凡设计、施工及监理单位需要向本单位归档的文件，应按国家有关规定的要求单独立卷归档。

【知识技能点小结】

文档管理指的是对作为信息载体的资料进行有序地收集、加工、分解、编目、存档，并为项目各参加者提供专用的和常用的信息的过程。立卷是建设工程档案分门别类整理成案卷。

【知识技能训练】

一、单项选择题

1. 关于施工文件档案管理的说法，正确的是（　　）。

A 工程分包企业应将本单位形成的工程文件整理、立卷后及时移交建设单位

B 由多个单位工程组成的建设项目，工程文件按一个建设工程立卷

C 施工单位应当在工程竣工验收前，将形成的有关工程档案向建设单位归档

D 工程文件可采用纯蓝墨水书写

2. 下列关于归档施工文件的说法，不符合归档文件质量要求的是（　　）。

A 工程文件的内容及其深度必须符合国家有关的技术规范、标准和规程

B 归档文件可以为复印件，但必须加盖单位印章

C 竣工图可以利用施工图改绘

D 工程文件使用碳素墨水书写

3. 下列工程施工技术资料中，不属于施工记录文件的是（　　）。

A 工程定位测量检查记录　　B 沉降观测记录

C 施工检查记录　　D 交接检查记录

二、多项选择题

1. 下列施工文档资料中，应归档为工程施工技术管理资料的有（　　）。

A 图纸会审记录　　B 竣工验收证明书

C 交接检查记录　　D 竣工图

E 工程质量事故报告

2. 施工文件档案管理的内容主要包括工程施工（　　）。

A 技术管理资料　　B 质量控制资料

C 竣工图　　D 成本控制资料

E 质量验收资料

三、简答题

施工文件的立卷和归档分别应遵循哪些原则？

参 考 文 献

[1] 钟汉华，薛建荣．施工组织与管理（2版）[M]．北京：中国水利水电出版社，2010.

[2] 孟秀英，谢永亮，段凯敏．水利工程施工组织与管理 [M]．武汉：华中科技大学出版社，2013.

[3] 聂俊琴，张强．水利水电工程施工组织与管理 [M]．北京：中国水利水电出版社，2014.

[4] 张玉福，薛建荣．水利工程施工组织与管理 [M]．郑州：黄河水利出版社，2012.

[5] 建设工程项目成本管理编委会编写．建设工程项目成本管理 [M]．北京：中国计划出版社，2007.

[6] 朱连，樊飞军．施工项目成本控制与合同管理 [M]．北京：中国建筑工业出版社，2004.

[7] 刘喆，刘志君．建设工程信息管理 [M]．北京：化学工业出版社，2005.

[8] 石振武．建设项目管理 [M]．北京：科学出版社，2005.

[9] 徐绪松．信息系统原理 [M]．北京：科学出版社，2006.

[10] 危道军，刘志强．工程项目管理 [M]．武汉：武汉理工大学出版社，2004.

[11] 王卓甫，杨高升．工程项目管理原理与案例 [M]．北京：中国水利水电出版社，2005.

[12] 成虎．工程项目管理 [M]．北京：高等教育出版社，2004.

[13] 李开运．建设项目合同管理 [M]．北京：中国水利水电出版社，2001.

[14] 毛小玲，郭晓霞著．建筑工程项目管理技术问答 [M]．北京：中国电力出版社，2004.

[15] 丁士昭．建设工程项目管理 [M]．北京：中国建筑工业出版社，2007.

[16] 钟汉华．工程建设监理（2版）[M]．郑州：黄河水利出版社，2010.

[17] 钟汉华．水利水电工程造价 [M]．北京：高等教育出版社，2007.

[18] 钟汉华．建筑工程项目管理（2版）[M]．北京：中国水利水电出版社，2014.

[19] 兰凤林．工程项目管理实务 [M]．大连：大连理工大学出版社，2011.

[20] 本书编委会．《水利工程设计概（估）算编制规定》（水总〔2014〕429号）[S]．北京：中国水利水电出版社，2015.

[21] 翟丽旻，姚玉娟．建筑施工组织与管理 [M]．北京：北京大学出版社，2009.

[22] 2014全国一级建造师执业资格考试用书编写委员会．建设工程项目管理 [M]．北京：中国建筑工业出版社，2015.

[23] 本书编委会．注册建造师继续教育选修课教材水利水电工程 [M]．北京：中国建筑工业出版社，2013.

[24] 2014全国一级建造师执业资格考试用书编写委员会．水利水电工程管理与实务 [M]．北京：中国建筑工业出版社，2015.

[25] 全国二级建造师执业资格考试用书编写委员会．建设工程施工管理 [M]．北京：中国建筑工业出版社，2015.

[26] 中国建设监理协会组织．建设工程合同管理 [M]．北京：中国建筑工业出版社，2014.

[27] 武长玉．水利工程施工组织设计与施工项目管理实务全书 [M]．北京：当代中国音像出版社，2004.

[28] 本书编委会．最新水利水电工程施工组织设计与施工新技术规范实施手册 [M]．北京：银声音像出版社，2010.

[29] 王富强，苏宁，张金山．Microsoft Project 在水利工程施工进度管理中的应用［J］．内蒙古水利，2014（5）.

[30] 袁浩．P3 软件在大型工程施工进度管理中的应用［J］．民营科技，2009（9）.

[31] 国际咨询工程师联合会中国工程咨询协会编译．土木工程施工合同条件［M］．北京：机械工业出版社，2002.